电气工程、自动化专业系列教材

电气控制与PLC应用

——基于S7-1200 PLC

（第2版）

主　编　王成凤　陈建明
副主编　赵明明　郭香静　白　磊
参　编　徐　燕　常　瑞　韩　闯　王　刚

電子工業出版社
Publishing House of Electronics Industry
北京 • BEIJING

内 容 简 介

本书的主要内容分为三部分。第一部分为第 1～2 章，介绍电气控制中的常用低压电器、典型电气控制线路的分析和设计方法；第二部分为第 3～6 章，介绍 PLC 基础、西门子公司 S7-1200 PLC 的系统配置及开发环境、S7-1200 PLC 的指令系统、PLC 控制系统程序设计与应用；第三部分为第 7～8 章，介绍 S7-1200 PLC 的 PROFINET 通信和点对点通信。

本书可作为高等院校自动化、电气技术及相近专业的“现代电气控制”或类似课程的教材，也可作为电子、电气、自动化等方面工程技术人员的参考书。

图书在版编目（CIP）数据

电气控制与 PLC 应用：基于 S7-1200 PLC / 王成凤，陈建明主编. — 2 版. — 北京：电子工业出版社，2024.5
ISBN 978-7-121-47803-1

Ⅰ. ①电… Ⅱ. ①王… ②陈… Ⅲ. ①电气控制－高等学校－教材②PLC 技术－高等学校－教材
Ⅳ. ①TM571.2②TM571.6

中国国家版本馆 CIP 数据核字（2024）第 088761 号

责任编辑：凌 毅
印 刷：三河市良远印务有限公司
装 订：三河市良远印务有限公司
出版发行：电子工业出版社
北京市海淀区万寿路 173 信箱 邮编：100036
开 本：787×1 092 1/16 印张：15.75 字数：403 千字
版 次：2020 年 3 月第 1 版
2024 年 5 月第 2 版
印 次：2024 年 12 月第 2 次印刷
定 价：56.00 元

凡所购买电子工业出版社图书有缺损问题，请向购买书店调换。若书店售缺，请与本社发行部联系。联系及邮购电话：(010)88254888，88258888。

质量投诉请发邮件至 zlts@phei.com.cn，盗版侵权举报请发邮件至 dbqq@phei.com.cn。

本书咨询联系方式：(010)88254528，lingyi@phei.com.cn。

第 2 版前言

电气控制与 PLC 应用是综合了继电器-接触器控制技术、计算机技术、自动控制技术和通信技术的一门新兴技术，应用十分广泛。由于电气控制与可编程控制器（PLC）起源于同一体系，只是发展的阶段不同，在理论和应用上是一脉相承的。因此，本书在编写过程中力求做到以下几点。

（1）讲究实际。精选传统电器及继电器-接触器控制内容，删除应用越来越少的电机扩大机及其控制系统、磁放大器和顺序控制器的内容，大幅增加应用越来越广泛的 PLC 内容。

（2）强调应用。着重介绍常用低压电器、电气控制基本线路、典型生产机械电气控制线路、PLC 实际应用线路，包括采用 PLC 对电动机进行控制的多种实用基本线路，这样把电动机的继电器-接触器控制和 PLC 控制对应起来。

（3）方便教学。本书内容深入浅出，通俗易懂，书后附有实验指导书、课程设计指导书、课程设计任务书。

本书在修订过程中，深入贯彻党的二十大精神，以立德树人为根本目标，致力于培养高素质的创新型人才。本次修订，保持了本书第 1 版深入浅出、系统性强、富有工程性及便于自学的特点，第 1 章、第 2 章、第 7 章和第 8 章的内容基本不变，删除了第 3 章的 3.6 节，对第 4 章进行了优化并添加了 TIA Portal（博途）软件的安装内容，第 5 章添加了典型工艺指令的介绍，重新改写了第 6 章的 6.5 节（以实例形式介绍基于博途软件的项目创建、工艺指令和顺序控制设计法的应用），并删除了 6.6 节，力求奉献给读者一本更专业的、较完美的西门子 S7-1200 PLC 教材。本书可作为高等院校自动化、电气技术及相近专业的“现代电气控制”或类似课程的教材，也可作为电子、电气、自动化等方面工程技术人员的参考书。

本书由华北水利水电大学王成凤和陈建明担任主编，华北水利水电大学赵明明、郭香静和白磊担任副主编，华北水利水电大学徐燕、常瑞和郑州轻工业大学韩闯以及南京理工大学泰州科技学院王刚参编。具体编写分工如下：绪论、第 1 章、5.1 节由陈建明、王成凤编写；第 2 章由郭香静编写；第 3、4 章由徐燕、韩闯和王刚编写；第 7、8 章由常瑞、韩闯和王刚编写；5.2 节、5.3 节和第 6 章由白磊编写；实验指导书、课程设计指导书、课程设计任务书由赵明明编写。全书图片编辑由陈建明负责，由王成凤负责全书的统稿、定稿。

本书提供配套的电子课件和习题解答，读者可登录华信教育资源网（www.hxedu.com.cn），注册后免费下载。

在编写本书的过程中，参考了近年来出版的书籍和资料，在此对这些作者、提供者一并表示感谢！

限于篇幅及编者的业务水平，本书在内容上若有局限和欠妥之处，竭诚希望同行和读者赐予宝贵的意见。

编　者

2024 年 4 月

目　录

绪　论

电气控制系统中常用的控制电器主要是低压电器、电工仪表及控制仪表等。电气控制系统是一种能根据外界的信号和要求，手动或自动地接通、断开电路，断续或连续地改变电路参数，以实现电路或非电对象的切换、控制、保护、检测、交换和调节的一种成套电气控制设备。由此可定义：根据生产过程的工艺要求，由这些控制电器组成的，能满足生产过程工艺要求的控制系统统称为电气控制系统。早期，其主要由开关、继电器、接触器等组成，故称为继电器-接触器控制系统。又因为它是一种逻辑控制，所以又称它为继电逻辑控制系统。

继电逻辑控制系统是各种控制电器组合，并通过物理接线的方式实现逻辑控制功能的。它的优点是电路图较直观形象，装置结构简单，价格便宜，抗干扰能力强，因此广泛应用于各类生产设备及控制系统中，可以方便实现各种集中控制、远距离控制和生产过程自动控制。它的缺点主要是：由于采用固定接线形式，通用性和灵活性较差，在生产工艺要求提出后才能制作，一旦做成就不易改变；不能实现系列化生产；由于采用有触头的开关，触头易发生故障，维修量较大等。尽管如此，目前，继电逻辑控制仍然是各类机械设备最基本的电气控制形式之一。

以继电器为主的电气控制系统中，每当变更设计时，整个系统几乎要重新制作，不仅费时费力，而且由于继电器还存在接点接触不良、易磨损、体积大等缺点，因此造成成本升高、可靠性低、不易检修等问题。为了改善这些缺点，美国 DEC 公司在 1969 年首先推出了可编程控制器（Programmable Controller）。

可编程控制器在推出初期被称为 Programmable Logic-Controller（PLC），目的是取代继电器，从而执行继电器逻辑及其他计时或计数等功能的顺序控制，所以也称顺序控制器。其结构就像一部微电脑，所以也可称为微电脑可编程控制器（MCPC）。直到 1976 年，美国电机制造协会将其正式命名为 Programmable Controller，即可编程控制器，简称 PC。由于目前个人计算机（Personal Computer，PC）极为普遍，加上常与可编程控制器配合使用，为了区分两者，所以一般称可编程控制器为 PLC。

PLC 是由模仿继电器-接触器控制系统的原理发展起来的，20 世纪 70 年代的 PLC 只有开关量逻辑控制，首先应用的是汽车制造行业。它以执行逻辑运算、顺序控制、定时、计数和运算等操作的指令，并通过数字输入和输出操作，来控制各类机械或生产过程。用户编制的控制程序表达了生产过程的工艺要求，并事先存入 PLC 的用户程序存储器中。运行时按控制程序的内容逐条执行，以完成工艺流程所要求的操作。PLC 的 CPU 内有指示程序步序存储地址的程序计数器，在程序运行过程中，每执行一步，该计数器自动加 1，程序从起始步（步序为零）开始依次执行到最终步（通常为 END 指令），然后返回起始步循环执行。PLC 每完成一次循环操作所需的时间称为一个扫描周期。不同型号的 PLC，扫描周期为 1μs 到几十微秒。PLC 用梯形图语言编程，在解算逻辑方面表现出快速的优点，在微秒量级，解算 1KB 逻辑程序不到 1ms。PLC 把所有的输入都当成开关量来处理，16 位（也有 32 位的）为一个模拟量。大型 PLC 使用另外一个 CPU 来完成模拟量的运算，然后把计算结果送给 PLC。

相同 I/O 点数的系统，用 PLC 比用 DCS（分布式控制系统）实现的成本要低一些（节省

40%左右）。PLC 没有专用操作站，使用的软件和硬件都是通用的，所以维护成本比 DCS 要低很多。一个 PLC 可以接收几千个 I/O 点（最多可达 8000 个 I/O 点）。如果被控对象主要是设备连锁且回路很少，则采用 PLC 较为合适。PLC 由于采用通用监控软件，因此在设计企业的管理信息系统方面要容易一些。

近 10 年来，随着 PLC 价格的不断降低和用户需求的不断扩大，越来越多的中小设备开始采用 PLC 进行控制，PLC 在我国的应用增长十分迅速。随着我国经济的高速发展和基础自动化水平的不断提高，今后一段时期内，PLC 在我国仍将保持高速增长势头。

通用 PLC 应用于专用设备时可以认为它就是一个嵌入式控制器，但 PLC 相对一般嵌入式控制器而言，具有更高的可靠性和更好的稳定性。实际工作中，一些原来采用嵌入式控制器的用户，现在正逐步用通用 PLC 或定制 PLC 取代嵌入式控制器。

第1章　常用低压电器

本章简要介绍继电器-接触器控制的基本知识，重点讲解接触器、继电器、按钮、开关等低压电器的结构、原理、符号和选择方法，核心是掌握各种器件的动作特点，并能够正确选择使用。

本章主要内容：

- 常用的低压电器；
- 低压电器的结构与原理；
- 低压电器的选用原则。

常用低压电器多数由专业化的制造厂家生产，对自动化及相关专业的技术人员来说，只需要能正确地选用低压电器即可，因此本章不涉及器件的设计，而着重于应用。

1.1　概　　述

随着电子技术、自动化技术和计算机应用的迅猛发展，一些电气元件可能被电子线路所取代，但是由于电气元件本身也朝着新的领域扩展（表现在提高元件的性能、生产新型的元件，实现机、电、仪一体化，扩展元件的应用范围等），且有些电气元件有其特殊性，因此电气元件是不可能完全被取代的。

以继电器、接触器为基础的电气控制技术具有相当重要的地位。可编程控制器（PLC）是计算机技术与继电器-接触器控制技术相结合的产物，其输入/输出与低压电器密切相关。因此，掌握继电器-接触器控制技术是学习和掌握PLC应用技术必需的基础。

电器是接通和断开电路或调节、控制和保护电路及电气设备用的电工器具。随着科技进步与经济发展，电能的应用越来越广泛，电器对电能的生产、输送、分配与应用起着控制、调节、检测和保护的作用，在电力输配电系统和电力拖动自动控制系统中应用极为广泛。

1.1.1　电器的分类

电器的功能多，用途广，品种规格繁多，为了系统地掌握，必须加以分类。

1.　按工作电压等级分

① 高压电器　用于AC1200V、DC1500V及以上电路中的电器，如高压断路器、高压隔离开关、高压熔断器等。

② 低压电器　用于AC1200V、DC1500V以下电路中起通断、保护、控制或调节作用的电器，如接触器、继电器等。

2．按动作原理分

① 手动电器　通过人的操作发出动作指令的电器，如刀开关、按钮等。

② 自动电器　产生电磁吸力而自动完成动作指令的电器，如接触器、继电器、电磁阀等。

3.　按用途分

① 控制电器　用于各种控制电路和控制系统的电器，如接触器、继电器、电动机启动器等。

② 配电电器　用于电能的输送和分配的电器，如高压断路器等。

③ 主令电器　用于自动控制系统中发送动作指令的电器，如按钮、转换开关等。

④ 保护电器　用于保护电路及用电设备的电器，如熔断器、热继电器等。

⑤ 执行电器　用于完成某种动作或传送功能的电器，如电磁铁、电磁离合器等。

1.1.2　电力拖动自动控制系统中常用的低压电器

1. 接触器

① 交流接触器　采用交流励磁，主触头接通、切断交流主电路。

② 直流接触器　采用直流励磁，主触头接通、切断直流主电路。

2. 继电器

① 电磁式电压继电器　当电路中电压达到预定值时而动作的继电器。

② 电磁式电流继电器　根据输入线圈电流大小而动作的继电器。

③ 电磁式中间继电器　用于自动控制装置中，以扩大被控制的电路并提高接通能力。

④ 直流电磁式时间继电器　利用阻尼的方法来延缓磁通变化的速度，以达到延时目的。

⑤ 空气阻尼式时间继电器　利用空气阻尼原理获得延时。

⑥ 电子式时间继电器　又称半导体时间继电器，利用 RC 电路电容的充放电原理实现延时。

⑦ 热继电器　具有过载保护的过电流继电器。

⑧ 干簧继电器　能在磁力驱动下使触点接通或断开，达到控制外电路的目的。

⑨ 速度继电器　是一种以转速为输入量的非电信号检测电器，能在被测转速升或降至某一预先设定的动作时输出开关信号。

3. 熔断器

熔断器用于低压配电系统及用电设备中做短路和过电流保护，有瓷插式、螺旋式、有填料密闭管式、无填料密闭管式、快速熔断式、自复式等。

4. 低压断路器

在发生严重的过载或短路及欠电压等故障时，低压断路器能自动切断电路。有框架式断路器、塑料外壳式断路器、快速直流断路器、限流式断路器和漏电保护器等。

5. 位置开关

位置开关可将运动部件的位移变成电信号以控制运动的方向或行程，有直动式、滚动式和微动式 3 种。

6. 按钮、刀开关等

按钮在低压控制电路中用于手动发出控制信号；刀开关用作电路的电源开关和小容量电动机非频繁启动的操作开关。

1.1.3　我国低压电器的发展概况

低压电器是组成成套电气控制设备的基础配套元件。低压电器使用量大且面广，可分为低压配电电器和低压控制电器。

由发电厂生产的 80%以上电能是以低压电形式付诸使用的，每生产 1kW 的发电设备，需生产 4 万多件各种低压电器与之配套使用。一套 1700mm 的连轧机，需使用成千上万件品种、规格不同的低压电器。

从最简单的刀开关、熔断器等，到多种规格的低压断路器、接触器、继电器以及由它们组成的成套电气控制设备，都随着国民经济的发展而发展。

目前我国低压电器产品有约1000个系列，国内生产企业超过1500家，市场竞争激烈，形成了实力较强的跨国公司与我国本土优势企业共存的竞争格局。跨国公司如施耐德、ABB、西门子等，掌握了低压电器行业中较为先进的技术，主导行业内全新一代产品的研发；国内企业如正泰电器、德力西电气、人民电器等，则具有较强的品牌影响力和渠道优势。但国内企业的规模普遍偏小，90%以上的企业重复生产中、低端产品，产品质量良莠不齐，产品同质化严重，高端产品的设计、研发能力仍有待加强。因此，国内企业向“专、精、特、新”方向发展，形成若干各具特色、重点突出的产业链，从而带动产业升级是我国低压电器行业发展的必然趋势。

随着国内电力、建筑、工业等领域的快速发展，以及新能源、智能电网等新兴市场的崛起，中国低压电器的市场需求将持续增长。国内企业要抓住市场机遇，加强技术研发和创新投入，提升自主创新能力，推出更多具有自主知识产权的高端产品。具体体现在：提高电气元件的性能，大力发展机电一体化产品，研制开发智能化电器、电动机综合保护电器、有触头和无触头的混合式电器、模数化终端组合电器和节能电器等。模数化终端组合电器是一种安装终端电器的装置，主要特点是实现了电器尺寸模数化、安装规范化、外形艺术化和使用安全化，是理想的新一代配电装置。另外，过程控制、生产自动化、配电系统及智能化楼宇等场合采用现场总线系统，对低压电器提出了可通信的要求。现场总线系统的发展与应用将从根本上改变传统的低压配电与控制系统及其装置，给传统低压电器带来改革性变化，因此发展智能化可通信低压电器势在必行，其产品的特征是：①装有微处理器；②带通信接口，能与现场总线连接；③采用标准化结构，具有互换性；④采用模数化结构；⑤保护功能齐全，具有外部故障记录显示、内部故障自诊断、双向通信等功能。

此外，低压电器系统集成和整体解决方案已引起行业的高度重视。在系统集成和整体解决方案上领先一步，就有可能在市场竞争中步步领先。为此，应在以下几个方面开展深入研究：①低压配电系统典型方案、各类低压断路器选用原则及性能研究；②低压配电与控制网络系统研究，包括网络系统、系统整体解决方案、各类可通信低压电器，以及其他配套元件选用；③配电系统过电流保护整体解决方案，其目标是在极短时间内实现全范围、全电流选择性保护；④配电系统（包括新能源系统）过电压保护整体解决方案；⑤各类电动机启动、控制与保护整体解决方案；⑥双电源系统自动转换开关电器选用的整体解决方案。随着国民经济的发展和产业结构的升级，电力产业信息化与工业化的深度融合，以及工业互联网的快速发展，我国低压电器行业不断发展壮大，将会大大缩短与世界先进国家的差距，以满足国内外市场的需要。

1.2 接　触　器

接触器是一种用于频繁地接通和断开交、直流主电路及大容量控制电路的自动切换电器，在电力拖动自动控制系统中大量使用。在功能上，接触器除能自动切换外，还具有一般手动开关所不能实现的远距离操作功能和欠（零）电压保护功能。在PLC控制系统中，接触器常作为输出执行元件，用于控制电动机、电热设备、电焊机、电容器组等负载。

1.2.1 结构和工作原理

接触器主要由电磁系统、触头系统和灭弧装置组成，其结构简图如图 1-1 所示。接触器是利用电磁吸力的原理工作的。

1. 电磁系统

电磁系统包括动铁心（衔铁）、静铁心和电磁线圈 3 部分，其作用是将电磁能转换成机械能，产生电磁吸力带动触头动作。

① 电磁系统的结构形式根据铁心形状和衔铁运动方式，可分为 3 种：衔铁绕棱角转动拍合式、衔铁绕轴转动拍合式、衔铁直线运动螺管式，如图 1-2 所示。

图 1-2（a）中，衔铁绕磁轭的棱角而转动，磨损较小，铁心用软铁做成，适用于直流接触器；图 1-2（b）中，衔铁绕轴转动，铁心用硅钢片叠成，适用于交流接触器；图 1-2（c）中，衔铁在线圈内做直线运动，适用于交流接触器。

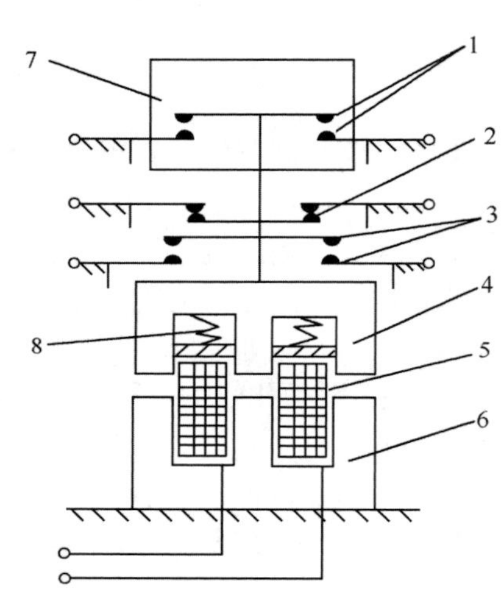

1—主触头　2—常闭辅助触头　3—常开辅助触头
4—动铁心　5—电磁线圈　6—静铁心　7—灭弧罩　8—弹簧

图 1-1　接触器结构简图

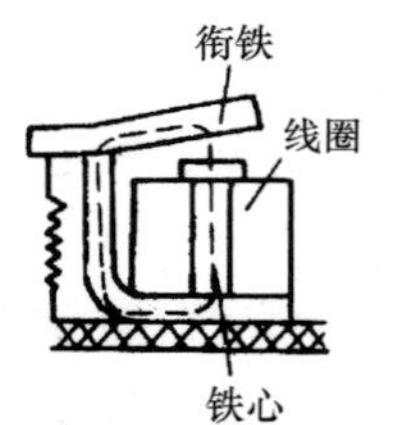

(a) 衔铁绕棱角转动拍合式

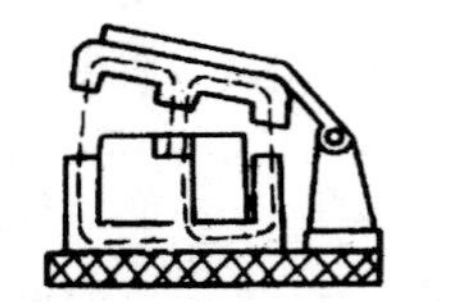

(b) 衔铁绕轴转动拍合式

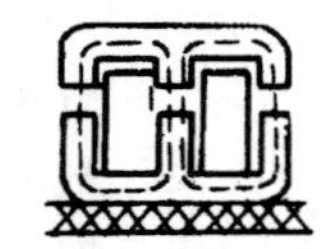

(c) 衔铁直线运动螺管式

图 1-2　接触器电磁系统的结构图

② 电磁系统按铁心形状分为 U 形［见图 1-2（a）］和 E 形［见图 1-2（b）和（c）］。

③ 电磁系统按电磁线圈的种类可分为直流线圈和交流线圈两种。

作用在衔铁上的力有两个：电磁吸力与反力。电磁吸力由电磁机构产生，反力则由释放弹簧和触点弹簧所产生。电磁系统的工作情况常用吸力特性和反力特性来表示。为了保证使衔铁能牢牢吸合，反力特性必须与吸力特性配合好，如图 1-3 所示。

电磁系统的电磁吸力 F 与气隙 δ 的关系曲线称为吸力特性。电磁机构动作时，其气隙 δ 是变化的，$F \propto B^2 \propto \Phi^2$。对于直流电磁机构，其励磁电流的大小与气隙无关，衔铁在动作过程中为恒磁动势工作。根据磁路定律 $\Phi = IN/R_m \propto 1/R_m$，式中，$R_m$ 为气隙磁阻，则 $F \propto \Phi^2 \propto 1/R^2_m \propto 1/\delta^2$，电磁吸力随气隙的减小而增加，所以吸力特性比较陡峭，如图 1-3 中的曲线 1 所示。对于交流电磁机构，设线圈外加电压 U 不变，交流电磁线圈的阻抗主要取决于线圈的电抗，若电阻忽略不计，则 $U \approx E = 4.44f\Phi N$，$\Phi = U/(4.44fN)$，当电压频率 f、线圈匝数 N、外加电压 U

为常数时，气隙磁通 Φ 也为常数，即励磁电流与气隙成正比，衔铁动作过程中为恒磁通工作，但考虑到漏磁通的影响，其电磁吸力随气隙的减小略有增加，所以吸力特性比较平坦，如图 1-3 中的曲线 2 所示。

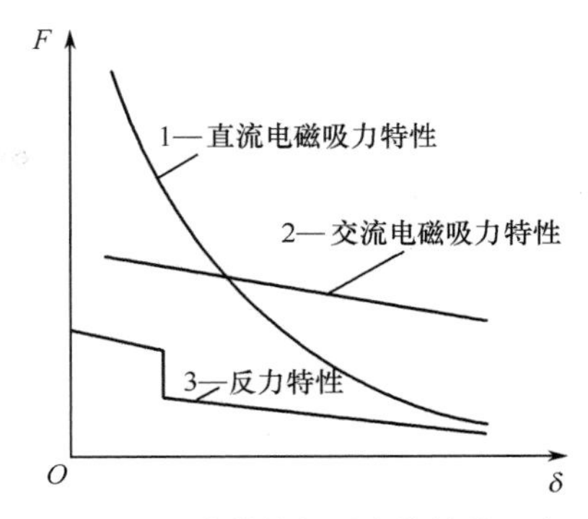

图 1-3　吸力特性与反力特性的配合

所谓反力特性是指反力与气隙 δ 的关系曲线，如图 1-3 中的曲线 3 所示。在整个吸合过程中，吸力都必须大于反力，即吸力特性高于反力特性，但不能过大或过小。若吸力过大，动、静触头接触时以及衔铁与铁心接触时的冲击力也大，会使触头和衔铁发生弹跳，导致触头熔焊或烧毁，影响接触器的机械寿命；若吸力过小，会使衔铁运动速度降低，难以满足高操作频率的要求。因此，吸力特性与反力特性必须配合得当，才有助于接触器性能的改善。在实际应用中，可调整反力弹簧或触头初压力以改变反力特性，使之与吸力特性有良好配合。

2. 触头系统

触头（也称触点）是接触器的执行元件，用来接通或断开被控制电路。

触头的结构形式很多，按其所控制的电路可分为主触头和辅助触头。主触头用于接通或断开主电路，允许通过较大的电流；辅助触头用于接通或断开控制电路，只能通过较小的电流。

触头按其原始状态可分为常开触头和常闭触头：原始状态（线圈未通电）断开，线圈通电后闭合的触头称作常开触头；原始状态闭合，线圈通电后断开的触头称作常闭触头（线圈断电后所有触头复原）。

触头按其结构形式可分为桥形触头和指形触头，如图 1-4 所示。

触头按其接触形式可分为点接触、线接触和面接触 3 种，如图 1-5 所示。

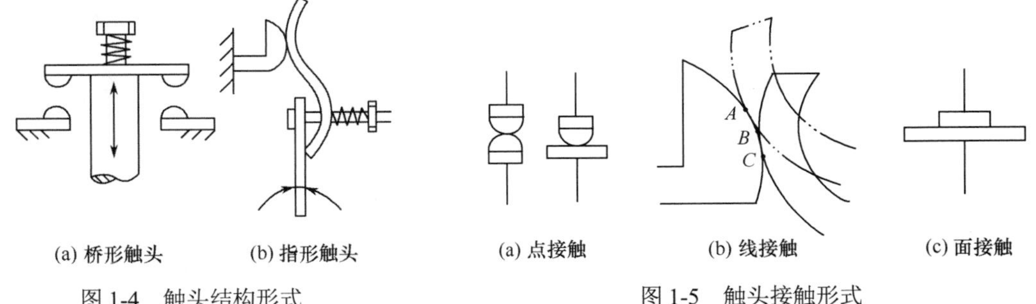

(a) 桥形触头　(b) 指形触头

图 1-4　触头结构形式

(a) 点接触　(b) 线接触　(c) 面接触

图 1-5　触头接触形式

图 1-5（a）为点接触，它由两个半球形触头或一个半球形与一个平面形触头构成，常用于小电流的电器中，如接触器的辅助触头或继电器触头。图 1-5（b）为线接触，它的接触区域是一条直线。触头的通断过程是滚动式进行的。开始接通时，静、动触头在 *A* 点处接触，靠弹簧压力经 *B* 点滚动到 *C* 点；断开时做相反运动。这样可以自动清除触头表面的氧化物。线接触多用于中容量的电器，如接触器的主触头。图 1-5（c）为面接触，它允许通过较大的电流。这种触头一般在接触表面上镶有合金，以减少触头接触电阻并提高耐磨性，多用于大容量接触器的主触头。

3. 灭弧装置

触头由闭合状态过渡到断开状态的过程中将产生电弧，这是气体自持放电形式之一，是一种带电粒子流。电弧的外部有白炽弧光，内部有很高的温度和密度很大的电流。电弧的出现延长了切断故障的时间，且电弧的高温会烧坏附近的电气绝缘材料，并腐蚀触头。为保证电路和电气元件工作安全可靠，必须采取有效的措施进行灭弧。要使电弧熄灭，应设法降低电弧的温度和电场强度。常用的灭弧装置有电动力灭弧装置、灭弧栅和磁吹灭弧装置。

（1）电动力灭弧装置

电动力灭弧装置主要用于交流电器的灭弧。如图 1-6 所示是一种桥式结构的双断口触头，当触头打开时，在断口处产生电弧，电弧电流在两电弧间产生图中以⊗表示的磁场，根据左手定则，电弧电流要产生一个指向外侧的电动力 F，使电弧向外运动并拉长，迅速穿越冷却介质而加快冷却并熄灭电弧。

（2）灭弧栅

灭弧栅灭弧原理如图 1-7 所示。灭弧栅片由许多镀铜薄钢片组成，片间距离为 2～3mm，安放在触头上方的灭弧罩内。一旦出现电弧，电弧周围产生磁场，电弧被导磁钢片吸入栅片内，且被栅片分割成许多串联的短电弧，当交流电压过零时电弧自然熄灭，两栅片间必须有 150～250V 电压，电弧才能重燃。这样，一方面电源电压不足以维持电弧，同时由于栅片的散热作用，电弧熄灭后就很难重燃，因此它常用于交流接触器。

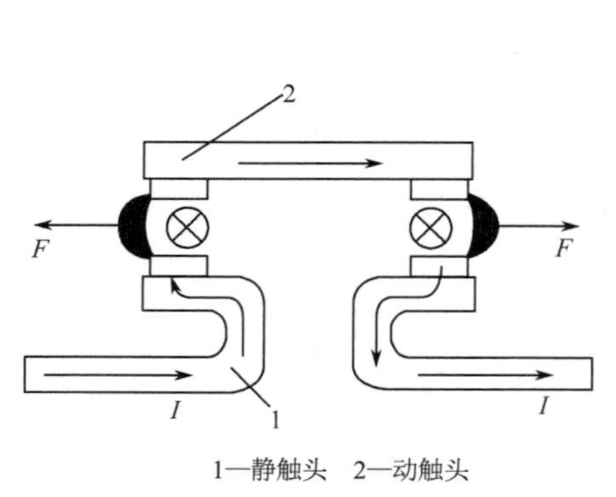

1—静触头　2—动触头

图 1-6　电动力灭弧装置的工作原理

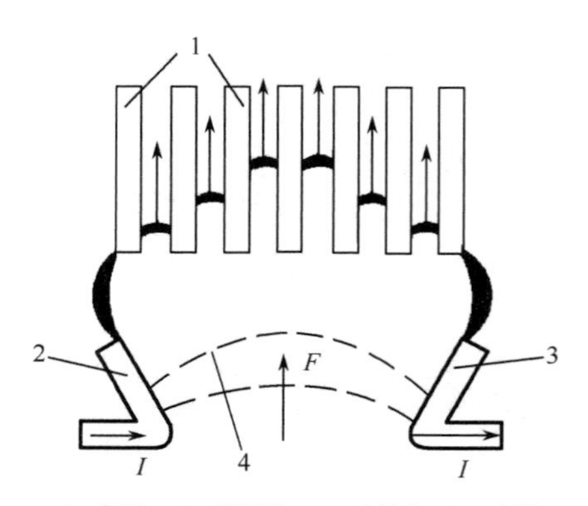

1—栅片　2—静触头　3—动触头　4—电弧

图 1-7　灭弧栅灭弧原理

（3）磁吹灭弧装置

磁吹灭弧装置的工作原理如图 1-8 所示，在触头电路中串入一个吹弧线圈，它产生的磁通通过导磁夹片引向触头周围；电弧所产生的磁通方向如图 1-8 所示。

可见，在弧柱下面吹弧线圈产生的磁通与电弧产生的磁通是相加的，而在弧柱上面的彼此抵消，因此就产生一个向上运动的力将电弧拉长并吹入灭弧罩中。熄弧角和静触头相连接，其作用是引导电弧向上运动，将热量传递给灭弧罩，促使电弧熄灭。由于这种灭弧方式是利用电弧电流本身灭弧的，因此电弧电流越大，灭弧的能力也越强，广泛应用于直流接触器。

接触器的图形符号、文字符号如图 1-9 所示。

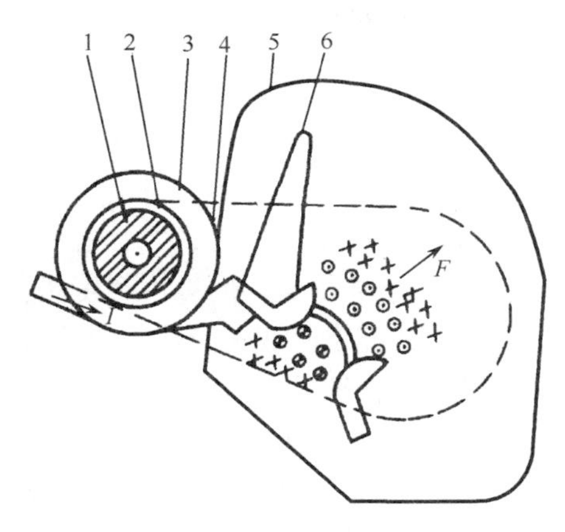

1—铁心　2—绝缘管　3—吹弧线圈　4—导磁夹片
5—灭弧罩　6—熄弧角

图 1-8　磁吹灭弧装置的工作原理

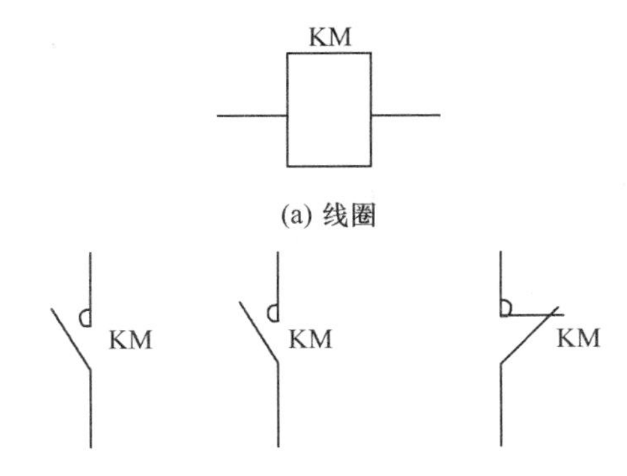

(b) 主触头　(c) 常开辅助触头　(d) 常闭辅助触头

图 1-9　接触器的图形、文字符号

4．接触器的工作原理

当接触器的电磁线圈通电后，线圈电流产生磁场，使静铁心产生电磁吸力吸引衔铁，并带动触头动作：常闭触头断开，常开触头闭合，两者是联动的。当线圈断电时，电磁吸力消失，衔铁在释放弹簧的作用下释放，使触头复原：常开触头断开，常闭触头闭合。

1.2.2　交、直流接触器的特点

接触器按其主触头所控制主电路电流的种类可分为交流接触器和直流接触器两种。

1．交流接触器

交流接触器的电磁线圈通以交流电，主触头接通、分断交流主电路。

当交变磁通穿过铁心时，将产生涡流和磁滞损耗，使铁心发热。为减少铁损，铁心用硅钢片冲压而成。为便于散热，线圈做成短而粗的圆筒状并绕在骨架上。

交流电源频率的变化使衔铁产生强烈振动和噪声，甚至使铁心松散。因此，交流接触器的铁心端面上都安装一个铜制的短路环。短路环包围铁心端面约 2/3 的面积，如图 1-10 所示。

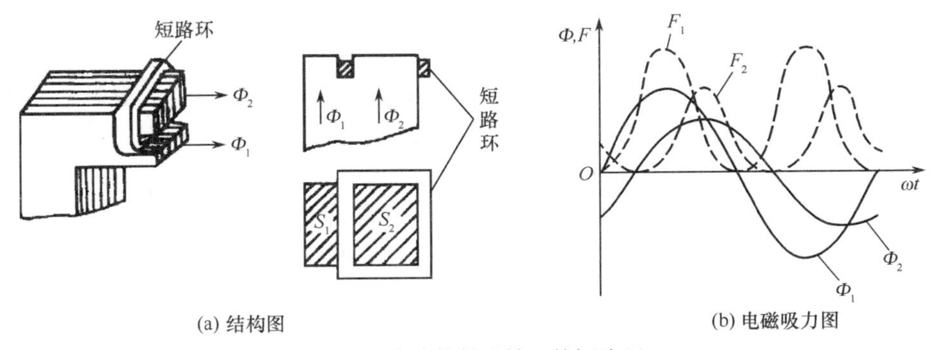

图 1-10　交流接触器铁心的短路环

当交变磁通穿过短路环所包围的截面积 S_2 并在环中产生涡流时，根据电磁感应定律，此涡流产生的磁通 Φ_2 在相位上落后于短路环外铁心截面积 S_1 中的磁通 Φ_1，由 Φ_1、Φ_2 产生的电磁吸力分别为F_1、F_2，作用在衔铁上的合成电磁吸力是$F_1 + F_2$，合成后的吸力就不会有零值的时刻。如果合成后的吸力在任一时刻都大于弹簧拉力，就可消除振动。

交流接触器的灭弧装置通常采用灭弧罩和灭弧栅进行灭弧。

2. 直流接触器

直流接触器的电磁线圈通以直流电，主触头接通、切断直流主电路。

直流接触器的电磁线圈通以直流电，铁心中不会产生涡流和磁滞损耗，所以不会发热。为方便加工，铁心用整个钢块制成。为使线圈散热良好，通常将线圈绕制成长而薄的圆筒状。

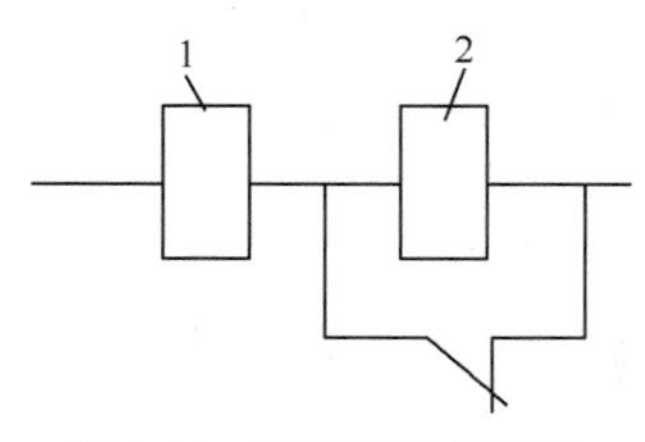

图 1-11 直流接触器双绕组线圈接线图

对于 250A 以上的直流接触器，往往采用串联双绕组线圈，如图 1-11 所示。图中，线圈 1 为启动线圈，线圈 2 为保持线圈。在电路刚接通瞬间，保持线圈被常闭触头短接，可使启动线圈获得较大的电流和吸力。当接触器动作后，常闭触头断开，两线圈串联通电，由于电源电压不变，因此电流减小，但仍可保持衔铁吸合，因而可以节电并延长电磁线圈的使用寿命。

直流接触器灭弧较困难，一般采用灭弧能力较强的磁吹灭弧装置。

1.2.3 接触器的选用

1. 接触器的型号及代表意义

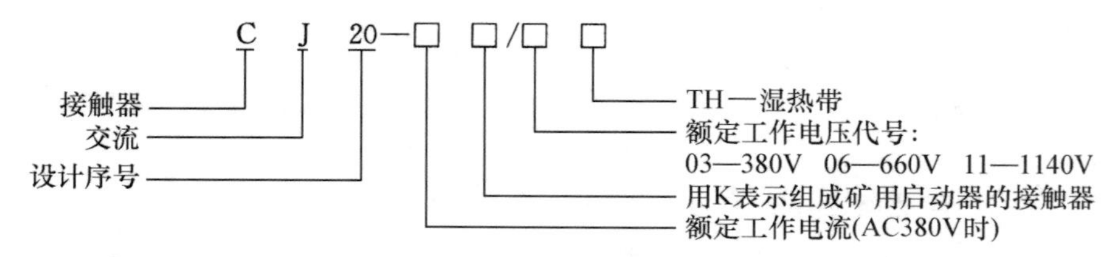

2. 接触器选用原则

① 额定电压　接触器的额定电压是指主触头的额定电压，应等于负载的额定电压。通常电压等级分为交流接触器 380V、660V、1140V；直流接触器 220V、440V、660V。

② 额定电流　接触器的额定电流是指主触头的额定电流，应等于或稍大于负载的额定电流（按接触器设计时规定的使用类别来确定）。

③ 电磁线圈的额定电压　电磁线圈的额定电压等于控制电路的电源电压，通常电压等级分为交流电磁线圈 36V、127V、220V、380V；直流电磁线圈 24V、48V、110V、220V。

使用时，一般交流负载用交流接触器，直流负载用直流接触器，但对于频繁动作的交流负载，可选用带直流电磁线圈的交流接触器。

④ 触头数目　接触器的触头数目应能满足控制电路的要求。各种类型的接触器触头数目不同。交流接触器的主触头有 3 对（常开触头），一般有 4 对辅助触头（2 对常开、2 对常闭），最多可达到 6 对（3 对常开、3 对常闭）。直流接触器的主触头一般有 2 对（常开触头），辅助触头有 4 对（2 对常开、2 对常闭）。

⑤ 额定操作频率　额定操作频率是指接触器每小时接通的次数。通常交流接触器为 600 次/h；直流接触器为 1200 次/h。

1.3 继 电 器

继电器主要用于控制与保护电路或用作信号转换。当输入量变化到某一定值时，继电器动作，其触头接通或断开交、直流小容量的控制电路。

继电器的种类很多，常用的分类方法有以下几种。

① 按用途分，有控制继电器和保护继电器等。

② 按动作原理分，有电磁式继电器、感应式继电器、电动式继电器、电子式继电器和热继电器等。

③ 按输入信号的不同来分，有电压继电器、中间继电器、电流继电器、时间继电器、速度继电器等。

1.3.1 电磁式继电器

常用的电磁式继电器有电压继电器、中间继电器和电流继电器。

1. 电磁式继电器的结构与工作原理

电磁式继电器的结构和工作原理与接触器相似，由电磁系统、触头系统和释放弹簧等组成，电磁式继电器原理图如图 1-12 所示。由于继电器用于控制电路，因此流过触头的电流比较小，故不需要灭弧装置。电磁式继电器的图形、文字符号如图 1-13 所示。

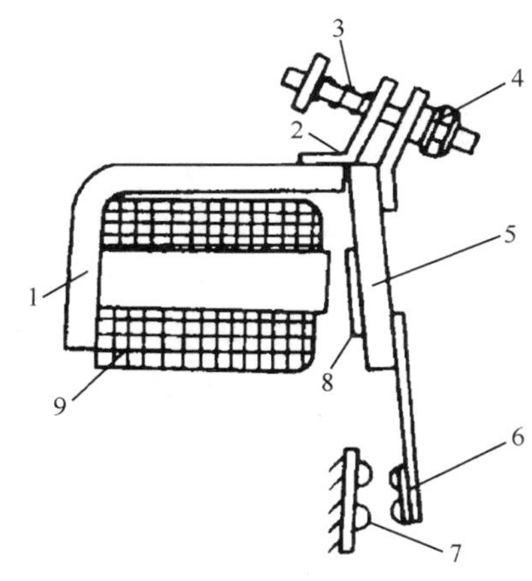

1—铁心 2—旋转棱角 3—释放弹簧 4—调节螺母 5—衔铁 6—动触头 7—静触头 8—非磁性垫片 9—线圈

图 1-12 电磁式继电器原理图

图 1-13 电磁式继电器的图形、文字符号

2. 继电器的特性

继电器的主要特性是输入/输出特性，又称继电特性，继电特性曲线如图 1-14 所示。

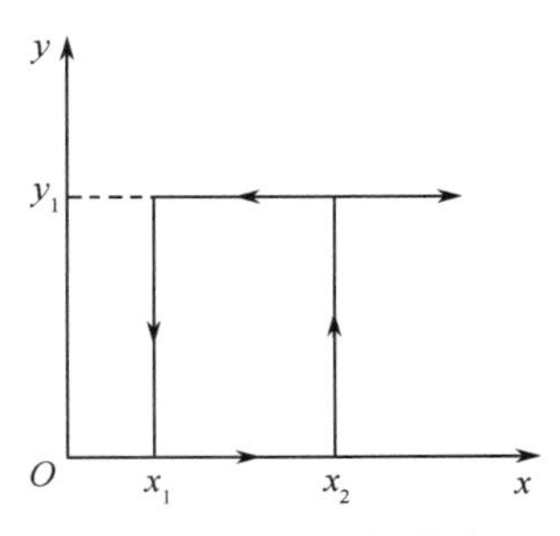

图 1-14 继电特性曲线

当继电器输入量 x 由零增至 x_2 以前，继电器输出量 y 为零。当输入量增加到 x_2 时，继电器吸合，输出量为 y_1，若 x 再增大，则 y_1 值保持不变。当 x 减小到 x_1 时，继电器释放，输出量由 y_1 降到零，x 再减小，y 值均为零。

在图 1-14 中，x_2 称为继电器吸合值，欲使继电器吸合，输入量必须大于或等于 x_2；x_1 称为继电器释放值，欲使继电器释放，输入量必须小于或等于 x_1。

$k=x_1/x_2$ 称为继电器的返回系数，它是继电器的重要参数之一。k 值是可以调节的，可通过调节释放弹簧的松紧程度或调整铁心与衔铁间的非磁性垫片的厚薄来达到。不同场合要求不同的 k 值。例如，一般继电器要求低的返回系数，k 值应为 0.1～0.4，这样当继电器吸合后，输入量波动较大时不致引起误动作；欠电压继电器则要求高的返回系数，k 值应在 0.6 以上。设某继电器 $k=0.66$，吸合电压为额定电压的 90%，则电压低于额定电压的 60%时继电器释放，起到欠电压保护作用。

吸合时间和释放时间也是继电器的重要参数。吸合时间是指从电磁线圈接收电信号到衔铁完全吸合所需的时间；释放时间是指从电磁线圈失电到衔铁完全释放所需的时间。一般继电器的吸合时间和释放时间为 0.05～0.15s，快速继电器为 0.005～0.05s。吸合时间和释放时间的大小影响继电器的操作频率。

3．电压继电器

电压继电器反映的是电压信号。使用时，电压继电器的电磁线圈与负载并联，其线圈匝数多而线径细。按吸合电压的大小，电压继电器可分为欠（零）电压继电器和过电压继电器两种。

欠电压继电器用于电路的欠电压保护，其释放整定值为额定电压的 0.1~0.6 倍。当被保护电路的电压正常时，衔铁不动作；当被保护电路的电压低于设定值时，衔铁释放，触点机构动作，控制电路失电，控制继电器及时分断被保护电路。

过电压继电器用于电路的过电压保护。当被保护电路的电压正常时，衔铁不动作；当被保护电路的电压高于额定值，达到过电压继电器的整定值时［一般为(105%～120%)U_N］，衔铁吸合，触点机构动作，控制电路失电，控制继电器及时分断被保护电路。

零电压继电器是当被保护电路的电压降低到(5%～25%)U_N 时释放，对电路实现零电压保护。

中间继电器实质上是一种电压继电器，它的特点是触头数目较多，电流可增大，起到中间放大（触头数目和电流）的作用。

4．电流继电器

电流继电器反映的是电流信号。在使用时，电流继电器的电磁线圈和负载串联，其线圈匝数少而线径粗。这样，电磁线圈上的压降很小，不会影响负载电路的电流。常用的电流继电器有欠电流继电器和过电流继电器两种。

电路正常工作时，欠电流继电器吸合动作，当电路电流减小到某一整定值以下时，欠电流继电器释放，对电路起欠电流保护作用。

电路正常工作时，过电流继电器不动作，当电路电流超过某一整定值时，过电流继电器吸合动作，对电路起过电流保护作用。

电流继电器的型号及代表意义如下：

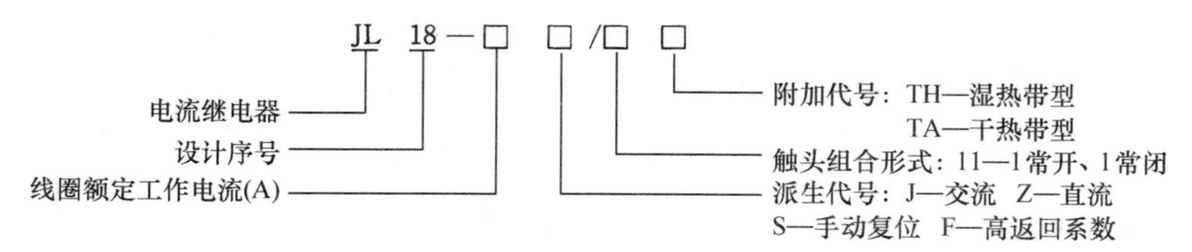

5. 电磁式继电器的选用

选用电磁式继电器时，主要根据保护或控制对象对继电器的要求，并要考虑触点数量、种类、返回系数及控制电路的电压、电流、负载性质等。

1.3.2 热继电器

热继电器是利用电流流过热元件时产生的热量，使双金属片发生弯曲而推动执行机构动作的一种保护电器。热继电器主要用于交流电动机的过载保护、断相及电流不平衡运动的保护及其他电气设备发热状态的控制。热继电器还常和交流接触器配合组成电磁启动器，广泛用于电动机的长期过载保护。

电动机在实际运行中，经常会遇到过载情况，但只要过载不严重、时间短，绕组不超过允许的温升，这种过载是允许的。但如果过载情况严重、时间长，则会加速电动机绝缘的老化，甚至烧毁电动机，因此必须对电动机进行长期的过载保护。

1. 热继电器结构与工作原理

热继电器主要由热元件、双金属片和触头等组成，如图 1-15 所示。

热元件由发热电阻丝做成，双金属片由两种热膨胀系数不同的金属碾压而成。当双金属片受热时，会发生弯曲变形。使用时，把热元件串接于电动机的主电路中，而常闭触头串接于电动机的控制电路中。热元件 1 通电发热后，双金属片 2 受热向左弯曲，推动导板 3 向左推动执行机构产生一定的运动。当电动机正常运行时，热元件产生的热量虽能使双金属片弯曲，但还不足以使热继电器的触头动作。当电动机过载时，双金属片弯曲的位移增大，推动导板使常闭触头断开，从而切断电动机控制电路以起到保护作用。热继电器动作后，经过一段时间的冷却，就能自动或手动复位。热继电器的图形、文字符号如图 1-16 所示。

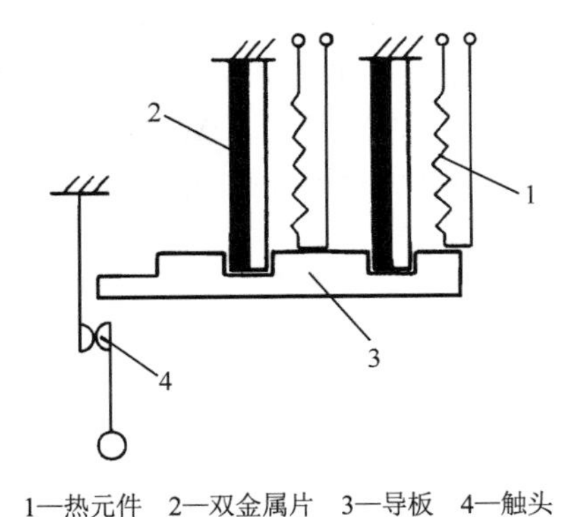

1—热元件　2—双金属片　3—导板　4—触头

图 1-15　热继电器原理图

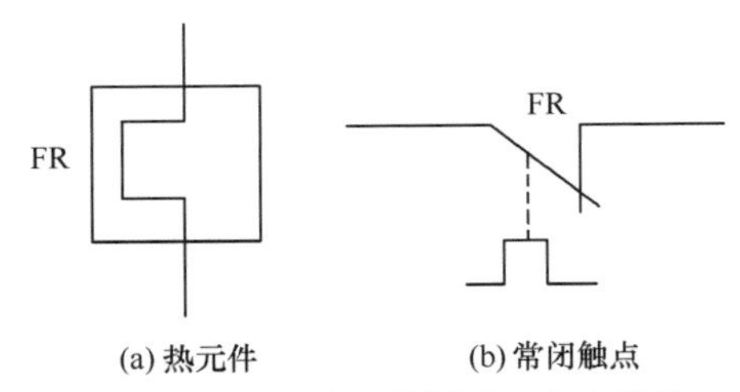

(a) 热元件　(b) 常闭触点

图 1-16　热继电器的图形、文字符号

在三相异步电动机主电路中，一般采用两相结构的热继电器，即在两相主电路中串接热元件。如果发生三相电源严重不平衡、电动机绕组内部短路或绝缘不良等故障，使电动机某一相的线电流比其他两相高，而这一相若没有串接热元件，热继电器也不能起到保护作用，这时需采用三相结构的热继电器。

2. 断相保护热继电器

对于三相异步电动机，定子绕组为△连接的电动机必须采用带断相保护的热继电器。将热继电器的热元件串接在△连接的电动机的电源进线中，并且按电动机的额定电流来选择热

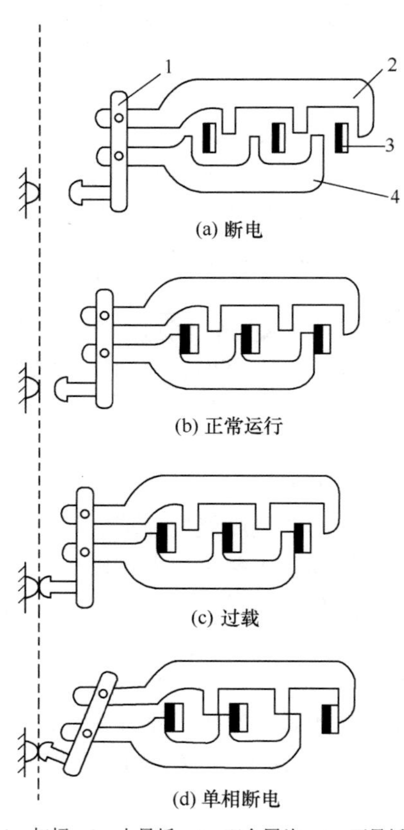

1—杠杆　2—上导板　3—双金属片　4—下导板

图 1-17　带断相保护的热继电器结构

继电器，当故障线电流达到额定电流时，在电动机绕组内部，电流较大的那一相绕组的故障相电流将超过额定相电流。但由于热元件串接在电源进线中，因此热继电器不会动作，但对电动机来说就有过热危险。

为了对△连接的电动机进行断相保护，必须将 3 个热元件分别串接在电动机的每相绕组中。这时热继电器的整定电流值按每相绕组的额定电流来选择。但是这种接线复杂、麻烦，且导线也较粗。我国生产的功率在 4kW 或以上的三相笼型异步电动机，大多采用△连接，为解决这类电动机的断相保护问题，设计了带有断相保护装置的三相结构热继电器。

JR16 系列为断相保护热继电器，断相保护结构如图 1-17 所示。图中虚线表示动作位置，图 1-17（a）为断电时的位置。当电流为额定电流时，3 个热元件正常发热，其端部均向左弯曲并推动上、下导板同时左移，但到不了动作位置，热继电器的常开触头不会动作，如图 1-17（b）所示。当电流过载到达整定电流时，双金属片弯曲较大，把导板和杠杆推到动作位置，热继电器的动作，如图 1-17（c）所示。当一相（设 U 相）断路时，U 相热元件的温度由原来正常发热状态下降，双金属片由弯曲状态伸直，推动上导板右移；同时由于 V、W 相电流较大，因此推动下导板向左移，使杠杆扭转，热继电器动作，起到断相保护作用。

3.　热继电器的选用

热继电器的型号及表示意义如下：

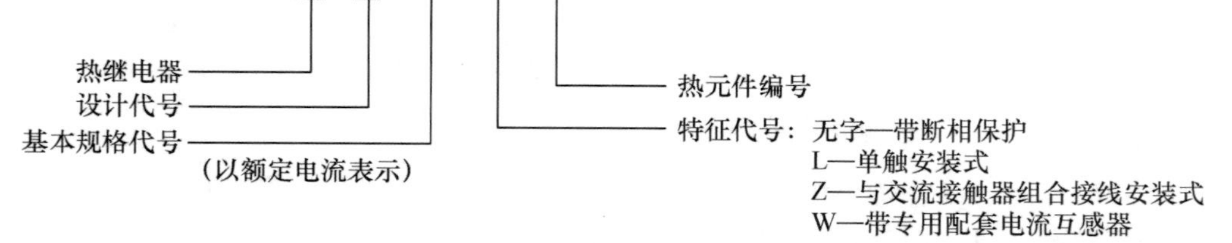

热继电器的选择主要根据电动机的额定电流来确定其型号及热元件的额定电流等级。热继电器的整定电流通常等于或稍大于电动机的额定电流，每种额定电流的热继电器可装入若干不同额定电流的热元件。

由于热惯性的原因，热继电器不能用作短路保护。因为发生短路故障时，要求电路立即断开，而热继电器却不能立即动作。正是由于热惯性在电动机启动或短时过载时使热继电器不动作，从而保证了电动机的正常工作。

1.3.3 时间继电器

时间继电器是一种利用电磁原理或机械原理实现延时控制的自动开关装置，是从得到输入信号（线圈的通电或断电）开始，经过一定的延时后才输出信号（触头的闭合或断开）的继电器。

时间继电器的延时方式有两种。

通电延时：接收输入信号后延迟一定的时间，输出信号才发生变化。当输入信号消失后，输出瞬时复原。

断电延时：接收输入信号时，瞬时产生相应的输出信号。当输入信号消失后，延迟一定的时间，输出才能复原。

时间继电器的种类很多，常用的有空气阻尼式、电动机式、电子式等时间继电器。

1. 空气阻尼式时间继电器

空气阻尼式时间继电器是利用空气阻尼作用而达到延时目的的继电器，由电磁机构、延时机构和触头组成。

空气阻尼式时间继电器的电磁机构有交流、直流两种。通过改变电磁机构位置，将电磁铁翻转 180° 安装来实现通电延时和断电延时。当动铁心（衔铁）位于静铁心和延时机构之间位置时，为通电延时型时间继电器；当静铁心位于动铁心和延时机构之间位置时，为断电延时型时间继电器。JS7—A 系列时间继电器原理图如图 1-18 所示。

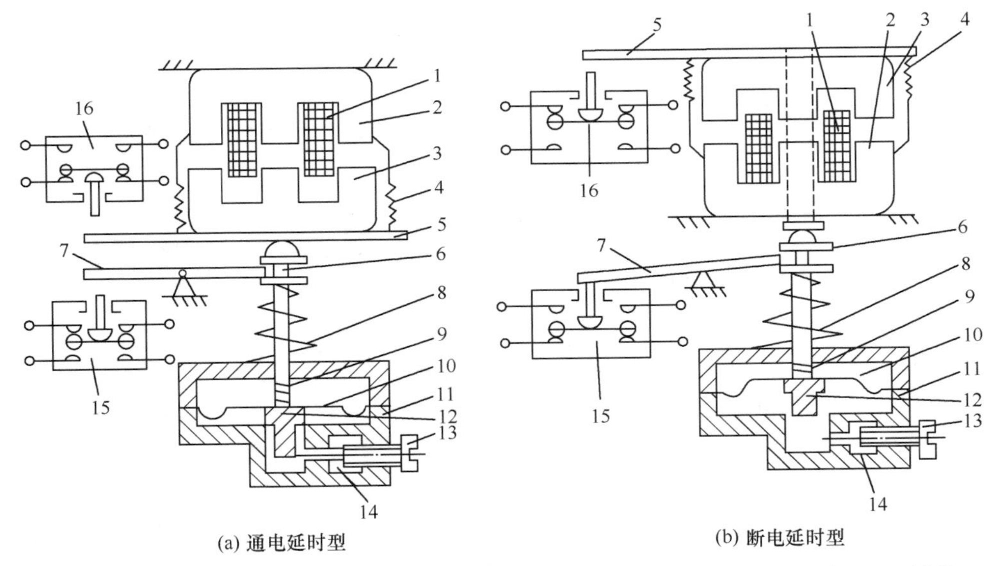

1—线圈 2—静铁心 3—衔铁 4—反力弹簧 5—推板 6—活塞杆 7—杠杆 8—塔形弹簧 9—弱弹簧 10—像皮膜 11—空气室壁 12—活塞 13—调节螺钉 14—进气孔 15、16—微动开关

图 1-18 JS7—A 系列时间继电器原理图

空气阻尼式时间继电器的结构简单，价格低廉，延时范围为 0.4～180s，但是延时误差较大，难以精确地整定延时时间，常用于延时精度要求不高的交流控制电路中。

日本生产的空气阻尼式时间继电器的体积比 JS7 系列小 50%以上，橡皮膜用特殊的塑料薄膜制成，其气孔精度要求很高，延时时间可达几十分钟，延时精度为±10%。

按照通电延时和断电延时两种形式，空气阻尼式时间继电器的延时触头有：延时断开常开触头、延时断开常闭触头、延时闭合常开触头和延时闭合常闭触头。

空气阻尼式时间继电器的图形及文字符号如图 1-19 所示。

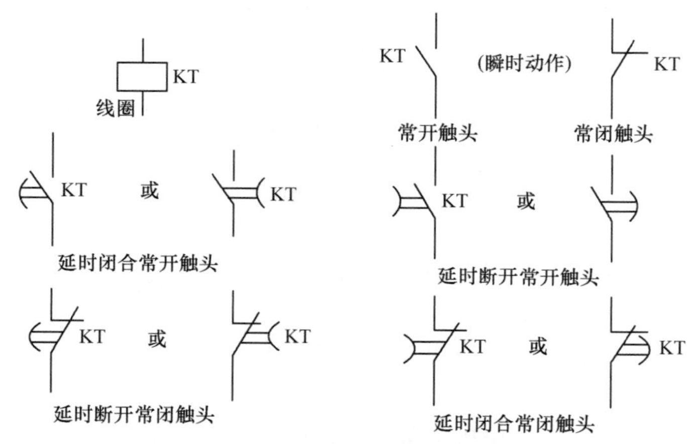

图 1-19　空气阻尼式时间继电器的图形、文字符号

2. 电动机式时间继电器

电动机式时间继电器由同步电动机、减速齿轮机构、电磁离合系统及执行机构组成。电动机式时间继电器的延时时间长，可达数十小时，延时精度高，但结构复杂，体积较大，常用的有 JS10、JS11 系列和 7PR 系列。

3. 电子式时间继电器

随着电子技术的发展，电子式时间继电器也迅速发展。这类时间继电器的体积小、延时范围大、延时精度高、寿命长，已日益得到广泛的应用。

电子式时间继电器又称计数式时间继电器，其结构由脉冲发生器、计数器、放大器及执行机构组成，有的还带有数字显示，可取代空气阻尼式、电动机式等时间继电器。我国生产的产品有 JSJ 系列和 JS14P 系列等。

4. 时间继电器的选用

选用时间继电器时，首先应考虑满足控制系统所提出的工艺要求和控制要求，并根据对延时方式的要求选用通电延时型或断电延时型。对于延时要求不高和延时时间较短的，可选用价格相对较低的空气阻尼式时间继电器；当要求延时精度较高、延时时间较长时，可选用数字式时间继电器；在电源电压波动大的场合，采用空气阻尼式时间继电器比用数字式时间继电器好，而在温度变化较大处，则不宜采用空气阻尼式时间继电器。总之，选用时除考虑延时范围、准确度等条件外，还要考虑控制系统对可靠性、经济性、工艺安装尺寸等的要求。

1.3.4　速度继电器

速度继电器主要用于笼型异步电动机的反接制动控制，也称反接制动继电器。其结构原理图如图 1-20 所示。

速度继电器主要由定子、转子和触头 3 部分组成。定子的结构与笼型异步电动机相似，是一个笼型空心圆环，由硅钢片冲压而成，并装有笼型绕组。转子是一块永久磁铁。

速度继电器的轴与电动机的轴相连接。转子固定在轴上，定子与轴同心。当电动机转动时，速度继电器的转子随之转动，绕组切割磁场产生感应电动势和感应电流，此感应电流和永久磁铁的磁场作用产生转矩，使定子向轴的转动方向偏摆，通过定子柄拨动触头，使常闭触头断开、常开触头闭合。当电动机转速下降到接近零时，转矩减小，定子柄在弹簧力的作用下恢复原位，触头也复原。

速度继电器的图形、文字符号如图 1-21 所示。

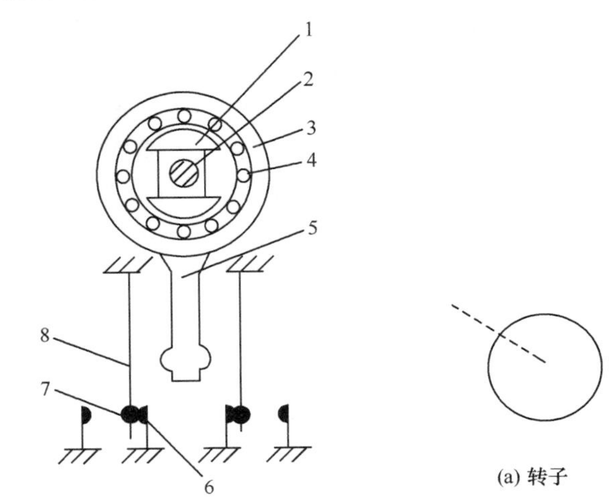

1—转子　2—电动机轴　3—定子　4—绕组

5—定子柄　6—静触头　7—动触头　8—簧片

图 1-20　速度继电器结构原理图

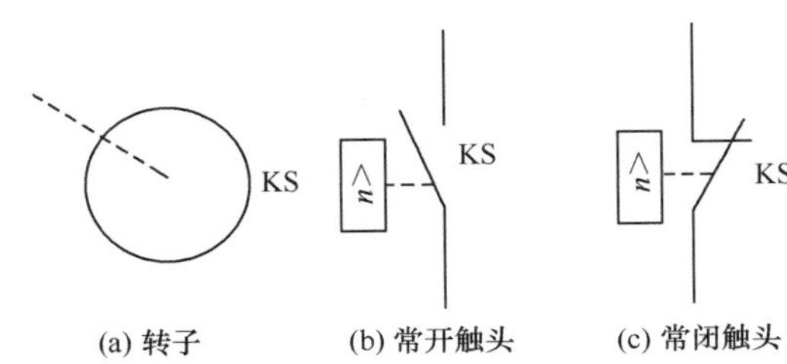

图 1-21　速度继电器的图形、文字符号

速度继电器除 JY1 型外，还有 JFZ0 型。JFZ0 型速度继电器的触头动作速度不受定子柄偏转快慢的影响，触头改用微动开关。

速度继电器的额定工作转速有 300~1000r/min 与 1000~3000r/min 两种，动作转速在 120r/min 左右，复位转速在 100r/min 以下。

速度继电器有两组触头（各有一对常开触头和一对常闭触头），可分别控制电动机正、反转的反接制动。

速度继电器根据电动机的额定转速进行选择。使用时，速度继电器的转轴应与电动机同轴连接，安装接线时，正、反向的触点不能接错，否则不能起到反接制动时接通和分断反向电源的作用。

1.4 熔　断　器

熔断器是根据电流超过规定值一段时间后，以其自身产生的热量使熔体熔化，从而使电路断开的一种电流保护器。熔断器广泛应用于高、低压配电系统和控制系统以及用电设备中，用作短路和过电流保护，是应用最普遍的保护器件之一。

1.4.1 熔断器的工作原理

熔断器主要由熔体（俗称保险丝）和安装熔体的熔管（或熔座）两部分组成。熔体由熔点较低的材料如铅、锡、锌或铅锡合金等制成，通常制成丝状或片状。熔管是装熔体的外壳，由陶瓷、绝缘钢纸或玻璃纤维制成，在熔体熔断时兼有灭弧作用。

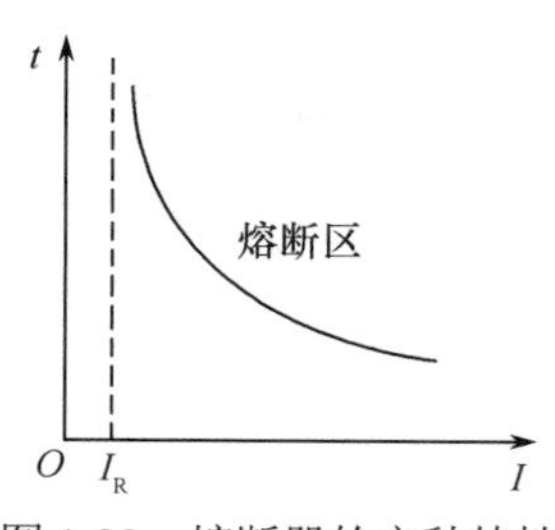

图 1-22　熔断器的安秒特性

1．安秒特性

熔断器的熔体串联在被保护电路中。当电路正常工作时，熔体允许通过一定大小的电流而长期不熔断；当电路严重过载时，熔体能在较短时间内熔断；而当电路发生短路故障时，熔体能在瞬间熔断。熔断器的特性可用通过熔体的电流和熔断时间的关系曲线来描述，如图 1-22 所示。它是一反时限特性曲线。因为电流通过熔体时产生的热量与电流的二次方和电流通过的时间成正比，所以电流越大，熔体熔断时间越短。这一特性又称为熔断器的安秒特性。在安秒特性中，有一条熔断电流与不熔断电流的分界线，与此相应的电流称为最小熔断电流 I_R。熔体在额定电流下，绝对不应熔断，所以最小熔断电流必须大于额定电流。

2．极限分断能力

极限分断能力通常是指在额定电压及一定的功率因数（或时间常数）下切断短路电流的极限能力，常用极限断开电流值（周期分量的有效值）来表示。熔断器的极限分断能力必须大于电路中可能出现的最大短路电流。

1.4.2　熔断器的选用

熔断器用于不同性质的负载，其熔体额定电流的选用方法也不同。

1．熔断器类型选择

熔断器的类型应根据电路的要求、使用场合和安装条件来选择。例如，用于电网配电，应选择一般工业用熔断器；用于硅元件保护，应选择保护半导体器件熔断器；供家庭使用，宜选用螺旋式或半封闭插入式熔断器。

2．熔断器额定电压的选择

熔断器的额定电压应大于或等于电路的工作电压。

3．熔断器额定电流的选择

熔断器的额定电流必须大于或等于所装熔体的额定电流。

4．熔体额定电流的选择

① 对于电炉、照明等电阻性负载的短路保护，熔体的额定电流等于或稍大于电路的工作电流。

② 在配电系统中，通常有多级熔断器保护，发生短路故障时，远离电源端的前级熔断器应先熔断。所以一般后一级熔体的额定电流比前一级熔体的额定电流至少大一个等级，以防止熔断器越级熔断而扩大停电范围。

③ 保护单台电动机时，考虑到电动机受启动电流的冲击，可按下式选择：

$$I_{RN} \geqslant (1.5 \sim 2.5)I_N \tag{1-1}$$

式中，I_{RN} 为熔体的额定电流（A）；I_N 为电动机的额定电流（A）。

轻载启动或启动时间短时，系数可取 1.5；重载启动或启动时间较长时，系数可取 2.5。

④ 保护多台电动机时，可按下式选择：

$$I_{RN} \geqslant (1.5 \sim 2.5)I_{N\max} + \sum I_N \tag{1-2}$$

式中，$I_{N\max}$ 为容量最大的一台电动机的额定电流（A）；$\sum I_N$ 为其余电动机额定电流之和（A）。

熔断器的熔体一般做成标准熔体。更换熔体时应切断电源，并换上相同额定电流的熔体，不得随意加大、加粗熔体或用粗铜线代替。

5．熔断器的图形、文字符号

熔断器的图形、文字符号如图 1-23 所示。

熔断器的型号及表示意义如下：

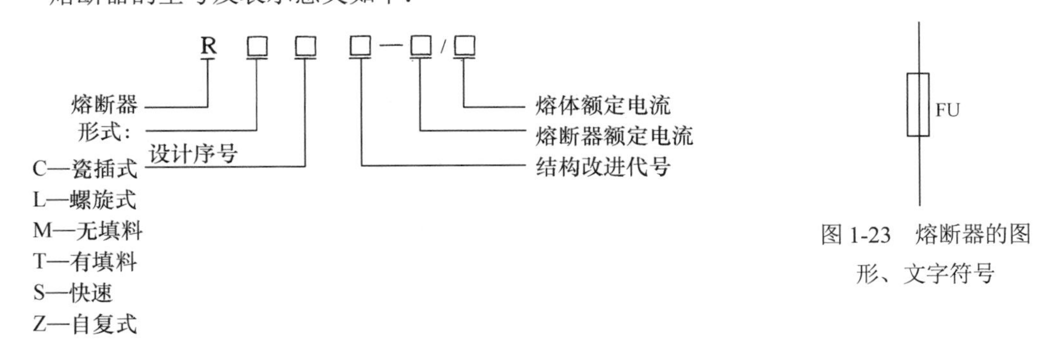

图 1-23 熔断器的图形、文字符号

1.5 低压保护电器

1.5.1 低压断路器

低压断路器曾称自动空气开关或自动开关，它相当于刀开关、熔断器、热继电器、过电流继电器和欠电压继电器的组合，是一种既有手动开关作用又能自动进行欠电压、过载和短路保护的电器。低压断路器是低压配电网络中非常重要的保护电器，且在正常条件下，可用于不频繁地接通和分断电路及频繁地启动电动机。低压断路器与接触器不同的是：接触器允许频繁地接通和分断电路，但不能分断短路电流；而低压断路器不仅可分断额定电流、一般故障电流，还能分断短路电流，但单位时间内允许的操作次数较低。

低压断路器具有多种保护功能（过载、短路、欠电压保护等）、动作值可调、分断能力高、操作方便、安全等优点，所以目前被广泛应用。

低压断路器按其用途及结构特点分为万能式（曾称框架式）断路器、塑料外壳式断路器、微型断路器等。万能式断路器主要用作配电网络的保护开关，而塑料外壳式断路器除用作配电网络的保护开关外，还可用作电动机、照明电路等的控制开关。有的低压断路器还带有漏电保护功能。

1．结构和工作原理

低压断路器由自由脱扣机构、主触头、保护装置（各种脱扣器）、灭弧系统等组成，其工作原理图如图 1-24 所示。

低压断路器的主触头是靠手动操作或电动合闸的。主触头闭合后，自由脱扣机构将主触头锁在合闸位置上。过电流脱扣器的线圈和热脱扣器的热元件与主电路串联，欠电压脱扣器的线圈和电源并联。当电路发生短路或严重过载时，过电流脱扣器的衔铁吸合，使自由脱扣机构动作，主触头断开主电路。当电路过载时，热脱扣器的热元件发热，使双金属片向上弯曲，推动自由脱扣机构动作。当电路欠电压时，欠电压脱扣器的衔铁释放，也使自由脱扣机构动作。分励脱扣器则用作远距离控制，在正常工作时，其线圈是断电的，在需要远距离控制时，按下启动按钮，使线圈通电，衔铁带动自由脱扣机构动作，使主触头断开。低压断路器的图形、文字符号如图 1-25 所示。

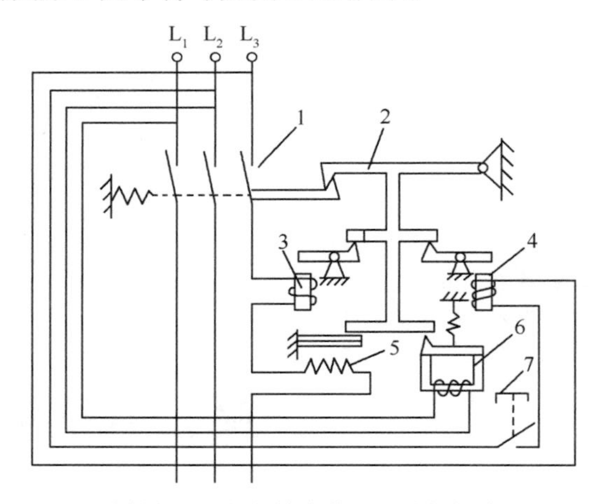

1—主触头 2—自由脱扣机构 3—过电流脱扣器
4—分励脱扣器 5—热脱扣器 6—欠电压脱扣器 7—启动按钮

图 1-24 低压断路器工作原理图

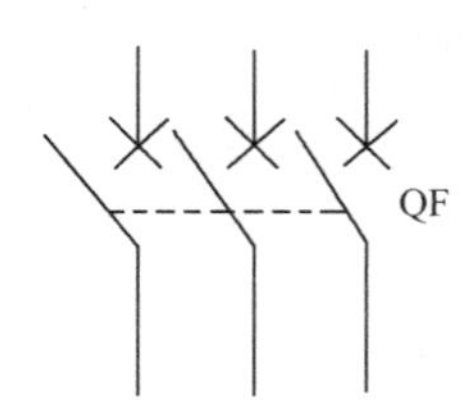

图 1-25 低压断路器的图形、文字符号

2．低压断路器型号及表示意义

低压断路器的型号及表示意义如下：

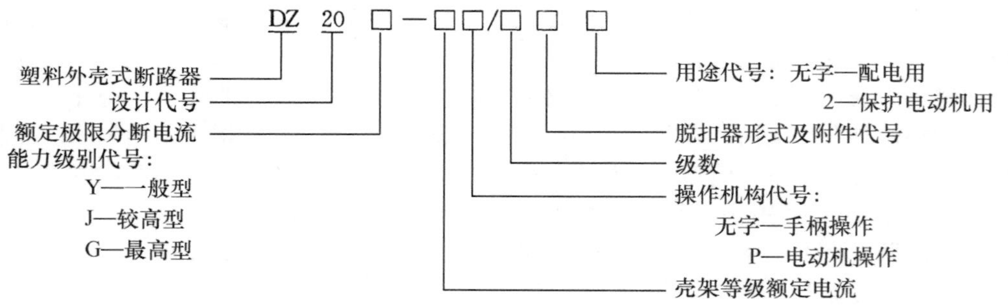

3．低压断路器的选用

① 低压断路器的额定电压和额定电流应大于或等于电路、设备的正常工作电压和工作电流。

② 低压断路器的极限分断电流大于或等于电路的最大短路电流。

③ 欠电压脱扣器的额定电压等于电路的额定电压。

④ 过电流脱扣器的额定电流大于或等于电路的最大负载电流。

1.5.2 漏电保护器

漏电保护器是一种电气安全装置，将漏电保护器安装在低压电路中，当发生漏电和触电时，且达到保护器所限定的动作电流值时，漏电保护器就立即在限定的时间内动作，自动断开电源进行保护。

根据漏电保护器的工作原理，可分为电压型、脉冲型和电流型 3 种。目前前两种已被淘汰，应用广泛的是电流型漏电保护器，所以下面主要介绍电流型漏电保护器。

1．结构与工作原理

漏电保护器一般由3个主要部件组成。一是检测漏电流大小的零序电流互感器；二是能将检测到的漏电流与一个预定基准值相比较，从而判断是否动作的漏电脱扣器；三是受漏电脱扣器控制的能接通、分断被保护电路的开关装置。

目前常用的电流型漏电保护器根据其结构不同分为电磁式和电子式两种。

（1）电磁式电流型漏电保护器

电磁式电流型漏电保护器的特点是漏电流直接通过漏电脱扣器来操作开关装置。

电磁式电流型漏电保护器由主开关、试验回路、电磁式漏电脱扣器和零序电流互感器等组成，如图1-26所示。

当电网正常运行时，不论三相负载是否平衡，通过零序电流互感器的三相电流的相量和等于零，因此其二次绕组中无感应电动势，漏电保护器工作于闭合状态。一旦电网中发生漏电或触电事故，上述三相电流的相量和不再等于零，因为有漏电流或触电电流通过人体和大地返回变压器的中性点，于是，零序电流互感器二次绕组中便产生感应电动势加到漏电脱扣器上。当达到额定漏电动作电流时，漏电脱扣器就动作，推动主开关的锁扣，使主开关打开，分断主电路。

（2）电子式电流型漏电保护器

电子式电流型漏电保护器的特点是漏电流经过电子放大电路放大后才能使漏电脱扣器动作，从而操作开关装置。

电子式电流型漏电保护器由主开关、试验回路、零序电流互感器、电子放大器和漏电脱扣器等组成，如图1-27所示。

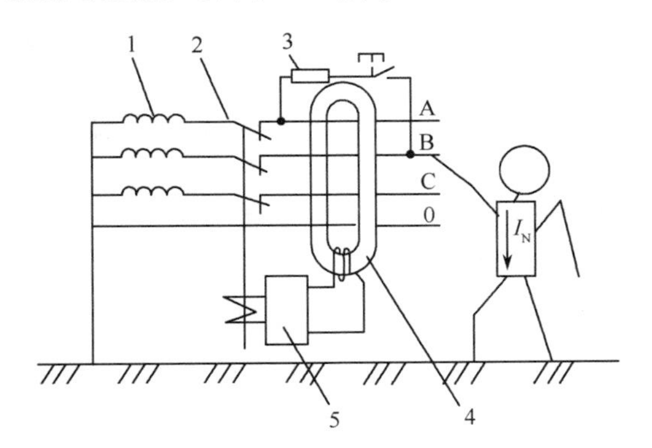

1—电源变压器　2—主开关　3—试验回路

4—零序电流互感器　5—电磁式漏电脱扣器

图1-26　电磁式电流型漏电保护器工作原理图

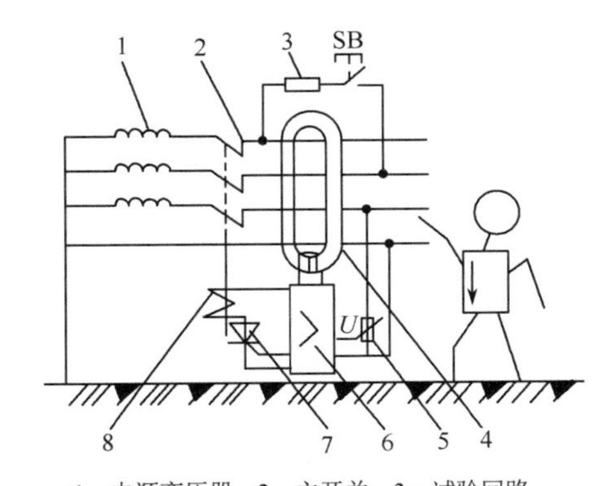

1—电源变压器　2—主开关　3—试验回路

4—零序电流互感器　5—压敏电阻　6—电子放大器

7—晶闸管　8—漏电脱扣器

图1-27　电子式电流型漏电保护器工作原理图

电子式电流型漏电保护器的工作原理与电磁式的大致相同。只是当漏电流超过预定基准值时，漏电流立即被放大并输出具有一定驱动功率的信号，使漏电脱扣器动作。

2．漏电保护器的选用

（1）漏电保护器的主要技术参数

① 额定电压（V）　指漏电保护器的使用电压，规定为220V或380V。

② 额定电流（A）　指被保护电路允许通过的最大电流。

③ 额定动作电流（mA） 指在规定的条件下必须动作的漏电流值。当漏电流等于此值时，漏电保护器必须动作。

④ 额定不动作电流（mA） 指在规定的条件下不动作的漏电流值。当漏电流小于或等于此值时，漏电保护器不应动作。此电流值一般为额定动作电流的一半。

⑤ 动作时间（s） 指从发生漏电到漏电保护器断开的时间。快速型在0.2s以下，延时型一般为0.2～2s。

（2） 漏电保护器的选用

① 手持电动工具、移动电器、家用电器应选用额定动作电流不大于30mA的快速动作的漏电保护器（动作时间不大于0.1s）。

② 单台机电设备可选用额定动作电流为30mA及以上、100mA以下快速动作的漏电保护器。

③ 有多台设备的总保护应选用额定动作电流为100mA及以上快速动作的漏电保护器。

1.5.3 低压隔离器

低压隔离器也称刀开关。低压隔离器是低压电器中结构比较简单、应用十分广泛的一类手动操作电器。

低压隔离器主要是在电源被切除后，将电路与电源明显地隔开，以保障检修人员的安全。熔断器式刀开关由刀开关和熔断器组合而成，故兼有两者的功能，即电源隔离和电路保护功能，可分断一定的负载电流。

1．胶壳刀开关

胶壳刀开关是一种结构简单、应用广泛的手动电器，主要用作电路的电源开关和小容量电动机非频繁启动的操作开关。

胶壳刀开关由手柄、熔丝、触刀、触刀座等组成，如图1-28所示。胶壳使电弧飞出时不致灼伤人员，防止极间电弧造成的电源短路；熔丝起短路保护作用。

胶壳刀开关安装时，手柄要向上，不得倒装或平装。倒装时，手柄有可能因自动下滑而引起误合闸，造成人身事故。接线时，应将电源线接在熔丝上端，负载接在熔丝下端。这样，合闸后刀开关与电源隔离，便于更换熔丝。胶壳刀开关的图形、文字符号如图1-29所示。

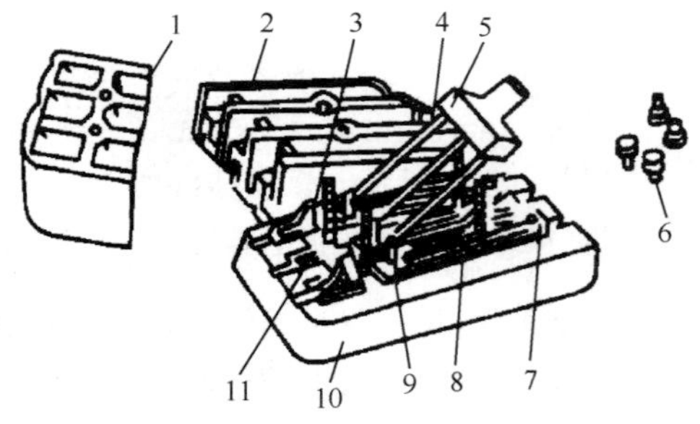

1—上胶盖　2—下胶盖　3—插座　4—触刀　5—手柄

6—胶盖紧固螺母　7—出线座　8—熔丝　9—触刀座

10—瓷底板　11—进线座

图1-28　胶壳刀开关的结构图

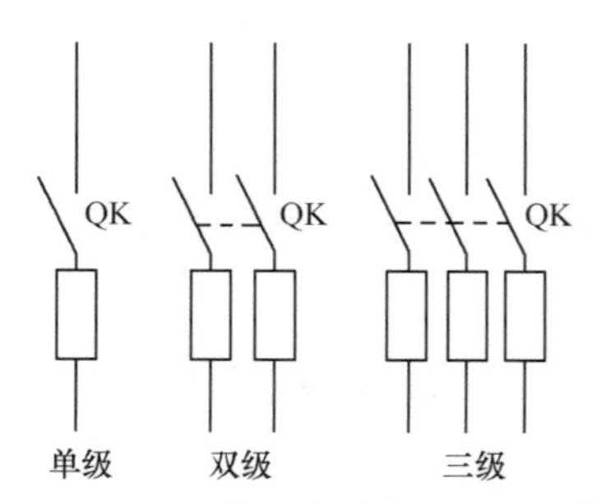

图1-29　胶壳刀开关的图形、文字符号

胶壳刀开关的主要技术参数有长期工作所承受的最大电压——额定电压，长期通过的最大允许电流——额定电流，以及分断能力等。

2．铁壳刀开关

铁壳刀开关也称封闭式负荷开关，用于非频繁启动、28kW 以下的三相异步电动机。铁壳刀开关主要由铁壳、触刀、操作机构（转轴、手柄等）、熔断器等组成，如图 1-30 所示。

操作机构具有两个特点：一是采用储能合闸方式，在手柄、转轴与底座间装有速断弹簧，以执行合闸或分闸，在速断弹簧的作用下，固定于操作手柄转轴上的动触刀与固定于夹座上的静触刀分离，使电弧迅速拉长而熄灭；二是具有机械联锁，当铁壳打开时，刀开关被卡住，不能操作合闸。铁壳合上，操作手柄使刀开关合闸后，铁壳不能打开。

选用铁壳刀开关时，触刀的极数要与电源进线相数相等；额定电压应大于所控制电路的额定电压；额定电流应大于负载的额定电流。

3．组合开关

组合开关也是一种刀开关，不过它的触刀是转动的，操作比较轻巧。组合开关在机床电气设备中用作电源引入开关，也可用来直接控制小容量三相异步电动机的非频繁正、反转。

组合开关由动触刀、静触刀、方形转轴、手柄、定位机构和外壳组成，动触刀分别叠装于数层绝缘座内。组合开关的结构和图形、文字符号如图 1-31 所示。当转动手柄时，每层的动触刀随方形转轴一起转动，并使静触刀插入相应的动触刀中，接通电路。

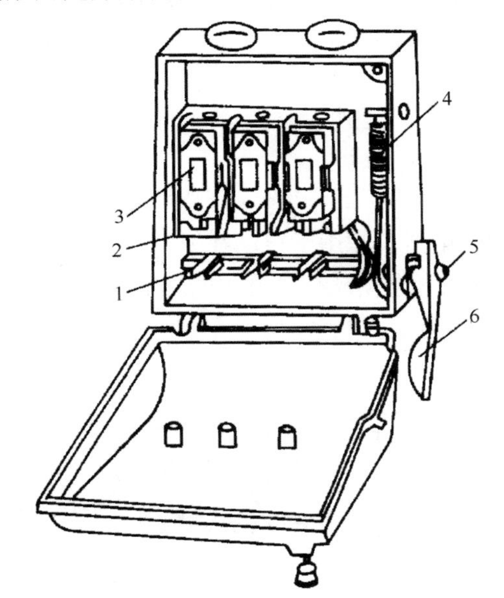

1—触刀　2—夹座　3—熔断器　4—速断弹簧　5—转轴　6—手柄

图 1-30　铁壳刀开关的结构图

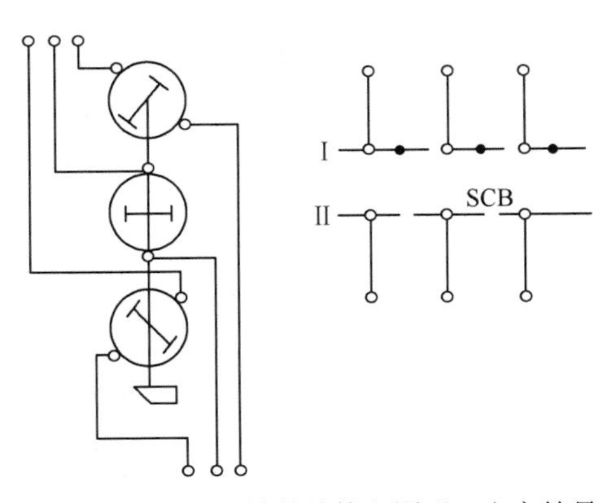

图 1-31　组合开关的结构和图形、文字符号

1.6　主令电器

主令电器是在自动控制系统中发出指令或信号的电器，用来控制接触器、继电器或其他电器线圈，使电路接通或分断，从而达到控制生产机械的目的。

主令电器应用广泛、种类繁多。按其作用可分为按钮、位置开关、接近开关、万能转换开关、主令控制器及其他主令电器（如脚踏开关、钮子开关、紧急开关）等。

1.6.1 按钮

按钮在低压控制电路中用于手动发出控制信号。

按钮由按钮帽、复位弹簧、桥式触头和外壳等组成，如图 1-32 所示。按用途和结构的不同，分为启动按钮、停止按钮和复合按钮等。

启动按钮带有常开触头，手指按下按钮帽，常开触头闭合；手指松开，常开触头复位。启动按钮的按钮帽一般采用绿色。停止按钮带有常闭触头，手指按下按钮帽，常闭触头断开；手指松开，常闭触头复位。停止按钮的按钮帽一般采用红色。复合按钮带有常开触头和常闭触头，手指按下按钮帽，先断开常闭触头再闭合常开触头；手指松开，常开触头和常闭触头先后复位。

按钮的图形、文字符号如图 1-33 所示。

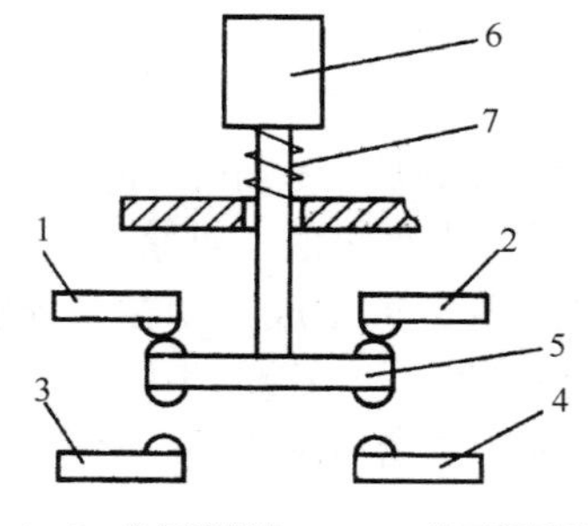

1、2—常闭静触头　3、4—常开静触头

5—桥式触头　6—按钮帽　7——复位弹簧

图 1-32　按钮的结构图

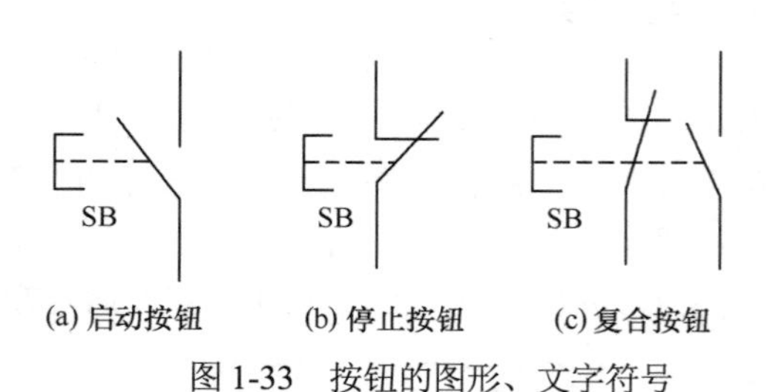

图 1-33　按钮的图形、文字符号

1.6.2 位置开关

位置开关是利用运动部件的行程位置实现控制的电器，常用于自动往返的生产机械中。按结构不同，可分为直动式位置开关、滚轮式位置开关和微动式位置开关，如图 1-34 所示。

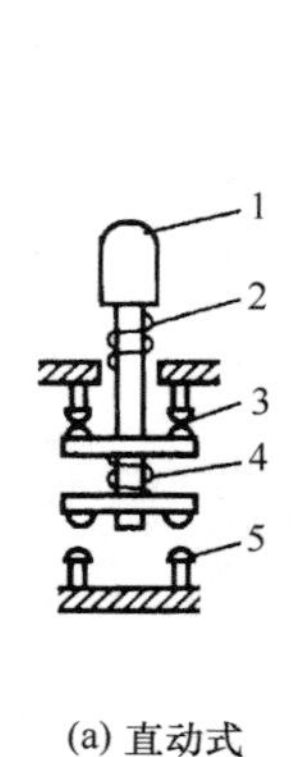

(a) 直动式

1—顶杆　2—弹簧　3—常闭触头

4—触头弹簧　5—常开触头

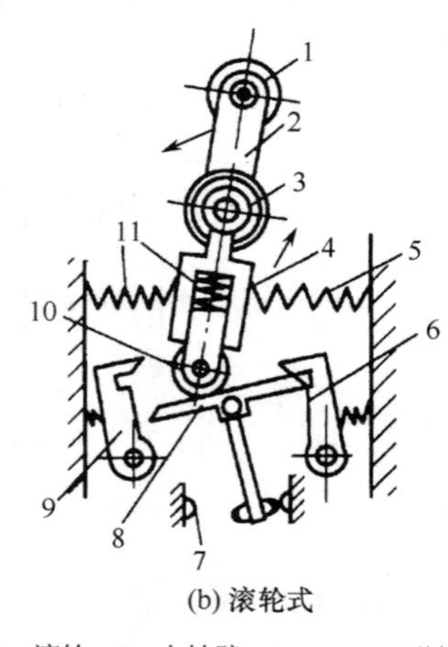

(b) 滚轮式

1—滚轮　2—上转臂　3、5、11—弹簧

4—套架　6、9—压板　7—触头

8—触头推杆　10—小滑轮

(c) 微动式

1—推杆　2—弯形片状弹簧

3—常开触头　4—常闭触头　5—恢复弹簧

图 1-34　位置开关的结构图

位置开关的结构、工作原理与按钮相同。区别是位置开关不靠手动而利用运动部件上的挡块碰压使触头动作，有自动复位和非自动复位两种。

位置开关的图形、文字符号如图 1-35 所示。

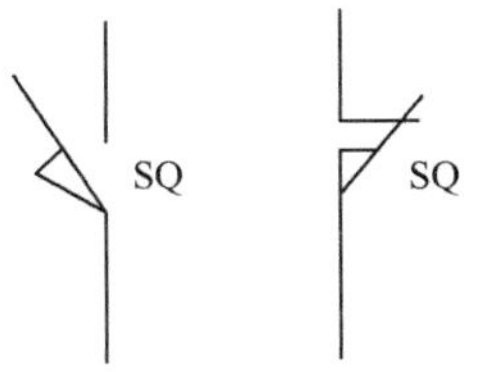

SQ　SQ

(a) 常开触头　(b) 常闭触头

图 1-35　位置开关的图形、文字符号

1.6.3　凸轮控制器与主令控制器

1．凸轮控制器

凸轮控制器用于起重设备和其他电力拖动装置，以控制电动机的启动、正转、反转、调速和制动。凸轮控制器主要由弹簧、方形转轴、凸轮和触头等组成，如图 1-36 所示。

转动手柄时，方形转轴带动凸轮一起转动，转到某一位置时，凸轮顶动滚子，克服弹簧压力使动触头顺时针方向转动，脱离静触头而分断电路。在方形转轴上叠装不同形状的凸轮，可以使若干个触头组按规定的顺序接通或分断。

凸轮控制器的图形、文字符号如图 1-37 所示。

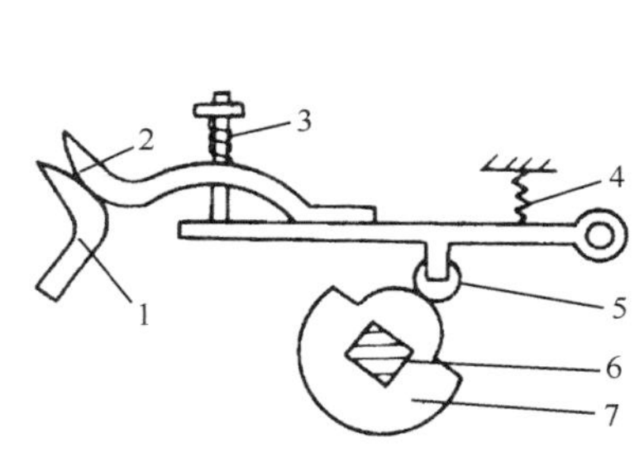

1—静触头　2—动触头　3—触头弹簧

4—弹簧　5—滚子　6—方形转轴　7—凸轮

图 1-36　凸轮控制器结构图

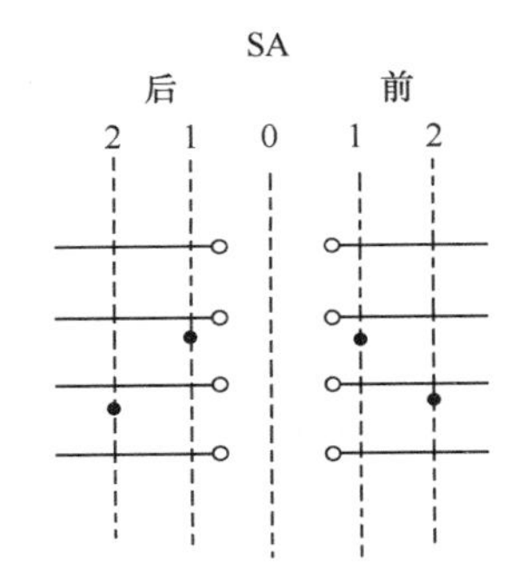

图 1-37　凸轮控制器的图形、文字符号

2．主令控制器

当电动机容量较大，工作繁重，操作频繁，调速性能要求较高时，往往采用主令控制器操作。由主令控制器的触头来控制接触器，再由接触器来控制电动机。这样，触头的容量可大大减小，操作更为轻便。

主令控制器是按照预定程序转换控制电路的主令电器，其结构和凸轮控制器相似，只是触头的额定电流较小。

在起重机中，主令控制器是与控制屏相配合来实现控制的，因此要根据控制屏的型号来选择主令控制器。

习题与思考题

1-1　何谓电磁式电器的吸力特性与反力特性？吸力特性与反力特性之间应满足怎样的配合关系？

1-2　单相交流电磁机构为什么要设置短路环？它的作用是什么？三相交流电磁铁要不要装设短路环？

1-3　从结构特征上如何区分交流、直流电磁机构？

1-4　交流电磁线圈通电后，衔铁长时间被卡不能吸合，会产生什么后果？

1-5　交流电磁线圈误接入直流电源，直流电磁线圈误接入交流电源，会发生什么问题？为什么？

1-6　线圈电压为 220V 的交流接触器，误接入 380V 交流电源会发生什么问题？为什么？

1-7　怎样选择接触器？主要考虑哪些因素？

1-8　两个相同的交流线圈能否串联使用？为什么？

1-9　常用的灭弧方法有哪些？

1-10　熔断器的额定电流、熔体的额定电流和熔体的极限分断电流三者有何区别？

1-11　如何调整电磁式继电器的返回系数？

1-12　在电气控制线路中，既装设熔断器，又装设热继电器，各起什么作用？能否相互代用？

1-13　热继电器在电路中的作用是什么？带断相保护和不带断相保护的三相式热继电器各用在什么场合？

1-14　时间继电器和中间继电器在电路中各起什么作用？

1-15　什么是主令电器？常用的主令电器有哪些？

1-16　试为一台交流 380V、4kW（$\cos\varphi=0.08$）、△连接的三相笼型异步电动机选择接触器、热继电器和熔断器。

第 2 章　电气控制线路的基本原则和基本环节

在电力拖动自动控制系统中，各种生产机械均由电动机来拖动。不同的生产机械，对电动机的控制要求也是不同的。任何简单的或复杂的电气控制线路，都是按照一定的控制原则，由基本的控制环节组成的。掌握这些基本的控制原则和控制环节，是学习电气控制线路的基础，特别对整个生产机械电气控制线路工作原理的分析与设计有很大的帮助。

本章主要内容:

- 电气原理图的基本知识;
- 电气控制线路原理分析基础;
- 电气控制线路设计方法。

核心是掌握阅读电气原理图的方法，培养读者的读图能力，并通过读图分析各种典型控制环节的工作原理，为电气控制线路的设计、安装、调试、维护打下良好基础。

2.1　电气控制线路的绘制

由第 1 章中介绍的按钮、接触器、继电器等有触头的低压电器所组成的控制线路，称为电气控制线路。其优点是电路图较直观形象，装置结构简单，价格便宜，抗干扰能力强，可以很方便地实现简单或复杂的、集中或远距离生产过程的自动控制。

电气控制线路的表示方法有电气原理图、电气元件布置图和电气安装接线图 3 种。

2.1.1　电气控制线路常用的图形、文字符号

电路图是工程技术的通用语言，为了便于交流与沟通，在电气控制线路中，各种电气设备、装置和元器件的图形、文字符号必须符合国家标准。国家标准化管理委员会参照国际电工委员会（IEC）颁布的有关文件，制定并颁布了我国电气设备有关国家标准：GB/T 4728《电气简图用图形符号》、GB/T 6988《电气制图》和 GB/T 7159—1987《电气技术中的文字符号制订通则》。

国家标准 GB/T 7159—1987《电气技术中的文字符号制订通则》规定了电气简图中的文字符号，分为基本文字符号和辅助文字符号。

基本文字符号有单字母符号和双字母符号。单字母符号表示电气设备、装置和元器件的大类，如 K 为继电器类元器件这一大类；双字母符号由一个表示大类的单字母与另一个表示元器件某些特性的字母组成，如 KT 表示继电器类中的时间继电器，KM 表示继电器类中的接触器。

辅助文字符号用来进一步表示电气设备、装置和元器件的功能、状态和特征。

表 2-1 至表 2-3 中列出了部分常用的电气图形符号和文字符号，实际使用时如需要更详细

的资料，请查阅有关国家标准。

表 2-1　常用的电气图形符号、文字符号新旧对照表

名称		新标准		旧标准	
		图形符号	文字符号	图形符号	文字符号
一般三相电源开关			QK		K
低压断路器			QF		UZ
位置开关	常开触头				
	常闭触头		SQ		XK
	复合触头				
熔断器			FU		RD
按钮	启动				QA
	停止		SB		TA
	复合				AN
接触器	线圈		KM		C

名称		新标准		旧标准	
		图形符号	文字符号	图形符号	文字符号
接触器	主触头				
	常开辅助触头		KM		C
	常闭辅助触头				
速度继电器	常开触头		KS		SDJ
	常闭触头				
时间继电器	线圈				
	常开延时闭合触头				
	常闭延时打开触头		KT		SJ
	常闭延时闭合触头				
	常开延时打开触头				
热继电器	热元件		FR		RJ

（续表）

名称		新标准 图形符号	新标准 文字符号	旧标准 图形符号	旧标准 文字符号
热继电器	常闭触头		FR		RJ
继电器	中间继电器线圈		KA		ZJ
	欠电压继电器线圈		KU		QYJ
	过电流继电器线圈		KI		GLJ
	常开触头		相应继电器符号		相应继电器符号
	常闭触头				
	欠电流继电器线圈		KI	与新标准相同	QLJ
转换开关			SA	与新标准相同	HK
制动电磁铁			YB		DT
电磁离合器			YC		CH
电位器			RP	与新标准相同	W

名称	新标准 图形符号	新标准 文字符号	旧标准 图形符号	旧标准 文字符号
桥式整流装置		VC		ZL
照明灯		EL		ZD
信号灯		HL		XD
电阻器	或	R		R
接插器		X		CZ
电磁铁		YA		DT
电磁吸盘		YH		DX
串励直流电动机	M	M		ZD
并励直流电动机	M			
他励直流电动机	M			
复励直流电动机	M			
直流发电机	G	G	F	ZF
三相笼型异步电动机	M 3~	M		D

（续表）

名称	新标准		旧标准	
	图形符号	文字符号	图形符号	文字符号
三相绕线式异步电动机		M		D
单相变压器		T		B
整流变压器		T		ZLB
照明变压器		T		ZB
控制电路电源用变压器		TC		B
三相自耦变压器		T		ZOB
半导体二极管		V		D
PNP型三极管		V		T
NPN型三极管		V		T
可控硅（阴极侧受控）		V		SCR

表 2-2　电气技术中常用的基本文字符号

基本文字符号		项目种类	设备、装置、元器件举例
单字母	双字母		
A	AT	组件部件	抽屉柜
B	BP BQ BT BV	非电量到电量变换器或电量到非电量变换器	压力变换器 位置变换器 温度变换器 速度变换器
F	FU FV	保护器件	熔断器 限压保护器
H	HA HL	信号器件	声响指示器 指示灯
K	KA KM KP KR KT	继电器 接触器	瞬时接触继电器 交流继电器 接触器 中间继电器 极化继电器 簧片继电器 时间继电器
Q	QF QM QS	开关器件	断路器 电动机保护开关 隔离开关
R	RP RT RV	电阻器	电位器 热敏电阻器 压敏电阻器
S	SA SB SP SQ ST	控制、记忆、信号电路的开关器件选择器	控制开关 按钮开关 压力传感器 位置传感器 温度传感器
T	TA TC TM TV	变压器	电流互感器 电源变压器 电力变压器 电压互感器

（续表）

基本文字符号		项目种类	设备、装置、元器件举例
单字母	双字母		
P	PA PJ PS PV PT	测量设备 试验设备	电流表 电度表 记录仪器 电压表 时钟、操作时间表
X	XP XS XT	端子、插头、插座	插头 插座 端子板
Y	YA YV YB	电气操作的 机械器件	电磁铁 电磁阀 电磁离合器

表 2-3 电气技术中常用的辅助文字符号

序号	文字符号	名称	英文名称	序号	文字符号	名称	英文名称
1	A	电流	Current	25	FW	正、向前	Forward
2	A	模拟	Analog	26	GN	绿	Green
3	AC	交流	Alternating current	27	H	高	High
4	A、AUT	自动	Automatic	28	IN	输入	Input
5	ACC	加速	Accelerating	29	INC	增	Increase
6	ADD	附加	Add	30	IND	感应	Induction
7	ADJ	可调	Adjustability	31	L	左	Left
8	AUX	辅助	Auxiliary	32	L	限制	Limiting
9	ASY	异步	Asynchronous	33	L	低	Low
10	B、BRK	制动	Braking	34	M	主	Main
11	BK	黑	Black	35	M	中	Medium
12	BL	蓝	Blue	36	M	中间线	Mid-wire
13	BW	向后	Backward	37	M、MAN	手动	Manual
14	CW	顺时针	Clockwise	38	N	中性线	Neutral
15	CCW	逆时针	Counter clockwise	39	OFF	断开	Open,off
16	D	延时(延迟)	Delay	40	ON	闭合	Close,on
17	D	差动	Differential	41	OUT	输出	Output
18	D	数字	Digital	42	P	压力	Pressure
19	D	降	Down,Lower	43	P	保护	Protection
20	DC	直流	Direct current	44	PE	保护接地	Protective earthing
21	DEC	减	Decrease	45	PEN	保护接地与中性线公用	Protective Earthing neutral
22	E	接地	Earthing	46	PU	不接地保护	Protective unearthing
23	F	快速	Fast	47	R	右	Right
24	FB	反馈	Feedback	48	R	反	Reverse

（续表）

序号	文字符号	名称	英文名称	序号	文字符号	名称	英文名称
49	RD	红	Red	58	SYN	同步	Synchronizing
50	R、RST	复位	Reset	59	T	温度	Temperature
51	RES	备用	Reservation	60	T	时间	Time
52	RUN	运转	Run	61	TE	无噪声（防干扰）接地	Noiseless earthing
53	S	信号	Signal	62	V	真空	Vacuum
54	ST	启动	Start	63	V	速度	Velocity
55	S、SET	置位、定位	Setting	64	V	电压	Voltage
56	STE	步进	Stepping	65	WH	白	White
57	STP	停止	Stop	66	YE	黄	Yellow

2.1.2　电气原理图

电气原理图是根据电气控制线路的工作原理而绘制的，具有结构简单、层次分明、便于研究和分析电路的工作原理等优点，在各种生产机械的电气控制中都得到了广泛的应用。

1．电气原理图绘制

电气原理图中的支路、节点，一般都加上标号。

主电路标号由文字符号和数字组成。文字符号用以标明主电路中的元器件或电路的主要特征；数字用以区别电路的不同线段。三相交流电源引入线采用 L_1、L_2、L_3 标号，电源开关之后的三相交流电源主电路分别采用 U、V、W 标号。如 U_{11} 为电动机的第一相的第一个节点代号，U_{12} 为第一相的第二个节点代号，依次类推。

控制电路由 3 位或 3 位以下的数字组成，交流控制电路的标号一般以主要压降元器件（如元器件的线圈）为分界，左侧用奇数标号，右侧用偶数标号。在直流控制电路中，正极按奇数顺序标号，负极按偶数顺序标号。

绘制电气原理图应遵循以下原则。

① 电气控制线路根据电路通过的电流大小可分为主电路和控制电路。主电路包括从电源到电动机的电路，是强电流通过的部分，画在电气原理图的左边。控制电路是通过弱电流的电路，一般由按钮、元器件的线圈、接触器的辅助触头、继电器的触头等组成，画在电气原理图的右边。

② 在电气原理图中，所有元器件的图形、文字符号必须采用国家规定的统一标准。

③ 采用元器件展开图的画法。同一元器件的各部件可以不画在一起，但需用同一文字符号标出。若有多个同一种类的元器件，可在文字符号后加上数字序号，如 KM_1、KM_2 等。

④ 所有按钮、触头均按没有外力作用和没有通电时的原始状态画出。

⑤ 控制电路的分支线路，原则上按照动作先后顺序排列，两线交叉连接时的电气连接点需用黑点标出。

如图 2-1 所示为笼型电动机正、反转控制线路的电气原理图。

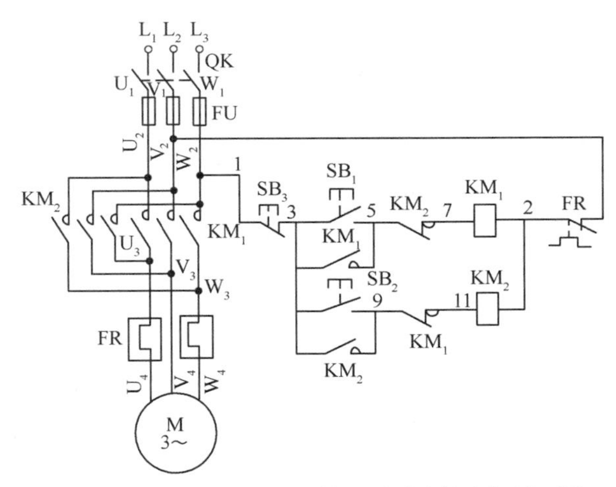

图 2-1　笼型电动机正、反转控制线路的电气原理图

2．图上元器件位置表示法

在绘制、阅读和使用电气原理图时，往往需要确定元器件、连接线等的图形符号在图上的位置。例如：

- 当继电器、接触器在图上采用分开表示法（线圈与触头分开）绘制时，需要采用图或表格标明各部分在图上的位置；
- 较长的连接线采用中断画法，或者连接线的另一端需要画到另一张图上时，除了要在中断处标注中断标记，还需标注另一端在图上的位置；
- 在供使用、维修的技术文件（如说明书）中，有时需要对某一元器件做注释或说明，为了找到图中相应元器件的图形符号，也需要标明这些符号在图上的位置；
- 在更改电路设计时，需要标明被更改部分在图上的位置。

图上元器件位置表示法通常有 3 种：电路编号法、表格法和横坐标图示法，下面介绍电路编号法和横坐标图示法。

（1）电路编号法

图 2-2 所示的某机床电气原理图就是用电路编号法来表示元器件和电路在图上的位置的。

电路编号法特别适用于多分支电路，如继电器控制和保护电路，每一编号代表一个支路。编制方法是：对每个电路或支路按照一定顺序（自左至右或自上至下）用阿拉伯数字编号，从而确定各电路或支路的位置。例如，图 2-2（a）有 8 个支路，在各支路的下方顺序标有编号 1～8。图上方与编号对应的方框内的“电源开关”等字样表明其下方元器件或支路功能。

继电器和接触器的触头位置采用附加图表的方式表示，图表格式如图 2-2（b）所示。此图表可以画在电气原理图中相应线圈的下方，此时，可只标出触头的位置（编号）索引，也可以画在电气原理图上的其他地方。以图中线圈 KM_1 下方的图表为例，第一行用图形符号表示主、辅触头种类，表格中的数字表示此类触头所在支路的编号。例如，第 2 列中的数字“6”表示 KM_1 的一个常开触头在第 6 支路内，表中的“×”表示未使用的触头。有时，所附图表中的图形符号也可以省略不画。

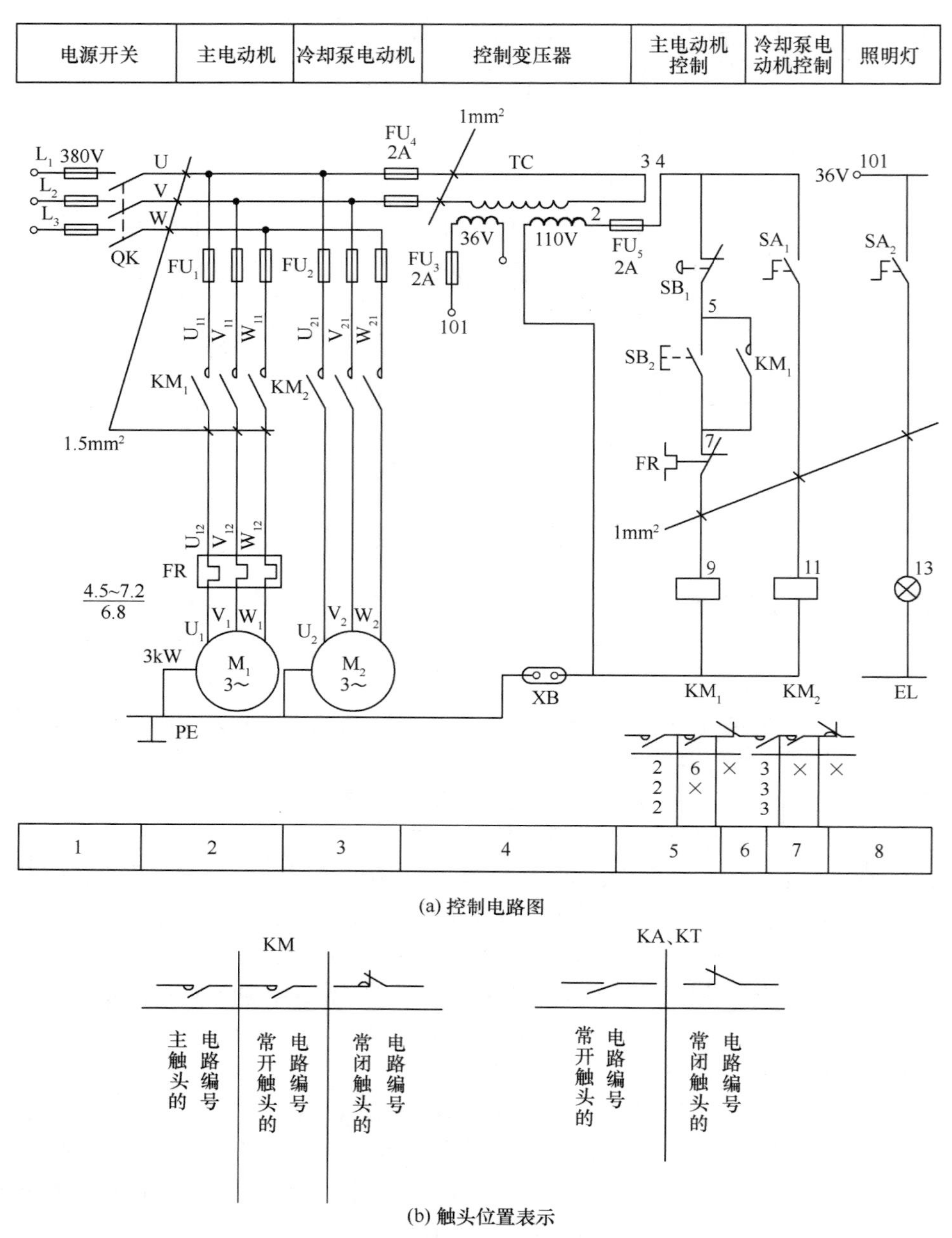

(a) 控制电路图

(b) 触头位置表示

图 2-2　某机床电气原理图

（2）横坐标图示法

采用横坐标图示法的电动机正、反转电气原理图如图 2-3 所示，线路中各电气元器件均按横向画法排列。各电气元器件线圈的右侧，由上到下标明各支路的序号 1，2，…，并在该电气元器件线圈旁标明其常开触头（标在横线上方）、常闭触头（标在横线下方）所在支路的标号，以便阅读和分析电气原理图时查找。例如，接触器 KM_1 常开触头在主电路中有 3 对，在控制回路 2 支路中有一对；常闭触头在控制电路 3 支路中有一对。此种表示法在机床电气控制线路中被普遍采用。

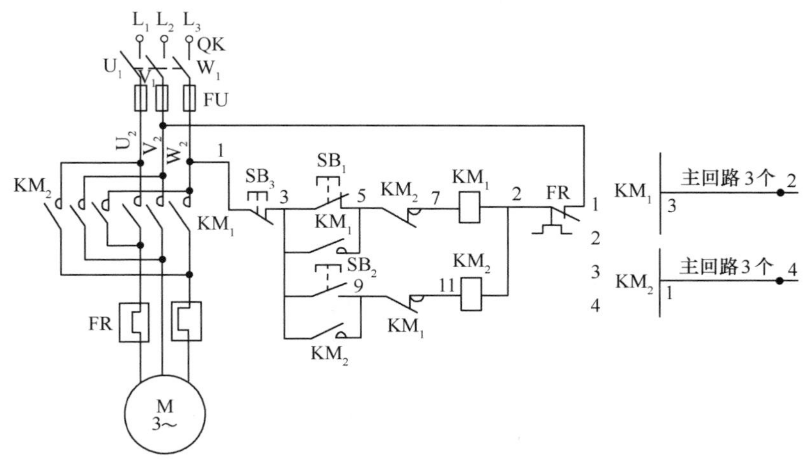

图 2-3　电动机正、反转电气原理图（横坐标图示法）

2.1.3　电气元件布置图

电气元件布置图主要用来表明电气设备上所有电动机、元器件的实际位置，是机械设备制造、安装和维修必不可少的技术文件。电气元件布置图根据元器件或设备的复杂程度或集中绘制在一张图上，或将控制柜与操作台的电气元件布置图分别绘制。绘制电气元件布置图时，机械设备轮廓用点划线画出，所有可见的和需要表达清楚的元器件及设备，用实线绘制出其简单的外形轮廓。元器件及设备代号必须与有关电路图和清单上的代号一致，如图 2-4（a）所示。

2.1.4　电气安装接线图

电气安装接线图是按照元器件及设备的实际位置和实际接线绘制的，根据元器件及设备布置最合理、连接线最经济等原则来安排。它为安装设备、元器件之间进行配线及检修电气故障等提供了必要的依据。图 2-4（b）所示为笼型电动机正、反转控制的电气安装接线图。

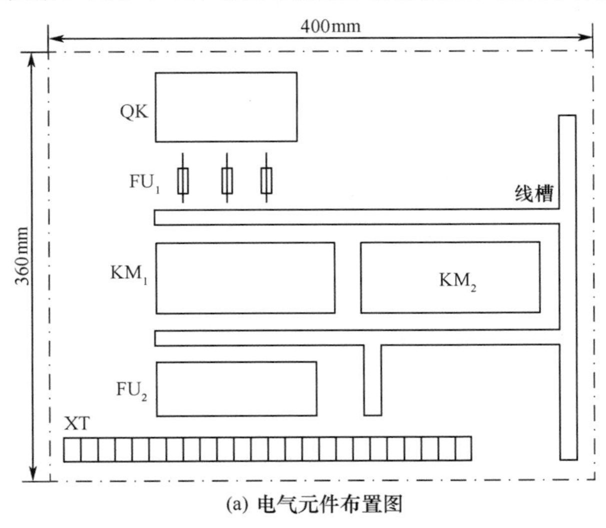

(a) 电气元件布置图

图 2-4　笼型电动机正、反转控制的电气元件布置图和电气安装接线图

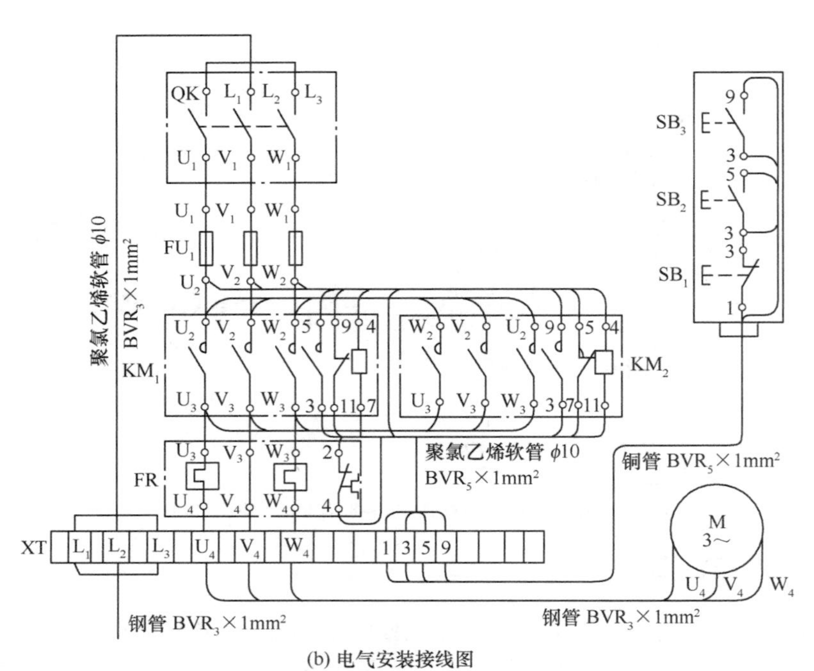

(b) 电气安装接线图

图 2-4 笼型电动机正、反转控制的电气元件布置图和电气安装接线图（续）

绘制电气安装接线图应遵循以下原则：

① 各元器件用规定的图形、文字符号绘制，同一元器件的各部件必须画在一起。各元器件的位置，应与实际安装位置一致。

② 不在同一控制柜或配电屏上的元器件的电气连接必须通过端子板进行。各元器件的文字符号及端子板的编号应与电气原理图一致，并按电气原理图的接线进行连接。

③ 走向相同的多根导线可用单线表示。

④ 画连接线时，应标明导线的规格、型号、根数和穿线管的尺寸。

2.2 三相异步电动机的启动控制

三相异步电动机的启动控制环节是应用最广也是最基本的控制线路之一。不同型号、不同功率和不同负载的电动机，往往有不同的启动方法，因而其控制线路也不同。三相异步电动机一般有直接启动和减压启动两种方法。

2.2.1 三相笼型异步电动机直接启动控制

在供电变压器容量足够大时，小容量的三相笼型异步电动机可直接启动。直接启动的优点是线路简单，缺点是启动电流大，会引起供电系统电压波动，干扰其他用电设备的正常工作。

1. 采用刀开关直接启动控制

图 2-5 所示为采用刀开关直接启动控制线路。工作过程为：合上刀开关 QK，电动机 M 接通电源，全电压直接启动；打开刀开关 QK，电动机 M 断电停转。这种线路适用于小容量、启动不频繁的笼型异步电动机，如小型台钻、冷却泵、砂轮机等。熔断器起短路保护作用。

2．采用接触器直接启动控制

（1）点动控制

点动控制线路如图 2-6 所示。主电路由刀开关 QK、熔断器 FU、交流接触器 KM 的主触头和电动机 M 组成；控制电路由启动按钮 SB 和交流接触器 KM 线圈组成。

点动控制线路的工作过程如下：

启动　先合上刀开关 QK→按下启动按钮 SB→接触器 KM 线圈通电→KM 主触头闭合→电动机 M 通电直接启动。

停机　松开启动按钮 SB→KM 线圈断电→KM 主触头断开→电动机 M 断电停转。

从图 2-6 可知，按下按钮，电动机转动；松开按钮，电动机停转，这种控制称为点动控制，它能实现电动机的短时转动，常用于机床的对刀调整和“电动葫芦”等。

（2）连续运行控制

在实际生产中，往往要求电动机实现长时间连续转动，即所谓的长动控制，如图 2-7 所示。

主电路由刀开关 QK、熔断器 FU、接触器 KM 的主触头、热继电器 FR 的热元件和电动机 M 组成；控制电路由停止按钮 SB_2、启动按钮 SB_1、接触器 KM 的辅助常开触头和线圈、热继电器 FR 的常闭触头组成。

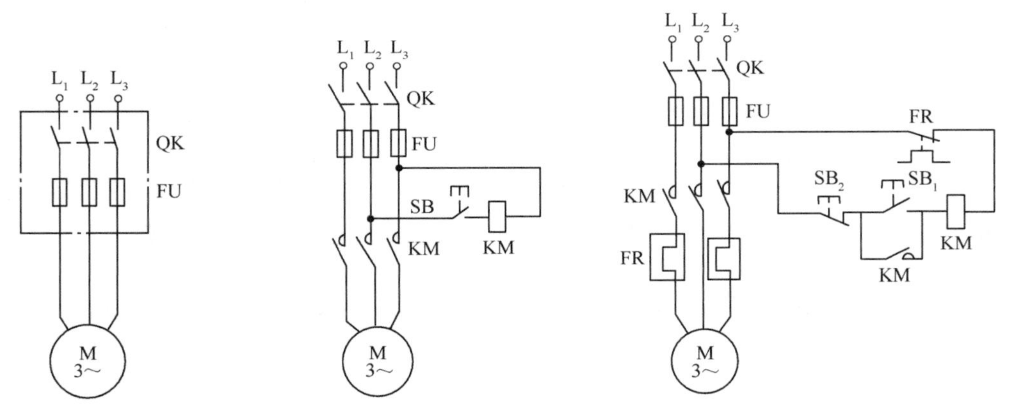

图 2-5　刀开关直接启动控制线路　　图 2-6　点动控制线路　　图 2-7　连续运行控制线路

连续运行控制线路的工作过程如下：

启动

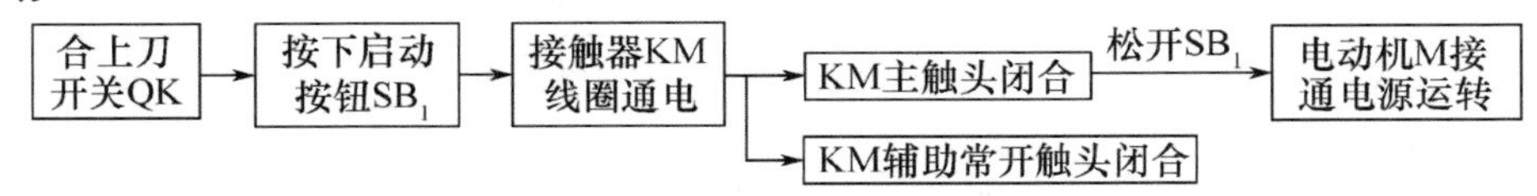

停机　按下停止按钮 SB_2→KM 线圈断电→KM 主触头和辅助常开触头断开→电动机 M 断电停转。

在连续运行控制中，当启动按钮 SB_1 松开后，接触器 KM 的线圈通过其辅助常开触头的闭合仍继续保持通电，从而保证电动机的连续运行。这种依靠接触器自身辅助常开触头而使线圈保持通电的控制方式，称为自锁或自保。起到自锁作用的辅助常开触头称为自锁触头。

在图 2-7 中，把接触器 KM、熔断器 FU、热继电器 FR 和按钮 SB_1、SB_2 组装成一个控制装置，称为电磁启动器。电磁启动器有可逆与不可逆两种：不可逆电磁启动器可控制电动机单向直接启动、停止；可逆电磁启动器由两个接触器组成，可控制电动机的正、反转。

图 2-7 所示线路设有以下保护环节。

● 短路保护　短路时熔断器 FU 的熔体熔断而切断电路，起保护作用。

● 电动机长期过载保护　采用热继电器 FR。由于热继电器的热惯性较大，即使流过热元件几倍于额定值的电流，热继电器也不会立即动作。因此，在电动机启动时间不太长的情况下，热继电器不会动作，只有在电动机长期过载时，热继电器才会动作，用它的常闭触头使控制电路断电。

● 欠电压、失电压保护　通过接触器 KM 的自锁环节来实现。当电源电压由于某种原因而严重欠电压或失电压（如停电）时，接触器 KM 断电释放，电动机停止转动。当电源电压恢复正常时，接触器 KM 线圈不会自行通电，电动机也不会自行启动，只有在操作人员重新按下启动按钮后，电动机才能启动。

图 2-7 所示线路具有如下优点：

① 防止电源电压严重下降时电动机欠电压运行；

② 防止电源电压恢复时，电动机自行启动而造成设备故障和人身事故；

③ 避免多台电动机同时启动造成电网电压的严重下降。

（3）既能点动控制又能长动控制

在生产实践中，机床调整完毕后，需要连续进行切削加工，这就要求电动机既能实现点动控制又能实现长动控制。控制线路如图 2-8 所示。

图 2-8（a）所示线路比较简单，采用钮子开关 SA 实现控制。点动控制时，先把 SA 打开，断开自锁电路→按下 SB_2→KM 线圈通电→电动机 M 实现点动；长动控制时，把 SA 合上→按下 SB_2→KM 线圈通电，自锁触头起作用→电动机 M 实现长动。

图 2-8（b）所示线路采用复合按钮 SB_3 实现控制。点动控制时，按下复合按钮 SB_3，断开自锁电路→KM 线圈通电→电动机 M 实现点动；长动控制时，按下启动按钮 SB_2→KM 线圈通电，自锁触头起作用→电动机 M 实现长动。此线路在点动控制时，若接触器 KM 的释放时间大于复合按钮的复位时间，则点动结束，SB_3 松开时，SB_3 常闭触头已闭合但接触器 KM 的自锁触头尚未打开，会使自锁电路继续通电，则线路不能实现正常的点动控制。

图 2-8（c）所示线路采用中间继电器 KA 实现控制。点动控制时，按下启动按钮 SB_3→KM 线圈通电→电动机 M 实现点动；长动控制时，按下启动按钮 SB_2→中间继电器 KA 线圈通电→KM 线圈通电并自锁→电动机 M 实现长动。此线路多用了一个中间继电器，但提高了工作可靠性。

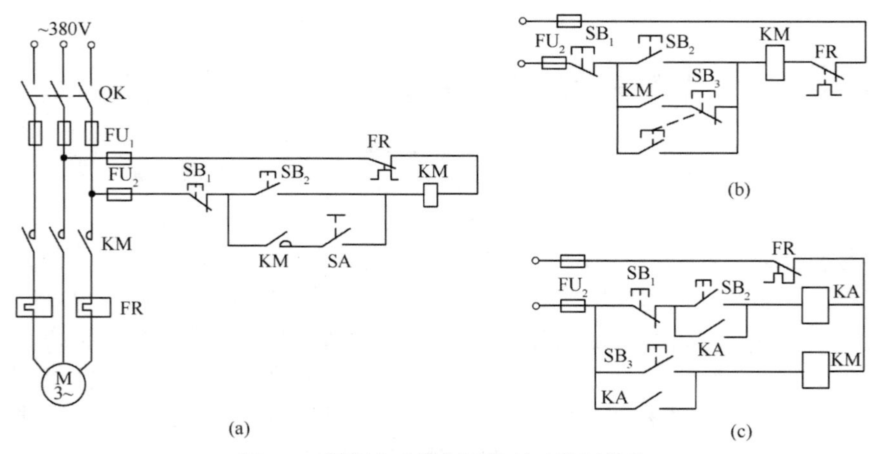

图 2-8　既能点动控制又能长动控制线路

2.2.2 三相笼型异步电动机减压启动控制

三相笼型异步电动机直接启动的控制线路简单、经济、操作方便，但是电动机的全压启动电流一般可达额定电流的 4～7 倍，过大的启动电流会降低电动机的寿命，使变压器二次电压大幅下降，减小了电动机本身的启动转矩，甚至使电动机无法启动。过大的启动电流还会引起电源电压波动，影响同一供电网路中其他设备的正常工作。所以对于容量较大的电动机来说，必须采用减压启动的方法，以限制启动电流。

减压启动虽然可以减小启动电流，但也降低了启动转矩，因此仅适用于空载或轻载启动的场合。

三相笼型异步电动机的减压启动方法有定子绕组串接电阻（或电抗器）减压启动、Y-△减压启动、自耦变压器减压启动、延边三角形减压启动等。

1．定子绕组串接电阻减压启动控制

定子绕组串接电阻减压启动控制线路按时间原则实现控制，依靠时间继电器延时动作来控制各元器件先后顺序动作，如图 2-9 所示。启动时，在三相定子绕组中串入电阻 *R*，从而降低了定子绕组上的电压，待启动后，再将电阻 *R* 切除，使电动机在额定电压下投入正常运行。

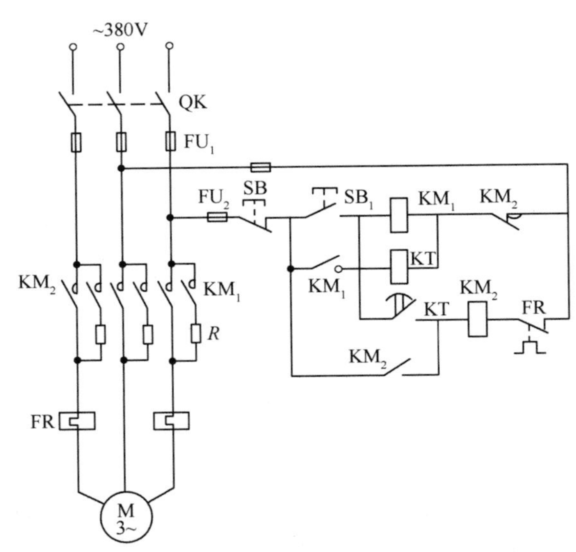

图 2-9　定子绕组串接电阻减压启动控制线路

启动过程如下：

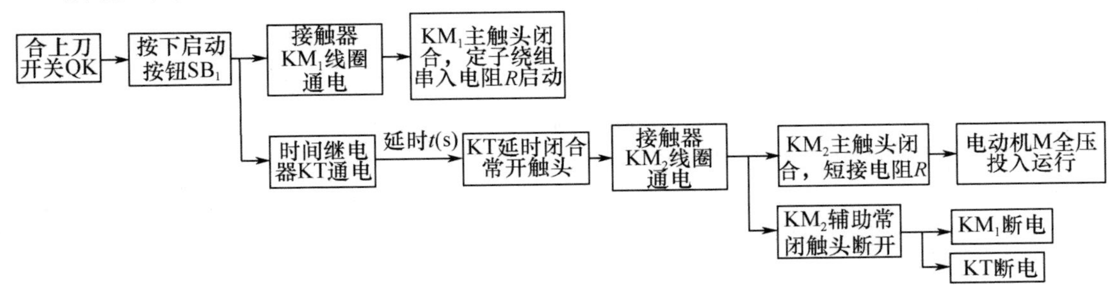

2．Y-△减压启动控制

电动机绕组接成△形时，每相绕组所承受的电压是电源的线电压（380V）；而接成 Y 形时，每相绕组所承受的电压是电源的相电压（220V）。因此，对于正常运行时定子绕组接成△形的笼型电动机，控制线路也是按时间原则实现控制的。启动时，将电动机定子绕组连接成 Y 形，加在电动机每相绕组上的电压为额定电压的 $1/\sqrt{3}$，从而减小了启动电流。待启动后，按预先整定的时间把电动机换成△形连接，使电动机在额定电压下运行。Y-△减压启动控制线路如图 2-10 所示。

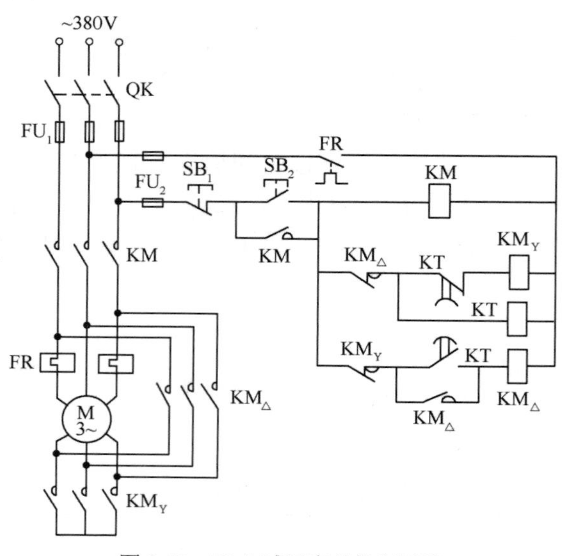

图 2-10　Y-△减压启动控制线路

启动过程如下：

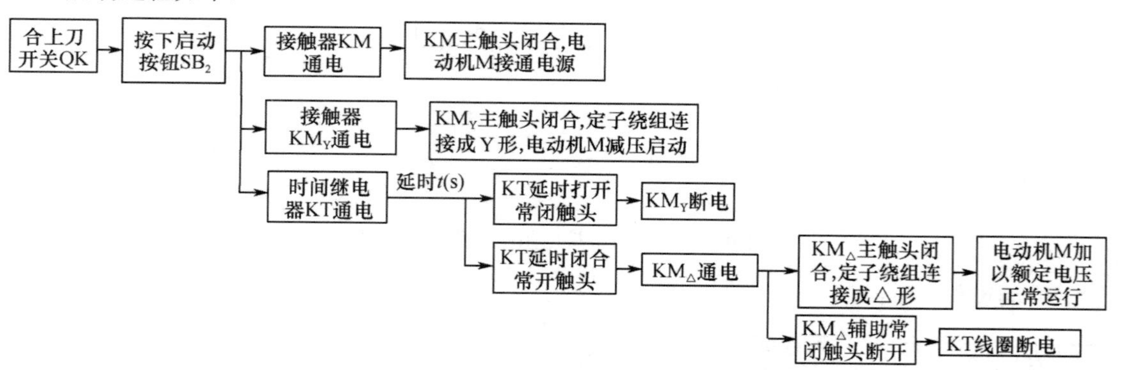

该线路结构简单，缺点是启动转矩也相应下降为△形连接时的 1/3，转矩特性差。因而本线路适用于电网电压 380V、额定电压 660/380V、Y-△连接的电动机轻载启动的场合。

3．自耦变压器减压启动控制

启动时，电动机定子串入自耦变压器，定子绕组得到的电压为自耦变压器的二次电压；启动完毕，自耦变压器被切除，额定电压加于定子绕组，电动机以全电压投入运行。自耦变压器减压启动控制线路如图 2-11 所示。

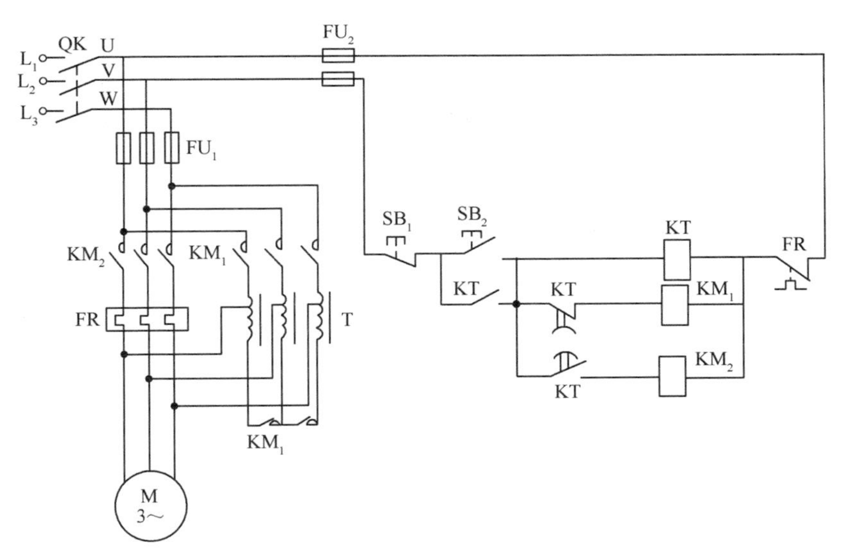

图 2-11　自耦变压器减压启动控制线路

启动过程如下：

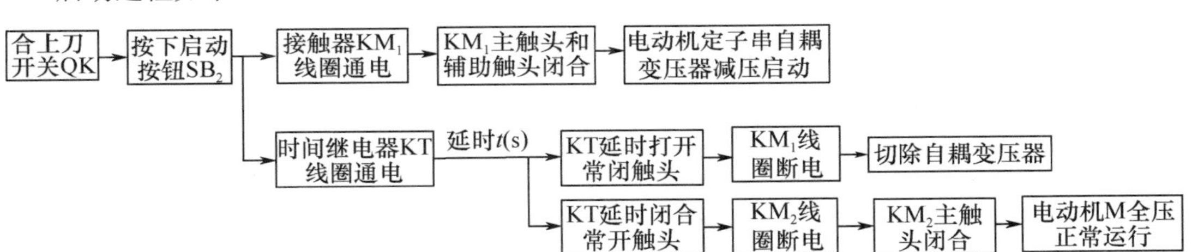

该控制线路对电网电流的冲击小，损耗功率也小，但自耦变压器的价格较贵，主要用于启动较大容量的电动机。

4．延边三角形减压启动控制

上面介绍的 Y-△减压启动控制有很多优点，但不足的是启动转矩太小，如果要求兼顾 Y 形连接启动电流小、△形连接启动转矩大的优点，则可采用延边三角形减压启动控制。延边三角形减压启动控制线路如图 2-12 所示，它适用于定子绕组特别设计的电动机，这种电动机共有 9 个出线头。延边三角形-△形绕组连接如图 2-13 所示。启动时将电动机定子绕组接成延边三角形，在启动结束后，再换成△形连接，投入全电压正常运行。

启动过程如下：

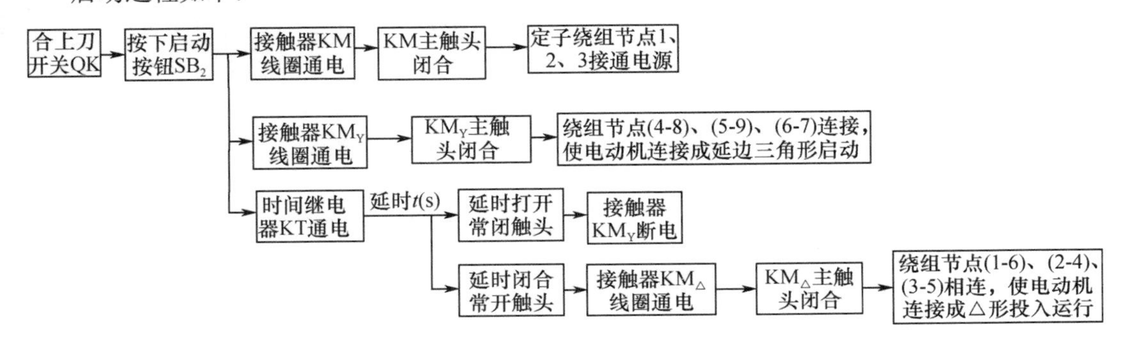

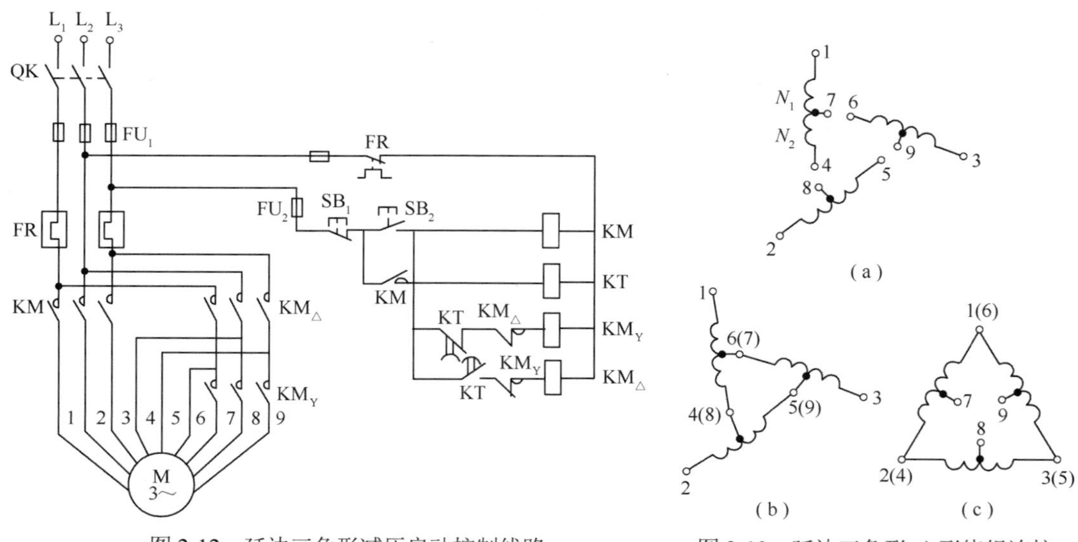

图 2-12　延边三角形减压启动控制线路　　图 2-13　延边三角形-△形绕组连接

上面介绍的几种启动控制线路，均按时间原则采用时间继电器实现减压启动，这种控制线路工作可靠，受外界因素如负载、飞轮惯量及电网波动的影响较小，结构比较简单，因而被广泛采用。

2.2.3　三相绕线式异步电动机的启动控制

在大、中容量电动机的重载启动时，增大启动转矩和限制启动电流两者之间的矛盾十分突出。三相绕线式异步电动机的优点之一是，可以在转子绕组中串接电阻或频敏变阻器进行启动，由此达到减小启动电流、提高转子电路的品质因数和增加启动转矩的目的。一般在要求启动转矩较高的场合，绕线式异步电动机的应用非常广泛，如桥式起重机、吊钩电动机、卷扬机等。

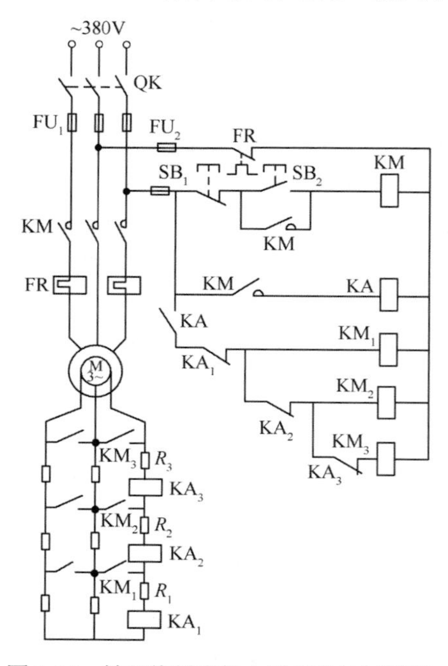

图 2-14　转子绕组串接电阻启动控制线路

1．转子绕组串接电阻启动控制

串接于三相转子电路中的启动电阻，一般都连接成 Y 形。在启动前，启动电阻全部接入电路，在启动过程中，启动电阻被逐级地短接。电阻被短接的方式有不平衡短接法和平衡短接法。不平衡短接法是转子每相的启动电阻按先后顺序被短接，而平衡短接法是转子三相的启动电阻同时被短接。使用凸轮控制器来短接电阻宜采用不平衡短接法，因为凸轮控制器中各对触头闭合顺序一般是按不平衡短接法来设计的，故控制线路简单，如桥式起重机就采用这种控制方式。使用接触器来短接电阻时，宜采用平衡短接法。下面介绍使用接触器的平衡短接法启动控制。

转子绕组串接电阻启动控制线路如图 2-14 所

示。该线路按照电流原则实现控制，电流继电器根据电动机转子电流大小的变化来控制电阻的分组切除。KA_1～KA_3为欠电流继电器，其线圈串接于转子电路中，KA_1～KA_3这 3 个电流继电器的吸合电流相同，但释放电流不同，KA_1的释放电流最大，首先释放，KA_2次之，KA_3的释放电流最小，最后释放。刚启动时，启动电流较大，KA_1～KA_3同时吸合动作，使全部电阻接入。随着电动机转速升高，电流减小，KA_1～KA_3依次释放，分别短接电阻，直到将转子绕组串接的电阻全部短接。

启动过程如下：合上刀开关 QK→按下启动按钮 SB_2→接触器 KM 通电，电动机 M 串入全部电阻（R_1+R_2+R_3）启动→中间继电器 KA 通电，为接触器 KM_1～KM_3通电做准备→随着转速的升高，启动电流逐步减小，首先 KA_1释放→KA_1常闭触头闭合→KM_1通电，转子电路中 KM_1常开触头闭合→短接第一级电阻 R_1→然后 KA_2释放→KA_2常闭触头闭合→KM_2通电，转子电路中 KM_2常开触头闭合→短接第二级电阻 R_2→KA_3最后释放→KA_3常闭触头闭合→KM_3通电，转子电路中 KM_3常开触头闭合→短接最后一级电阻 R_3，电动机启动过程结束。

图 2-14 中设置了中间继电器 KA，是为了保证转子绕组串入全部电阻后电动机才能启动。若没有 KA，当启动电流由零上升至尚未到达电流继电器的吸合电流时，KA_1～KA_3不能吸合，将使接触器 KM_1～KM_3同时通电，则转子电阻（R_1+R_2+R_3）全部被短接，电动机直接启动。设置 KA 后，在 KM 通电后才能使 KA 通电，KA 常开触头闭合，此时启动电流已达到欠电流继电器的吸合值，其常闭触头全部断开，使 KM_1～KM_3线圈均断电，确保转子绕组串入全部电阻，防止电动机直接启动。

2．转子绕组串接频敏变阻器启动控制

在三相绕线式异步电动机的转子绕组串接电阻启动过程中，由于逐级减小电阻，启动电流和转矩突然增加，故产生一定的机械冲击力。同时由于串接电阻启动，使线路复杂，工作不可靠，而且电阻本身比较粗笨，能耗大，使控制箱体积较大。从 20 世纪 60 年代开始，我国开始推广应用独创的串接频敏变阻器启动。频敏变阻器的阻抗随着转子电流频率的下降自动减小，常用于较大容量的绕线式异步电动机，是一种较理想的启动方法。

频敏变阻器实质上是一个特殊的三相电抗器。铁心由 E 形厚钢板叠成，为三相三柱式，每个铁心柱上套有一个绕组，三相绕组连接成 Y 形，将其串接于电动机转子电路中，相当于接入一个铁损较大的电抗器。频敏变阻器的等效电路如图 2-15 所示。图中，R_d为绕组直流电阻，R 为铁损等效电阻，L 为等效电感，R、L 的值与转子电流的频率有关。

在启动过程中，转子电流频率是变化的。刚启动时，转速等于 0，转差率 s=1，转子电流的频率 f_2与电源频率 f_1的关系为 $f_2=sf_1$，所以刚启动时，$f_2=f_1$，频敏变阻器的电感和电阻均为最大，转子电流受到抑制。随着电动机转速的升高而 s 减小，f_2下降，频敏变阻器的阻抗也随之减小。所以，绕线式异步电动机转子绕组串接频敏变阻器启动时，随着电动机转速的升高，频敏变阻器的阻抗自动逐渐减小，实现了平滑的无级启动。此种启动方式在桥式起重机和空气压缩机等电气设备中获得广泛应用。

转子绕组串接频敏变阻器启动控制线路如图 2-16 所示。该线路可利用转换开关 SC 选择自动控制和手动控制两种方式。在主电路中，TA 为电流互感器，作用是将主电路中的大电流变换成小电流。另外，在启动过程中，为避免因启动时间较长而使热继电器 FR 误动作，在主电路中用 KA 的常闭触头将 FR 的热元件短接，启动结束投入正常运行时，FR 的热元件才接入电路。

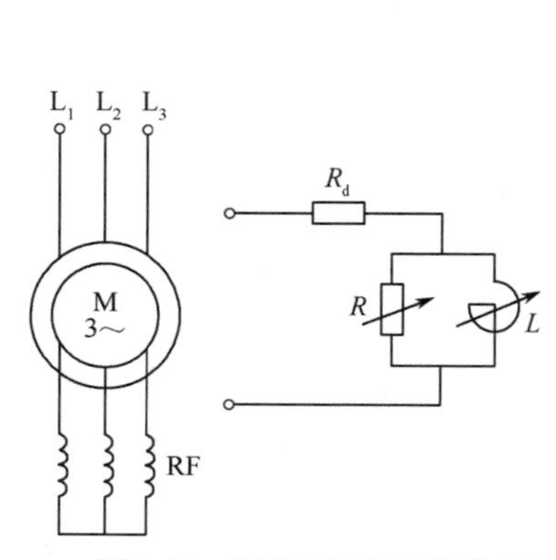

图 2-15　频敏变阻器的等效电路

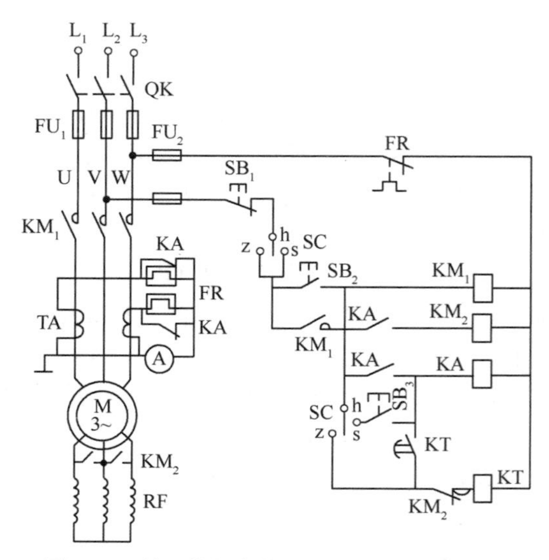

图 2-16　转子绕组串接频敏变阻器启动控制线路

自动控制　启动过程如下：

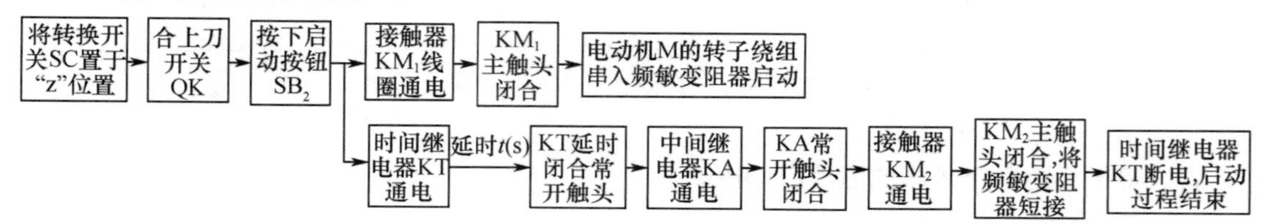

手动控制　将转换开关 SC 置于"s"位置→按下启动按钮 SB_2→接触器 KM_1 通电→KM_1 主触头闭合，电动机 M 的转子绕组中串入频敏变阻器启动→待电动机启动结束，按下启动按钮 SB_3→中间继电器 KA 通电→接触器 KM_2 通电→KM_2 主触头闭合，将频敏变阻器短接，启动过程结束。

2.3　三相异步电动机的正、反转控制

在实际应用中，往往要求生产机械改变运动方向，如工作台前进与后退、起重机起吊重物的上升与下降、电梯的上升与下降等，这就要求电动机能实现正、反转。

由三相异步电动机的转动原理可知，若要电动机逆向运行，只要将接于电动机定子绕组的三相电源线中的任意两相对调即可，这可通过两个接触器来改变电动机定子绕组的电源相序来实现。电动机正、反转控制线路如图 2-17 所示。图中，接触器 KM_1 为正向接触器，控制电动机 M 正转；接触器 KM_2 为反向接触器，控制电动机 M 反转。

图 2-17（a）的工作过程如下：

正转控制　合上刀开关 QK→按下正向启动按钮 SB_2→正向接触器 KM_1 通电→KM_1 主触头和自锁触头闭合→电动机 M 正转。

反转控制　合上刀开关 QK→按下反向启动按钮 SB_3→反向接触器 KM_2 通电→KM_2 主触头和自锁触头闭合→电动机 M 反转。

停机　按下停止按钮 SB_1→KM_1（或 KM_2）断电→电动机 M 停转。

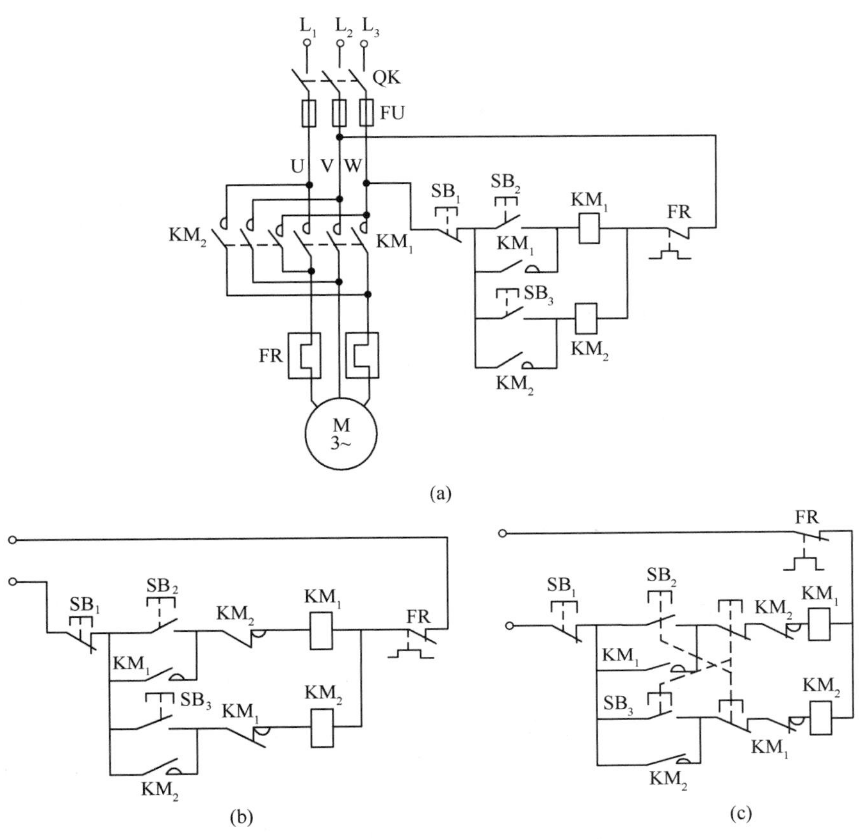

图 2-17　电动机正、反转控制线路

该控制线路必须要求 KM_1 与 KM_2 不能同时通电，否则会引起主电路的电源短路，为此要求线路设置必要的联锁环节，如图 2-17（b）所示。将其中一个接触器的常闭触头串入另一个接触器线圈电路中，则任何一个接触器先通电后，即使按下相反方向的启动按钮，另一个接触器也无法通电，这种利用两个接触器的辅助常闭触头互相控制的方式，称为电气互锁，或称电气联锁。起互锁作用的常闭触头称为互锁触头。另外，该线路只能实现“正→停→反”或“反→停→正”控制，即必须按下停止按钮后，再反向或正向启动，这对需要频繁改变电动机运转方向的设备来说是很不方便的。为了提高生产效率，简化正、反转操作，常利用复合按钮组成“正→反→停”或“反→正→停”的互锁控制，如图 2-17（c）所示。复合按钮的常闭触头同样起到互锁的作用，这样的互锁称为机械互锁。该线路既有接触器常闭触头的电气互锁，也有复合按钮常闭触头的机械互锁，即具有双重互锁。该线路操作方便，安全可靠，故应用广泛。

2.4　三相异步电动机的调速控制

异步电动机调速常用来改善机床的调速性能和简化机械变速装置。三相异步电动机的转速公式为

$$n = \frac{60 f_1}{p}(1 - s) \tag{2-1}$$

式中，s 为转差率；f_1 为电源频率（Hz）；p 为定子绕组的磁极对数。

因此，三相异步电动机的调速方法有：改变电动机定子绕组的磁极对数 p；改变电源频率 f_1；改变转差率 s。改变转差率调速，又可分为：绕线式异步电动机在转子绕组串接电阻调速；绕线式异步电动机串级调速；交流调压调速；电磁离合器调速。下面介绍几种常用的异步电动机调速控制线路。

2.4.1 三相笼型异步电动机的变极调速控制

三相笼型异步电动机采用改变磁极对数调速，改变定子绕组的磁极对数时，转子绕组的磁极对数也同时改变，笼型转子绕组本身没有固定的磁极对数，它的磁极对数随定子绕组的磁极对数而定。

改变定子绕组的磁极对数的方法有：

① 装一套定子绕组，改变它的连接方式，得到不同的磁极对数；

② 定子槽里装两套磁极对数不一样的独立绕组；

③ 定子槽里装两套磁极对数不一样的独立绕组，而每套绕组本身又可以改变其连接方式，得到不同的磁极对数。

多速电动机一般有双速、三速、四速之分。双速电动机的定子槽里装有一套绕组，三速、四速电动机则装有两套绕组。双速电动机三相绕组连接图如图 2-18 所示。图 2-18（a）为三角形与双星形连接法；图 2-18（b）为星形与双星形连接法。应注意，当三角形或星形连接时，p=2（低速），各相绕组互为 240° 电角度；当双星形连接时，p=1（高速），各相绕组互为 120° 电角度。为保持变速前、后转向不变，改变磁极对数时必须改变电源相序。

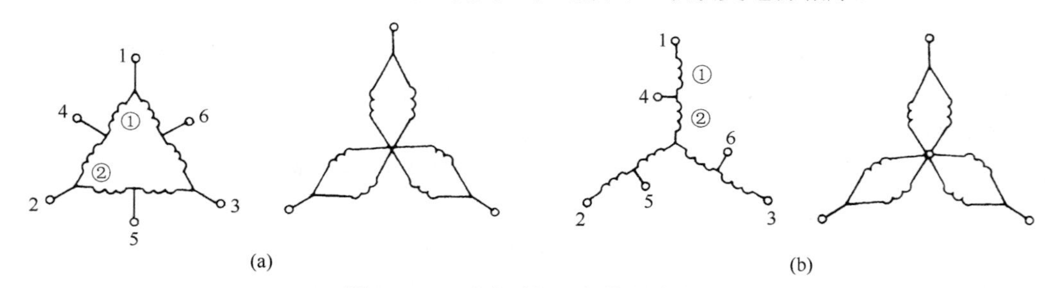

图 2-18　双速电动机三相绕组连接图

双速电动机调速控制线路如图 2-19 所示。图中，SC 为转换开关，置于“低速”位置时，电动机连接成三角形，低速运行；SC 置于“高速”位置时，电动机连接成双星形，高速运行。

工作过程如下：

低速运行　SC 置于“低速”位置→接触器 KM_3 通电→KM_3 主触头闭合→电动机 M 连接成三角形，低速运行。

高速运行　SC 置于“高速”位置→时间继电器 KT 通电→接触器 KM_3 通电→电动机 M 先连接成三角形以低速启动 $\xrightarrow{\text{延时}t(\text{s})}$ KT 延时打开常闭触头→KM_3 断电→KT 延时闭合常开触头→接触器 KM_2 通电→接触器 KM_1 通电→电动机连接成双星形，高速运行。

电动机实现先低速后高速的控制，目的是限制启动电流。

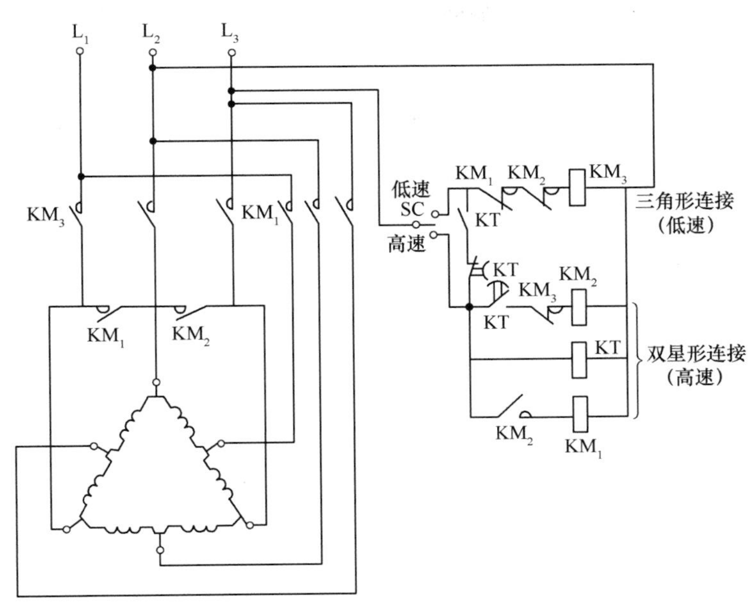

图 2-19　双速电动机调速控制线路

2.4.2　绕线式异步电动机转子绕组串电阻的调速控制

绕线式异步电动机可采用转子绕组串电阻的方法调速。随着转子绕组所串电阻的增大，电动机的转速降低，转差率增大，使电动机工作在不同的人为特性上，从而获得不同的转速，实现调速的目的。

绕线式异步电动机一般采用凸轮控制器进行调速控制，目前在吊车、起重机一类的生产机械上被普遍采用。

如图 2-20 所示为采用凸轮控制器控制的电动机正、反转和调速的控制线路。在电动机 M 的转子绕组中，串接三相不对称电阻，用于启动和调速。转子电路的电阻和定子电路相关部分与凸轮控制器的各触头连接。

凸轮控制器的触头展开图如图 2-20（c）所示，黑点表示该位置的触头接通，没有黑点则表示不通。触头 KT_1～KT_5 和转子电路串接的电阻相连接，用于短接电阻，控制电动机的启动和调速。

工作过程如下：凸轮控制器手柄置“0”位，KT_{10}、KT_{11}、KT_{12} 触头接通→合上刀开关 QK→按下启动按钮 SB_2→接触器 KM 通电→KM 主触头闭合→把凸轮控制器手柄置正向“1”位→KT_{12}、KT_6、KT_8 触头闭合→电动机 M 接通电源，转子串入全部电阻（R_1+R_2+R_3+R_4），正向低速启动→KT 手柄置正向“2”位→KT_{12}、KT_6、KT_8、KT_5 触头闭合→电阻 R_1 被切除，电动机转速上升。当凸轮控制器手柄从正向“2”位依次转向“3”“4”“5”位时，触头 KT_4～KT_1 先后闭合，电阻 R_2、R_3、R_4 被依次切除，电动机转速逐步升高，直至以额定转速运转。

当凸轮控制器手柄由“0”位扳向反向“1”位时，KT_{10}、KT_9、KT_7 触头闭合，电动机 M 因电源相序改变而反向启动。手柄位置从“1”位依次扳向“5”位时，电动机转子所串电阻被依次切除，电动机转速逐步升高。过程与正转相同。

另外，为了安全运行，在终端位置设置了两个限位开关 SQ_1、SQ_2，分别与 KT_{12}、KT_{10} 触头串接，在电动机正、反转过程中，当运动机构到达终端位置时，挡块压动限位开关，切断控制电路电源，使接触器 KM 断电，切断电动机电源，电动机停止运转。

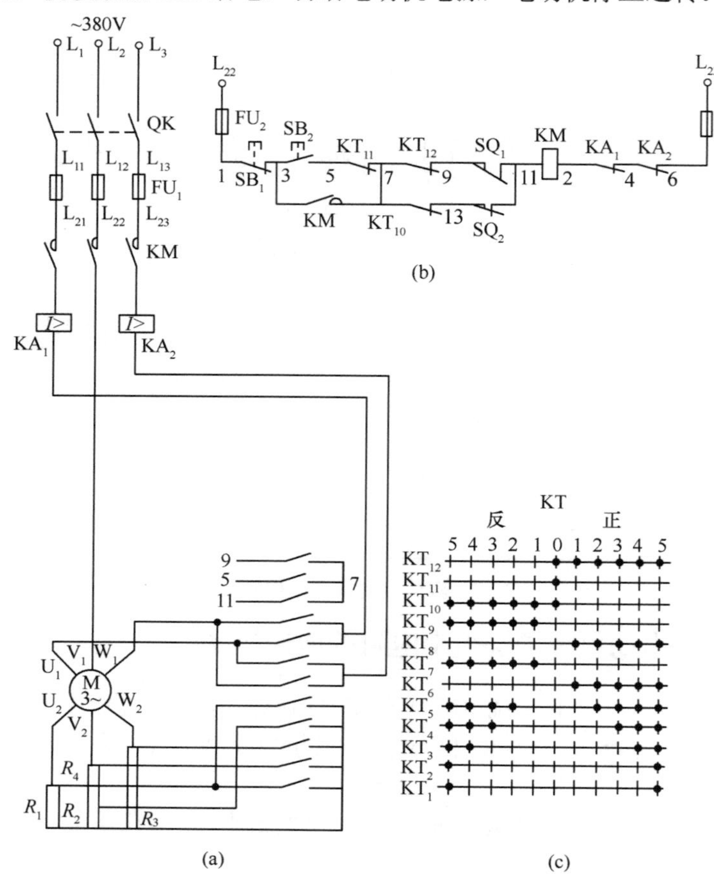

图 2-20　采用凸轮控制器控制电动机正、反转和调速的控制线路

2.4.3　电磁调速异步电动机的控制

电磁调速异步电动机由异步电动机、电磁离合器、控制装置 3 部分组成，是通过改变电磁离合器的励磁电流实现调速的。

电磁离合器由电枢与磁极等组成，如图 2-21 所示。电枢由铸钢制成圆筒形，直接与异步电动机轴相连。磁极由铁磁材料形成爪形，并装有励磁线圈，爪形磁极的轴与生产机械相连接，励磁线圈经集电环通入直流励磁电流。

电动机运转时，带动电磁离合器的电枢旋转，这时若励磁绕组没有直流电流，则磁极与生产机械不转动。若加入励磁电流，则电枢中产生感应电动势，产生感应电流。感应电流与爪形磁极相互作用，使爪形磁极受到与电枢转向相同的电磁转矩。因为只有它们之间存在转差时才能产生感应电流和转矩，所以爪形磁极必然以小于电枢的转速同方向运转。

电磁离合器的磁极的转速与励磁电流的大小有关。励磁电流越大，建立的磁场越强，在一定的转差率下产生的转矩越大。对于一定的负载转矩，励磁电流不同，转速也不同，因此，只要改变电磁离合器的励磁电流，就可以调节转速。

电磁调速异步电动机的机械特性较软，为了得到平滑稳定的调速特性，需加自动调速装置。

电磁调速异步电动机的控制线路如图 2-22 所示。图中，VC 是晶闸管整流电源，提供电磁离合器的直流电流，其大小可通过可变电阻 R 进行调节。由测速发电机 TG 取出的转速信号反馈给 VC，起速度负反馈作用，以调节和稳定电动机的转速，改善电动机的机械特性。

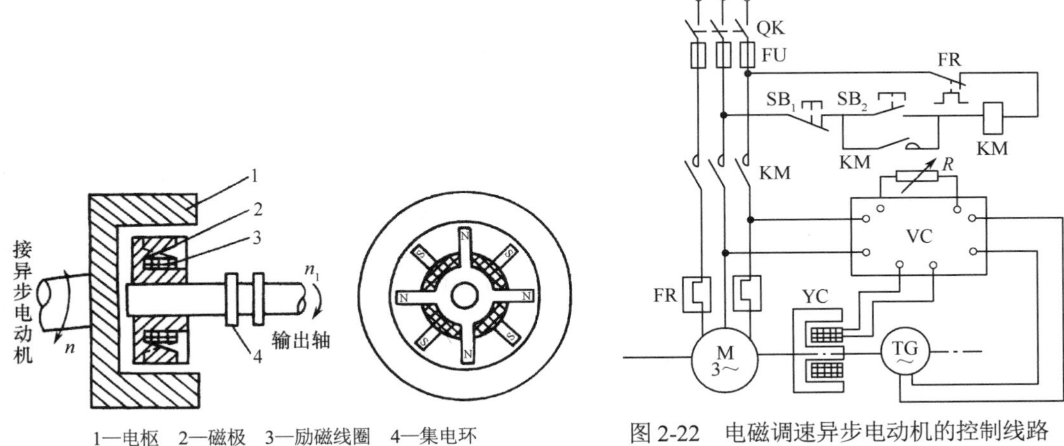

1—电枢　2—磁极　3—励磁线圈　4—集电环

图 2-21　电磁离合器结构图

图 2-22　电磁调速异步电动机的控制线路

工作过程如下：合上刀开关 QK→按下启动按钮 SB_2→接触器 KM 通电→电动机 M 运转→VC 输出直流电流给电磁离合器 YC，建立磁场，磁极随电动机和电枢同向转动→调节可变电阻 R，改变励磁电流大小，使生产机械达到所要求的转速。

2.5　三相异步电动机的制动控制

三相异步电动机从切断电源到安全停止转动，由于惯性的原因总要经过一段时间。在实际生产中，为了实现快速、准确停车，缩短时间，提高生产效率，对要求停转的电动机强迫其迅速停车，必须采取制动措施。

三相异步电动机的制动方法有机械制动和电气制动两种。

机械制动是利用机械装置使电动机迅速停转。常用的机械装置是电磁抱闸，电磁抱闸由制动电磁铁和闸瓦制动器组成。机械制动可分为断电制动和通电制动。制动时，将制动电磁铁的线圈切断或接通电源，通过机械抱闸制动电动机。

电气制动有反接制动、能耗制动、发电制动和电容制动等。

2.5.1　三相异步电动机反接制动控制

反接制动是利用改变电动机电源相序，使定子绕组产生的旋转磁场与转子的旋转方向相反，因而产生制动力矩的一种制动方法。应注意的是，当电动机转速接近零时，必须立即断开电源，否则电动机会反向旋转。

另外，由于反接制动电流较大，制动时需在定子回路中串入电阻以限制制动电流。反接制动电阻的接法有两种：对称电阻接法和不对称电阻接法，如图 2-23 所示。

单向运行的三相异步电动机反接制动控制线路如图 2-24 所示。控制线路按速度原则实现控制，通常采用速度继电器。速度继电器与电动机同轴相连，在 120～3000r/min 范围内，速度继电器触头动作；当转速低于 100r/min 时，其触头复位。

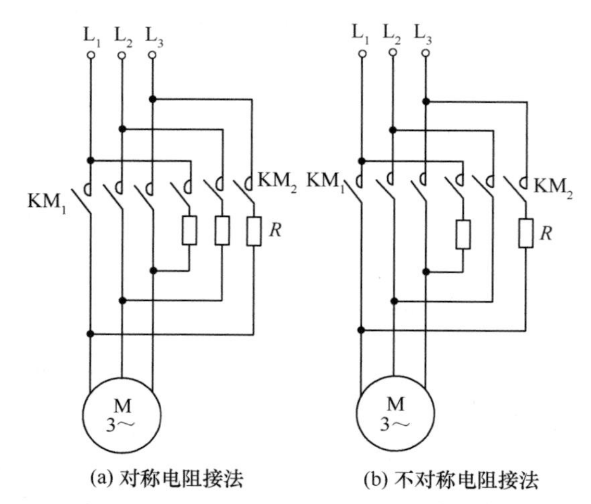

(a) 对称电阻接法　(b) 不对称电阻接法

图 2-23　三相异步电动机反接制动电阻接法

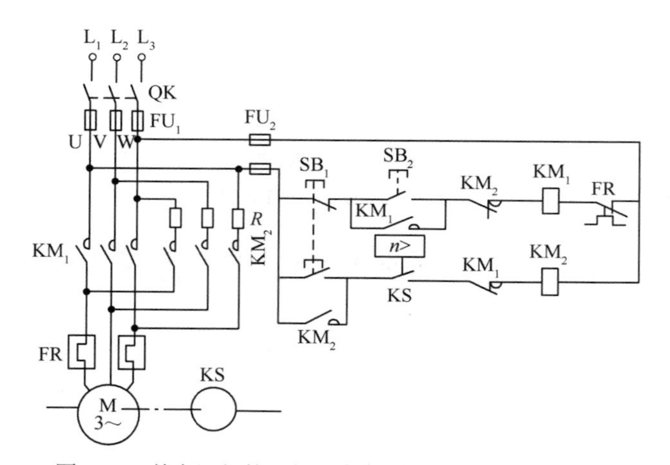

图 2-24　单向运行的三相异步电动机反接制动控制线路

工作过程如下：合上刀开关 QK→按下启动按钮 SB_2→接触器 KM_1 通电→电动机 M 启动运行→速度继电器 KS 常开触头闭合，为制动做准备。制动时按下停止按钮 SB_1→KM_1 断电→KM_2 通电（KS 常开触头尚未打开）→KM_2 主触头闭合，定子绕组串入限流电阻 R 进行反接制动→$n\approx0$ 时，KS 常开触头断开→KM_2 断电，电动机制动结束。

如图 2-25 所示为电动机可逆运行的反接制动控制线路。图中，KS_F 和 KS_R 是速度继电器 KS 的两组常开触头，正转时 KS_F 闭合，反转时 KS_R 闭合，工作过程请读者自行分析。

2.5.2　三相异步电动机能耗制动控制

三相异步电动机能耗制动时，切断定子绕组的交流电源后，在定子绕组任意两相通入直流电流，形成一固定磁场，与旋转着的转子中的感应电流相互作用产生制动力矩。制动结束后，必须及时切除直流电流。

能耗制动控制线路如图 2-26 所示。

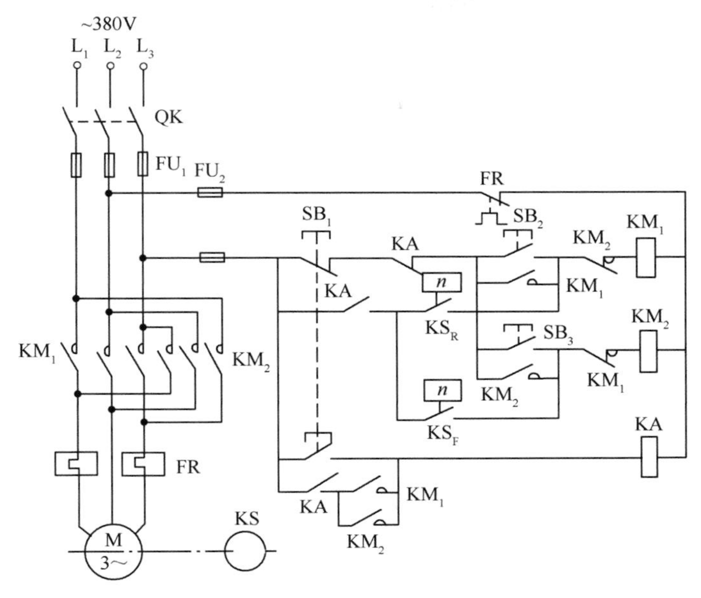

图 2-25 电动机可逆运行的反接制动控制线路

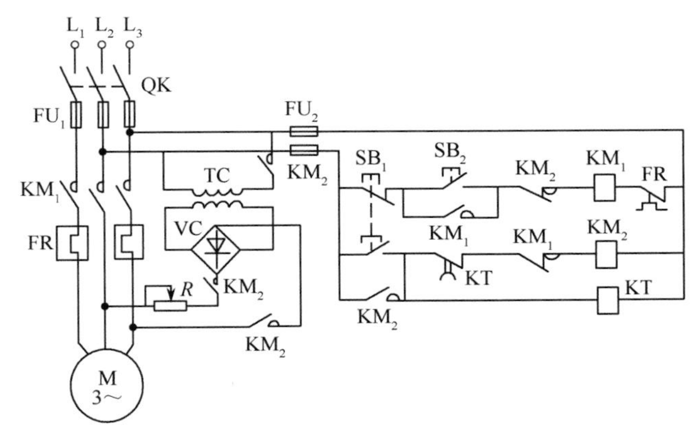

图 2-26 能耗制动控制线路

工作过程如下：合上刀开关 QK→按下启动按钮 SB_2→接触器 KM_1通电→电动机 M 启动运行。

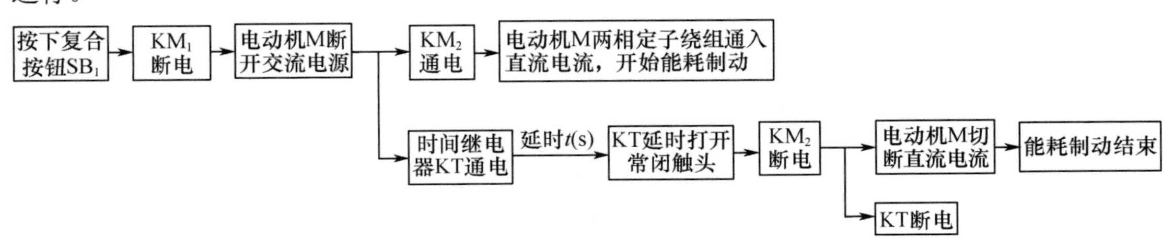

该控制线路的制动效果好，但对于较大功率的电动机要采用三相整流电路，则所需设备多、投资成本高。

对于 10kW 以下的电动机，在制动要求不高的场合，可采用无变压器单相半波整流控制线路，如图 2-27 所示。

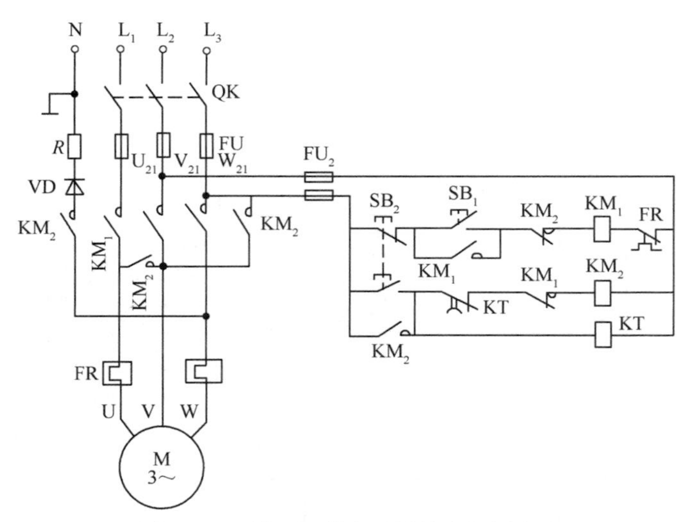

图 2-27　无变压器单相半波整流控制线路

2.5.3　三相异步电动机电容制动控制

电容制动是在切断三相异步电动机的交流电源后，在定子绕组上接入电容器，转子内的剩磁切割定子绕组产生感应电流，向电容器充电，充电电流在定子绕组中形成磁场，该磁场与转子感应电流相互作用，产生与转向相反的制动力矩，使电动机迅速停转。电容制动控制线路如图 2-28 所示。

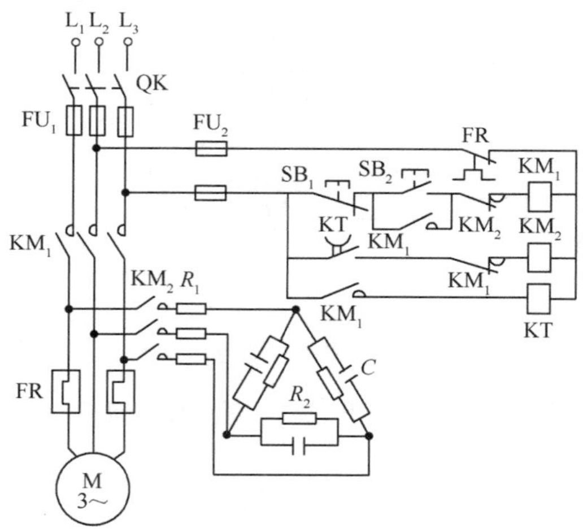

图 2-28　电容制动控制线路

工作过程如下：合上刀开关 QK→按下启动按钮 SB_2→接触器 KM_1 通电→电动机 M 运行→时间继电器 KT 通电→KT 瞬时闭合常开触头。

制动时：

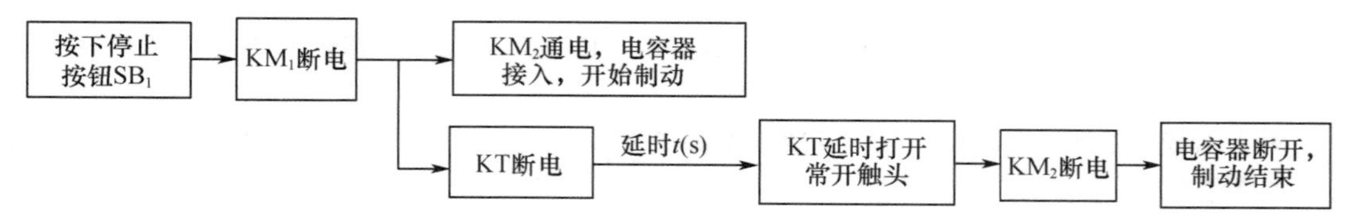

2.6 其他典型控制环节

在实际生产设备的控制中，除上述介绍的几种基本控制线路外，为了满足某些特殊要求和工艺需要，还有一些其他的控制环节，以实现诸如多地点控制、顺序控制、循环控制及各种保护控制等。

2.6.1 多地点控制

有些电气设备，如大型机床、起重运输机等，为了操作方便，常要求能在多个地点对同一台电动机实现控制。这种控制方法称为多地点控制。

图 2-29 所示为三地点控制线路。把一个启动按钮和一个停止按钮组成一组，并把 3 组启动、停止按钮分别放置三地，即能实现三地点控制。

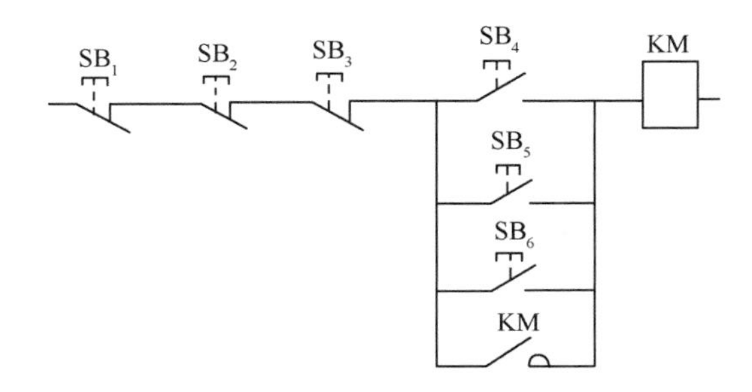

图 2-29 三地点控制线路

多地点控制的接线原则是：启动按钮应并联连接，停止按钮应串联连接。

2.6.2 多台电动机顺序控制

在很多生产过程或机械设备中，常常要求电动机按一定顺序启动。例如，机床中要求润滑电动机启动后，主轴电动机才能启动；铣床进给电动机必须在主轴电动机已启动的情况下才能启动工作。图 2-30 所示为两台电动机顺序启动控制线路。

在图 2-30（a）中，接触器 KM_1 控制电动机 M_1 的启动、停止；接触器 KM_2 控制电动机 M_2 的启动、停止。现要求电动机 M_1 启动后，电动机 M_2 才能启动。工作过程如下：合上刀开关 QK→按下启动按钮 SB_2→接触器 KM_1 通电→电动机 M_1 启动→KM_1 辅助常开触头闭合→按下启动按钮 SB_4→接触器 KM_2 通电→电动机 M_2 启动。

按下停止按钮 SB_1，两台电动机同时停止。如改用图 2-30（b）线路的接法，可以省去接触器 KM_1 的辅助常开触头，使线路得到简化。

电动机顺序控制的接线规律是：

① 要求接触器 KM_1 动作后接触器 KM_2 才能动作，故将接触器 KM_1 的辅助常开触头串接于接触器 KM_2 的线圈电路中；

② 要求接触器 KM_1 动作后接触器 KM_2 不能动作，故将接触器 KM_1 的辅助常闭触头串接于接触器 KM_2 的线圈电路中。

如图 2-31 所示为采用时间继电器按时间原则顺序启动的控制线路。该线路要求电动机 M_1 启动 t(s)后，电动机 M_2 自动启动。可利用时间继电器的延时闭合常开触头来实现。

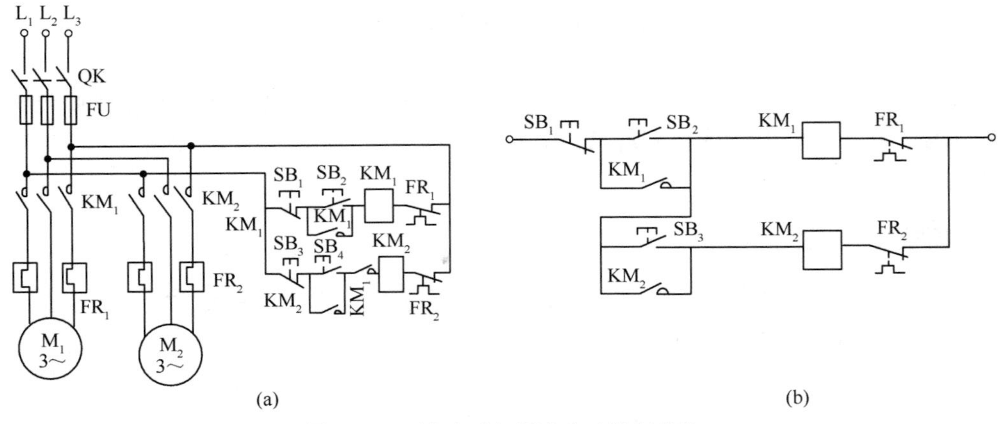

(a)　　　　　　　　　　　　　　(b)

图 2-30　两台电动机顺序启动控制线路

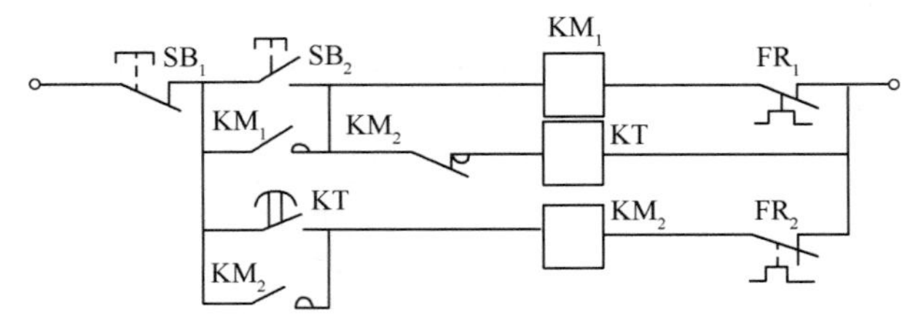

图 2-31　采用时间继电器实现顺序启动的控制线路

2.6.3　自动循环控制

在机床等电气设备中，有些是通过工作台自动往复循环工作的，如龙门刨床的工作台前进、后退等。电动机的正、反转是实现工作台自动往复循环的基本环节。自动循环控制线路如图 2-32 所示。

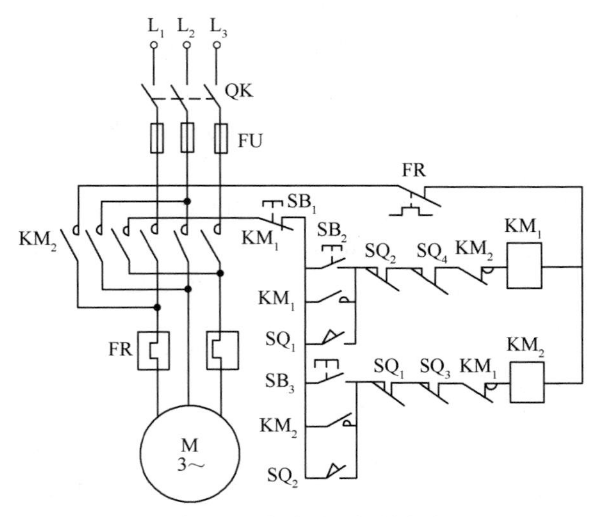

图 2-32　自动循环控制线路

控制线路按照行程控制原则，利用生产机械运动的行程位置实现控制，通常采用限位开关。

工作过程如下：

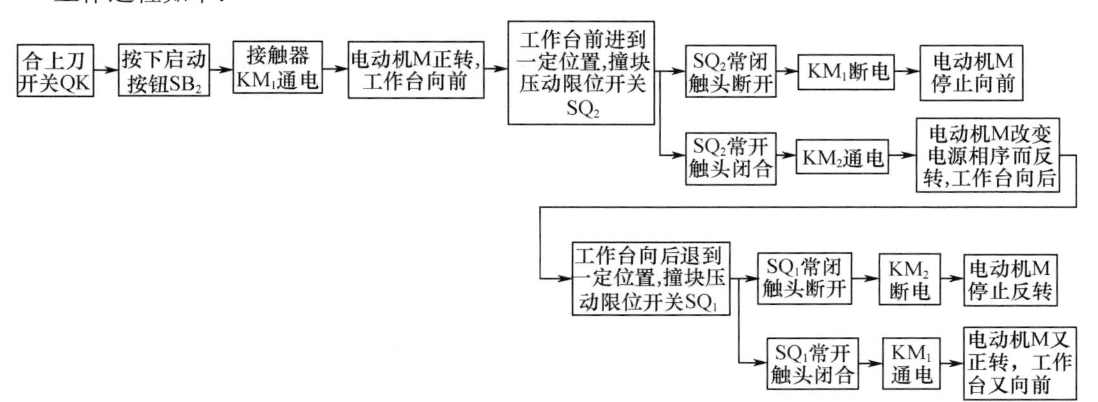

如此往复循环工作，直至按下停止按钮 SB_1→KM_1（或 KM_2）断电→电动机 M 停转。

另外，SQ_3、SQ_4 分别为反、正向终端保护限位开关，防止出现限位开关 SQ_1 和 SQ_2 失灵时造成工作台从床身上冲出的事故。

2.7 电气控制线路的设计方法

人们希望在掌握了电气控制的基本原则和基本控制环节后，不仅能分析生产机械的电气控制线路的工作原理，而且还能根据生产工艺的要求，设计电气控制线路。

电气控制线路的设计方法通常有两种：经验设计法和逻辑设计法。

2.7.1 经验设计法

经验设计法是根据生产机械的工艺要求和加工过程，利用各种典型的基本控制环节，加以修改、补充、完善，最后得出最佳方案的设计方法。若没有典型的基本控制环节可采用，则按照生产机械的工艺要求逐步进行设计。

1. 经济设计法应注意的问题

经验设计法比较简单，但必须熟悉大量的控制线路，掌握多种典型线路的设计资料，同时具有丰富的实践经验。由于是靠经验进行设计的，因此没有固定模式，通常是先采用一些典型的基本控制环节实现工艺基本要求，然后逐步完善其功能，并加上适当的联锁与保护环节。初步设计出来的线路可能有几种，要加以分析比较，甚至通过试验加以验证，检验线路的安全性和可靠性，最后确定比较合理、完善的设计方案。采用经验设计法，一般应注意以下几个问题。

（1）控制线路工作的安全性和可靠性

电器要正确连接，电器的线圈和触头连接不正确，会使控制线路发生误动作，有时会造成严重的事故。

① 线圈的连接。在交流控制线路中，不能串联接入两个电器线圈，如图 2-33 所示。即使外加电压是两个线圈的额定电压之和，也是不允许的。因为每个线圈上所分配到的电压与线圈阻抗成正比，两个电器的动作总有先后，先吸合的电器，磁路先闭合，其阻抗比没有吸合的电器大，电感显著增加，线圈上的电压也相应增大，故没有吸合电器的线圈的电压达不到吸合值。同时电路电流将增加，有可能烧毁线圈。因此，两个电器需要同时动作时，线圈应并联连接。

② 电器触头的连接。同一个电器的常开触头和常闭触头位置靠得很近，不能分别接在电源的不同相上。不正确连接电器的触头如图 2-34（a）所示，限位开关 SQ 的常开触头和常闭触头不是等电位的，当触头断开产生电弧时，很可能在两触头之间形成飞弧而引起电源短路。正确连接电器的触头如图 2-34（b）所示，则两触头电位相等，不会造成飞弧而引起的电源短路。

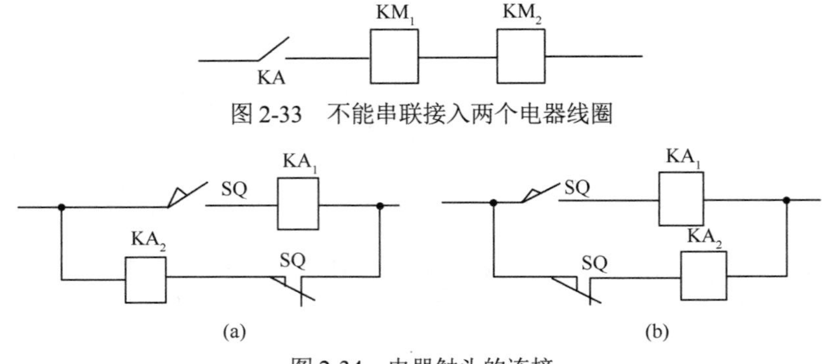

图 2-33　不能串联接入两个电器线圈

图 2-34　电器触头的连接

③ 线路中应尽量减少多个电器依次动作后才能接通另一个电器，如图 2-35 所示。在图 2-35（a）中，线圈 KA_3 的接通要经过 KA、KA_1、KA_2 这 3 对常开触头。若改为图 2-35（b），则每一线圈的通电只需经过一对常开触头，工作较可靠。

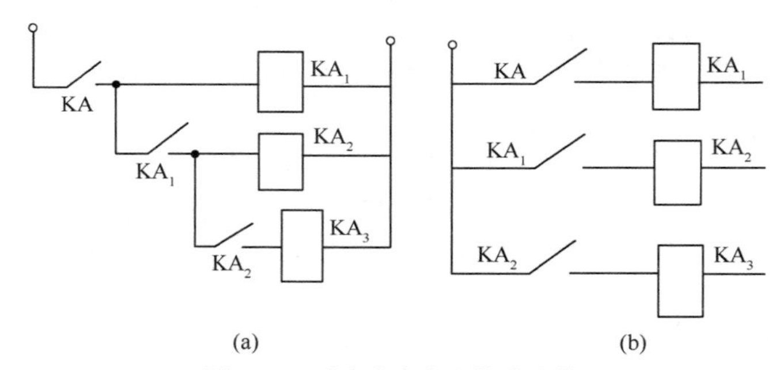

图 2-35　减少多个电器依次动作

④ 应考虑电器触头的接通和分断能力，若容量不够，可在线路中增加中间继电器，或增加电器触头数目。提高接通能力采用多触头并联连接；提高分断能力采用多触头串联连接。

⑤ 应考虑电器触头“竞争”问题。同一继电器的常开触头和常闭触头有“先断后合”型和“先合后断”型。

通电时常闭触头先断开，常开触头后闭合；断电时常开触头先断开，常闭触头后闭合，属于“先断后合”型。而“先合后断”型则相反：通电时常开触头先闭合，常闭触头后断开；断电时常闭触头先闭合，常开触头后断开。如果触头动作的先后发生“竞争”，电路工作则不可靠。触头“竞争”线路如图 2-36 所示，若继电器 KA 采用“先合后断”型，则自锁环节起作用；若 KA 采用“先断后合”型，则自锁环节不起作用。

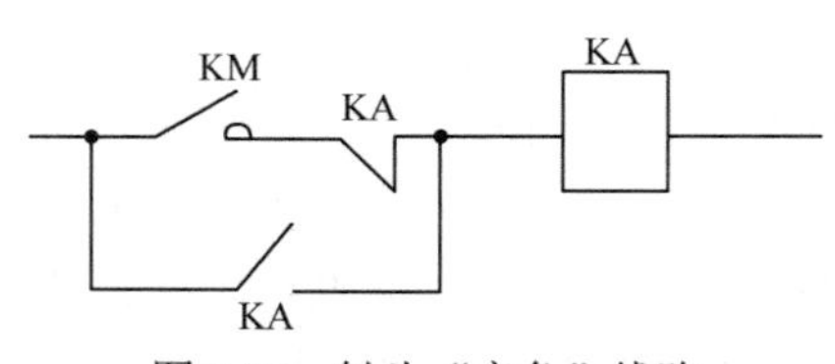

图 2-36　触头“竞争”线路

（2）控制线路力求简单、经济

① 尽量减少触头的数目。尽量减少电器和触头的数目，所用的电器、触头越少，则越经济，出故障的机会也越少，如图 2-37 所示。

② 尽量减少连接线。将触头的位置合理安排，可减少导线根数和缩短导线的长度，以简化接线。如图 2-38 所示，启动按钮和停止按钮都放置在操作台上，而接触器放置在电气柜内，从按钮到接触器要经过较远的距离，所以必须把启动按钮和停止按钮直接连接，这样可减少连接线。

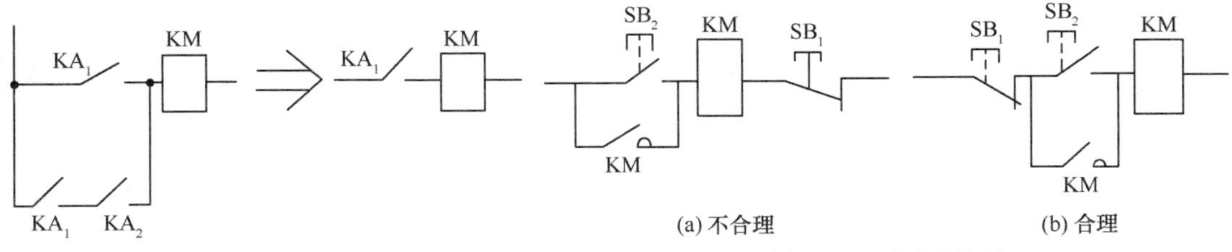

图 2-37　减少触头数目　　图 2-38　减少连接线

③ 控制线路在工作时，除必要的电器必须长期通电外，其余电器应尽量不长期通电，以延长电器的使用寿命和节约电能。

（3）防止寄生电路

控制线路在工作中出现意外接通的电路称为寄生电路。寄生电路会破坏线路的正常工作，造成误动作。如图 2-39 所示，在具有过载保护和指示灯显示的可逆电动机控制线路中，电动机正转时过载，则热继电器动作时会出现寄生电路，如图中虚线所示，使接触器 KM_1 不能断电，起不到保护作用。

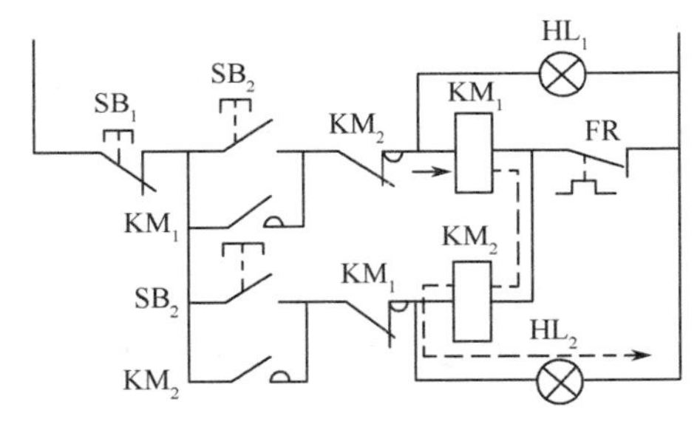

图 2-39　寄生电路

（4）应具有必要的保护环节

① 短路保护。在电气控制线路中，通常采用熔断器或断路器作短路保护。当电动机容量较小时，其控制线路不需另外设置熔断器作短路保护，因主电路的熔断器同时可用作控制线路的短路保护；若电动机容量较大，则控制电路要单独设置熔断器作短路保护。断路器既可作短路保护，又可作过载保护，线路出故障，断路器跳闸，排除故障后，只要重新合上断路器即能重新工作。

② 过电流保护。不正确的启动方法和过大的负载转矩常常引起电动机的过电流故障。过电流一般比短路电流要小。过电流保护常用于直流电动机和绕线式电动机的控制中，采用过电流继电器和接触器配合使用的方式。将过电流继电器线圈串接于被保护的主电路中，其常闭触头串接于接触器控制电路中，当电流达到整定值时，过电流继电器动作，其常闭触头断开，切断控制电路电源，接触器断开电动机的电源而起到保护作用。

③ 过载保护。三相笼型电动机的负载突然增加、断相或电网电压降低都会引起过载，电动机长期过载运行，会引起过热而使绝缘损坏。通常采用热继电器作三相笼型电动机的长期过载保护。

④ 零电压保护。零电压保护通常采用并联在启动按钮两端的接触器的自锁触头来实现。当采用钮子开关 SA 控制电动机时，则通过零电压继电器来实现。零电压保护线路如图 2-40 所示。当 SA 置于“0”位时，零电压继电器 KA 吸合并自锁。当 SA 置于“1”位时，保证了接触器 KM 的接通。当电网断电时，KA 释放，当电网再通电时，必须先将 SA 置于“0”位，使 KA 通电吸合，才能使电动机重新启动，起到零电压保护的作用。

对电动机的基本保护，如过载保护、断相保护、短路保护等，最好能在一个保护装置内同时实现，多功能保护器就是这种装置。多功能保护器品种很多，性能各异，如图 2-41 所示为其中的一种。图中保护信号由电流互感器 TA_1、TA_2、TA_3 串联后取得。电流互感器用具有较低饱和磁通密度的磁环（如用软磁铁氧体 MX0—2000 型锰锌磁环）做成。电动机运行时，磁环处于饱和状态，因此电流互感器二次绕组中的感应电动势除基波外还有三次谐波成分。

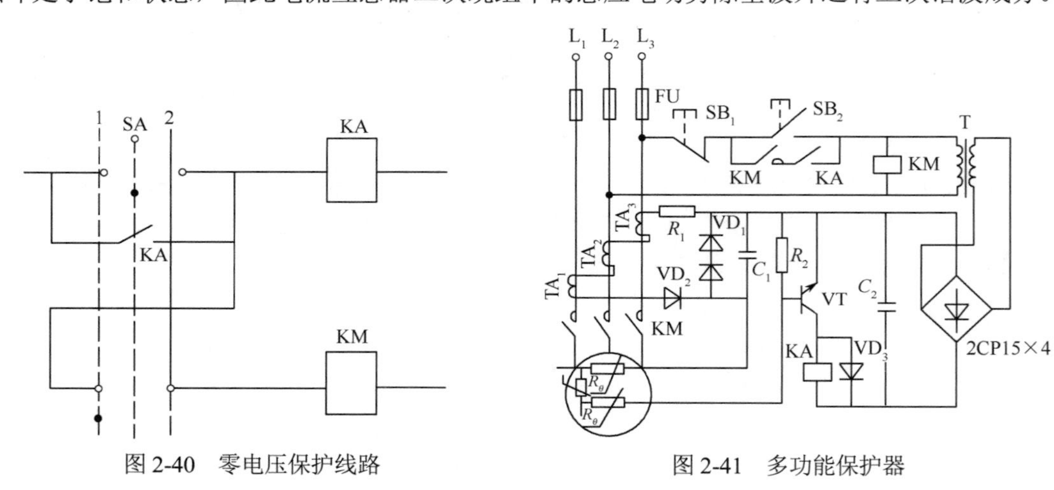

图 2-40 零电压保护线路

图 2-41 多功能保护器

电动机正常运行时，三相线电流基本平衡（大小相等，相位互差 120°），因此，在电流互感器二次绕组中的基波电动势合成为零，但三次谐波电动势合成后是每相电动势的 3 倍。取得的三次谐波电动势经过二极管 VD_2 整流、VD_1 稳压、电容 C_1 滤波，再经过 R_1 与 R_2 分压后，供给晶体管 VT 的基极，使 VT 饱和导通。于是继电器 KA 吸合，KA 常开触头闭合。按下启动按钮 SB_2，接触器 KM 通电。

当电动机电源断开一相时，其余两相线电流大小相等、方向相反，电流互感器 3 个串联的二次绕组中只有两个绕组的感应电动势，且大小相等、方向相反，结果电流互感器二次绕组的总电动势为零，既不存在基波电动势，也不存在三次谐波电动势，于是 VT 的基极电流为零，VT 截止，接在 VT 集电极的继电器 KA 释放，接触器 KM 断电，KM 主触头断开，切断电动机电源。

当电动机由于过载或其他故障使其绕组温度过高时，热敏电阻 R_θ的阻值急剧上升，改变了 R_1 和 R_2 的分压差，使 VT 的基极电流下降到很低的数值，VT 截止，使继电器 KA 释放，同时能切断电动机电源。

为了更好地解决电动机的保护问题，现代技术提供了更加广阔的途径。例如，研制发热时间常数小的新型 PTC 热敏电阻，可增加电动机绕组对热敏电阻的热传导。采用新材料（新型电磁材料和绝缘材料）的电动机工作时，绕组电流增大，当电动机过载时，绕组温度的升高速度比过去的电动机大2～2.5倍，这就要求温度检测元件具有更小的发热时间常数，保护装置具有更高的灵敏度和精度。另外，发展高性能和多功能综合保护装置，其主要方向是采用集成电路和微处理器作为电流、电压、时间、频率、相位和功率等的检测和逻辑单元。

对于频繁操作及大容量的电动机，其转子绕组的温升比定子绕组的温升高，较好的办法是检测转子的温度，用红外线温度计从外部检测转子绕组的温度并加以保护，目前已有用红外线保护装置的实际应用。

2．经验设计法的应用实例

对电动机的保护是生产设备工作可靠的一个保证，下面通过实例来介绍经验设计法的应用。如图2-42所示为钻削加工时刀架的自动循环示意图，具体要求如下：

① 自动循环，即刀架由位置“1”移动到位置“2”进行钻削加工后自动退回位置“1”，实现自动循环。

② 无进给切削，即钻头到达位置“2”时不再进给，但钻头继续转动进行无进给切削，以提高工件的加工精度。

③ 快速停车。停车时，要求快速停车以减少辅助工时。

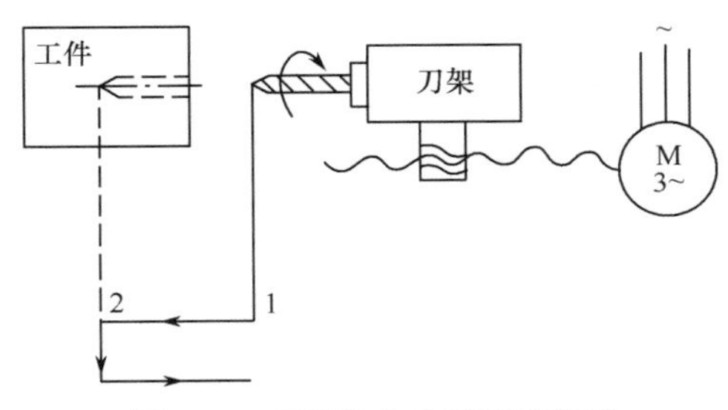

图2-42　刀架的自动循环示意图

了解清楚生产工艺要求后，则可进行电气控制线路的设计，具体设计步骤如下：

① 设计主电路。因为要求刀架自动循环，故电动机要实现正、反向运转，因此采用两个接触器以改变电源相序，主电路如图2-43所示。

② 确定控制电路的基本部分。设置由启动按钮、停止按钮、正向接触器、反向接触器组成的控制电动机正、反转的基本控制环节，以及必要的自锁环节和互锁环节，刀架前进、后退的控制电路如图2-43所示。

③ 设计控制电路的特殊部分，工艺要求如下。

● 刀架能自动循环

应采用限位开关SQ_1和SQ_2，分别用于测量刀架运动的行程位置，由它们发出的控制信号通过接触器作用于电动机。将SQ_2的常闭触头串接于正向接触器KM_1的线圈电路中，SQ_2的常开触头与反向启动按钮SB_3并联连接。这样，当刀架前进到位置“2”时，按下限位开关SQ_2，其常闭触头断开，切断正向接触器线圈电路的电源，KM_1断电；SQ_2常开触头闭合，使反向接触器KM_2通电，刀架后退，退回到位置“1”时，按下限位开关SQ_1。同样，把SQ_1的常闭触头串接于反向接触器KM_2的线圈电路中，SQ_1的常开触头与正向启动按钮SB_2并联连接，则刀架又自动向前，刀架就这样不断地循环工作。

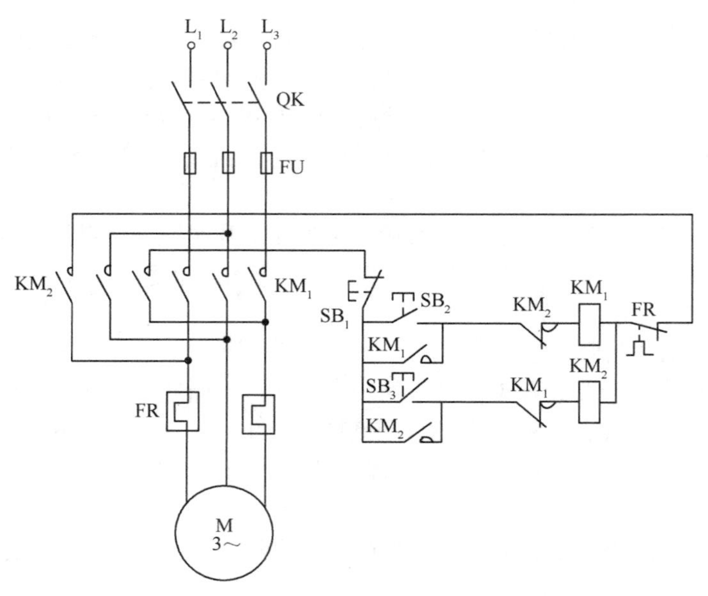

图 2-43　主电路及刀架前进、后退的控制电路

● 实现无进给切削

为了提高加工精度，要求刀架前进到位置“2”时进行无进给切削，即刀架不再前进，但钻头继续转动切削（钻头转动由另一台电动机拖动），无进给切削一段时间后，刀架再后退。故根据时间原则，采用时间继电器来实现无进给切削控制，如图 2-44 所示。

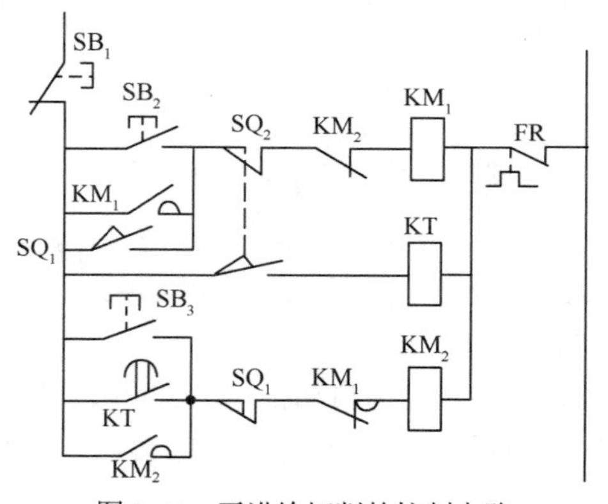

图 2-44　无进给切削的控制电路

当刀架到达位置“2”时，按下限位开关 SQ_2，SQ_2 的常闭触头断开，切断正向接触器 KM_1 的线圈电路，使刀架不再进给（但钻头继续转动切削），同时 SQ_2 的常开触头闭合，使时间继电器 KT 通电，到达整定时间后，KT 的延时闭合常开触头闭合，使反向接触器 KM_2 通电，刀架后退。

● 快速停车

对三相笼型电动机，通常采用反接制动的方法。按照速度原则采用速度继电器来实现，如图 2-45 所示。完整的钻削加工时刀架自动循环控制线路的工作过程如下：按下启动按钮 SB_2→接触器 KM_1 通电→电动机 M 正转→速度继电器的正向常闭触头 KS_F 断开，正向常开触头闭合→制动时，按下停止按钮 SB_1（快速松开）→接触器 KM_1 断电→接触器 KM_2 通电，进行反接制动，当转速接近零时，速度继电器正向常开触头 KS_F 断开→接触器 KM_2 断电，反接制动结束。

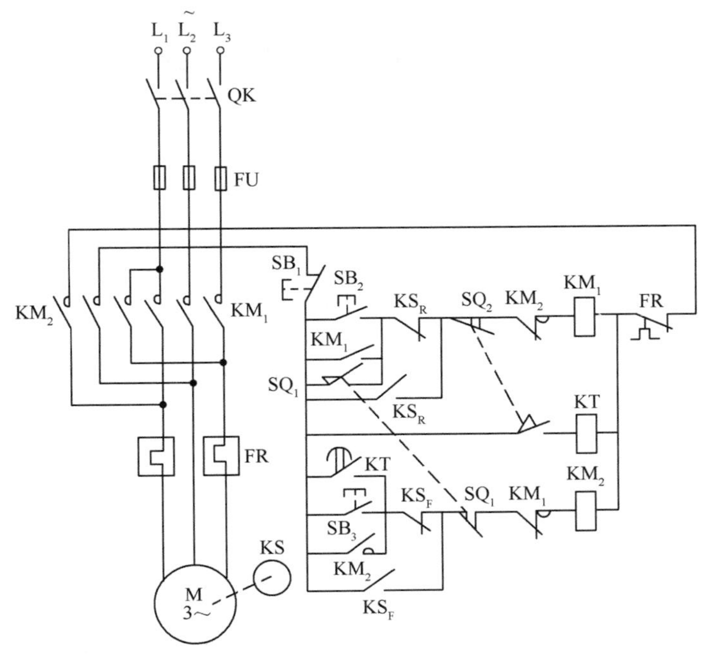

图 2-45　完整的钻削加工时刀架自动循环控制线路

当电动机转速接近零时，速度继电器的正向常开触头 KS_F 断开后，正向常闭触头 KS_F 不立即闭合，因而 KM_2 有足够的断电时间使铁心释放，自锁触头断开，不会造成电动机的反向启动。

电动机反转时的反接制动过程与正向的反接制动过程一样，不同的是反向转动时，速度继电器的反向（常开、常闭）触头 KS_R 动作。

● 设置必要的保护环节

采用熔断器 FU 作短路保护，热继电器 FR 作过载保护。

2.7.2　逻辑设计法

逻辑设计法利用逻辑代数这一数学工具来设计电气控制线路，同时可用于电气控制线路的简化。

把电气控制线路中的接触器、继电器等线圈的通电和断电、触头的闭合和断开看成逻辑变量，线圈的通电状态和触头的闭合状态设定为“1”态；线圈的断电状态和触头的断开状态设定为“0”态。根据工艺要求，将这些逻辑变量关系表示为逻辑函数式，再运用逻辑运算的基本公式和运算规律，对逻辑函数式进行化简，然后由简化的逻辑函数式画出相应的电气原理图，最后进一步检查、完善，以期得到既满足工艺要求，又经济合理、安全可靠的最佳设计线路。

用逻辑函数式来表示控制元件的状态，实质上是以触头的状态作为逻辑变量，通过简单的“逻辑与”“逻辑或”“逻辑非”等基本运算，得出其运算结果，此结果即表明电气控制线路的结果。

1. 逻辑与

图 2-46 表示常开触头 KA_1 与 KA_2 串联的逻辑与电路。当常开触头 KA_1 与 KA_2 同时闭合时，即 $KA_1=1$，$KA_2=1$，则接触器 KM 通电，即 KM=1；当常开触头 KA_1 与 KA_2 任一不闭合时，即 $KA_1=0$ 或 $KA_2=0$，则 KM 断电，即 KM=0。图 2-46 可用逻辑与关系式表示为

$$KM=KA_1 \cdot KA_2 \tag{2-2}$$

逻辑与的真值表如表 2-4 所示。

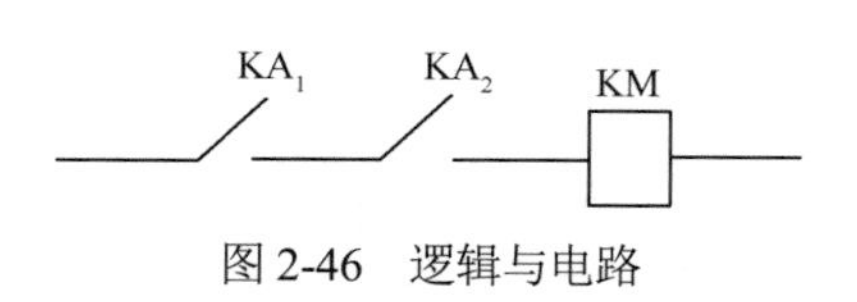

图 2-46　逻辑与电路

表 2-4　逻辑与的真值表

KA_1	KA_2	$KM=KA_1 \cdot KA_2$
0	0	0
1	0	0
0	1	0
1	1	1

2. 逻辑或

图 2-47 表示常开触头 KA_1 与 KA_2 并联的逻辑或电路。当常开触头 KA_1 或 KA_2 闭合（$KA_1=1$ 或 $KA_2=1$）时，则 KM 通电，即 KM=1；当 KA_1、KA_2 都不闭合时，KM=0。图 2-47 可用逻辑或关系式表示为

$$KM=KA_1+KA_2 \tag{2-3}$$

逻辑或的真值表如表 2-5 所示。

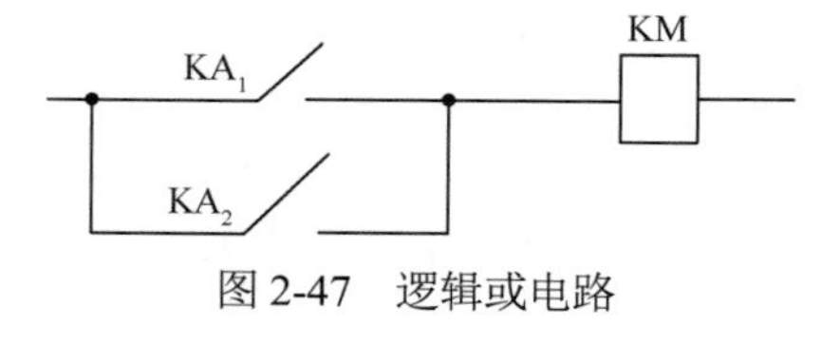

图 2-47　逻辑或电路

表 2-5　逻辑或的真值表

KA_1	KA_2	$KM=KA_1+KA_2$
0	0	0
1	0	1
0	1	1
1	1	1

3. 逻辑非

图 2-48 表示与继电器常开触头 KA 相对应的常闭触头 $\overline{KA}$ 与接触器线圈 KM 串联的逻辑非电路。当继电器线圈通电（KA=1）时，常闭触头 $\overline{KA}$ 断开（$\overline{KA}=0$），则 KM=0；当 KA 断电（KA=0）时，常闭触头 $\overline{KA}$ 闭合（$\overline{KA}=1$），则 KM=1。

图 2-48 可用逻辑非关系式表示为

$$KM=\overline{KA} \tag{2-4}$$

逻辑非的真值表如表 2-6 所示。

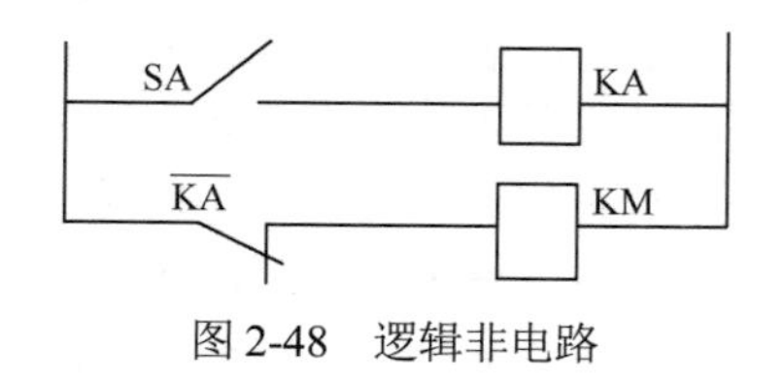

图 2-48　逻辑非电路

表 2-6　逻辑非的真值表

KA	$KM=\overline{KA}$
1	0
0	1

逻辑函数式的化简可以使电气控制线路简化，可运用逻辑运算的基本公式和运算规律进行化简。表 2-7 列出了逻辑运算常用的基本公式和运算规律。例如：

$$
\begin{aligned}
KM &= KA_1 \cdot KA_3 + \overline{KA_1} \cdot KA_2 + KA_1 \cdot \overline{KA_3} \\
&= KA_1 \cdot (KA_3 + \overline{KA_3}) + \overline{KA_1} \cdot KA_2 \\
&= KA_1 + \overline{KA_1} \cdot KA_2 \\
&= KA_1 + KA_2
\end{aligned}
$$

$$
\begin{aligned}
KM &= KA_1 \cdot (KA_1 + \overline{KA_2}) + \overline{KA_2} \cdot (KA_2 \cdot \overline{KA_1}) \\
&= KA_1 + KA_1 \cdot \overline{KA_2} + \overline{KA_2} \cdot KA_2 + \overline{KA_1} \cdot \overline{KA_2} \\
&= KA_1 + \overline{KA_2}
\end{aligned}
$$

表 2-7　逻辑运算常用的基本公式和运算规律

序号	名称		恒等式	对应的控制线路
1	基本定律	0和1定律	$0 + A = A$	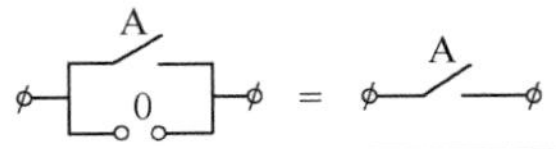
1′			$1 \cdot A = A$	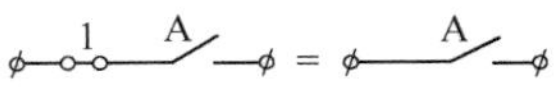
2			$1 + A = 1$	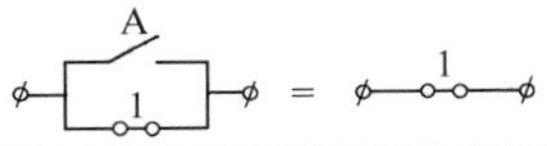
2′			$0 \cdot A = 0$	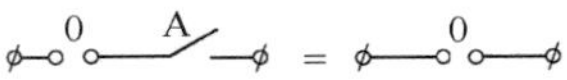
3		互补定律	$A + \overline{A} = 1$	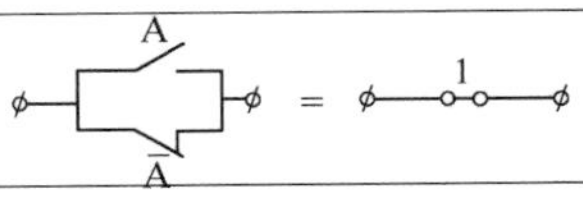
3′			$A \cdot \overline{A} = 0$	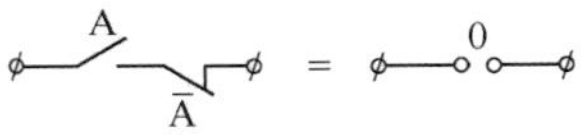
4		同一定律	$A + A = A$	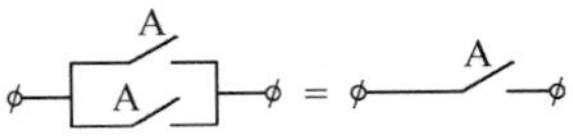
4′			$A \cdot A = A$	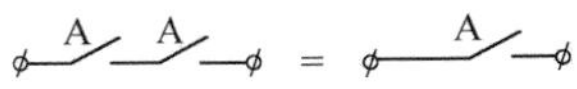
5		反转定律	$\overline{\overline{A}} = A$	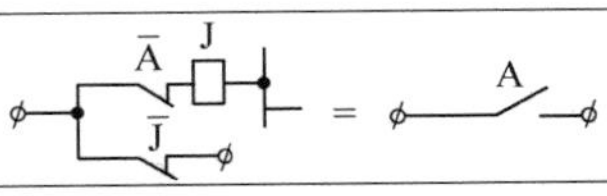
6	交换律		$A + B = B + A$	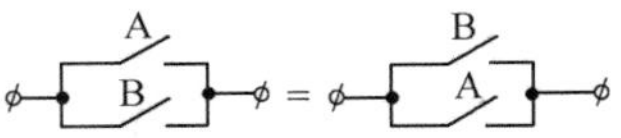
6′			$A \cdot B = B \cdot A$	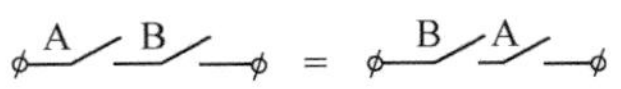
7	结合律		$(A + B) + C = A + (B + C)$	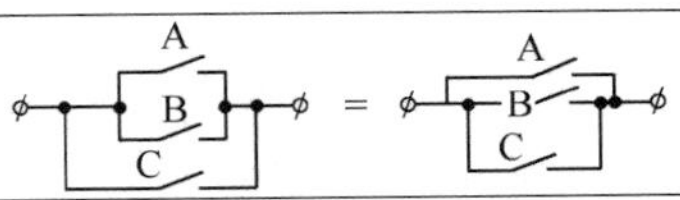
7′			$(A \cdot B) \cdot C = A \cdot (B \cdot C)$	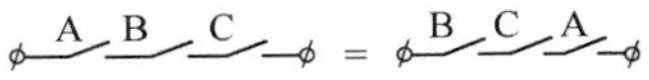

（续表）

序号	名　　称	恒　等　式	对应的控制线路
8	分配律	$A \cdot (B+C) = A \cdot B + A \cdot C$	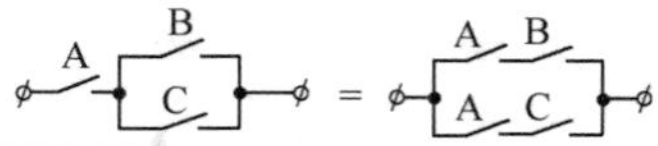
8′		$A + B \cdot C = (A+B) \cdot (A+C)$	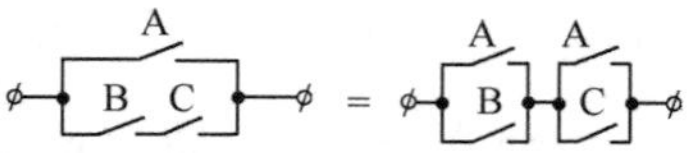
9	德·摩根定律（反演律）	$\overline{A+B} = \overline{A} \cdot \overline{B}$	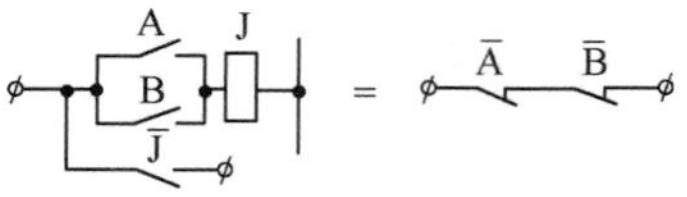
9′		$\overline{A \cdot B} = \overline{A} + \overline{B}$	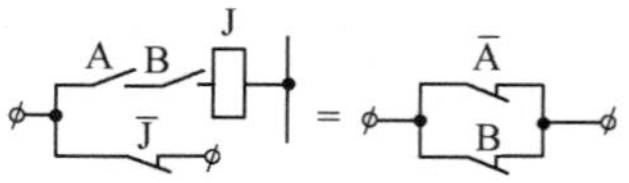
10	吸收律	$A + A \cdot B = A$	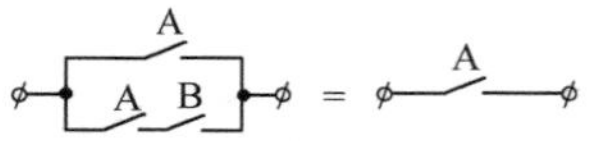
10′		$A \cdot (A+B) = A$	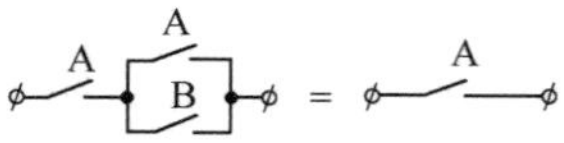
11		$A + \overline{A} \cdot B = A + B$	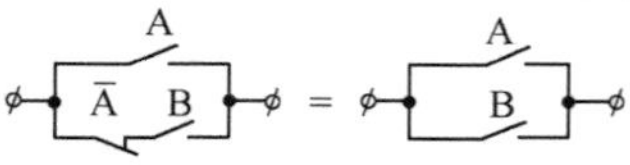
11′		$A \cdot (\overline{A} + B) = A \cdot B$	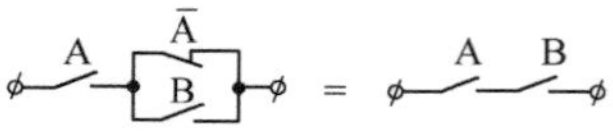
12		$A \cdot B + \overline{A} \cdot C + B \cdot C = A \cdot B + \overline{A} \cdot C$	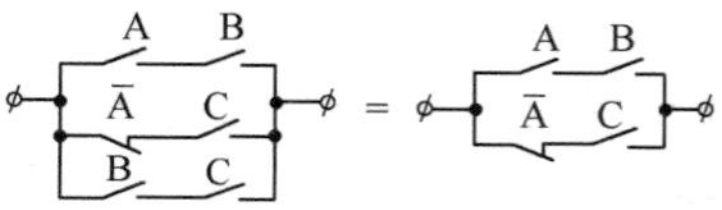
12′		$(A+B)(\overline{A}+C)(B+C)$ $= (A+B)(\overline{A}+C)$	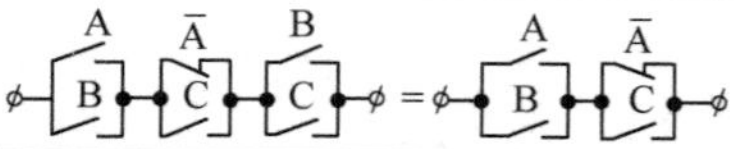

逻辑电路有两种基本类型：一种为逻辑组合电路，另一种为逻辑时序电路。

逻辑组合电路没有反馈电路（如自锁电路），对于任何信号都没有记忆功能，控制线路的设计比较简单。

例如，某电动机只有在继电器 KA_1、KA_2、KA_3 中任何一个或任何两个动作时才能运转，而在其他任何情况下都不运转，试设计其控制线路。

电动机的运转由接触器 KM 控制。根据题目的要求，列出接触器通电状态的真值表，见表 2-8。

根据真值表，继电器 KA_1、KA_2、KA_3 中任何一个动作时，接触器 KM 通电的逻辑函数式为

$$KM = KA_1 \cdot \overline{KA_2} \cdot \overline{KA_3} + \overline{KA_1} \cdot KA_2 \cdot \overline{KA_3} + \overline{KA_1} \cdot \overline{KA_2} \cdot KA_3$$

继电器 KA_1、KA_2、KA_3 中任何两个动作时，接触器 KM 通电的逻辑函数式为

$$KM = KA_1 \cdot KA_2 \cdot \overline{KA_3} + KA_1 \cdot \overline{KA_2} \cdot KA_3 + \overline{KA_1} \cdot KA_2 \cdot KA_3$$

因此，接触器 KM 通电的逻辑函数式为

$$KM = KA_1 \cdot \overline{KA_2} \cdot \overline{KA_3} + \overline{KA_1} \cdot KA_2 \cdot \overline{KA_3} + \overline{KA_1} \cdot \overline{KA_2} \cdot KA_3 + KA_1 \cdot KA_2 \cdot \overline{KA_3} + KA_1 \cdot \overline{KA_2} \cdot KA_3 + \overline{KA_1} \cdot KA_2 \cdot KA_3$$

利用逻辑运算的基本公式进行化简得

$$
\begin{aligned}
KM=&\overline{KA_1}\cdot(\overline{KA_2}\cdot KA_3+KA_2\cdot\overline{KA_3}+KA_2\cdot KA_3)+KA_1\cdot\\
&(\overline{KA_2}\cdot\overline{KA_3}+\overline{KA_2}\cdot KA_3+KA_2\cdot\overline{KA_3})\\
=&\overline{KA_1}\cdot[KA_3\cdot(\overline{KA_2}+KA_2)+KA_2\cdot\overline{KA_3}]+KA_1\cdot\\
&[\overline{KA_3}\cdot(\overline{KA_2}+KA_2)+\overline{KA_2}\cdot KA_3]\\
=&\overline{KA_1}\cdot(KA_3+KA_2\cdot\overline{KA_3})+KA_1\cdot(\overline{KA_3}+\overline{KA_2}\cdot KA_3)\\
=&\overline{KA_1}\cdot(KA_2+KA_3)+KA_1\cdot(\overline{KA_3}+\overline{KA_2})
\end{aligned}
$$

根据简化的逻辑函数式，可绘制如图 2-49 所示的电气控制电路。

表 2-8　接触器通电状态的真值表

KA_1	KA_2	KA_3	KM
0	0	0	0
0	0	1	1
0	1	0	1
0	1	1	1
1	0	0	1
1	0	1	1
1	1	0	1
1	1	1	0

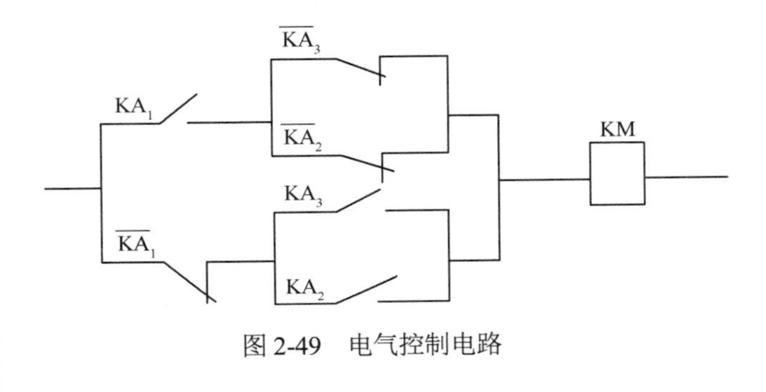

图 2-49　电气控制电路

逻辑时序电路具有反馈电路，即具有记忆功能，设计过程比较复杂，一般按照以下步骤进行：

① 根据工艺要求，作出工作循环图；

② 根据工作循环图作出执行元件和检测元件的状态表——转换表；

③ 根据转换表，增设必要的中间记忆元件（中间继电器）；

④ 列出中间记忆元件的逻辑函数式和执行元件的逻辑函数式，并进行化简；

⑤ 根据逻辑函数式绘出相应的电气控制线路；

⑥ 检查并完善所设计的电气控制线路。

这种设计方法比较复杂，难度较大，在一般常规设计中很少采用。

习题与思考题

2-1　自锁环节怎样组成？它起什么作用？并具有什么功能？

2-2　什么是互锁环节？它起到什么作用？

2-3　如图 2-50 所示，哪种电路能实现电动机正常连续运行和停止？哪种不能？为什么？

2-4　试采用按钮、刀开关、接触器和中间继电器，画出异步电动机点动、连续运行的混合控制电路。

2-5　试用按钮和接触器设计控制异步电动机的启动、停止，用组合开关选择电动机旋转方向的控制线路（包括主电路、控制回路和必要的保护环节）。

2-6　电气控制线路常用的保护环节有哪些？各采用什么电器？

2-7　为什么电动机要设零电压和欠电压保护？

2-8　在具有自动控制的机床上，电动机由于过载而自动停车后，有人立即按下启动按钮，但不能开车，试说明可能是什么原因。

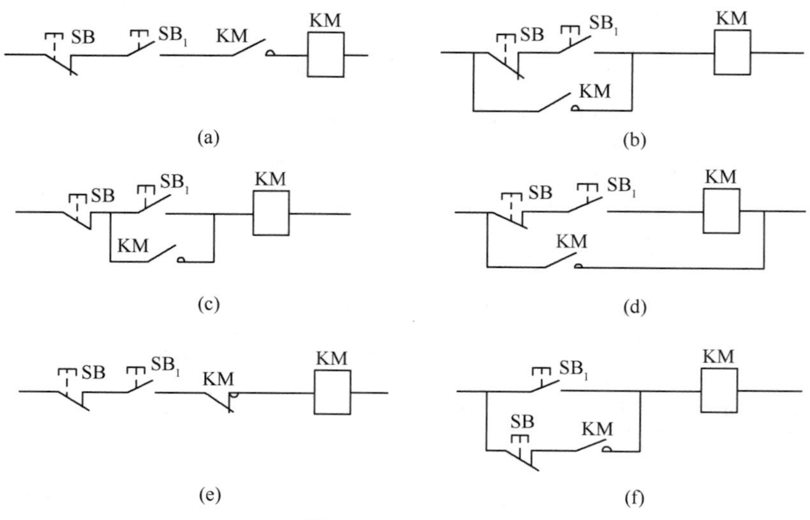

图 2-50　习题 2-3 图

2-9　试设计电气控制线路，要求：第一台电动机启动 10s 后，第二台电动机自动启动，运行 5s 后，第一台电动机停止，同时第三台电动机自动启动，运行 15s 后，全部电动机停止。

2-10　供油泵向两个地方供油，当都达到规定油位时，供油泵停止供油，只要有一处油不足，则继续供油，试用逻辑设计法设计电气控制线路。

2-11　简化图 2-51 所示电气控制线路。

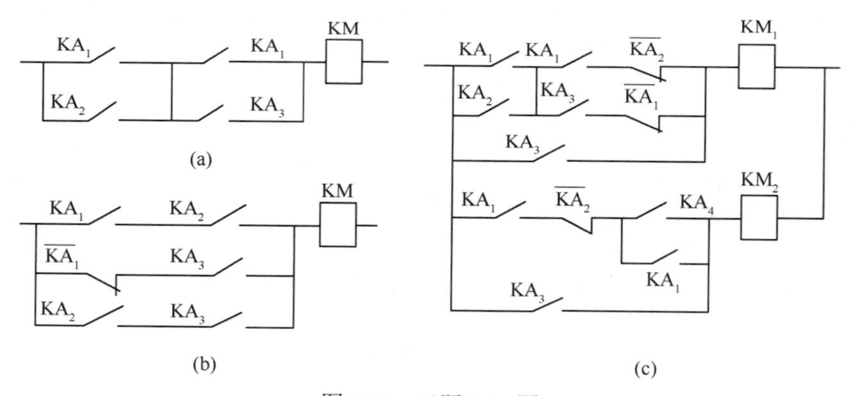

图 2-51　习题 2-11 图

2-12　电厂的闪光电源控制电路如图 2-52 所示，当发生故障时，事故继电器 KA 通电动作，试分析信号灯闪光的工作原理。

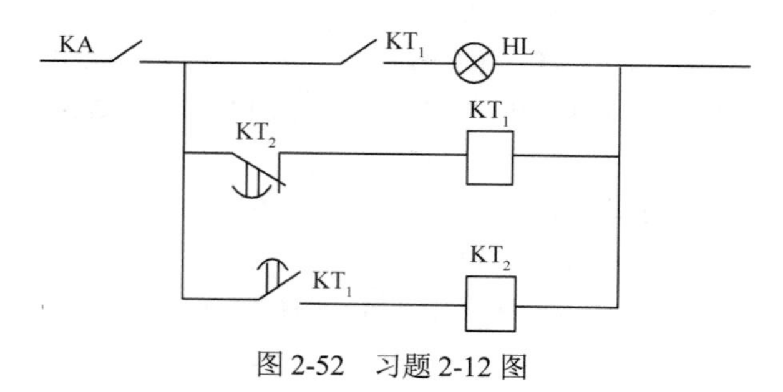

图 2-52　习题 2-12 图

第3章　PLC基础

本章介绍PLC的定义、产生的行业背景、发展方向和应用特点，重点介绍PLC的工作原理、基本硬件组成及软件工作过程。

本章主要内容:

- PLC的产生、定义、背景、特点及今后的发展方向;
- PLC的基本硬件组成;
- PLC的软件基础及工作过程。

本章重点是掌握PLC的工作过程及其基本硬件组成，熟悉PLC的软件基础。

3.1　PLC概述

PLC经历了可编程矩阵控制器（PMC）、可编程顺序控制器（PSC）、可编程逻辑控制器等几个不同时期。在早期，PLC主要用于替代继电器-接触器的逻辑、顺序控制。随着技术的发展，PLC的功能已经大大超过了逻辑控制的范围。目前，PLC已被广泛应用于各种生产机械和生产过程的自动控制中，如电厂自动控制、化工厂自动控制等，成为最重要、最普及、应用场合最多的工业控制装置之一，被公认为现代工业自动化的三大支柱（PLC、机器人、CAD/CAM）之一。

3.1.1　PLC的产生和定义

1987年国际电工委员会（International Electrical Committee，IEC）颁布的PLC标准草案中对PLC做了如下定义：PLC是一种专门为在工业环境下应用而设计的数字运算操作的电子装置。它采用可以编制程序的存储器，在其内部存储执行逻辑运算、顺序运算、计时、计数和算术运算等操作的指令，并能通过数字式或模拟式的输入和输出，控制各种类型的机械或生产过程。PLC及其有关的外围设备都应该按易于与工业控制系统形成一个整体，易于扩展其功能的原则而设计。

PLC的兴起与美国现代工业自动化生产发展的要求密不可分。20世纪60年代末，美国通用汽车公司遇到了工厂生产线调整、之前使用的继电器-接触器控制系统电路修改耗时、日常检修与维护不易等问题。在PLC出现之前，汽车制造业中的一般控制、顺序控制及安全互锁逻辑控制必须完全依靠众多的继电器、定时器及专门的闭合回路控制器来实现。它们体积庞大，且会产生严重的噪声，不但每年的维护工作要耗费大量的人力物力，而且继电器-接触器控制系统的排线检修等工作对维护人员的熟练度也有很高的要求。

为了解决这些问题，美国通用汽车公司在1968年向社会公开招标，要求设计一种新的系统来替换继电器-接触器控制系统，提出了研制新型控制器的设想，这就是著名的“通用十条”招标指标：

① 编程方便，可在现场修改程序；

② 维护方便，最好是插件式的；

③ 可靠性高于继电器控制柜；

④ 体积小于继电器控制柜；

⑤ 可将数据直接送入管理计算机；

⑥ 在成本上可与继电器控制柜竞争；

⑦ 输入为交流 115V；

⑧ 输出为交流 115V/2A 以上，能直接驱动电磁阀、接触器等；

⑨ 在扩展时原有系统改变最少；

⑩ 用户程序存储器至少可扩展到 4KB。

根据这 10 项指标，美国数字化设备公司（DEC）于 1969 年研制出第一台 PLC，型号为 PDP—14。在通用汽车公司的生产线上试用后，效果显著。

至 20 世纪 70 年代，PLC 技术已经进入成熟期。1971 年，日本研制出第一台 PLC（DCS—8）；1973 年，德国研制出第一台 PLC；1974 年，我国开始研制 PLC，并于 1977 年在工业领域推广应用。

推动 PLC 技术发展的动力主要来自两个方面：一是企业对高性能、高可靠性自动控制系统的客观需要和追求，例如，关于 PLC 最初的性能指标就是由用户提出的；二是大规模及超大规模集成电路技术的飞速发展，微处理器性能的不断提高，为 PLC 技术的发展奠定了基础并开拓了空间。这两个因素的结合，使得当今的 PLC 已经在所有性能上都大大超越了前述的 10 项指标。

现在，PLC 的程序存储容量多以 MB 为单位，随着超大规模集成电路技术的发展，微处理器的性能大幅提高，指令执行速度达到微秒级，从而极大提高了 PLC 的数据处理能力。高档 PLC 可以进行复杂的浮点数运算，并增加了许多特殊功能，如高速计数、脉宽调制变换、PID 闭环控制、定位控制等，从而在以模拟量为主的过程控制领域也占有了一席之地，在一定程度上具备了组建 DCS（Distributed Control System）系统的能力。此外，PLC 的通信功能和远程 I/O 扩展能力也非常强大，可以组建成分布式通信网络系统。

PLC 在对高性能的追求上，主要体现在以下几点。

① 增强网络通信功能。这是 PLC 的一个重要发展趋势，伴随现场总线（Fieldbus）技术的应用，由多个 PLC、多个分布式 I/O 模块、人机界面、编程设备相互连接成的网络，与工业计算机和以太网等构成整个工厂的自动控制系统。PLC 采用计算机信息处理技术、网络通信技术和图形显示技术，使得 PLC 控制系统的生产控制功能和信息管理功能融为一体。

② 发展智能模块。智能模块以微处理器为核心，与 PLC 的 CPU 并行工作，完成专一功能，大量节省主 CPU 的时间和资源，对提高用户程序的扫描速度和完成特殊的控制要求非常有利。例如，通信模块、位置控制模块、模糊逻辑控制模块、高速计数器模块等。

③ 高可靠性。PLC 广泛采用自诊断技术，向用户提供故障分析的信息和提示。同时，大力发展的冗余技术、容错技术，以及模块的热插拔功能，保障了 PLC 能够长时间可靠运行。

④ 编程软件标准化。长期以来，PLC 的生产厂家各自为战，各产品在硬件结构和软件体系上都是封闭的，不对外开放，因而导致硬件互不通用、软件互不兼容，为用户带来很大的不便。为此，国际电工委员会（IEC）制定了 IEC 1131 标准，以引导 PLC 向标准化方向发展。这个标准包含 5 部分，即 PLC 的定义等一般信息、装备与测试、编程语言、用户导则、通信规范，力图通过一系列的标准来规范各个厂家的产品。目前，很多厂家都推出了符合 IEC 1131—3 标准的软件系统，例如，西门子公司的 TIA Portal（博途）软件包就提

供符合 IEC 1131—3 标准的指令集。

⑤ 编程软件和语言向高层次发展。PLC 的编程语言在原有的梯形图语言、顺序功能图语言、语句表语言的基础上，不断丰富并向高层次发展。大部分厂家都提供可在个人计算机上运行的开发软件包，开发环境完备且友好，可向开发人员提供丰富的帮助信息及调试、诊断、模拟仿真等功能。例如西门子公司的博途软件包，运行在 Windows 环境下，在编程的过程中可随时查询指令，其内容和详细程度与编程手册相同。

3.1.2 PLC 的特点

PLC 是基于工业控制需要而产生的，是面向工业控制领域的专用设备，具有以下特点。

（1）可靠性高，抗干扰能力强

用程序来实现的逻辑顺序和时序，最大限度地取代了传统继电器-接触器控制系统中的硬件线路，大量减少了机械触点和连线的数量。单从这一角度而言，PLC 在可靠性上就优于继电器-接触器控制系统。

在抗干扰性能方面，PLC 在结构设计、内部电路设计、系统程序执行等方面都给予了充分的考虑。例如，主要器件和部件用导磁良好的材料进行屏蔽，供电系统和输入电路采用多种形式的滤波，I/O 回路与微处理器电路之间用光电耦合器进行隔离，系统软件具有故障检测、信息保护和恢复、循环扫描时间的超时警戒等。

（2）灵活性强，控制系统具有良好的柔性

当生产工艺和流程进行局部的调整及改动时，通常只需要对 PLC 的程序进行改动，或者配合以外围电路的局部调整即可实现对控制系统的改造。

（3）编程简单，使用方便

梯形图语言是 PLC 最重要也是最普及的一种编程语言，其电路符号和表达方式与继电器-接触器电路的原理图相似，电气技术人员可以很快掌握梯形图语言，并用来编制用户程序。

（4）控制系统易于实现，开发工作量少，周期短

由于 PLC 的系列化、模块化、标准化，以及良好的扩展性和联网通信性能，因此在大多数情况下，PLC 控制系统都是一个较好的选择。它不仅能够完成多数情况下的控制要求，还能够大量节省系统设计、安装、调试的时间和工作量。

（5）维修方便

PLC 有完善的故障诊断功能，可以根据装置上的发光二极管和软件提供的故障信息，方便地查明故障源。而且由于 PLC 体积小，并且采用模块化结构，因而可以通过更换整机或模块迅速排除故障。

（6）体积小，能耗低

由软件实现的逻辑控制，大量节省了继电器、定时器等。一台小型的 PLC 只相当于几个继电器的体积，控制系统所消耗的能量大大降低。

（7）功能强，性价比高

用户程序实现的逻辑控制，所需要的继电器、定时器、计数器等都由存储单元来替代，因而数量非常大。一台小型的 PLC 所具备的元件（软元件）数量就可达成百上千个，相当于一个大规模甚至超大规模的继电器-接触器控制系统。另外，PLC 所提供的软元件的触点（如软继电器）可以无限次使用，方便实现复杂的控制功能。同时，PLC 的联网通信功能有利于实现分散控制、远程控制、集中管理等，与同等规模或成本的继电器-接触器控制系统相比，具有无可比拟的优势。

3.2　PLC 的组成

PLC 作为一种工业控制用的计算机，其基本组成与计算机非常相似。如图 3-1 所示，PLC 的核心是中央处理单元，即 CPU；存储器用来存放系统程序和用户程序；PLC 的 CPU 通过各种接口完成与各种输入/输出设备、I/O 扩展单元、外部设备的连接与通信；在系统程序的支持下，CPU 解释并执行用户程序，实现设定的控制功能。

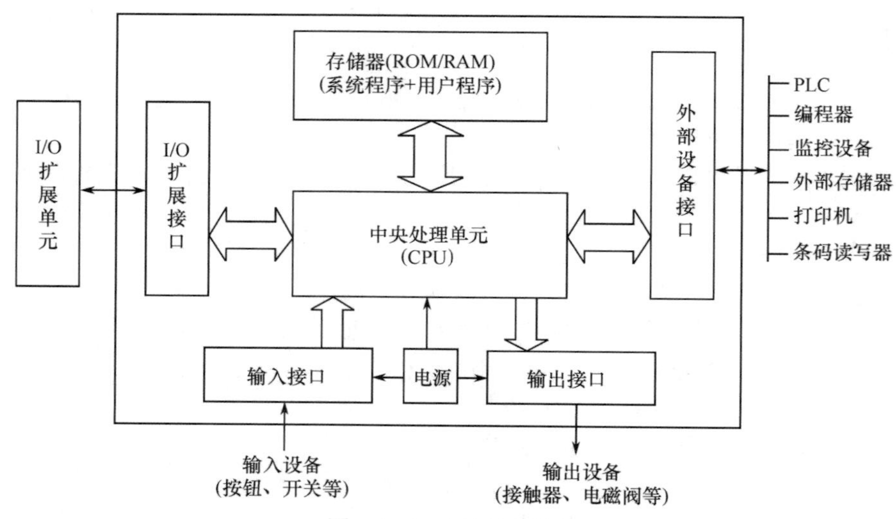

图 3-1　PLC 的基本组成

1．中央处理单元

中央处理单元（Central Processing Unit，CPU）是 PLC 的控制核心，负责完成逻辑运算、数字运算及协调 PLC 内各部分的工作。其主要功能有：

① 接收并存储用户程序和数据；

② 诊断电源故障、硬件故障及用户程序的语法错误；

③ 循环地通过输入接口读取输入设备的状态和数据，并存储到相应的存储区；

④ 循环地逐条读取用户程序指令，解释、执行用户程序，完成逻辑运算、数字运算、数据传递、存储等任务；

⑤ 循环地刷新输出映像寄存器，将输出映像寄存器中的内容送至输出设备。

PLC 可以有多个 CPU 并行工作，当主 CPU 正常工作时，其他 CPU 处于热备用状态，随时可接替发生故障的主 CPU 的工作，大大提高了系统的可靠性。

2．存储器

PLC 的存储器与计算机的存储器很相似，可以按照不同的方式进行分类。

（1）按性质不同划分

与计算机的存储器相似，按照存储器的性质不同，PLC 的存储器可分为随机存取存储器（Random Access Memory，RAM）和只读存储器（Read Only Memory，ROM）两种。

RAM，又称内存，它的显著特点是掉电失忆，可以随时读写，而且速度很快，通常作为操作系统或其他正在运行中的程序的临时数据存储介质。所谓“随机存取”，是指当存储器中的数据被读取或写入时，所需要的时间与这段信息所在的位置或所写入的位置无关。RAM 主要用来存放操作系统、各种应用程序、数据等。

ROM 通常指固化存储器（一次写入，反复读取），其特点与 RAM 相反。ROM 又分为一次性固化、光擦除和电擦除重写 3 种类型。其中，可编程只读存储器简称 PROM（Programmable Read-Only Memory），从生产厂家最初制作完成的 PROM 的内部并没有数据，用户可以用专用的编程器将自己的数据写入，但是这种机会只有一次，一旦写入后就无法修改，若出现了错误，已写入的 PROM 芯片只能报废。可擦除可编程只读存储器简称 EPROM（Erasable Programmable Read-Only Memory），是一种具有可擦除功能、擦除后即可进行再编程的 ROM，在其正面的陶瓷封装上有一个玻璃窗口，透过该窗口，可以看到其内部的集成电路，紫外线透过该窗口照射内部的集成电路，就可以擦除其内的数据，完成 EPROM 芯片擦除的操作要用到 EPROM 擦除器；写入数据要用专用的编程器，并且往 EPROM 芯片中写内容时必须加一定的编程电压。带电可擦除可编程只读存储器简称 EEPROM（Electrically Erasable Programmable Read Only Memory），可通过高于 EEPROM 芯片的工作电压来实现擦除和重写，并可实现频繁地反复编程。

RAM 和 ROM 相比，两者的最大区别是 RAM 在断电以后保存在其中的数据会自动消失，而 ROM 中的数据不会自动消失，可以长时间断电保存。举例来说，如果突然停电或者没有保存就关闭了文件，那么 ROM 可以保存之前没有存储的文件，而 RAM 会使之前没有保存的文件消失。

在 PLC 中，ROM 存储区用来存放 PLC 生产厂家编写的系统程序，包括监控程序、功能子程序、管理程序和系统诊断程序等。RAM 存储区主要包括 I/O 映像区、计数器、定时器和数据存储器等，用于存储输入/输出状态、逻辑运算结果和数据处理结果等。

（2）按内容不同划分

按照存储内容的不同，PLC 的存储器分成两部分：系统程序存储器和用户程序存储器。

系统程序存储器用于存放 PLC 生产厂家编写的系统程序，系统程序在出厂时已经被固化在 PROM 或 EPROM 中。这部分存储区不对用户开放，用户程序不能访问和修改。PLC 的所有功能都是在系统程序的管理下实现的。

用户程序存储器可分为程序存储区和数据存储区。程序存储区用于存放用户编写的控制程序，数据存储区存放的是程序执行过程中所需要的或者所产生的中间数据，包括输入/输出过程映像、定时器、计数器的预置值和当前值等。用户程序存储器容量的大小，是用户在选用 PLC 时重要的参考参数。通常情况下，生产厂家向用户提供的 PLC 存储器容量，若无特别说明，均指用户程序存储器容量。

系统程序存储区和用户程序存储区容量的大小，关系到 PLC 内部可使用的存储资源的多少和用户程序容量的大小，是选用 PLC 时参考的重要性能指标。

此外，从安装形式来分，存储器有直接插入的集成块、存储器板、IC 卡等。

值得一提的是，RAM 可进行数据和程序的读出/写入。一旦掉电，在 RAM 中所保存的内容就会丢失。为了保存其内容，PLC 采用锂电池或电容来进行保护。在环境温度为 25℃时，装上新的锂电池，存储的内容可保存 5 年之久。若采用电容保护，PLC 关断后，存储的内容可保存 20 天。

3．电源

电源负责将外界提供的电源转换成 PLC 的工作电源，即 5V DC 和 24V DC 后，提供给 PLC。

除给自身供电外，有些电源也可以作为负载电源，通过 PLC 的 I/O 接口向负载提供 24V DC。PLC 的电源一般采用开关电源，其输入电压范围宽，抗干扰能力强。电源的输入与输出之间有可靠的隔离措施，以确保外界的扰动不会影响到PLC的正常工作。

电源还提供掉电保护电路和后备电池电源，以维持部分RAM的内容在外界电源断电后不会丢失。在PLC面板上通常有发光二极管（Light-Emitting Diode，LED）作为电源的状态指示灯，便于判断电源工作是否正常。

4．接口

接口包括输入/输出接口、I/O扩展接口和外部设备接口（如通信接口、编程器接口和外部存储器接口等）。

输入/输出接口：简称I/O（Input/Output）接口，也可称为I/O单元、I/O模块。对于模块式的PLC来说，I/O接口以模块形式出现，所以又称为I/O模块。I/O接口是PLC与工业现场的接口，负责现场信号与PLC之间的联系。输入接口将来自现场的电信号转换为CPU能够接收的电平信号，如果是模拟信号，就需要进行A/D转换，将模拟量转换成数字量，最后送给CPU进行处理；输出接口则将用户程序的执行结果转换为现场控制电平，或者模拟量，输出至被控对象，如电磁阀、接触器、执行机构等。作为抗干扰措施，输入接口、输出接口都带有光电耦合电路，将PLC与外部电路隔离。此外，输入接口带有滤波电路和显示电路，输出接口带有输出锁存器、显示电路、功率放大电路等。

I/O扩展接口：用于扩展I/O点数，当PLC的I/O点数不能满足系统要求时，需要增加I/O扩展单元，这时需要用I/O扩展接口将I/O扩展单元与CPU连接起来。西门子公司S7-300/400中的接口模块（如IM365、IM360/361等）就是专用于连接中央机架和扩展机架的I/O扩展接口。

通信接口：在PLC的CPU或专用的通信模块上，集成有RS-232C或RS-422通信接口，可与PLC、上位机、远程I/O设备、监视器、编程器等外部设备相连，实现PLC与上述设备之间的数据及信息的交换，组成局域网或“集中管理、分散控制”的多级分布式控制系统。

编程器接口：编程器接口用于连接编程器，PLC通常是不带编程器的。为了能对PLC编程和监控，PLC上专门设置了编程器接口。通过这个接口，可以连接各种形式的编程装置，还可以利用此接口做通信、监控工作。

外部存储器接口：该接口是为了扩展外部存储器而设置的。PLC自带的存储器的容量有限，可以根据使用的需要扩展外部存储器。

其他外部设备接口：包括条码读写器的接口、打印机接口等。

5．外部设备

PLC的外部设备种类很多，总体来说，可以概括为四大类：编程设备、监控设备、存储设备、输入/输出设备。

编程设备：简易的编程器体积很小，也叫手持式编程器，用通信电缆与PLC的编程器接口相连，可对PLC在线编程和修改程序，但通常只接收语句表形式的编程语言。另有一些编程器可使用梯形图语言，并能脱机编程，待将程序编好后再联机下载到PLC，这种编程器称为智能型编程器。编程器除了用于编程，还可对系统做一些设定，以确定PLC的工作方式。编程器还可监控PLC及PLC所控制系统的工作状况，以进行PLC用户程序的调试。目前，采用个人计算机作为PLC控制系统的开发工具是常用的方式，各PLC生产厂家均提供可安装在个人计算机上的专用编程软件，用户可直接在个人计算机上以联机或脱机的方式编写程序，可使用多种编程语言，开发功能非常强大，还可对用户程序进行仿真。

监控设备：PLC将现场数据实时上传给监控设备，监控设备则将这些数据动态实时显示出来，以便操作人员随时掌握系统运行的情况；操作人员通过监控设备向 PLC 发送操控指令，通常把具有这种功能的设备称为人机界面设备。PLC 生产厂家通常都提供专用的人机界面设备，目前使用较多的有操作屏和触摸屏等。这两种设备均采用液晶显示屏，通过专用的开发软件可设计用户工艺流程图，与 PLC 联机后能够实现现场数据的实时显示。操作屏同时还提供多个可定义功能的按键，而触摸屏则可以将控制键直接定义在用户工艺流程图的画面中，使得控制操作更加直观。

存储设备：存储设备用于保存用户程序和数据，避免用户程序和数据丢失。

输入/输出设备：用于接收信号和输出信号的专用设备，如条码读写器、打印机等。

3.3 PLC 的工作原理

从 PLC 的定义不难看出，PLC 是服务于工业控制的装置。而从 PLC 产生的背景可知，PLC 控制系统是代替继电器-接触器控制系统用于工业控制的一套系统。为了便于对照，我们不妨按照这样的思路来理解和学习 PLC：如图 3-2 所示，一个继电器-接触器控制系统必然包含输入设备、逻辑电路、输出设备这 3 部分。输入设备主要包括各类按钮、转换开关、行程开关、接近开关、光电开关、传感器等；输出部分则是各种电磁阀线圈、接触器、信号指示灯等执行元件。将输入设备与输出设备联系起来的就是逻辑电路，一般由继电器、计数器、定时器等的触点、线圈按照对应的逻辑关系连接而成，能够根据一定的输入状态输出所要求的控制动作。

PLC 控制系统同样也包含这 3 部分，唯一的区别是，PLC 控制系统的逻辑电路部分用软件来实现，用户所编制的控制程序体现了特定的输入/输出逻辑关系，如图 3-3 所示。

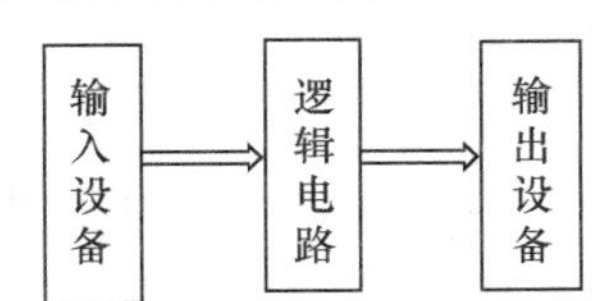

图 3-2 继电器-接触器控制系统组成图

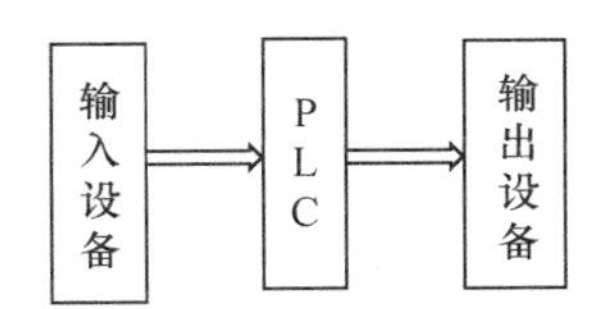

图 3-3 PLC 控制系统组成图

3.3.1 PLC 的等效电路

举例来说，如图 3-4 所示为一个典型的启动、停止控制电路，由继电器-接触器组成。电路中有两个输入，分别为启动按钮（SB_1）、停止按钮（SB_2）；一个输出，为接触器 KM。图中的输入/输出逻辑关系由硬件连线实现。

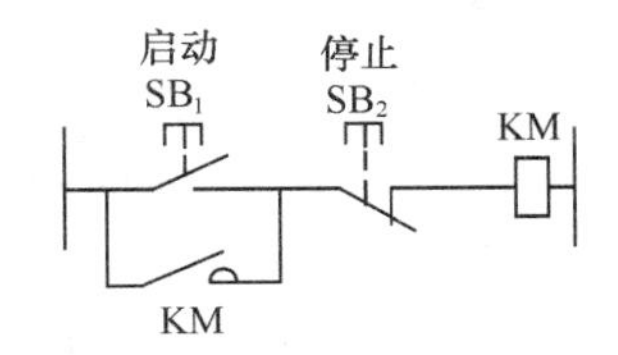

图 3-4 启动、停止控制电路

当用 PLC 来完成这个控制任务时，可将输入设备接入 PLC，而用 PLC 的输出接口连接驱动输出设备（接触器 KM 的线圈），它们之间要满足的逻辑关系由用户编写程序实现。与图 3-4 等效的 PLC 控制电路如图 3-5 所示。两个输入按钮信号经过 PLC 的接线端子进入输入接口电路，PLC 的输出经过输出接口、输出端子驱动接触器 KM；用户程序所采用的编程语言为梯形图语言。两个输入分别接入 X403 和 X407 端口，输出所用端口为 Y432，图中各画出 8 个输入端口和 8 个输出端口，实际使用时可任意选用。输入映像寄存器对应的是 PLC 内部的数据存储器，而非实际的继电器线圈。

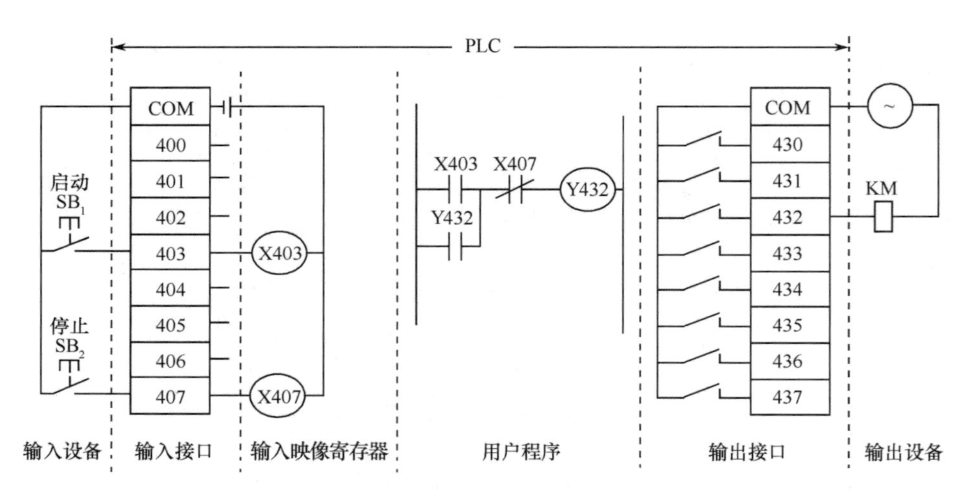

图 3-5 PLC 控制电路

图 3-5 中的 X400～X407、Y430～Y437 分别表示输入、输出端口的地址，也对应着存储器空间中特定的存储位，这些位的状态（ON 或 OFF）表示相应输入、输出端口的状态。每个输入、输出端口的地址都是唯一固定的，PLC 的接线端子号与这些地址一一对应。由于所有的输入、输出状态都是由存储器位来表示的，它们并不是物理上实际存在的继电器线圈，因此常称它们为“软元件”，它们的常开、常闭触点可以在程序中无限次使用。

3.3.2 PLC 的工作过程

PLC 的工作过程以循环扫描的方式进行。当 PLC 处于运行状态时，它的运行周期可以划分为 3 个基本阶段：输入采样阶段、程序执行阶段、输出刷新阶段。

1．输入采样阶段

在这个阶段，PLC 逐个扫描每个输入端口，将所有输入设备的当前状态保存到相应的存储区，我们把专用于存储输入设备状态的存储区称为输入映像寄存器。图 3-5 中以线圈形式标出的 X403、X407，实际上是输入映像寄存器的形象比喻。

输入映像寄存器的状态被刷新后，将一直保存，直至下一个循环才会被重新刷新，所以当输入采样阶段结束后，如果输入设备的状态发生变化，则该变化只能在下一个周期才能被 PLC 接收到。

2．程序执行阶段

PLC 将所有的输入状态采集完毕后，进入用户程序的执行阶段。所谓用户程序的执行，并非系统将 CPU 的工作交由用户程序来管理，CPU 所执行的指令仍然是系统程序中的指令。在系统程序的指示下，CPU 从用户程序存储区逐条读取指令，经解释后执行相应动作，产生相应结果，刷新相应的输出映像寄存器，这期间需要用到输入映像寄存器、输出映像寄存器的相应状态。

当 CPU 在系统程序的管理下扫描用户程序时，按照先上而下、先左后右的顺序依次读取梯形图中的指令。以图 3-5 中的用户程序为例，CPU 首先读到的是常开触点 X403，然后在输入映像寄存器中找到 X403 的当前状态，接着从输出映像寄存器中得到 Y432 的当前状态，两者的当前状态进行“或”逻辑运算，结果暂存；CPU 读到的下一条梯形图指令是 X407 的常闭触点，同样从输入映像寄存器中得到 X407 的状态，将 X407 常闭触点的当前状态与上一步的暂存结果进行逻辑“与”运算，最后根据运算结果得到输出线圈 Y432 的状态（ON 或 OFF），并将其保存到输出映像寄存器中，也就是对输出映像寄存器进行了刷新。注意：在程序执行过程中用到了 Y432 的状态，这个状态是上一个周期执行的结果。

当用户程序被完全扫描一遍后，所有的输出映像寄存器都被依次刷新，系统进入下一个阶段——输出刷新阶段。

3．输出刷新阶段

在这个阶段，系统程序将输出映像寄存器中的内容传送到输出锁存器中，经过输出接口、输出端子输出，驱动外部负载。输出锁存器一直将状态保持到下一个循环周期，而输出映像寄存器的状态在程序执行阶段是动态的。

4．总结

PLC 工作过程的特点总结如下。

① PLC 采用集中采样、集中输出的工作方式，这种方式减少了外界干扰的影响。

② PLC 的工作过程是循环扫描的过程，循环扫描时间的长短取决于指令执行速度、用户程序的长度等因素。

③ 输出对输入的响应有滞后现象。PLC 采用集中采样、集中输出的工作方式，当采样阶段结束后，输入状态的变化将要等到下一个循环周期才能被接收，因此这个滞后时间的长短又主要取决于循环周期的长短。此外，影响滞后时间的因素还有输入电路的滤波时间、输出电路的滞后时间等。

④ 输出映像寄存器的内容取决于用户程序扫描执行的结果。

⑤ 输出锁存器的内容由上一次输出刷新期间输出映像寄存器中的内容决定。

⑥ PLC 当前实际的输出状态由输出锁存器的内容决定。

除上面总结的 6 条外，需要补充说明的是，当系统规模较大、I/O 点数众多、用户程序比较长时，单纯采用上面的循环扫描工作方式会使系统的响应速度明显降低，甚至会丢失、错漏高频输入信号，因此大多数大中型 PLC 在尽量提高指令执行速度的同时，也采取了一些其他措施来加快系统的响应速度。例如，采用定周期输入采样、输出刷新，直接输入采样、直接输出刷新，中断输入、输出，或者开发本身带有 CPU 的智能 I/O 模块，与主机的 CPU 并行工作，从而加快整个系统的执行速度。

3.4　PLC 的硬件基础

I/O 单元是组成 PLC 控制系统的重要环节，本节以介绍 I/O 单元的硬件电路为主，在此基础上简单介绍 PLC 控制系统的硬件配置。在具体实现方案上，不同厂家的 PLC 总是有区别的。本节内容讨论的是一般性的原理，而非某一具体型号 PLC 的结构特征。

3.4.1　PLC 的 I/O 单元

PLC 的 I/O 单元按照其提供的信号是数字信号还是模拟信号，可以分为数字量 I/O（Digital Input/Digital Output，DI/DO）和模拟量 I/O（Analog Input/Analog Output，AI/AO）两大类。

1．数字量 I/O（DI/DO）单元

PLC 一般总是将输入、输出分成若干组，每组公用一个输入、输出公共端（COM），下面分别介绍数字量输入单元、数字量输出单元的具体形式。

（1）数字量输入单元

数字量输入单元有多种形式，分别适用于直流和交流的数字输入量。而在直流数字量的输入单元中，根据具体的电路形式又有源型和漏型之分。图 3-6 是漏型数字量输入单元示意图。

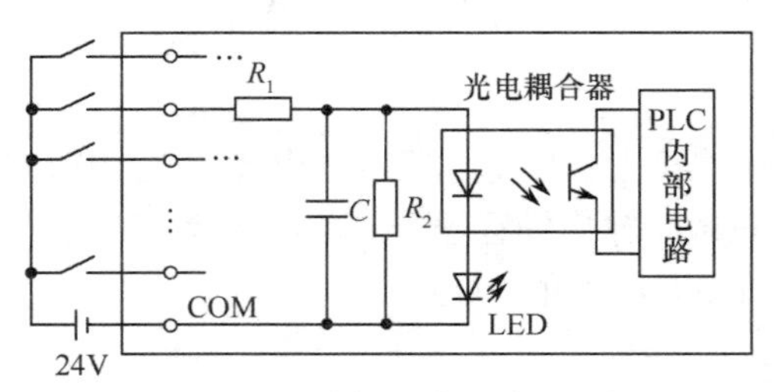

图 3-6　漏型数字量输入单元示意图

在图 3-6 中，若干个输入端口组成一组，公用一个公共端 COM。每个输入端口都构成一个回路，图中只画出了一路。回路的电流流向是从输入端口流入 PLC，从公共端 COM 流出。图中的电阻 R_1 和电容 C 构成 RC 滤波电路，光电耦合器将现场信号与 PLC 内部电路隔离，并且将现场信号的电平（图中为 DC 24V）转换为 PLC 内部电路可以接收的电平。发光二极管（LED）用来指示当前数字量输入信号的高、低电平状态。

源型数字量输入单元的形式与图 3-6 基本相似，不同之处在于光电耦合器、发光二极管、DC 24V 电源均反向，电流流向是从公共端 COM 流入 PLC，从输入端口流出。

目前很多 PLC 采用双向光电耦合器，并且使用两个反向并联的发光二极管，这样一来，DC 24V 电源的极性可以任意连接，电流的流向也可以是任意的，这种形式的电路可参考 PLC 手册或其他相关资料。

交流数字量输入单元也有多种形式，有些采用桥式整流电路将交流信号转换成直流信号，然后经过光电耦合器隔离输入 PLC 内部电路；而有些 PLC 则直接使用双向光电耦合器和双向发光二极管，从而省去了桥式整流电路。图 3-7 是带整流桥的交流数字量输入单元示意图。

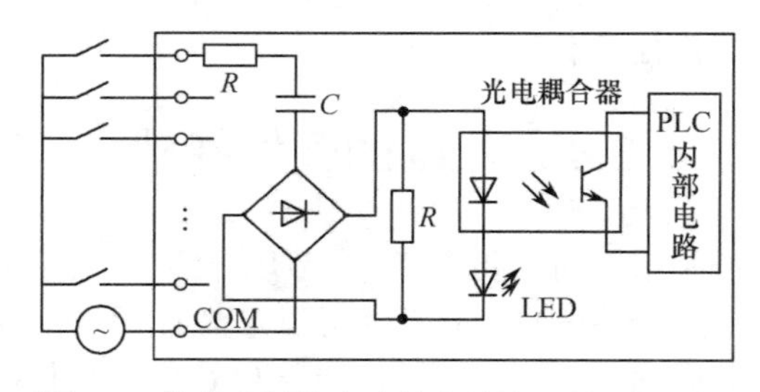

图 3-7　带整流桥的交流数字量输入单元示意图

（2）数字量输出单元

PLC 的数字量输出单元有 3 种形式：继电器输出模式、晶体管输出模式、晶闸管输出模式，分别用于驱动不同形式的负载。图 3-8 给出了继电器输出模式的原理图，图中的 KA 为输出继电器，它的线圈由光电耦合器驱动，而光电耦合器的状态取决于 PLC 内部电路中的输出锁存器。继电器输出模式可以带交流、直流两种负载。

不同的 PLC 在具体电路的实施上会有所不同，可参考 PLC 手册或其他相关资料。

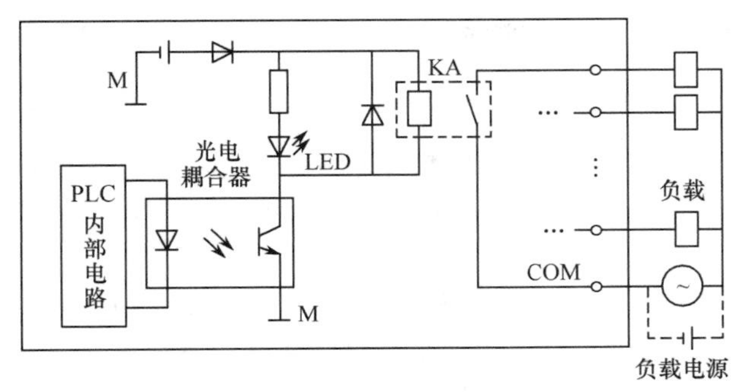

图 3-8　继电器输出模式的示意图

2．模拟量 I/O（AI/AO）单元

PLC 的模拟量 I/O 单元用于处理连续变化的电压或电流信号，在过程控制、数据采集及监控系统中的用途极广。

（1）模拟量输入单元

传感器将被控对象中连续变化的物理量（如温度、压力、流量、速度等）转换成对应的连续电量（电压或电流）并送给 PLC，PLC 的模拟量输入单元将其转换成数字量后，CPU 可对数字量进行运算处理。因此，模拟量输入单元的核心部件是 A/D 转换器。对于多路输入的模块，需要配合使用多路开关。图 3-9 为具有 8 个输入通道的模拟量输入单元原理图。

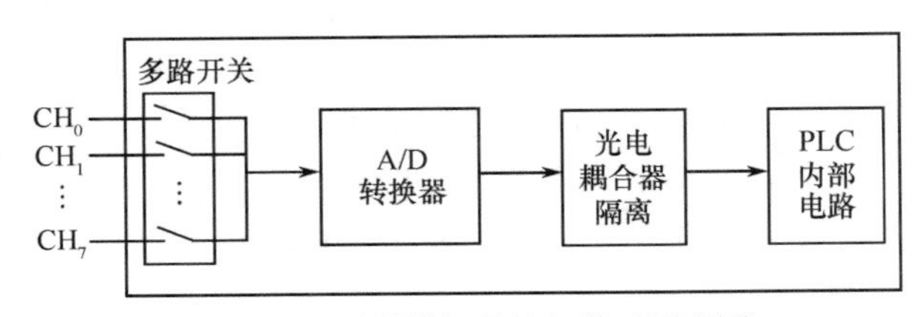

图 3-9　8 通道模拟量输入单元原理图

模拟量输入信号可以是电压或电流，在选型时要考虑输入信号的范围及系统要求的 A/D 转换精度。常见的输入范围有 DC ±10V、0～10V、±20mA、4～20mA 等，转换精度有 8 位、10 位、11 位、12 位、16 位等，PLC 生产厂家的相关技术手册都会提供这些参数。此外，选型时还需要考虑接线形式是否与传感器匹配等。

（2）模拟量输出单元

模拟量输出的过程与输入正好相反，它将 PLC 运算处理过的二进制数据转换成相应的电量（如 4～20mA、0～10V 等），输出至现场的执行机构。模拟量输出单元的核心部件是 D/A 转换器，图 3-10 为模拟量输出单元原理图。

图 3-10　模拟量输出单元原理图

模拟量输出单元的主要技术指标同样包括输出信号形式（电压或电流）、输出信号范围（如 4～20mA、0～10V 等）及接线形式等，在选型时要充分考虑这些因素与工业现场执行机构相互配合的问题。

3.4.2 PLC的配置

PLC的品种繁多，其结构形式、性能、设备容量、指令系统、编程方法等各有自己的特点，适用场合也各有侧重。从硬件选型的角度，首先需要考虑的是PLC的设备容量和性能是否与任务相适应；其次要看PLC的运行速度是否能够满足实时控制的要求。

1．设备容量

所谓设备容量，主要是指系统I/O点数的多少及其扩充的能力。对于纯开关量控制的应用系统，如果对控制速度的要求不高，比如单台机械的自动控制，则可选用小型一体化PLC，如三菱公司的FX_{2N}系列PLC。这一类型的PLC，体积小，安装方便，主机加扩展单元基本能够满足小规模系统的要求，可以采用简易编程器在线编程。

对于以开关量控制为主，带有部分模拟量控制的应用系统，如工业中常遇到的温度、压力、流量、液位等，应配备模拟量I/O（AI/AO）单元，并且选择运算功能较强的PLC，如西门子公司的S7-1200系列PLC。

2．性能

对于比较复杂、控制功能要求较高的系统，如需要PID调节、位置控制、高速计数、通信联网等功能时，应选用中、大型PLC，这一类PLC多为模块式结构，除基本的模块外，还提供专用的特殊功能模块。当系统的各个部分分布在不同的地域时，可以利用远程I/O接口组成分布式控制系统。

此外，PLC的输出控制相对于输入的变化总是有滞后的，最大可至3个循环周期，这对于一般的工业控制是允许的。但有些系统的实时性要求较高，不允许有较长的滞后时间，在这种要求比较高的场合，必须格外重视PLC的指令执行速度指标，此时选择高性能、模块式结构的PLC较为理想。例如，西门子公司的S7-300/400 PLC，浮点运算指令的执行时间可以达到微秒级。另外可以配备专用的智能模块，这些模块都自带CPU，可独立完成操作，从而大大提高控制系统的实时性。

3．电源负载能力

一体化PLC将电源集成在主机内，使用时只需从电网引入外界电源即可，I/O扩展单元的用电通过扩展电缆馈送。模块式PLC通常需要专用的电源模块，在选择电源模块时要考虑功率问题，可以通过查阅模块技术手册得到各个模块的功耗，其总和加上裕量就是选择电源模块的依据。注意：有些情况下需要电源通过I/O单元驱动传感器和负载，这一部分功耗也需考虑在内。

3.5 PLC的软件基础

PLC是一种通用的、商业化的工业控制计算机，与个人计算机相仿，用户程序必须在系统程序的管理下才能运行。本节首先介绍PLC系统程序的运行情况，然后介绍用户程序的相关内容。

3.5.1 系统程序

系统程序的运行从PLC上电开始，经过初始化程序后进入循环执行阶段。在循环执行阶段要完成的操作有四大类：以故障诊断、通信信息处理为主的公共操作，联系工业现场的数据输入、输出操作，执行用户程序的操作，以及服务于外部设备的操作。图 3-11 是系统程序执行过程的框图，图中的输入刷新、执行用户程序、输出刷新等在 3.3 节已介绍，这里只介绍其他几部分。

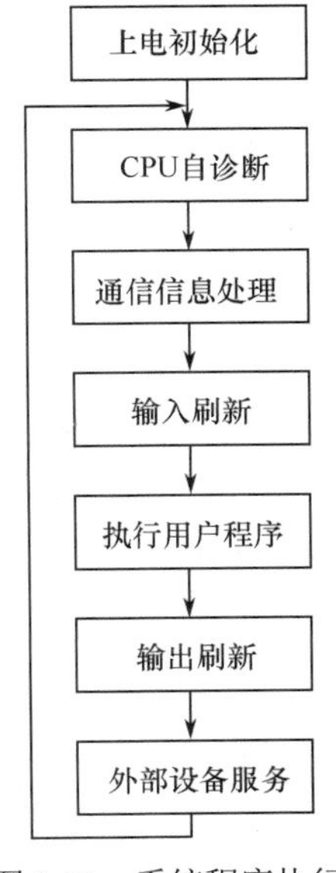

图 3-11　系统程序执行过程的框图

1．上电初始化

上电初始化的作用是清零各个标志寄存器，清零输入、输出映像寄存器，清零各计数器，复位定时器等，为 PLC 开始正常工作“清理现场”。

2．CPU 自诊断

CPU 自诊断主要包括检查电源电压是否正常、I/O 单元的连接是否正常、用户程序是否存在语法错误、对监控定时器定期复位等。监控定时器又常被称为“看门狗”（Watch Dog Timer，WDT），其定时时间略长于整个程序的循环周期，系统程序总在某一固定阶段对它重新装入定时初值，所以只要系统工作正常，监控定时器就永远不会申请定时到中断。反过来说，如果监控定时器申请定时时间到中断，就一定意味着系统的某处出现问题，系统会响应其中断，并在中断处理程序中对故障信息做相应处理。

3．通信信息处理

这个阶段 PLC 要完成与网络及总线上其他设备的通信任务，包括与 PLC、计算机、智能模块、数字处理器（DPU）等设备之间的信息交换。

4．外部设备服务

PLC 在这个阶段与外部设备交换信息，包括编程器、图形监视器（监控设备）、打印机等。PLC 允许在线编程，能够与人机界面实时交换信息，所以要在每个循环周期内执行此项操作。

3.5.2　用户程序

用户程序是由用户编写的，能够完成系统控制任务的指令序列。不同厂家的 PLC 会提供不同的指令系统，但基本的编程元件和编程形式有许多共同之处。

1．PLC 的编程元件

PLC 的编程元件也称为逻辑部件，是 PLC 指令系统中的基本要素。PLC 指令系统通常都提供以下逻辑部件。

（1）继电器

输入、输出映像寄存器里的每一位在指令系统中都对应一个固定的编号，在图形编程语言（如梯形图语言）中形象地用继电器线圈来表示，因此也常称之为输入继电器、输出继电器。同时为了满足对复杂逻辑关系的编程要求，还提供大量的中间辅助继电器，它们也对应存储器中的某一固定区域。这些继电器都是所谓的“软元件”，它们的状态用一个二进制位就可以表示，1 对应 ON 状态、0 对应 OFF 状态，在用户程序中可以无限次使用它们的常开、常闭触点。

（2）定时器

定时器类似于继电器-接触器电路中的时间继电器，有延时接通、延时断开、脉冲定时等多种形式，可以组成复杂的时间顺序逻辑。定时器指令一般由线圈、定时时间设定值和当前计时值组成，PLC 专门在存储器中开辟出一个区域，用以保存各个定时器线圈当前的状态（ON 或 OFF）以及时间的设定值和当前值。定时器的常开、常闭触点可以在用户程序中无限次使用。

（3）计数器

用软件实现的计数器指令，用于实现脉冲计数功能，有递减计数、递增计数等形式，不同的 PLC 在计数器数量、计数长度等方面都有所区别。计数器指令一般包含计数器线圈、计数值设定、计数器复位、计数信号输入、当前计数值等。计数器的常开、常闭触点可以在用户程序中无限次使用。

（4）触发器

触发器用于对状态位的置 1 和清零，状态位即为触发器线圈，它的 ON 状态一旦触发，可以自保持，直至复位条件满足才变为 OFF 状态。触发器的常开、常闭触点同样可以无限次使用。

（5）其他逻辑部件及指令

除上述 4 种逻辑部件外，PLC 指令系统一般还提供移位寄存器、数据寄存器、边沿检测、比较、运算、ASCII 码处理及数制转换等。

2．PLC 常用的编程语言

PLC 常用的编程语言有梯形图语言、语句表语言和功能块图语言等。

（1）梯形图语言（LAD）

这是 PLC 使用最广泛的一种语言，其程序（梯形图）与继电器-接触器电路非常相似，具有直观易懂的优点。前面介绍的编程元件以及它们的触点、线圈等，都是基于梯形图语言而言的。下面通过一个简单的继电器-接触器电路和与之对应的梯形图的对比，来说明梯形图语言的应用。

由图 3-12 可见，梯形图的形式与继电器-接触器电路的形式很接近，其逻辑关系也是自上而下、自左而右展开的，左右两条竖线也称为母线。在梯形图中，由触点、线圈串/并联连接而成的一个逻辑行（称为一个“梯级”），从左母线开始，按照控制要求依次连接各个触点，最后以输出线圈结束。完整的用户程序就是由若干逻辑行构成的。

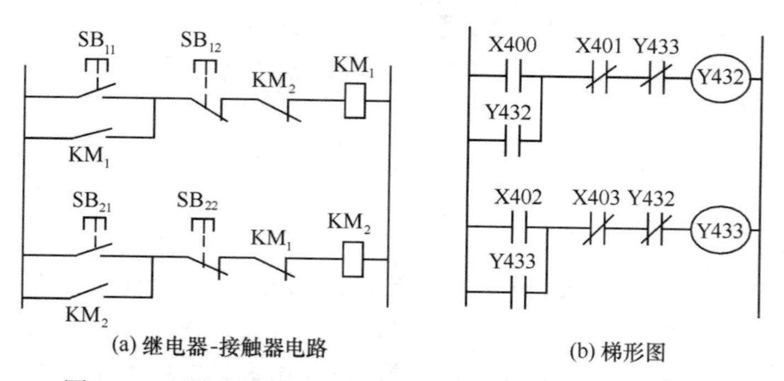

图 3-12　继电器-接触器电路及对应的梯形图（三菱 PLC）

在阅读梯形图时，可按照阅读继电器-接触器电路的习惯，对每一个逻辑行来说，假设能量由左母线向右流动，如果各触点的逻辑状态使得“能流”可以达到最右边的线圈，则该线圈的输出状态为 ON，否则为 OFF。

在编写梯形图时，有一些原则是被普遍遵守的，它们也都是继电器-接触器电路的设计原则，例如在一个逻辑行中不应串联两个线圈、同一个线圈不应出现在不同逻辑行中等。

（2）语句表语言（STL）

语句表语言类似于微机中汇编语言的助记符，其程序由多条语句组成一个程序段，适合于经验丰富的编程人员使用，可以实现某些用梯形图难以实现的功能。在使用简易编程器编程时，常常需要将梯形图转换为语句表语言程序才能输入 PLC。例如，将图 3-12（b）的梯形图转换成语句表语言程序后为：

```
0  LD    X400    1  OR    Y432    2  ANI  X401    3  ANI  Y433
4  OUT   Y432    5  LD    X402    6  OR   Y433    7  ANI  X403
8  ANI   Y432    9  OUT   Y433
```

这里采用的是三菱 FX 系列 PLC 的语句表语言，各 PLC 生产厂家的语句表语言不尽相同，具体使用时要参看相应的软件手册。注意：S7-1200 PLC 不支持语句表语言编程。

（3）功能块图语言

功能块图（Function Block Diagram，FBD）语言是一种类似于数字逻辑电路结构的编程语言，使用布尔代数的图形逻辑符号来表示控制逻辑，一些复杂的功能用功能框表示，适合于有数字电路基础的编程人员使用。功能块图程序用类似于与门、或门的框图来表示逻辑运算关系，框图的左侧为逻辑运算的输入变量，右侧为输出变量，输入端、输出端的小圆圈表示“非”运算，框图用“导线”连在一起，信号自左向右，如图 3-13 所示。

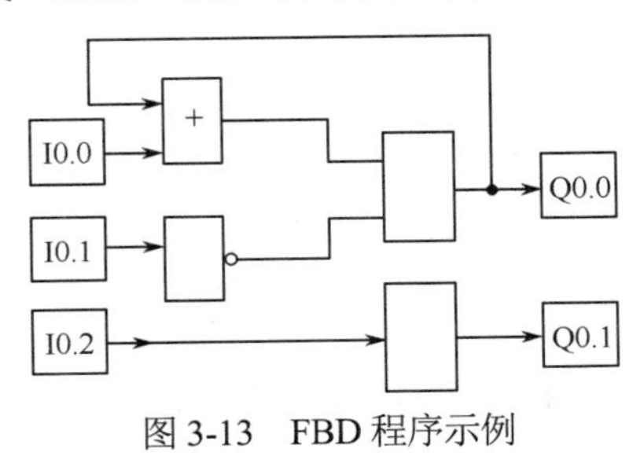

图 3-13　FBD 程序示例

PLC 的编程语言种类是很丰富的，除上述 3 种外，还有顺序功能图（SFC）语言、结构化控制语言（SCL）等，限于篇幅这里不予介绍。

习题与思考题

3-1　PLC 有哪些特点？

3-2　PLC 与传统的继电器-接触器电路相比有哪些优点？

3-3　PLC 存储空间的分配一般包括哪几个区域？说明它们的区别。

3-4　如果某一系统需要对模拟量进行闭环控制，对实时性要求较高，应重点考虑 PLC 的哪几个性能指标？为什么？

3-5　从软件、硬件两个角度说明 PLC 的高抗干扰性能。

3-6　PLC 怎样执行用户程序？说明 PLC 在正常运行时的工作过程。

3-7　如果数字量输入的脉冲宽度小于 PLC 的循环周期，是否能够保证 PLC 检测到该脉冲？为什么？

3-8　影响 PLC 输出响应滞后的因素有哪些？你认为最重要的因素是哪一个？

3-9　PLC 的输入/输出接口电路与内部电路是否采用了隔离措施？为什么？常见的隔离电路有哪些？

第 4 章　S7-1200 PLC 的系统配置及开发环境

S7-1200 PLC 是西门子公司推出的可实现简单、高精确度自动化任务的新一代小型 PLC，具有设计紧凑、组态灵活、成本低廉，指令集功能强大，以及提供集成的 PROFINET 接口、灵活的可扩展性、通信能力强等特点，可满足工业控制的多方面需求，在国内外都占有很大的市场份额。

应用 S7-1200 PLC 设计的控制系统在软件、硬件方面均非常灵活，用户可根据需要灵活配置输入/输出设备、信号板、通信模块等，程序设计简单、功能性强。S7-1200 PLC 的开发环境是西门子公司的高集成度工程组态系统——TIA Portal（博途）。

本章主要内容:

- S7-1200 PLC 的基本组成;
- S7-1200 PLC 的信号板和信号模块;
- S7-1200 PLC 的通信板和通信模块;
- S7-1200 PLC 的系统配置——功率预算;
- S7-1200 PLC 的软件开发环境。

本章重点是熟悉并掌握常用的信号板、信号模块、通信板、通信模块，学习在开发环境下的编程方法，能够根据实际需要，设计小型 PLC 控制系统。

4.1　S7-1200 PLC 的基本组成

S7-1200 PLC 的硬件系统采用整体式加模块式结构，即主机中包括一定数量的 I/O 接口，同时还可以扩展各种接口模块。

S7-1200 PLC 的基本组成包括 S7-1200 CPU 模块（也称基本单元，以下简称 CPU 模块）、个人计算机（PC）或编程器、STEP 7 编程软件和网线等，如图 4-1 所示。

在工程上，CPU 模块由中央处理单元（CPU）、存储器、电源及数字量输入/输出单元等组成，这些都被紧凑地安装在一个独立的装置中。CPU 模块可以构成一个独立的控制系统。

一个常见的 S7-1200 PLC 控制系统除需要 CPU 模块外，还可以通过信号板、信号模块、通信板、通信模块扩展连接输入/输出设备和通信接口，其组成结构如图 4-2 所示。

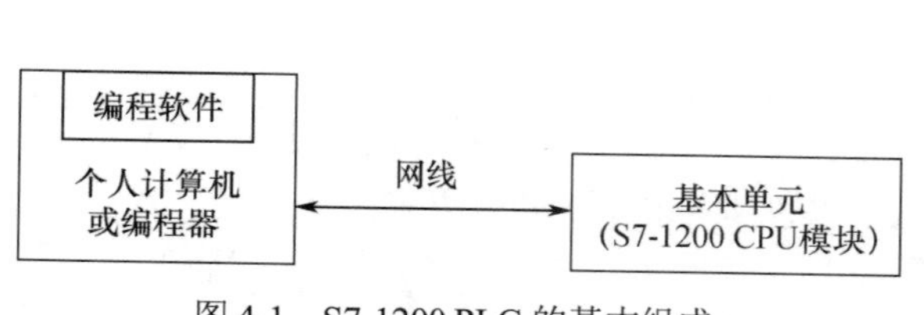

图 4-1　S7-1200 PLC 的基本组成

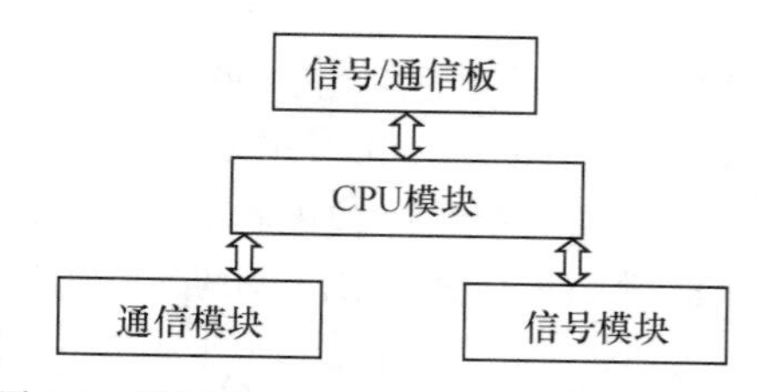

图 4-2　常见的 S7-1200 PLC 控制系统组成结构

4.2 CPU 模块

从 CPU 模块的硬件组成上可以看出，它与个人计算机很相似。CPU 模块实质上就是一台专用的工业控制计算机，通常一台主机都安装有一个或多个 CPU。若有多个 CPU，那么其中必定有一个主 CPU，其余的为辅助 CPU，它们协同工作，大大提高了整个系统的运算速度和功能，缩短了程序执行时间。

S7-1200 PLC 是一个系列，其中包括多种型号的 CPU 模块，以适应不同需求的控制场合。近几年，西门子公司推出的 S7-1200 CPU 121X 系列产品有：CPU 1211C、CPU 1212C、CPU 1214C、CPU1215C 和 CPU1217C，技术规范见表 4-1。

表 4-1　S7-1200 PLC 各型号 CPU 模块的技术规范

特性	CPU 1211C	CPU 1212C	CPU 1214C	CPU 1215C	CPU 1217C
本体数字量 I/O 点数	6 入/4 出	8 入/6 出	14 入/10 出	14 入/10 出	14 入/10 出
本体模拟量 I/O 点数	2 入	2 入	2 入	2 入/2 出	2 入/2 出
扩展信号模块个数	—	2	8	8	8
扩展通信模块个数	3				
上升沿/下降沿中断点数	6/6	8/8	12/12	12/12	12/12
工作存储器/KB	30	30	75	100	125
高速计数器点数/最高频率	3/100kHz	3/100kHz	3/100kHz	3/100kHz	4/1MHz
高速脉冲输出路数/最高频率	最多 4 路，CPU 本体 100kHz，通过信号板可输出 200kHz（CPU 1217C 最多支持 1MHz）				
操作员监控功能	无	有	有	有	有
传感器/负载电源输出电流/mA	300	300	400	400	400
外形尺寸/mm×mm×mm	90×100×75	90×100×75	110×110×75	130×100×75	150×100×75

不同型号的 CPU 模块提供了不同的特征和功能，这些特征和功能可帮助用户针对不同的应用创建有效的解决方案。查表 4-1 可知，CPU 1217C 的本体允许连接最多 14 个数字量输入（DI）设备，10 个数字量输出（DO）设备，最多可以扩展 8 个信号模块和 3 个通信模块。

任何 CPU 模块的正面均可插入一块信号板（或通信板），以轻松扩展数字量或模拟量 I/O 点数（或通信接口），同时不影响 CPU 模块的实际大小。主机可以通过在其右侧扩展连接信号模块，进一步扩展数字量或模拟量 I/O 点数。CPU 1211C 不能扩展信号模块，CPU 1212C 可扩展 2 个信号模块，其他 CPU 模块均可扩展 8 个信号模块。所有的 S7-1200 CPU 模块的左侧均可连接多达 3 个通信模块，便于实现端到端的串行通信。

也就是说，信号板（或通信板）是对 CPU 模块本体的扩展和补充，装于 CPU 模块本体上，小巧灵活，点数很少。受物理条件限制，一个 CPU 模块本体一般只能添加一块信号板（或通信板）。信号（或通信）模块则是正常外挂的模块，连接信号（或通信）模块后，设备体积有所增加。主机可连接模块的数量受 CPU 模块性能的限制。

因此，当仅需要在现有 CPU 模块本体外增加少量 I/O 点时，用信号板就经济合算得多，一是价格便宜，二是减少空间，特别适合临时性地增加 I/O 点或者小型项目。

4.2.1 各 CPU 模块的共同点

S7-1200 PLC 各 CPU 模块的主要区别在于本体数字量 I/O 点数不同，但其共性如下。

① 集成的 24V 传感器/负载电源可供传感器和编码器使用，也可用作输入回路的电源。

② 2 点集成的模拟量输入（0～10V），输入电阻 100kΩ，10 位分辨率。

③ 2 点脉冲列输出（PTO）或脉宽调制（PWM）输出，最高频率 100kHz。

④ 每条位运算、字运算和浮点数数学运算指令的执行时间分别为 0.1μs、12μs 和 18μs。

⑤ 最多可以设置 2048B（字节）有掉电保持功能的数据存储区（包括位存储区、功能块的局部变量和全局数据块中的变量）。通过可选的 SIMATIC 存储卡，可以方便地将程序传输到其他 CPU 模块。存储卡还可以用来存储各种文件或更新 PLC 的固件。

⑥ 输入映像寄存器、输出映像寄存器各安排了 1024B 的指定地址空间。

⑦ 数字量输入电路的电压额定值为 DC 24V，输入电流为 4mA。1 状态允许的最小电压/电流为 DC 15V/2.5mA，0 状态允许的最大电压/电流为 DC 5V/1mA。可组态输入延迟时间（0.2～12.8ms）和脉冲捕获功能，在输入信号的上升沿或下降沿可以产生快速响应的中断输入。

⑧ 继电器输出的电压范围为 DC 5~30V 或 AC 5~250V，最大电流为 2A，白炽灯负载为 DC 30W 或 AC 200W。DC/DC 型 MOSFET 的 1 状态最小输出电压为 DC 20V，输出电流为 0.5A；0 状态最大输出电压为 DC 0.1V，最大白炽灯负载为 5W。

⑨ 可以扩展 3 个通信模块和 1 块信号板（或通信板），CPU 可以用信号板扩展一路模拟量输出或高速数字量输入/输出。

⑩ 时间延迟与循环中断，分辨率为 1ms。

⑪ 实时时钟的缓存时间典型值为 10 天，最小值为 6 天，25℃时的最大误差为每月 60s。

⑫ 带隔离的 PROFINET 以太网接口，可使用 TCP/IP 和 ISO-on-TCP 两种协议。支持 S7 通信，可以作为服务器和客户机，数据传输速率为 10Mb/s、100Mb/s，可建立最多 16 个连接。自动检测数据传输速率，RJ-45 连接器有自协商和自动交叉网线（Auto Cross Over）功能。后者是指用直通网线或者交叉网线都可以连接 CPU 和其他以太网设备或交换机。

⑬ 所支持的标准编程语言有梯形图（LAD）、功能块图（FBD）和结构化控制语言（SCL）。

⑭ 可以用可选的 SIMATIC 存储卡来扩展存储器的容量和更新 PLC 的固件。通过 SIMATIC 存储卡，还可以很方便地将程序传输给其他 CPU 模块。

⑮ 参数自整定的 PID 控制器。

⑯ 可采用数字量开关板为数字量输入点提供输入信号，进行用户程序测试。

4.2.2 CPU 模块的电源配置

根据电源电压、输入电压或输出电压的交、直流不同和电压大小不同，CPU 模块有 3 种不同的电源配置方案，具体见表 4-2。

表 4-2 S7-1200 PLC 各 CPU 模块的 3 种电源配置

	电源电压	输入电压	输出电压	输出电流
DC/DC/DC	DC 24V	DC 24V	DC 24V	0.5A，MOSFET
DC/DC/继电器型	DC 24V	DC 24V	DC 5～30V，AC 5～250V	2A，DC 30W/AC 200W
AC/DC/继电器型	AC 85～264V	DC 24V	DC 5～30V，AC 5～250V	2A，DC 30W/AC 200W

4.2.3 CPU 模块的集成工艺功能

S7-1200 PLC 具有强大的集成工艺功能，包括高速计数与频率测量、高速脉冲输出、PWM 控制、运动控制和 PID 控制等。

1. 高速计数与频率测量

高速计数又称高速输入。S7-1200 PLC 各 CPU 模块带有多达 6 个高速计数器。其中，3 点输入为 100kHz（单相）或 80kHz（互差 90° 的正交相位信号），其他 3 点输入为 30kHz（单相）或 20kHz（正交相位信号），可用于计数和测量。如果使用信号板，则还可以测量频率高达 200kHz 的单相脉冲信号，或最高 160kHz 的正交相位信号。CPU 1217C 有 4 个最高频率为 1MHz 的高速计数器。

2. 高速脉冲输出

S7-1200 PLC 集成了 4 个 100kHz 的高速脉冲输出（包括信号板的 DQ 输出），用于步进电动机或伺服驱动器的速度和位置控制。CPU 本体 100kHz，信号板 200kHz，CPU 1217C 最多支持 1MHz 的高速脉冲输出。

这 4 个输出都可以输出脉宽调制信号来控制电动机速度、阀位置或加热元件的占空比（使用 PLCopen 运动控制指令）。

PLCopen 是一个国际性的运动控制标准，支持绝对运动、相对运动和在线改变速度的运动，支持找原点和爬坡控制，用于步进电动机或伺服电动机的简单启动和试运行、在线检测等。

3. PID 控制

PID 功能用于对闭环过程进行控制。S7-1200 PLC 各 CPU 模块中提供了多达 16 个带自动调节功能的 PID 控制回路，用于简单的闭环过程控制。

4.2.4 CPU 模块的相关硬件概念

1. 通信接口

近些年出产的 PLC 产品一般都带有通信接口。S7-1200 PLC 在 CPU 模块本体上集成有 PROFINET 接口，用户可通过这个接口实现 PLC 与编程器的硬件连接。PROFINET 接口支持的协议有 TCP/IP、ISO-on-TCP 等。用户也可以通过 PROFINET 接口实现与西门子公司的 HMI 触摸屏、其他 PLC 之间的通信，使 S7-1200 PLC 与其他设备之间的数据交换变得简单方便。

2. 电池

主机中通常配有锂电池，用于在掉电时保存用户程序和数据。S7-1200 PLC 可以通过 RS-485 通信接口返回锂电池信息，此时，PLC 作为主站，锂电池作为从站，提供锂电池通信格式，即可通过编程实现 PLC 读取锂电池的电量。

3. LED 指示灯

主机上安装有 LED 指示灯，用于提供有关模块或 I/O 接口的运行状态的信息。S7-1200 PLC 的 LED 指示灯共有 3 类。

第一类是状态 LED，其意义如下。

STOP/RUN：黄色常亮指示 STOP（停止）模式、绿色常亮指示 RUN（运行）模式、闪烁（绿色和黄色交替）指示 CPU 模块处于 STARTUP 运行状态。

ERROR：红色闪烁即表示出错，例如 CPU 模块内部出错、存储卡出错或组态出错（不匹配模块），红色闪烁 3s 表示当前错误未持续。例如，实时时钟（RTC）会在断电时重置为默认时间。红色常亮指示硬件出现故障。

MAINT（维护）：每次取出存储卡时都闪烁，然后 CPU 切换到 STOP 模式。

如果 CPU 固件检测到故障，则所有 LED 闪烁。

CPU 模块上的状态 LED 指示情况见表 4-3。

表 4-3　CPU 模块上的状态 LED 指示情况

说明	STOP/RUN（黄色/绿色）	ERROR（红色）	MAINT（黄色）
断电	灭	灭	灭
启动、自检或固件更新	闪烁（黄色和绿色交替）	—	灭
停止模式	亮（黄色）	—	—
运行模式	亮（绿色）	—	—
取出存储卡	亮（黄色）	—	闪烁
错误	亮（黄色或绿色）	闪烁	—
请求维护 ●强制 I/O ●需要更换电池（如果安装了电池板）	亮（黄色或绿色）	—	亮
硬件出现故障	亮（黄色）	亮	灭
LED 测试或 CPU 固件出现故障	闪烁（黄色和绿色交替）	闪烁	闪烁
CPU 组态版本未知或不兼容	亮（黄色）	闪烁	闪烁

第二类是 CPU 提供的两个可指示 PROFINET 通信状态的 LED。打开底部端子块的盖子可以看到 PROFINET LED，其点亮状态及对应的意义如下：

Link，绿色常亮指示连接成功；

Rx/Tx，黄色常亮指示传输活动。

第三类是 SM（信号模块）上的状态 LED。

① 各数字量 SM 提供了指示模块状态的 DIAG LED：绿色指示模块处于运行状态；红色指示模块有故障或处于非运行状态。

② 各模拟量 SM 为各路模拟量输入和输出提供了 I/O Channel LED：绿色指示通道已组态且处于激活状态；红色指示个别模拟量输入或输出处于错误状态。

③ 此外，各模拟量 SM 还提供了指示模块状态的 DIAG LED：绿色指示模块处于运行状态；红色指示模块有故障或处于非运行状态。

表 4-4 列出了 SM 上的状态 LED 指示情况。

表 4-4　SM 上的状态 LED 指示情况

说明	DIAG LED（红色/绿色）	I/O Channel LED（红色/绿色）
现场侧电源关闭	红色闪烁	红色闪烁
没有组态或更新在进行中	绿色闪烁	灭
运行状态，模块已组态且没有错误	亮（绿色）	亮（绿色）
错误状态	红色闪烁	—
I/O 错误（启用诊断时）	—	红色闪烁
I/O 错误（禁用诊断时）	—	亮（红色）

S7-1200 PLC 也支持使用 LED 指令确定 LED 状态的操作，本节内容不做详细介绍。

4．输入/输出接口

各主机上均配有少量的 I/O 接口，允许 PLC 本体直接连接少量的 I/O 设备。PLC 的 I/O 功能主要靠配置各种 I/O 模块来实现。

I/O 接口是 PLC 与外部输入信号、外部负载联系的窗口。

I/O 扩展接口是 PLC 主机为了扩展 I/O 点数和类型而设置的。I/O 扩展接口有并行接口、串行接口和双口存储器接口等多种形式。

根据控制需要，PLC 主机可以通过 I/O 扩展接口扩展系统。在 PLC 主机的右侧插上一个或几个扩展模块，可用扩展电缆将它们连接起来。扩展模块包括数字量 I/O（DI/DO）扩展模块、模拟量 I/O（AI/AO）扩展模块或智能 I/O 扩展模块等。

扩展模块共有 3 种类型。

① 信号模块。信号模块安装在 CPU 模块的右侧。在不考虑功率预算的情况下，每个 CPU 模块可允许的最大信号模块数量见表 4-1。

② 通信模块。通信模块安装在 CPU 模块的左侧。如果不考虑功率预算，则任何 CPU 模块都允许最多 3 个通信模块。

③ 信号板、通信板和电池板。信号板、通信板和电池板安装在 CPU 模块的顶部。任何 CPU 模块最多允许使用 1 块信号板、通信板或电池板。

4.3 信号板、信号模块

S7-1200 PLC 允许通过信号板和信号模块扩展 I/O 设备，这使它具有强大的可扩展性和高度的灵活性。

S7-1200 PLC 各 CPU 模块只设置有少量的 DI/DO 和 AI/AO 接口，当系统容量比较大、系统需要连接的外部 DI/DO 甚至 AI/AO 设备较多时，可以通过信号板或信号模块进行扩展。

S7-1200 PLC 各 CPU 模块都允许在正面连接一块信号板，用来扩展数字量或模拟量 I/O。也可以在 CPU 模块的右侧连接信号模块，以扩展数字量或模拟量 I/O。各 CPU 模块允许扩展的信号模块数量不同。

4.3.1 信号板

信号板（Signal Board，SB），是一块可以内嵌在 CPU 模块中、用于扩展少量 I/O 点数的小集成电路板。

S7-1200 PLC 的所有 CPU 模块都可以安装一块信号板，采用内嵌式安装，信号板可直接插到 CPU 模块前面的插座中，安装前后不会增加 CPU 模块所需的空间，安装尺寸不变，这也是 S7-1200 PLC 的一大亮点。

S7-1200 PLC 共有 5 种信号板，分别是 DI/DO 信号板 SB1221、SB1222 和 SB1223，AI/AO 信号板 SB1231 和 SB1232，这 5 种信号板适用于所有的 CPU 模块，技术规范概要见表 4-5 和表 4-6。其中常用的是 SB1223 和 SB1231。

表 4-5　S7-1200 PLC 的 DI/DO 信号板技术规范概要

型号		SB1221		SB1222		SB1223	
尺寸（W×H×D）/mm×mm×mm		38×62×21		38×62×21		38×62×21	
额定电压		5V	24V	5V	24V	5V	24V
电流消耗	SM 总线	40mA	40mA	35mA	35mA	35mA	35mA
	5/24V DC	15mA/输入 +15mA	7mA/输入 +20mA	15mA	15mA	15mA/输入 +15mA	7mA/输入 +30mA
功耗		1.0W	1.5W	0.5W	0.5W	0.5W	1.0W
DI 点数		4	4	—	—	2	2
DO 点数		—	—	4	4	2	2

表 4-6　S7-1200 PLC 的 AI/AO 信号板技术规范概要

型号	SB1231		SB1232	
尺寸（W×H×D）/mm×mm×mm	38×62×21		38×62×21	
额定电压	5V	24V	5V	24V
功耗	1.5W		1.5W	
AI 点数	1×12 位		—	
AO 点数	—		1×12 位	

4.3.2　信号模块

除通过信号板进行少量 I/O 点数的扩展外，S7-1200 PLC 也提供了各种信号模块（Signal Module，SM），以进行较多 I/O 点数的扩展。

信号模块连接在 CPU 模块的右侧。如表 4-1 所述，CPU 1212C 可以扩展 2 个信号模块，CPU 1214C、CPU 1215C、CPU 1217C 都可以接受 8 个信号模块的扩展。信号模块不能与 CPU 1211C 一起使用。

CPU 模块内部的工作电压一般为 DC 5V，而 PLC 的外部 I/O 信号电压一般较高，如 DC 24V 或 AC 220V。从外部引入的尖峰电压和干扰噪声可能损坏 CPU 模块中的元器件，或使 PLC 不能正常工作。在信号模块中，用光电耦合器、光敏晶闸管、小型继电器等来隔离 PLC 内部电路和外部的输入、输出电路。因此，信号模块除传递信号外，还有电平转换与隔离的作用。

信号板与信号模块的不同之处表现在以下 3 个方面。

① 尺寸方面：安装信号板不影响 CPU 模块的安装尺寸，而信号模块装在 CPU 模块的外侧，会影响 CPU 模块的尺寸。

② 适用性：信号板适用于所有的 CPU 模块，信号模块不适用于 CPU 1211C。

③ 扩展点数：信号板用于少量 I/O 点数的扩展，信号模块用于较多 I/O 点数、更灵活的扩展。

信号模块有 SM1221、SM1222、SM1223、SM1231、SM1232、SM1234 等，见表 4-7。

表 4-7　信号模块

型号	DI	DO	AI	AO
SM1221 8×24V DC 输入（电流吸收/电流源）	8			
SM1221 16×24V DC 输入（电流吸收/电流源）	16			
SM1222 8×24V DC 输出（电流源）		8		
SM1222 16×24V DC 输出（电流源）		16		
SM1222 8×继电器输出		8		
SM1222 8×继电器输出（转换触点）		8		
SM1222 16×继电器输出		16		
SM1223 8×24V DC 输入（电流吸收/电流源）/8×24V DC 输出（电流源）	8	8		
SM1223 16×24V DC 输入（电流吸收/电流源）/16×24V DC 输出（电流源）	16	16		
SM1223 8×24V DC 输入（电流吸收/电流源）/8×继电器输出	8	8		
SM1223 16×24V DC 输入（电流吸收/电流源）/16×继电器输出	16	16		
SM1223 8×120/230V AC 输入（电流吸收/电流源）/8×继电器输出	8	8		
SM1231 4×模拟量输入			4	
SM1231 8×模拟量输入			8	
SM1232 2×模拟量输出				2
SM1232 4×模拟量输出				4
SM1234 4×模拟量输入/2×模拟量输出			4	2
SM1231 4×模拟量输入，16 位			4	
SM1231 TC 4×16 位			4	
SM1231 TC 8×16 位			8	
SM1231 RTD 4×16 位			4	
SM1231 RTD 8×16 位			8	
SM1232 2×14 位模拟量输出				2
SM1232 4×14 位模拟量输出				4

通常 PLC 的输出可分为继电器输出、晶体管输出或晶闸管输出 3 种，其中继电器输出用于交、直流负载；晶体管输出用于直流负载，可高速输出脉冲信号，用于伺服电动机驱动、脉冲信号给定等。晶体管输出又分为 NPN 型或 PNP 型，NPN 型为拉低有效，俗称负逻辑；PNP 型为置高有效，又称正逻辑。晶闸管输出用于交流负载，一般不常用。

继电器输出和晶体管输出的主要区别在于以下 3 点。

第一，继电器输出是有实实在在的物理继电器的（有接点），输出的是接点信号（NO 或 NC），而晶体管输出则无实际的接点，只是输出映像。

第二，由于继电器输出的是接点，只要在其 COM 端接上任何形式的电源（高电压除外），则其接点上就可以输出相应的电压。而晶体管输出的只有特定的电源［一般为 DC 0V（相对于 DC 24V）或者为 DC 24V］，若执行元件的电源与其不符就要外接继电器。

第三，继电器输出的反应速度比晶体管输出要慢得多，无法实现对高频信号的控制。

4.4 通信板、通信模块

S7-1200 PLC 的可扩展性强、灵活性高也体现在它的通信模块设计上。S7-1200 PLC 最多可以增加 3 个通信模块（Communication Module，CM），安装在 CPU 模块的左侧。

S7-1200 PLC 可以通过通信板（Communication Board，CB）CB1241 和通信模块 CM1241 进行串口通信。用户可以配置通信模块来完成多种通信任务，通信模块使 S7-1200 PLC 可以连接到打印机、机器人、调制解调器、扫描仪、条码读写器、其他 SIMATIC S7 PLC 和 SIMATIC S5 PLC，以及许多其他制造商提供的系统。

S7-1200 PLC 的通信板和通信模块主要有 CB1241、CM1241、CM1242-5、CM1243-5、CM1243-2、CSM1277、CP1242-7 等，见表 4-8。

表 4-8　S7-1200 PLC 的通信板和通信模块

型号	功　　能
CB1241（RS-485）	用于串行通信，支持标准协议：ASCII、Modbus、USS 驱动协议
CM1241（RS-232/422/485）	用于串行通信，支持标准协议：ASCII、Modbus、USS 驱动协议
CSM1277（紧凑型交换机）	4 端口交换机，用于配置统一或混合网络
CP1242-7（通信处理器）	用于通过 GPRS 进行数据传输
CM1243-5（PROFIBUS DP 主站）	作为 S7-1200 PLC 的 PROFIBUS DP 主站
CM1242-5（PROFIBUS DP 从站）	作为 S7-1200 PLC 的 PROFIBUS DP 从站
CM1243-2（AS-Interface 主站）	作为 S7-1200 PLC 的 AS-Interface 主站

1. CB1241

CB1241 属于通信板，通过点到点连接，可进行快速、高性能的串行数据交换，执行的协议有 ASCII、Modbus、USS 驱动协议，随后可加载附加协议，使用 SIMATIC STEP 7 Basic 可实现简单的参数化过程，可直接插入 CPU 模块。

2. CM1241

CM1241 属于通信模块，其接口都是隔离的，均由 CPU 模块进行供电，不需要提供外部电源，可以通过 LED 查看通信信息的发送和接收情况。根据电气接口的不同，CM1241 分为 3 种：CM1241 RS-232、CM1241 RS-422 和 CM1241 RS-485，分别适用于不同的硬件接口和通信协议。

3. CM1243-5

CM1243-5 作为 1 类主站运行，是 S7-1200 PLC 实现 PROFIBUS DP 主站功能的通信模块，可以实现 S7-1200 PLC 与 PROFIBUS 现场总线系统的连接。支持与以下设备之间的通信：

- 分布式 I/O SIMATIC ET200；
- 配备 CM1242-5 的 S7-1200 CPU；
- 带有 PROFIBUS DP 模块 EM277 的 S7-200 CPU；
- SINAMICS 变频器；
- 各厂家提供的驱动器、执行器和传感器；
- 具有 PROFIBUS 接口的 S7-300/400 CPU；
- 配备 PROFIBUS CP 的 S7-300/400 CPU；
- 配备 PROFIBUS CP 的 SIMATIC PC 站。

CM1243-5 必须由 CPU 模块的 24V DC 传感器电源供电。

4．CM1242-5

CM1242-5 作为从站运行，是 S7-1200 PLC 实现 PROFIBUS DP 从站功能的通信模块，可以实现 S7-1200 PLC 与 PROFIBUS 现场总线系统的连接。它简化了 S7-1200PLC 与 PROFIBUS 设备的连接，通过背板总线提供电源，无须使用额外电缆。支持与以下设备之间的通信：

● SIMATIC S7-1200、S7-300、S7-400、S7-Modular Embedded Controller。

● DP 主站模块和分布式 I/O SIMATIC ET200。

● SIMATIC PC 站。

● SIMATIC NET IE/PB Link PN IO。IE/PB Link PN IO 是一个网络转换模块，可作为工业以太网和 PROFIBUS 的网关模块，IE/PB Link PN IO 可作为独立组件通过实时通信在工业以太网和 PROFIBUS 之间形成平滑过渡，并将现有 PROFIBUS 设备连接到 PROFIBUS 应用中，其 I/O 控制器处理所有 DP 从站的方法与处理带以太网接口的 I/O 设备方法相同，即 IE/PB Link PN IO 代表其位置。

● 各厂家提供的 PLC。

CM1242-5 通过背板总线供电，不需要单独的电源。

5．CM1243-2

CM1243-2 通信模块是 S7-1200 PLC 的 AS-Interface 主站，具有以下功能：

● 连接最多 62 个 AS-Interface 从站。

● 集成模拟量传输。由于集成了模拟值处理，因此可以在 S7-1200 PLC 的 AS-Interface 主站获取模拟值（每个 CM 最多 31 个标准模拟从站，每个从站最多 4 个通道，或者每个通信模块最多 62 个 A/B 模拟从站，每个从站最多 2 个通道）。

● 根据 AS-Interface 技术规范 V3.0，支持所有 AS-Interface 主站功能。

● 通过前面板上的 LED 显示工作模式、AS-Interface 电压故障、组态故障和外部设备故障。

● 适用于 AS-Interface 电源 24V。与可选的 DCM 1271 数据解耦模块相结合，可使用标准 24V 电源装置。

● 通过 TIA Portal 进行组态和诊断。

6．CP1242-7

CP1242-7 用于将 S7-1200 PLC 连接到全球普遍采用的 GSM/GPRS 移动无线网络，它具有以下特性：

● 在 S7-1200 PLC 之间或 S7-1200 PLC 与带有 Internet 连接的控制中心之间进行全球范围的无线数据交换；

● 基于 GSM/GPRS 业务进行通信，数据传输速率高达 86kb/s（下行链路）和 43kb/s（上行链路）；

● 带有固定 IP 地址和标准移动电话合约的动态 IP 地址的 GPRS 模式；

● 基于网络时间协议（Network Time Protocol，NTP）的时间同步；

● 通过语音呼叫或文本消息建立按需连接；

● 发送和接收文本消息；

● 可使用 STEP 7 方便地组态，调试十分迅速。

7．CSM1277

CSM1277 是一个 4 端口非管理型交换机，可用于配置统一或者混合网络（采用线状、树状或星形拓扑结构）。CSM1277 允许 S7-1200 PLC 与最多 3 个额外的设备相连接。

综上所述，根据控制系统的不同要求，可以灵活地选用通信板或通信模块对系统通信功能进行扩展。其中，通信板 CB1241 与通信模块 CM1241 的不同之处在于：通信板 CB1241 仅支持 RS-485 通信，而通信模块 CM1241 可支持 RS-232、RS-422 和 RS-485 通信；安装通信板不影响 CPU 模块的尺寸，通信模块装在 CPU 模块的外侧，会影响 CPU 模块的尺寸；通信板只有 CB1241，而通信模块有各种功能类型可供选择。

4.5 S7-1200 PLC 系统配置——功率预算

在实际应用中，如果 CPU 模块自身的接口或功能不能满足实际控制系统的要求，则可以通过连接其他模块的方式进行扩展。S7-1200 PLC 主机扩展模块进行扩展时会受到供电能力的限制。

每个 CPU 模块都提供了 5V DC 和 24V DC 电源，连接扩展模块时，CPU 模块会为这些扩展模块提供电源。如果扩展模块的 5V DC 功率要求超出 CPU 模块的功率预算，则必须减少一些扩展模块，直到功率在预算范围之内。

24V DC 的电源又称传感器电源，可以为本体输入接口或扩展模块上的继电器线圈供电。如果使用 CPU 模块自带的 24V DC 电源供电，则需要对电源进行功率检验。很多情况下，用户也可以在外部提供一个 24V DC 电源，此时需要用户手动将外部电源与输入接口或继电器线圈进行连接。若超出 CPU 模块的功率预算，将导致无法连接 CPU 模块所允许的最大数量的扩展模块。

传感器电源和外部 24V DC 电源不能并联，否则会因每个电源都试图建立自己首选的输出电压而引发冲突。该冲突可能使其中一个电源或两个电源的寿命缩短，或立即出现故障，从而导致 PLC 控制系统运行不确定。运行不确定可能导致人身伤亡事故或财产损失等。

传感器电源和外部电源应分别给不同的位置供电，并允许将多个公共端连接到一个位置。所有非隔离的相应公共端必须连接到同一个外部参考电位上。

功率预算示例：假设某 PLC 控制系统选用了 S7-1200 CPU 1214C AC/DC/继电器型，用到的信号板为 1 个 SB1223 2×24V DC 输入/2×24V DC 输出，通信模块需要 1 个 CM1241，信号模块需要 3 个 SM1223 8×24V DC 输入/8×继电器输出和 1 个 SM1221 8×24V DC 输入。功率预算表见表 4-9。

表 4-9　功率预算表

CPU 额定负载能力		
CPU 功率计算	5V DC	24V DC
CPU 1214C	1600mA	400mA
系统实际功耗计算		
系统实际连接要求	5V DC	24V DC
CPU 1214C，14 点输入	—	14×4mA=56mA
1 个 SB1223	50mA	2×4mA=8mA
1 个 CM1241，5V 电源	220mA	—
3 个 SM1223，5V 电源	3×145mA=435mA	—
1 个 SM1221，5V 电源	1×105mA=105mA	—
3 个 SM1223，各 8 点输入	—	3×8×4mA=96mA

（续表）

3 个 SM1223，各 8 个继电器线圈	—	3×8×11mA=264mA
1 个 SM1221，各 8 点输入	—	8×4mA=32mA
累计	810mA	456mA
CPU 额定负载能力与系统实际连接要求的差额		
	5V DC	24V DC
总电流差额	790mA	-56mA

结论：

① 5V DC 电源的额定负载能力为 1600mA，远大于该示例实际需求的 810mA。

② 计算结果表明应为输入和输出模块（24V DC）提供 456mA 的电流，而 CPU 模块只能提供 400mA，因此实际上应该额外增加一个至少能够提供 56mA 电流的 24V DC 电源，以运行所有该电源电压的输入和输出模块。

4.6 开 发 环 境

4.6.1 软件介绍

S7-1200 PLC 用户程序的编写，可以在 SIMATIC STEP 7 Basic 中进行。SIMATIC STEP 7 Basic 提供了标准编程语言，供用户开发、编辑用户程序。SIMATIC STEP 7 Basic V10.5 是第一个投放中国市场的版本，后来被合并到 TIA Portal（博途）中。

博途作为首个用于集成工程组态的共享工作环境，在单一框架中提供了各种 SIMATIC 系统，因此，博途支持可靠且方便的跨系统协作。所有必需的软件包，包括从硬件组态和编程到过程可视化，都集成在一个综合的工程组态框架中。

如图 4-3 所示，使用博途，不仅可以组态应用于控制器及外部设备程序编辑的 STEP 7、安全控制器的 Safety，也可以组态应用于设备人机界面（HMI）的 WinCC，同时博途集成了应用于驱动设备的 Startdrive、应用于运动控制器的 SCOUT 等，另外可在单一界面中执行多用户管理和能源管理等新功能，为全集成自动化的实现提供了统一的工程平台。

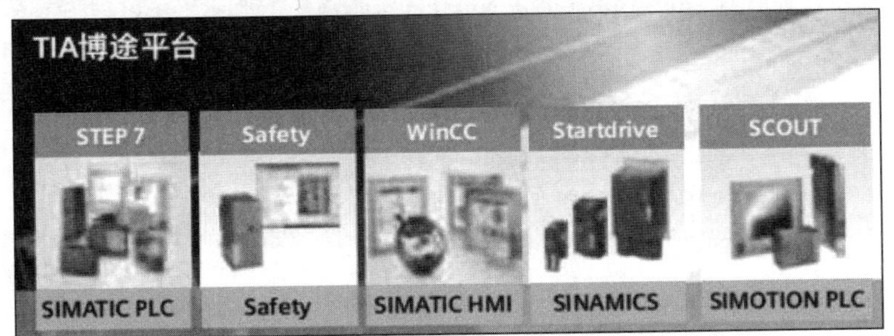

图 4-3　博途 V16 界面

博途可兼容不同系列的 PLC，拥有完整的工业通信接口、多级工业安全保护、友好的开发界面、多驱动全集成化、优化的编程语言及故障全面诊断等特点。

1. STEP 7

STEP 7 是用于组态 SIMATIC S7-1200、SIMATIC S7-1500、SIMATIC S7-300/400、WinAC 的工程组态软件。

STEP 7 包含两个版本：

- STEP 7 基本版，用于组态 SIMATIC S7-1200。
- STEP 7 专业版，用于组态 SIMATIC S7-1200、SIMATIC S7-1500、SIMATIC S7-300/400 和 WinAC。

2．WinCC

WinCC 包含 4 个版本，具体使用哪个版本取决于可组态的控制系统。

- WinCC Basic，用于组态精简面板，在 STEP 7 中已包含此版本。
- WinCC Comfort，用于组态所有面板（包括精简面板、精致面板和移动面板）。
- WinCC Advanced，用于组态所有面板及运行 WinCC Runtime Advanced 的 PC。
- WinCC Professional/WinCC Unified，用于组态所有面板及运行 WinCC Runtime 高级版或 SCADA 系统 WinCC Runtime Professional/WinCC Runtime Unified 的 PC。

3．Startdrive

在博途统一的工程平台上实现 SINAMICS 驱动设备的系统组态、参数设置、调试和诊断。

4．SCOUT

在博途统一的工程平台上实现 SIMOTION PLC 运动控制器的工艺对象配置、用户编程、调试和诊断。

S7-1200 PLC 的项目开发过程与普通 PLC 的项目开发过程基本相同，主要有如下步骤：①新建项目；②硬件组态；③PLC 编程；④编译下载；⑤仿真调试。

4.6.2 TIA Portal 安装

下面以博途 V16 为例介绍其安装过程，其他版本的安装过程几乎一样，安装界面从 V14 开始也差不多相同，建议采用默认的“典型”安装，有特殊需求的用户可以选择“用户自定义”安装。

（1）按照安装指南启动安装文件，图 4-4 为博途 V16 的安装界面。

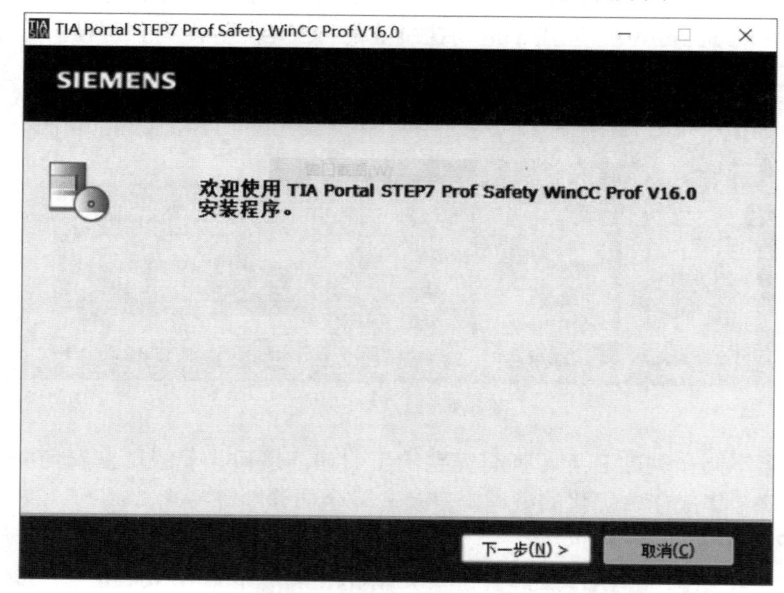

图 4-4　博途 V16 的安装界面

（2）选择安装语言，如图 4-5 所示，一般选择“安装语言：中文”。“英语”将作为基本产品语言进行安装，不可取消，如图 4-6 所示。

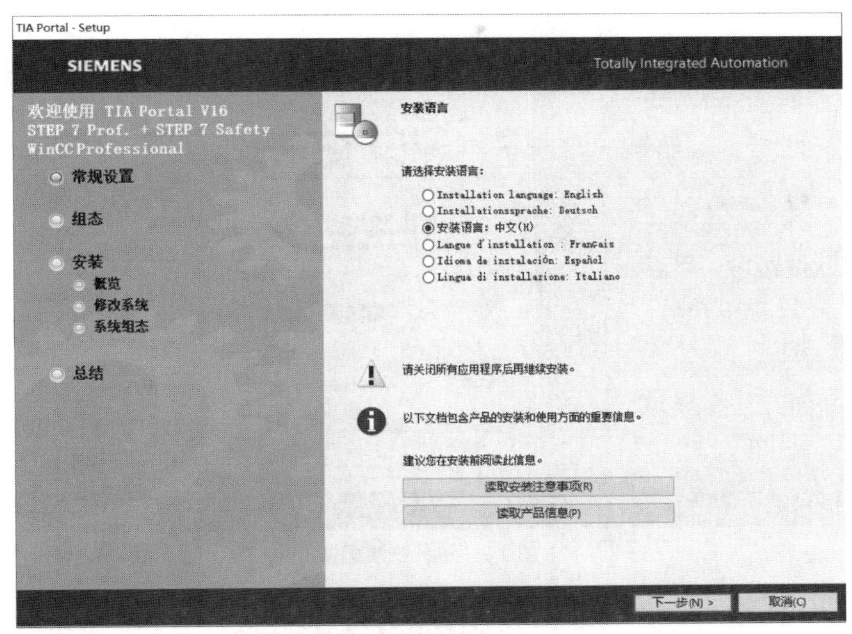

图 4-5　选择安装语言

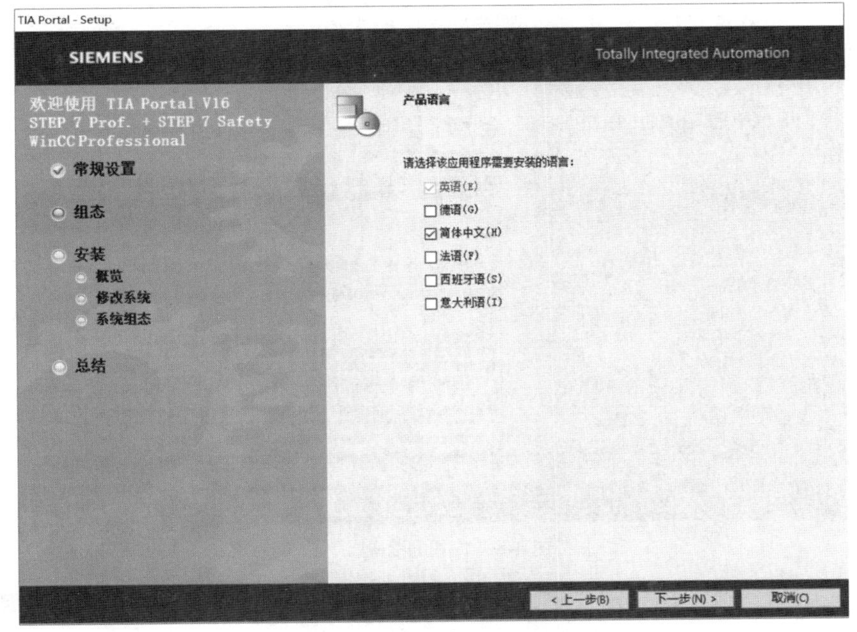

图 4-6　选择产品语言

（3）如果以最小配置安装程序，则选择“最小”；如果以典型配置安装程序，则选择“典型”；如果自主选择安装组件，则选择“用户自定义”。这里选择“典型”，如图 4-7 所示。接下来，需要确认接受所有许可证条款，如图 4-8 所示。

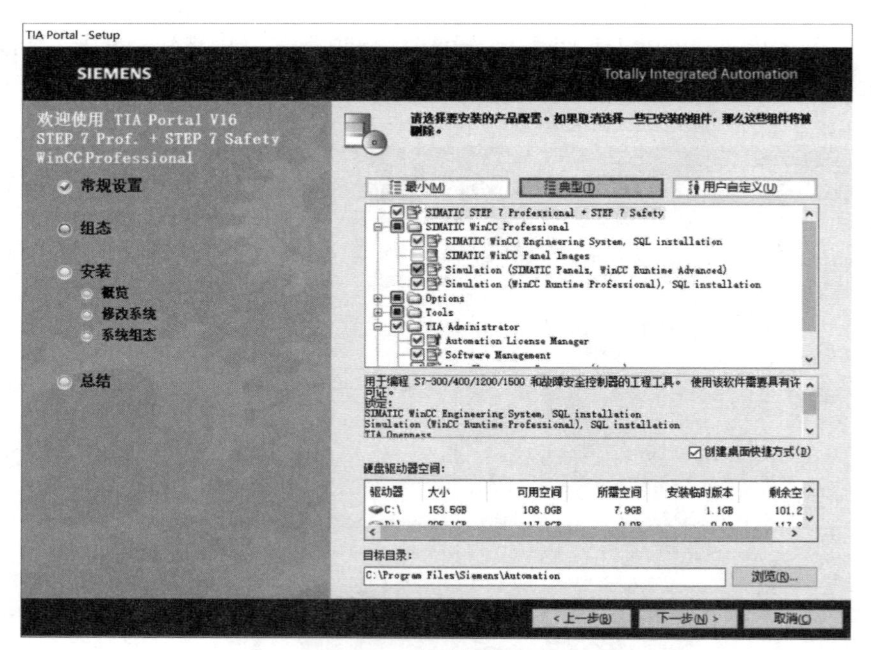

图 4-7　选择安装配置

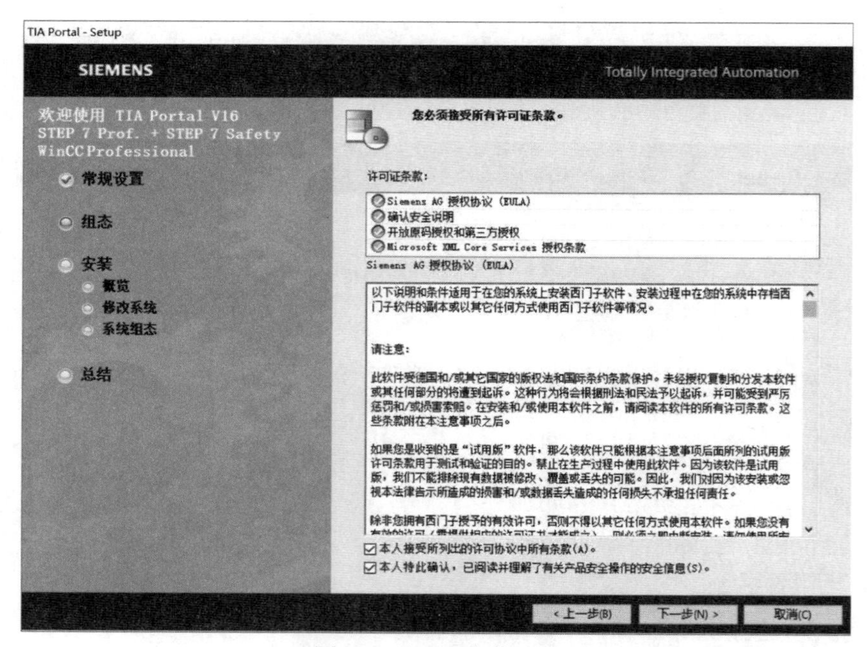

图 4-8　许可证条款认证

（4）在安装博途时，如果需要更改安全和权限设置，则打开“安全控制”对话框，接受对安全和权限设置的更改，如图 4-9 所示。安装前会显示安装设置概览，如图 4-10 所示，单击“安装”按钮，开始安装，如图 4-11 所示。

（5）安装完成后，会显示重启计算机提示，按照要求重启计算机完成安装全过程，如图 4-12 所示。

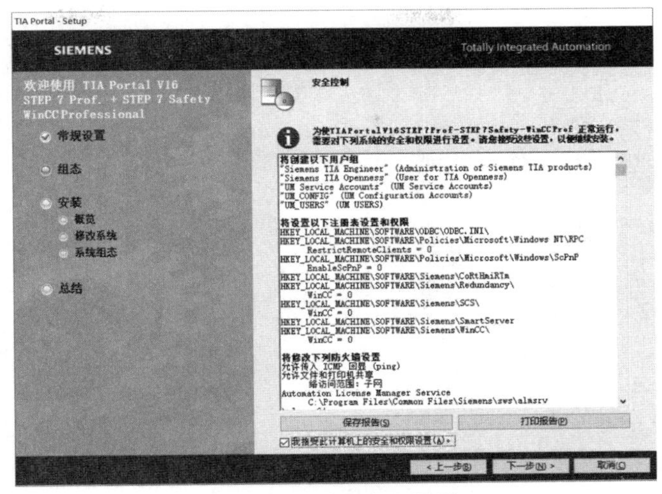

图 4-9　安全和权限设置

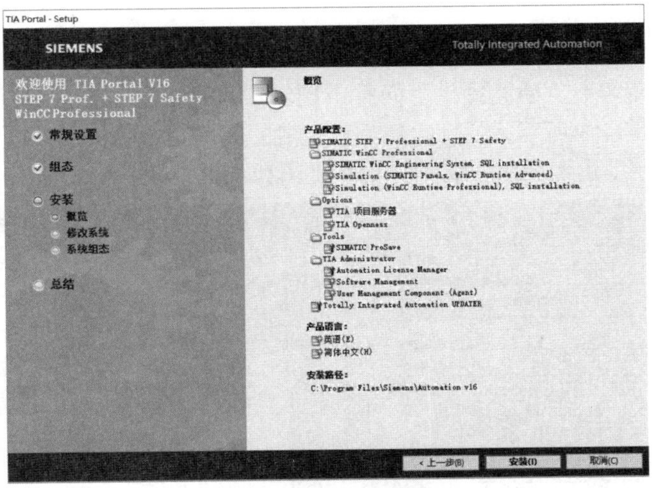

图 4-10　安装设置概览

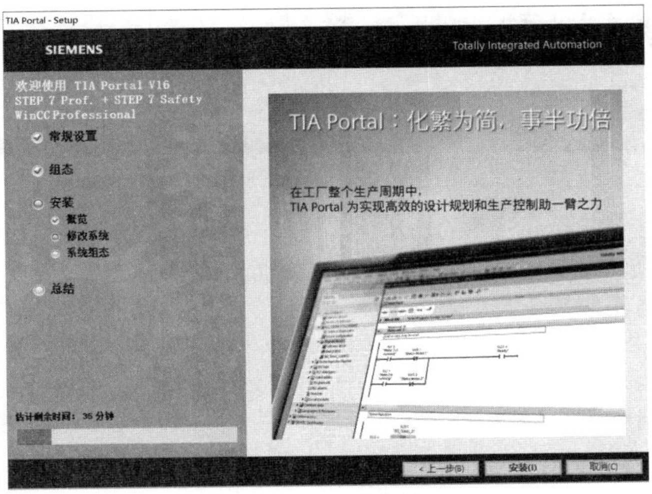

图 4-11　开始安装

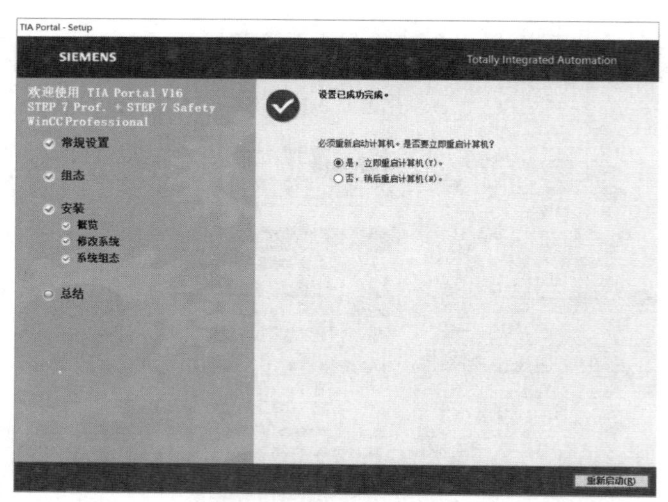

图 4-12　提示重启计算机

4.6.3　软件基本使用方法

为帮助用户提高效率，博途提供了两种不同的项目视图：根据工具功能组成的面向任务的 Portal 视图，如图 4-13 所示；项目中各元素组成的面向项目的视图（项目视图），如图 4-14 所示。用户只需通过单击，就可以切换 Portal 视图和项目视图。

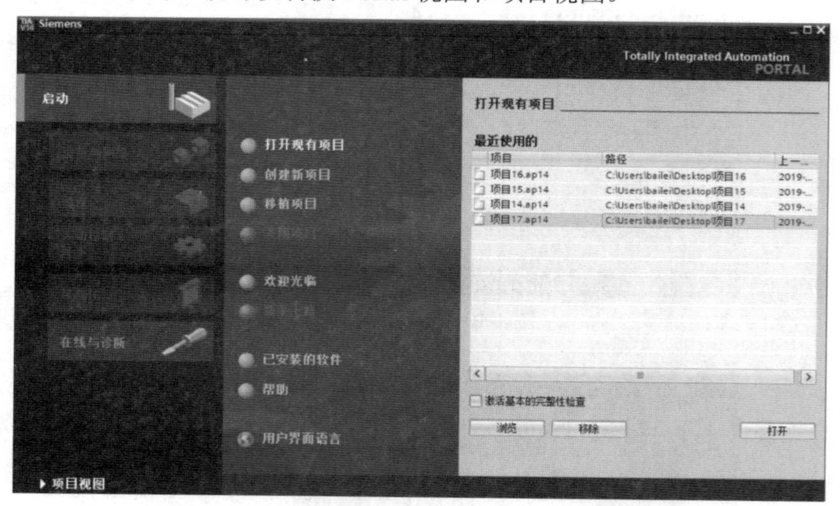

图 4-13　Portal 视图

项目视图的功能比 Portal 视图的功能强，操作内容也更加丰富，因而大多数用户都选择在项目视图下进行硬件组态、编程、可视化监控画面系统设计、仿真调试、在线监控等操作。下面介绍项目视图各组成部分的功能。

1．项目树

可以从项目树中添加新的设备，编辑已有的设备，打开处理项目数据的编辑器，以及访问所有的设备和项目数据。

2．详细视图

详细视图显示项目树中被选中对象的下一级的内容，可能包含文本列表和变量。

图 4-14　项目视图

3．工作区

为进行编辑而打开的对象将显示在工作区中，但是一般只能在工作区中显示一个当前打开的编辑器。图 4-14 的工作区中显示的是设备组态的“设备视图”选项卡，可执行以下任务：①配置和分配设备参数；②配置和分配模块参数。单击“网络视图”选项卡，可以打开网络视图，可执行以下任务：①配置和分配设备参数；②实现设备互连。

4．巡视窗口

巡视窗口用来显示工作区中的对象的附加信息，可在“属性”选项卡中编辑所选对象的设置。

5．编辑器栏

巡视窗口下面的区域是编辑器栏，显示所有打开的编辑器，可以在打开的编辑器之间快速地切换工作区显示的编辑器。

4.6.4　硬件组态

硬件组态的大致步骤如下：①添加设备；②组态设备；③组态网络（组态网络之前，不能分配 I/O 设备的 I/O 地址）；④设置网络参数。具体步骤参见本书第 7 章。编译检查没有错误后，就可以保存以上信息。

常用的硬件组态包括以下几种。

1．CPU 与编程设备

CPU 与编程设备通信时，第一，需要进行硬件配置，如果是一对一通信，则不需要以太网交换机；第二，需要为 CPU 或编程设备分配 IP 地址。在 PROFINET 网络中，每个设备必须具有一个 MAC 地址和 IP 地址。

2．CPU 与 HMI

CPU 与 HMI 组态通信时的步骤如下。

（1）建立硬件通信连接。通过 PROFINET 接口建立 HMI 和 CPU 之间的物理连接。由于 CPU 内置了自动跨接功能，因此对该接口既可以使用标准以太网电缆，又可以使用跨接以太网电缆，连接一个 HMI 和一个 CPU 不需要以太网交换机。

（2）配置设备。

（3）组态 HMI 与 CPU 之间的逻辑网络连接。可使用“网络视图”创建项目中各设备之间的网络连接。首先，单击“连接”选项卡，然后单击右侧的下拉框，选择连接类型。例如，创建 PROFINET 连接，单击 CPU 上的绿色（PROFINET）框，按住鼠标左键拖出一条线，连接到第二个设备上的 PROFINET 框后松开，即可创建 PROFINET 连接。

（4）在项目中组态 IP 地址。

（5）测试 PROFINET 网络。完成组态后，下载项目到 CPU 中，下载项目时会组态所有 IP 地址。可以手动配置，也可以在线配置。但 S7-1200 CPU 不具有预组态的 IP 地址，必须手动为其分配。

在线配置 CPU 的 IP 地址的方法是，在“项目树”中，使用如下选项检查是否还没有给 CPU 分配任何 IP 地址：设备→在线访问→设备所在网络的适配器卡→更新可访问的设备。如果显示的是 MAC 地址，而不是 IP 地址，则表示尚未给 CPU 分配 IP 地址。

3．CPU 与 CPU

硬件配置后，组态两个 CPU 之间的通信：建立硬件通信连接、配置设备、组态两个 CPU 之间的逻辑网络连接、在项目中组态两个 CPU 的 IP 地址、组态传送参数和接收参数、测试 PROFINET 网络。通过使用 TSEND_C 和 TRCV_C 指令，一个 CPU 可与网络中的另一个 CPU 进行通信。

4.6.5 PLC 编程

1．程序块

项目中默认的只有一个用户程序块。要添加程序块，需要在“项目树”的“程序块”中单击“添加新块”，然后选择块的名称、类型、编号和编程语言。可供选择的块类型有 4 种：组织块（OB）、功能块（FB）、函数（FC）、数据块（DB）。OB、FC 和 FB 可供选择的编程语言有 3 种：LAD、FBD 和 SCL。

2．指令

系统提供的指令可以在指令目录和库目录窗口中选择。其中，指令目录包含基本指令模块、扩展指令模块、工艺执行模块和通信指令模块四大类。

单击“项目树”中要编辑的程序块，就可以打开程序编辑器。

单击“项目树”中的 PLC 变量的“显示所有变量”选项，进入符号编辑器。在编写 PLC 程序之前先创建变量，有利于程序的阅读、分析和修改。

有效的 PLC 变量名允许使用字母、数字、特殊字符，但不允许使用引号。

即使 PLC 变量位于 CPU 的不同变量表中，PLC 变量的名称在 CPU 范围内也具有唯一性。程序块已经使用的名称、CPU 内其他 PLC 变量或常量的名称，不能用于新的 PLC 变量的命名。变量名的唯一性检查不区分大小写字母。如果输入了一个已经存在的变量名，则系统自动为该次输入的名称后加上序号（1，2，…）。

3. 用户程序来源

用户程序是由用户编写的、用于实现特殊控制任务和功能的程序。

为了方便用户高效地开发控制程序，博途提供了 3 种标准编程语言。

① LAD（梯形图）：一种图形编程语言，使用基于电路图的表示法。

② FBD（功能块图）：基于布尔代数中使用的图形逻辑符号的编程语言。

③ SCL（结构化控制语言）：一种基于文本的高级编程语言。

下面以梯形图为例，利用类似于电路图中的元件（如常闭触点、常开触点和线圈）相互连接的方式构成程序段，如图 4-15 所示。要实现复杂的运算逻辑，可插入分支。

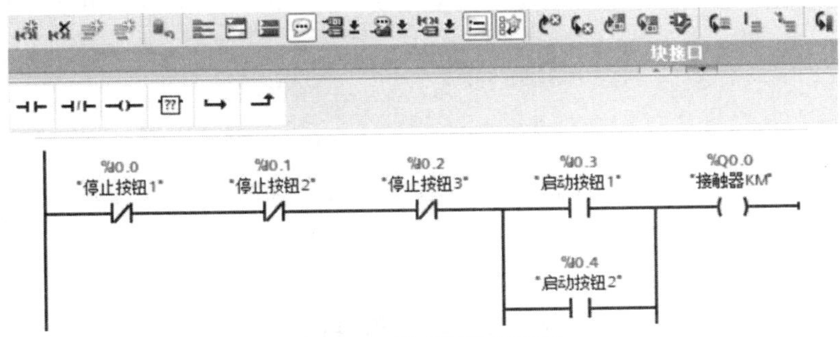

图 4-15　梯形图编程示例

4.6.6　程序的调试、运行监控与故障诊断

博途不仅集成了 SIMATIC STEP 7，还集成了仿真软件 SIMATIC S7-PLCSIM。SIMATIC S7-PLCSIM 仿真软件的安装过程与博途 V16 相同，安装完成后，也需要重新启动计算机。仿真 PLC 与真实 PLC 既有相通之处，也有较多区别。

1. 仿真要求

SIMATIC S7-PLCSIM 仿真软件支持几乎所有的 S7-1200 PLC 指令，允许用户在没有硬件的情况下模拟调试 S7-1200 PLC 程序。

S7-1200 PLC 使用仿真功能对软件、硬件都有一定的要求。对硬件的要求是固件版本必须为 4.0 或更高版本，对软件的要求是仿真软件为 S7-PLCSIM V13 SP1 及以上版本。

2. 仿真步骤

在博途编程界面中单击“仿真”按钮，如图 4-16 所示，可启动 S7-1200 PLC 仿真器。弹出仿真器对话框的精简视图，如图 4-17 所示。

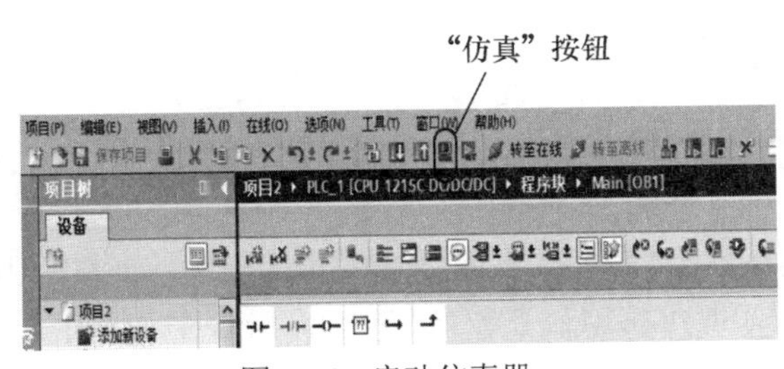

图 4-16　启动仿真器

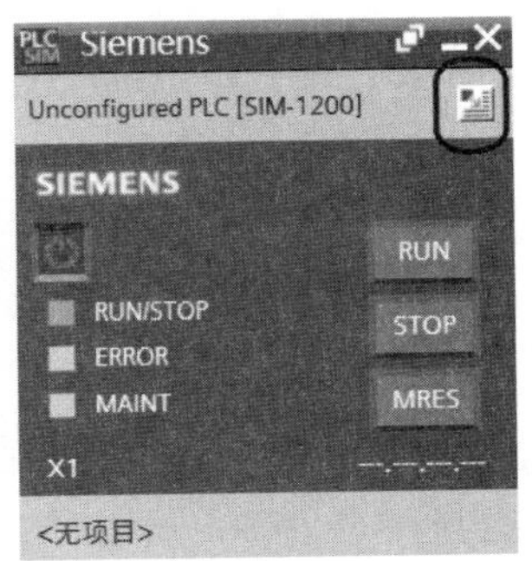

图 4-17　精简视图

单击图 4-17 中右上角的按钮，可以切换到项目视图，如图 4-18 所示。

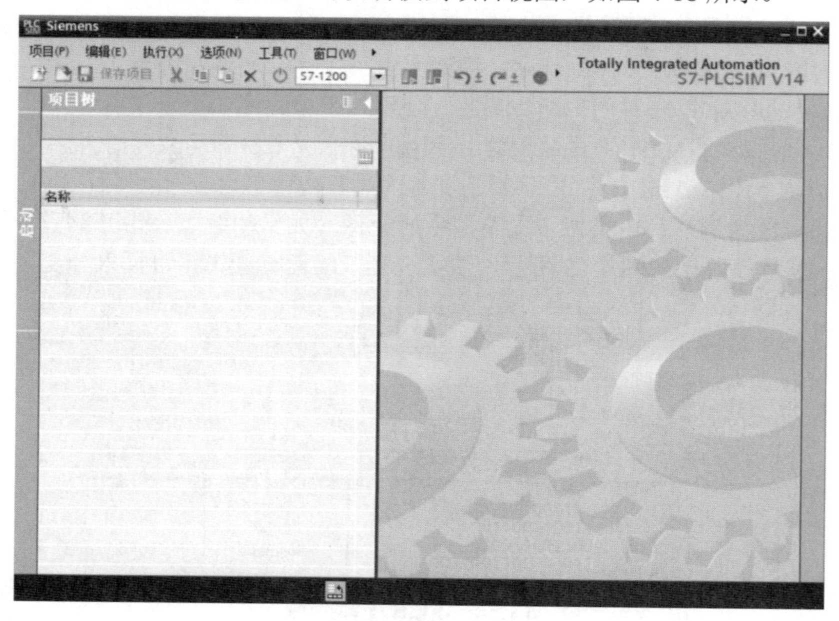

图 4-18 仿真器项目视图

单击图 4-18 中“项目”→“新建”，可以新建一个仿真项目。然后回到博途编程界面，选中项目中的 S7-1200 PLC，单击“下载”按钮，弹出如图 4-19 所示下载选项对话框。

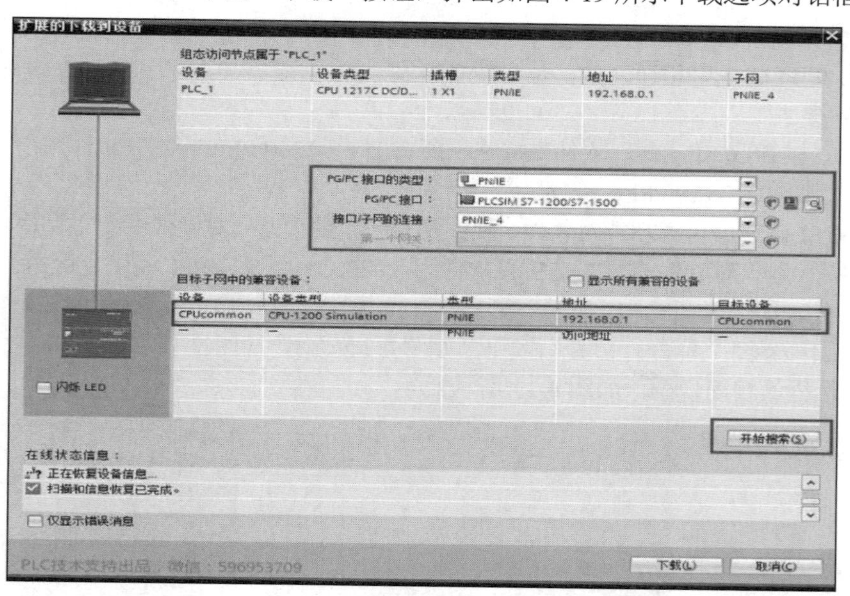

图 4-19 下载选项对话框

按照图 4-19 选择接口，并单击“开始搜索”按钮，在兼容设备对话框里，会显示出仿真器设备。选中该设备，单击“下载”按钮，即可将项目下载到 S7-1200 PLC 仿真器中。

下载项目成功后，可以单击仿真器上的启动和停止按钮，更改 CPU 的运行模式，如图 4-20 所示。

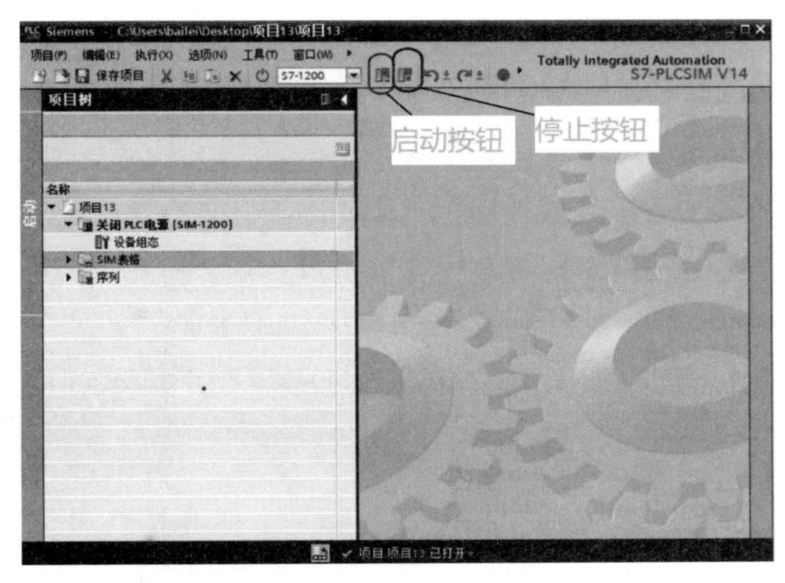

图 4-20　仿真器的启动和停止按钮

3．SIM 表格的使用

在 S7-PLCSIM 左侧“项目树”中可以看到 SIM 表格，用户可以添加自己的 SIM 表格，然后在该表格中添加变量，并进行变量值的监控和修改。如图 4-21 所示，在“SIM 表格_1”中添加几个简单变量进行测试和说明。

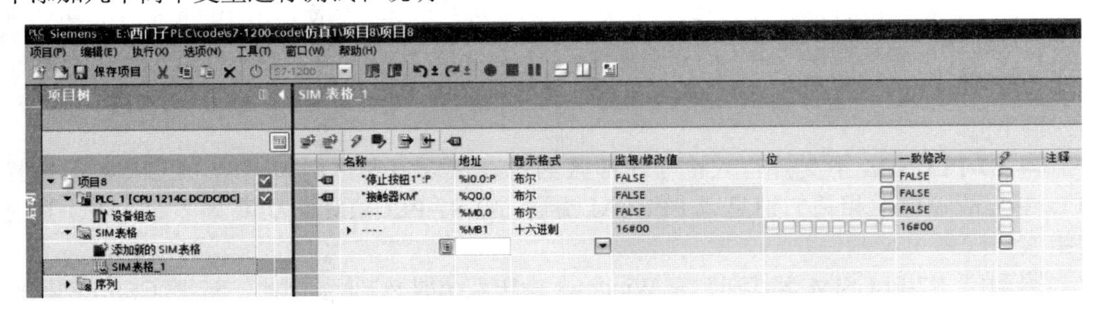

图 4-21　变量监控 SIM 表格

此时单击“位”列的复选框，可以对 I0.0 进行值更改，如图 4-22 所示。

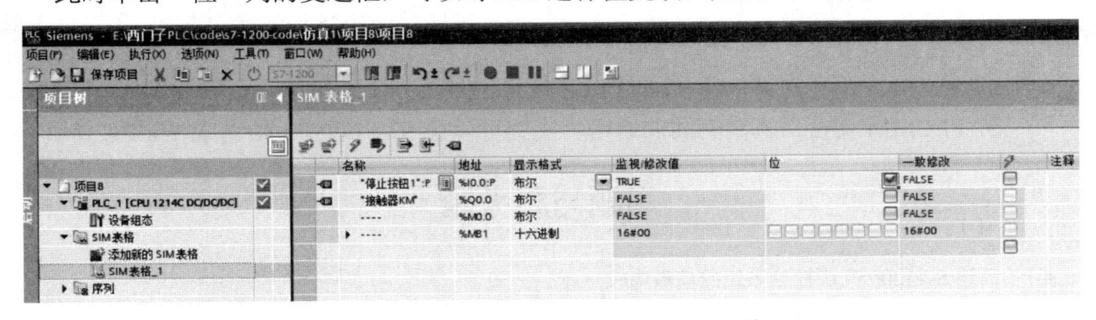

图 4-22　更改 SIM 表格中的输入点变量值

在默认情况下，只有输入点的值是允许更改的，Q 点或 M 点的修改列为灰色，只允许监视而无法修改。如果需要更改非输入点的值，则可以单击工具栏中的“启动/禁用非输入点修改”按钮，启动非输入点的修改功能，如图 4-23 所示。

图 4-23 “启动/禁用非输入点修改”按钮

启动该功能后，用户即可对已经建立的 Q 点及 M 点变量进行赋值操作了，如图 4-24 所示。

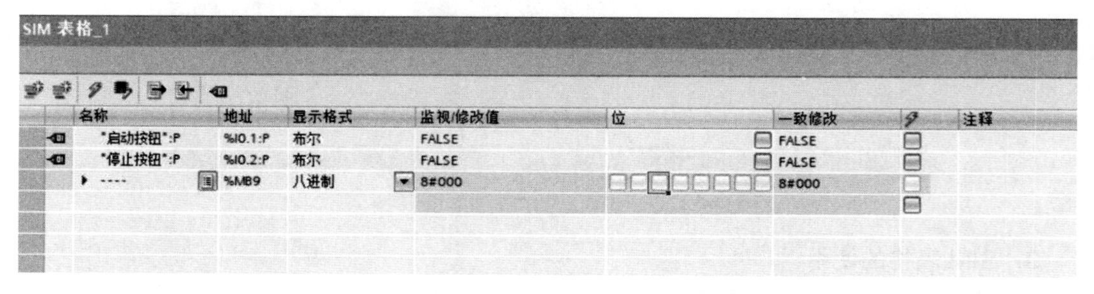

图 4-24 更改 SIM 表格中非输入点的值

4．仿真 PLC 与真实 PLC 的区别

① 可按照使用实际硬件的方式对 I/O 设备功能进行仿真。然而，由于性能限制，可仿真的设备数量不能超过物理网络中的设备数量。

② 仿真 PLC 支持在 RUN 模式中下载。将仿真 PLC 置于 STOP 模式下，S7-PLCSIM 会写入输出值。

③ S7-PLCSIM 不支持写入诊断缓冲区的所有错误消息。例如，S7-PLCSIM 不仿真 CPU 中与故障电池相关的消息或 EPROM 错误，但 S7-PLCSIM 可仿真大多数的 I/O 和程序错误。

④ 由于 S7-PLCSIM 运行在装有 Windows 操作系统的 PC 上，因此，S7-PLCSIM 中操作的扫描周期和确切时间不同于在物理硬件上执行的那些操作所需的时间。这是因为 PC 的处理资源“竞争”产生了额外开销，具体开销取决于多种因素。

⑤ S7-PLCSIM V14 SP1 不支持受专有技术或密码保护的块。在对 S7-PLCSIM 执行下载操作前，必须删除保护。

⑥ S7-PLCSIM 不会对访问保护或复制保护进行仿真。

⑦ S7-PLCSIM 支持仿真实例间的通信。实例可以是 S7-PLCSIM 仿真或 WinCC 仿真。

习题与思考题

4-1 简述 S7-1200 PLC 控制系统的基本构成。

4-2 S7-1200 PLC 扩展 I/O 点数的途径有哪些？

4-3 S7-1200 PLC 的接口模块有多少种类？各有什么用途？

4-4 S7-1200 CPU 121X 系列有哪些产品？

4-5　CPU 主机扩展配置时，应考虑哪些因素？I/O 是如何编制的？

4-6　总结 S7-1200 PLC 通过信号板和信号模块进行扩展时的区别。

4-7　某 PLC 控制系统，经估算需要数字量输入点 20 个，数字量输出点 10 个，模拟量输入通道 5 个，模拟量输出通道 3 个。请选择 S7-1200 PLC 的机型及其扩展模块，要求按空间分布位置对主机及各模块的输入点、输出点进行编址，并对主机内部的 DC 5V/DC 24V 电源的负载能力进行校验。

第 5 章　S7-1200 PLC 的指令系统

在实际生产应用中，S7-1200 PLC 的软件编程是其核心技术，而指令系统是编程的基础。本章详细介绍编程基础知识，重点讲解基本指令的方式、原理、使用方法等，核心是掌握各种基本指令的特点，并能够正确选择使用。最后简要介绍工艺指令及其应用方面的内容。

本章主要内容：

- S7-1200 PLC 编程基础；
- S7-1200 PLC 基本指令及编程方法；
- S7-1200 PLC 工艺指令及其应用。

本章重点是熟练掌握梯形图的编程方法，掌握基本指令和常用指令。通过对本章的学习，做到可以根据需要编制出结构较复杂的控制程序。

5.1　S7-1200 PLC 编程基础

5.1.1　编程语言

西门子公司为 S7-1200 PLC 提供了 3 种标准编程语言：梯形图（LAD）、功能块图（FBD）和结构化控制语言（SCL）。梯形图是基于电路图的一种图形编程语言，功能块图是基于布尔代数中使用的图形逻辑符号来表示的一种编程语言，结构化控制语言是一种基于文本的高级编程语言。

为 S7-1200 PLC 创建程序块时，应选择该块要使用的编程语言。用户程序可以使用由任意或所有编程语言创建的程序块。

1．梯形图（LAD）

梯形图（LAD）是与电气控制电路图相呼应的图形编程语言。它沿用了继电器、触头、串/并联等类似的图形符号，并简化了符号，还向多种功能（如数学运算、定时器、计数器等）提供功能框指令。梯形图是集逻辑操作、控制于一体，面向对象的、实时的、图形化的编程语言。梯形图按自上而下、从左到右的顺序排列，最左边的竖线称为起始母线（也称左母线）。

一个逻辑行或一个“梯级”从左母线开始，按一定的控制要求和规则连接各个节点，最后以继电器线圈或功能框指令（或再接右母线）结束。通常，一个 LAD 程序段中有若干逻辑行（梯级），形似梯子，如图 5-1 所示，梯形图由此而得名。梯形图的信号流向清楚、简单、直观、易懂，很适合电气工程人员使用。梯形图在 PLC 中用得非常普遍，通常各厂家、各型号 PLC 都把它作为第一编程语言。

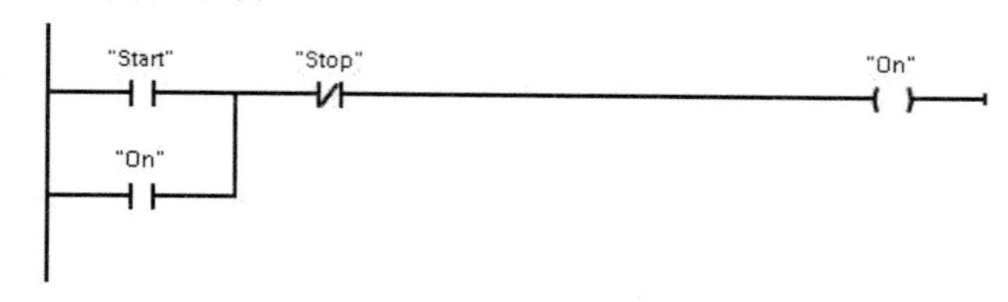

图 5-1　梯形图的梯级

创建 LAD 程序段时应注意以下规则：

① 不能创建如图 5-2（a）所示可能导致反向能流的分支；

② 不能创建如图 5-2（b）所示可能导致短路的分支。

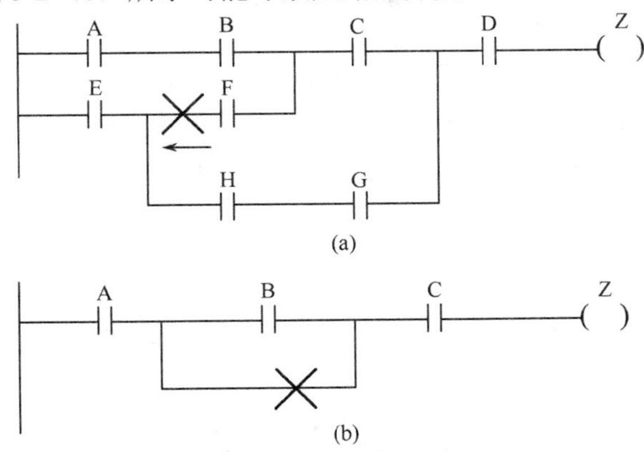

图 5-2　错误的分支结构

2．功能块图（FBD）

功能块图（FBD）类似于普通的逻辑功能图，它沿用了半导体逻辑电路中逻辑框图的表达方式，使用布尔代数的图形逻辑符号来表示控制逻辑，使用功能框来表示复杂的功能，有基本功能模块和特殊功能模块两类。基本功能模块有 AND、OR、XOR 等，特殊功能模块有脉冲输出、计数器等。一般用一种功能框表示一种特定的功能，框内的符号表达了该功能块图的功能。

3．结构化控制语言（SCL）

结构化控制语言（Structured Control Language，SCL）是用于 SIMATIC S7 CPU 的基于 PASCAL 的高级编程语言。SCL 指令使用标准编程运算符，例如，用:=表示赋值，+表示相加，-表示相减，*表示相乘，/表示相除。SCL 也使用标准的 PASCAL 程序控制操作，如 IF-THEN-ELSE、CASE、REPEAT-UNTIL、GOTO 和 RETURN 等。

LAD 和 FBD 之间可以有条件地相互转换，但与 SCL 之间不能相互转换，建议初学者首先掌握 LAD 编程，等熟练并积累一定的经验后再尝试应用其他编程语言。

4．LAD、FBD 和 SCL 的 EN 及 ENO

EN（使能输入）是布尔输入。执行功能框指令时，能流（EN＝1）必须出现在其输入端。如果 LAD 功能框的 EN 输入直接连接到左母线，将始终执行该指令。

ENO（使能输出）是布尔输出。如果功能框在 EN 输入端有能流且正确执行了其功能，则 ENO 输出会将能流（ENO=1）传递到下一个元素。如果执行功能框指令时检测到错误，则在产生该错误的功能框指令处终止该能流（ENO= 0）。

LAD、FBD 和 SCL 的 EN 及 ENO 的操作数类型见表 5-1。

表 5-1　LAD、FBD 和 SCL 的 EN 及 ENO 的操作数类型

程序编辑器	输入/输出	操作数	数据类型
LAD	EN，ENO	能流	Bool
FBD	EN	I、I_:P、Q、M、DB、Temp、能流	Bool
	ENO	能流	Bool
SCL	EN1	TRUE、FALSE	Bool
	ENO2	TRUE、FALSE	Bool

5.1.2 数据类型

1. 基本数据类型

S7-1200 PLC 的指令参数所用的基本数据类型有布尔型（Bool）、字节型（Byte）、字型（Word）、双字型（DWord）、无符号字节型（USInt）、有符号字节型（SInt）、无符号整型（UInt）、有符号整型（Int）、无符号双整型（UDInt）、有符号双整型（DInt）、单精度浮点数型（Real）、双精度浮点数型（LReal）、时间型（Time）、日期型（Date）、时钟型（TOD）、字节日期和时间型（DTL）、单字符型（Char）、双字符型（WChar）、单字节字符串型（String）、双字节字符串型（WString）等。

2. 数据长度与数值范围

CPU 中不同的数据类型具有不同的数据长度和数值范围，常用的数据类型、长度及其范围见表 5-2。

表 5-2 常用的数据类型、长度及其范围

数据类型	符号	位数	取值范围	举例
布尔型	Bool	1	1，0	TRUE，FALSE 或 1，0
字节型	Byte	8	16#00～16#FF	16#12，16#AB
字型	Word	16	16#0000～16#FFFF	16#ABCD，16#0001
双字型	DWord	32	16#00000000～16#FFFFFFFF	16#02468ACE
单字符型	Char	8	16#00～16#FF	'A'，'t'，'@'
有符号字节型	SInt	8	−128～127	123，−123
有符号整型	Int	16	−32768～32767	123，−123
有符号双整型	DInt	32	−2147483648～2147483647	123，−123
无符号字节型	USInt	8	0～255	123
无符号整型	UInt	16	0～65535	123
无符号双整型	UDInt	32	0～4294967295	123
单精度浮点数（实数）型	Real	32	$\pm1.175495\times10^{-38}$～$\pm3.402823\times10^{38}$	12.45，−3.4，−1.2E+3
双精度浮点数（实数）型	LReal	64	$\pm2.2250738585072020\times10^{-308}$～ $\pm1.7976931348623157\times10^{308}$	12345.12345 −1.2E+40
时间型	Time	32	T#-24d_20h_31m_23s_648ms～ T#24d_20h_31m_23s_647ms	T#1d_2h_15m_30s_45ms
日期型	Date	16	D#1990-1-1～D#2168-12-31	D#2009-12-31

5.1.3 存储器与地址

S7-1200 PLC 的存储器分为程序区、系统区、数据区。

程序区用于存放用户程序，存储器为 EEPROM。

系统区用于存放有关 PLC 配置结构的参数，如 PLC 主机及扩展模块的 I/O 配置和编址、PLC 站地址配置、保护口令设置、停电记忆保持区设置、软件滤波功能设置等，存储器为 EEPROM。

数据区是 S7-1200 CPU 提供的存储器的特定区域，包括输入映像寄存器（I）、输出映像寄存器（Q）、位存储器（M）、临时存储器（L）、数据块（DB）存储器。数据区是用户程序执行过程中的内部工作区域，可使 CPU 运行更快、更有效。存储器为 EEPROM 和 RAM。

用户对程序区、系统区和部分数据区进行编辑，编辑后写入 PLC 的 EEPROM。RAM 为 EEPROM 提供备份存储区，供 PLC 运行时动态使用。

1．数据区存储器的地址表示格式

每个存储单元都有唯一的地址，用户程序可利用这些地址访问存储单元中的信息。绝对地址由以下元素组成：

- 存储器标识符（如 I、Q 或 M）；
- 要访问的数据的大小的助记符（“B”表示 Byte、“W”表示 Word、“D”表示 DWord）；
- 数据的起始地址（如字节 3 或字 3）。

访问布尔值地址中的位时，不需要输入数据大小的助记符，仅需输入数据的存储器、字节位置和位位置（如 I0.0、Q0.1 或 M3.4）。如下所示，存储器和字节地址（M 代表位存储器，3 代表字节 3）通过后面的句点（“.”）与位地址（位 4）分隔开。

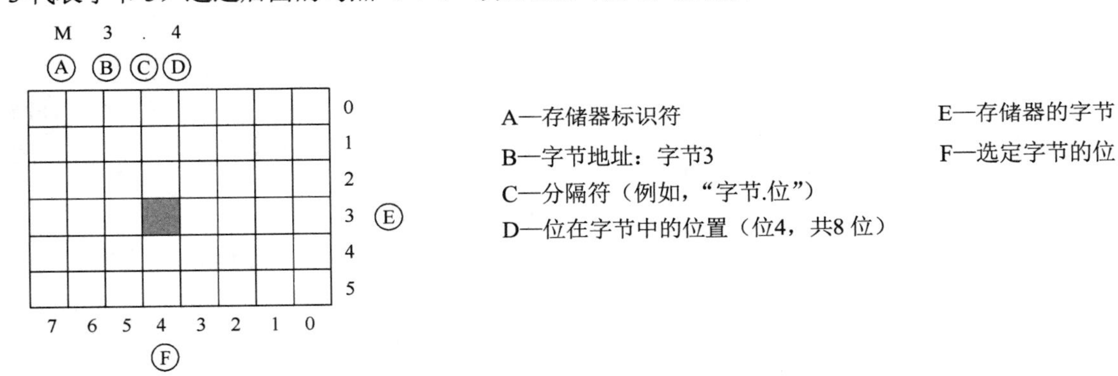

访问字节、字、双字地址数据区存储器的格式为 ATx。必须指定存储器标识符 A、数据长度 T 以及该字节、字或双字的起始字节地址 x。例如，用 MB100、MW100、MD100 分别表示字节、字、双字的地址。MW100 由 MB100、MB101 两个字节组成，MD100 由 MB100~MB103 四个字节组成。

2．数据区存储器区域

（1）输入/输出映像寄存器（I/Q）

① 输入映像寄存器（I）

输入映像寄存器也称过程映像输入寄存器。PLC 的输入端子是 PLC 从外部接收输入信号的窗口。每个输入端子与输入映像寄存器的相应位相对应。输入点的状态在每次扫描周期开始（或结束）时进行采样，并将采样值存于输入映像寄存器，作为程序处理时输入点状态的依据。输入映像寄存器的状态只能由外部输入信号驱动，而不能在内部由程序指令来改变。输入映像寄存器的地址格式如下。

位地址：I[字节地址].[位地址]，如 I0.1。

字节、字、双字地址：I[数据长度][起始字节地址]，如 IB4、IW6、ID10。

② 物理输入区（I_:P）

物理输入区（I_:P）也称物理输入点（输入端子），其功能是在读指令的位地址 I 偏移量后追加“:P”，可指定立即读取物理输入区的状态（如“%I3.4:P”）。对于立即读取，直接从物理输入区读取位数据值，而非从输入映像寄存器中读取。立即读取不会更新对应的输入映像寄存器。

③ 输出映像寄存器（Q）

输出映像寄存器也称过程映像输出寄存器。每个输出模块的端子与输出映像寄存器的相应位相对应。CPU 将输出判断结果存放在输出映像寄存器中，在扫描周期的结尾，以批处理方式将输出映像寄存器中的数值复制到相应的输出端子上，通过输出模块将输出信号传送给外部负载。可见，PLC 的输出端子是 PLC 向外部负载发出控制命令的窗口。输出映像寄存器地址格式如下。

位地址：Q[字节地址].[位地址]，如 Q1.1。

字节、字、双字地址：Q[数据长度][起始字节地址]，如 QB5、QW8、QD11。

④ 物理输出区（Q_:P）

物理输出区（Q_:P）也称为物理输出点（输出端子），其功能是在写指令的位地址 Q 偏移量后追加“:P”，可指定立即写入物理输出区（例如，%Q3.4:P）。对于立即写入，将位数据值写入输出映像寄存器并直接写入物理输出区。

（2）位存储器（M）

位存储器（M）也称内部线圈，用于模拟继电器-接触器控制系统中的中间继电器，存储操作的中间状态或其他控制信息。可以按位、字节、字或双字访问位存储器。位存储器允许读访问和写访问。位存储器（M）的地址格式如下。

位地址：M[字节地址] .[位地址]，如 M26.7。

字节、字、双字地址：M[数据长度][起始字节地址]，如 MB11、MW23、MD26。

（3）临时存储器（L）

CPU 根据需要可分配临时存储器。启动程序块（对于 OB）或调用程序块（对于 FC 或 FB）时，CPU 将为程序块分配临时存储器并将存储单元初始化为 0。

临时存储器与位存储器类似，但有一个主要的区别：位存储器在“全局”范围内有效，而临时存储器只在“局部”范围内有效。

位存储器：任何 OB、FC 或 FB 都可以访问位存储器中的数据，也就是说，这些数据可以全局性地用于用户程序中的所有元素。

临时存储器：CPU 限定只有创建或声明了临时存储单元的 OB、FC 或 FB，才可以访问临时存储器中的数据。临时存储单元是局部有效的，并且其他程序块不会共享临时存储器，即使在程序块中调用其他程序块时也如此。例如，当 OB 调用 FC 时，FC 无法访问对其进行调用的 OB 的临时存储器。

可以按位、字节、字、双字访问临时存储器，临时存储器（L）的地址格式如下。

位地址：L[字节地址].[位地址]，如 L0.0。

字节、字、双字地址：L[数据长度][起始字节地址]，如 LB33、LW44、LD55。

（4）数据块（DB）存储器

数据块存储器用于存储各种类型的数据，其中包括操作的中间状态或 FB 的其他控制信息参数，以及许多指令（如定时器和计数器）所需的数据。可以按位、字节、字或双字访问数据块存储器。读/写数据块允许读访问和写访问，只读数据块只允许读访问。数据块（DB）存储器的地址格式如下。

位地址：DB[数据块编号].DBX[字节地址].[位地址]，如 DB1.DBX2.3。

字节、字、双字地址：DB[数据块编号].DB[大小][起始字节地址]，如 DB1.DBB4、DB10.DBW2、DB20.DBD8。

综上所述，S7-1200 PLC 的常用存储区（寄存器）基本功能及相关约定见表 5-3。

表 5-3　常用存储区（寄存器）基本功能及相关约定

存储区（符号）	功能说明	强制	保持
输入映像寄存器（I）	在扫描循环开始时，从物理输入复制的输入值	无	无
物理输入区（I_:P）	通过该区域立即读取物理输入	支持	无
输出映像寄存器(Q)	在扫描循环开始时，将输出值写入物理输出	无	无
物理输出区（Q_:P）	通过该区域立即写物理输出	支持	无
位存储器（M）	用于存储用户程序的中间运算结果或标志位	无	支持
临时存储器（L）	块的临时局部数据，只能供块内部使用，只可以通过符号地址寻址方式来访问	无	无
数据块（DB）	数据存储器与 FB 的参数存储器	无	支持

5.2　基 本 指 令

S7-1200 PLC 有 9 种基本指令：位逻辑运算指令、定时器和计数器指令、比较指令、数学运算指令、移动指令、转换指令、程序控制指令、逻辑运算指令、移位和循环移位指令。

5.2.1　位逻辑运算指令

位逻辑运算指令包括触点和线圈等基本元素指令、置位和复位指令、上升沿和下降沿指令。

1．触点和线圈等基本元素指令

触点和线圈等基本元素指令包括触点指令、NOT 逻辑反相器指令、输出线圈指令，主要完成与位相关的输入/输出及触点的简单连接。

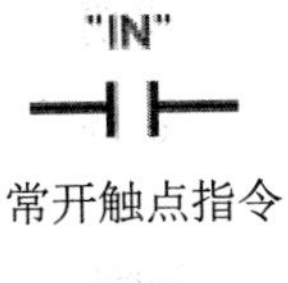

常开触点指令

"IN"

常闭触点指令

NOT

NOT 逻辑反相器指令

"OUT"

赋值线圈指令

"OUT"

赋值取反线圈指令

（1）触点指令

触点有常开触点和常闭触点两种，可将触点相互连接并创建用户自己的组合逻辑。LAD 的触点分配位 IN 为布尔型，IN 赋“1”时，常开触点闭合（ON），常闭触点断开（OFF）；IN 赋“0”时，常开触点断开（OFF），常闭触点闭合（ON）。

触点按串联方式连接，创建 AND 逻辑程序段；触点按并联方式连接，创建 OR 逻辑程序段。如果用户指定的输入位使用存储器标识符 I 或 Q，则从输入映像寄存器中读取位值。控制过程中的物理触点信号会连接到 PLC 的 I 端子上，CPU 扫描已连接的输入信号并持续更新输入映像寄存器中的相应状态值。

（2）NOT 逻辑反相器指令

NOT 逻辑反相器指令可对输入的逻辑运算结果（RLO）进行取反。LAD 的 NOT 触点用于取反能流输入的逻辑状态。

（3）输出线圈指令

输出线圈有赋值线圈和赋值取反线圈两种，可向输出位 OUT 写入值，OUT 的数据类型为布尔型。

如果有能流通过输出线圈，则赋值线圈输出位 OUT 设置为“1”，赋值取反线圈输出位 OUT 设置为“0”；如果没有能流通过输出线圈，则赋值线圈输出位 OUT 设置为“0”，赋值取反线圈输出位 OUT 设置为“1”。

如果指定的输出线圈输出位 OUT 使用存储器标识符 Q，则 CPU 接通或断开输出映像寄存器中的输出位，同时将指定的位设置为等于能流状态，控制执行器的输出信号连接到 PLC 的 Q 端子上。

触点和线圈等基本元素指令 LAD 编程实例如图 5-3 所示。

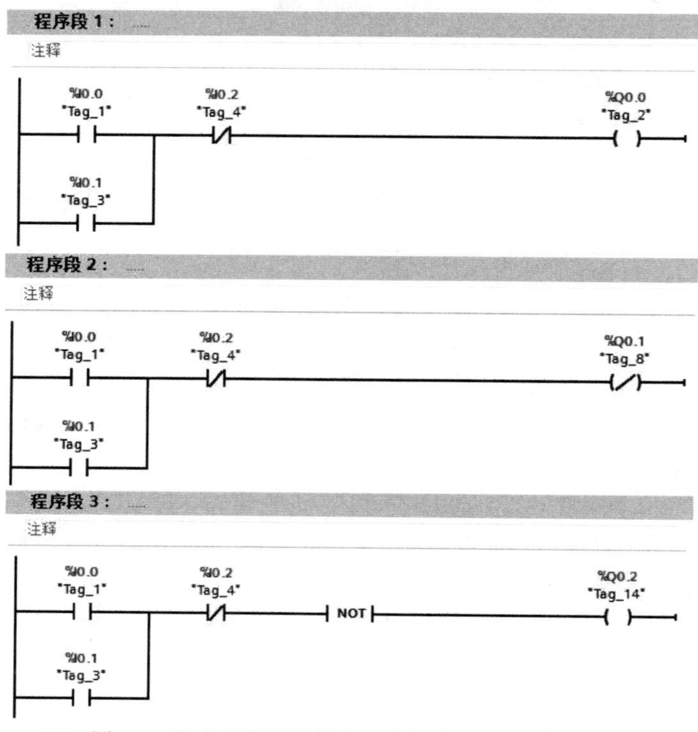

图 5-3　触点和线圈等基本元素指令 LAD 编程实例

2. 置位和复位指令

置位和复位指令包括 S 和 R 指令、SET_BF 和 RESET_BF 指令、RS 和 SR 指令。

（1）S 和 R 指令：置位和复位线圈指令

置位和复位线圈指令分配位 OUT 的数据类型为布尔型。

当线圈输入的逻辑运算结果（RLO）为“1”时，才执行 S 和 R 指令，S 指令分配位 OUT 的数据值设置为 1，R 指令分配位 OUT 的数据值设置为 0。当线圈输入的逻辑运算结果（RLO）为“0”时，不执行 S 和 R 指令。

（2）SET_BF 和 RESET_BF 指令：置位和复位位域指令

置位和复位位域指令分配位 OUT 的数据类型为布尔型，用于指定置位或复位位域起始元素；分配位 n 的数据类型为无符号整型，赋值为常量，用于指定要置位或复位的位数。

当指令输入的逻辑运算结果（RLO）为“1”时，执行 SET_BF 和

RESET_BF 指令；执行 SET_BF 指令时，置位从 OUT 开始的 *n* 位数据；执行 RESET_BF 指令时，复位从 OUT 开始的 *n* 位数据。当指令输入的逻辑运算结果（RLO）为“0”时，不执行指令。

SET_BF 和 RESET_BF 指令必须是 LAD 分支中最右端的指令。SET_BF 和 RESET_BF 指令 LAD 编程实例如图 5-4 所示。

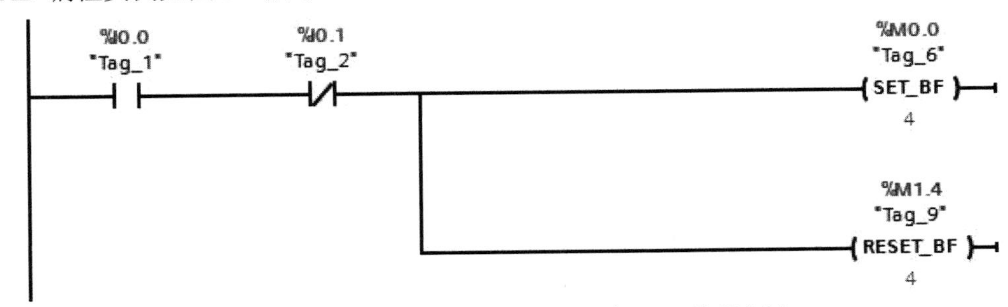

图 5-4　SET_BF 和 RESET_BF 指令 LAD 编程实例

（3）RS 和 SR 指令：置位优先和复位优先指令

RS 和 SR 指令分配位 S 和 S1 为置位输入，1 表示优先；分配位 R 和 R1 为复位输入，1 表示优先；分配位 INOUT 为待置位或复位的数据；分配位 Q 遵循 INOUT 位的状态。分配位 S、S1、R、R1、INOUT 和 Q 的数据类型都为布尔型。

RS 指令如果 S1 和 R 输入都为“1”，则 INOUT 的值置位；SR 指令如果 S 和 R1 输入都为“1”，则 INOUT 的值复位。INOUT 的当前信号状态被传送到 Q，并可在 Q 处进行查询。RS 和 SR 指令的输入/输出变化见表 5-4。

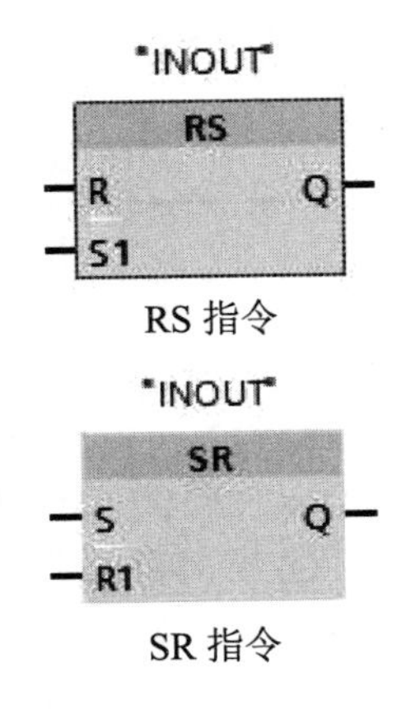

RS 指令

SR 指令

表 5-4　RS 和 SR 指令的输入/输出变化

指令	S1	R	INOUT
RS	0	0	先前状态
	0	1	0
	1	0	1
	1	1	1
指令	S	R1	INOUT
SR	0	0	先前状态
	0	1	0
	1	0	1
	1	1	0

RS 和 SR 指令 LAD 编程实例如图 5-5 所示。

"IN"
—|P|—
"M_BIT"
P 触点指令

"IN"
—|N|—
"M_BIT"
N 触点指令

3. 上升沿和下降沿指令

上升沿和下降沿指令包括 P 和 N 触点指令、P 和 N 线圈指令、P_TRIG 和 N_TRIG 功能框指令、R_TRIG 和 F_TRIG 功能框指令。

（1）P 和 N 触点指令：扫描 IN 的上升沿和下降沿

P 和 N 触点指令分配位 IN 为指令要扫描的信号，数据类型为布尔型；分配位 M_BIT 保存上次扫描的 IN 的信号状态，数据类型为布尔型。

执行指令时，P 和 N 触点指令比较 IN 的当前信号状态与保存在 M_BIT

中的上一次扫描的信号状态。检测到 IN 的上升沿时，P 触点指令的信号状态将在一个程序周期内保持置位为“1”；检测到 IN 的下降沿时，N 触点指令的信号状态将在一个程序周期内保持置位为“1”；在其他任何情况下，P 和 N 触点指令的信号状态均为“0”。

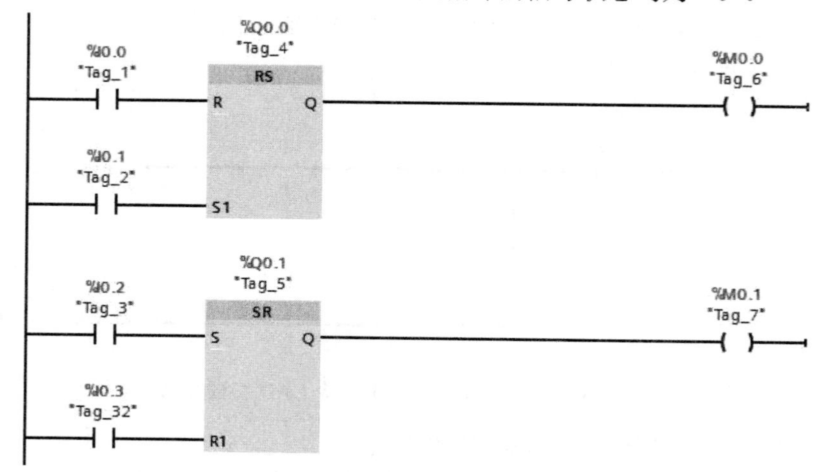

图 5-5　RS 和 SR 指令 LAD 编程实例

P 和 N 触点指令 LAD 编程实例如图 5-6 所示。

图 5-6　P 和 N 触点指令 LAD 编程实例

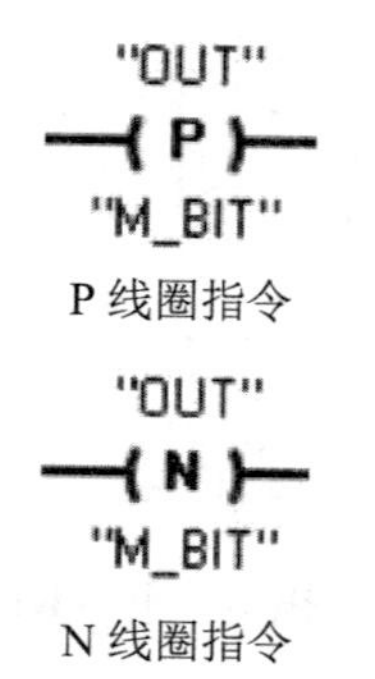

（2）P 和 N 线圈指令：在信号上升沿和下降沿置位操作数

P 和 N 线圈指令在扫描到线圈输入信号的上升沿或下降沿时，将分配位 OUT 在一个程序周期内置位为“1”，分配位 OUT 的数据类型为布尔型；分配位 M_BIT 保存上一次查询的线圈输入信号状态，数据类型为布尔型。

执行指令时，P 和 N 线圈指令将比较当前线圈输入信号状态与保存在分配位 M_BIT 中的上一次查询的信号状态。检测到线圈输入信号状态的上升沿时，P 线圈指令将 OUT 在一个程序周期内置位为“1”；检测到线圈输入信号状态的下降沿时，N 线圈指令将 OUT 在一个程序周期内置位为“1”；在其他任何情况下，OUT 的信号状态均为“0”。

P 和 N 线圈的能流输入状态通过线圈后变为能流输出状态。在 LAD 编程中，P 和 N 线圈可以放置在程序段中的任何位置。

P 和 N 线圈指令 LAD 编程实例如图 5-7 所示。

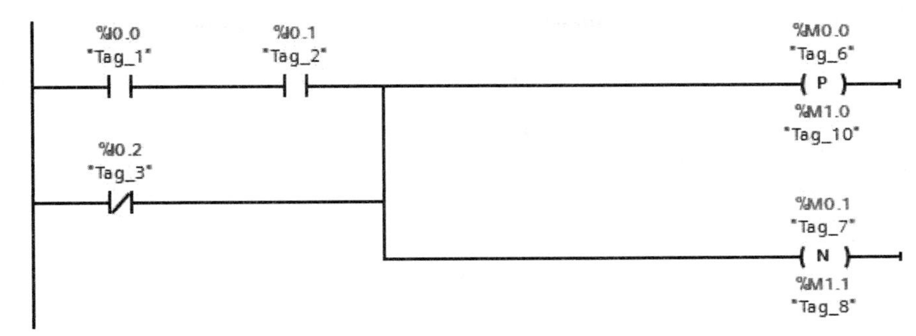

图 5-7 P 和 N 线圈指令 LAD 编程实例

（3）P_TRIG 和 N_TRIG 功能框指令：扫描 RLO 的信号上升沿和下降沿

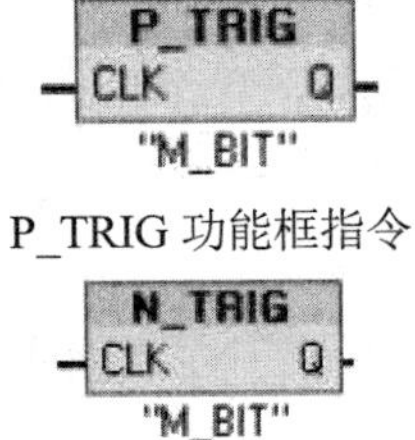

P_TRIG 功能框指令

N_TRIG 功能框指令

P_TRIG 和 N_TRIG 功能框指令分配位 CLK 为指令要扫描的信号，数据类型为布尔型；分配位 M_BIT 保存上一次查询的 CLK 的信号状态，数据类型为布尔型；输出 Q 为指令边沿检测的结果，数据类型为布尔型。

执行指令时，P_TRIG 和 N_TRIG 功能框指令比较 CLK 输入的 RLO 当前状态与保存在 M_BIT 中上一次查询的信号状态。检测到 CLK 输入的 RLO 上升沿时，P_TRIG 功能框指令的输出 Q 将在一个程序周期内置位为“1”；检测到 CLK 输入的 RLO 下降沿时，N_TRIG 功能框指令的输出 Q 将在一个程序周期内置位为“1”；在其他任何情况下，输出 Q 的信号状态均为“0”。

在 LAD 编程中，P_TRIG 和 N_TRIG 功能框指令不能放在程序段的开头或结尾。P_TRIG 和 N_TRIG 功能框指令 LAD 编程实例如图 5-8 所示。

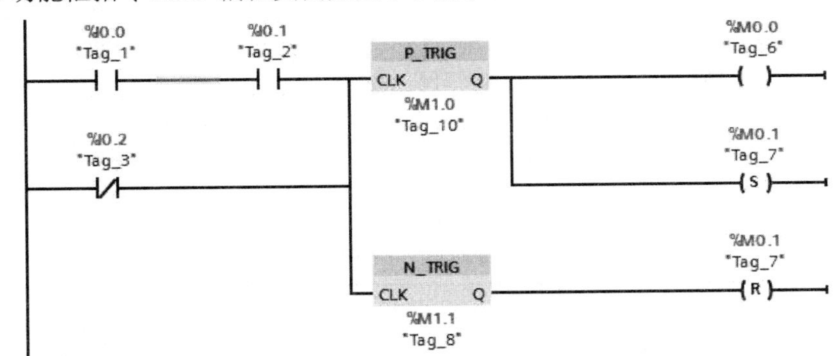

图 5-8 P_TRIG 和 N_TRIG 功能框指令 LAD 编程实例

（4）R_TRIG 和 F_TRIG 功能框指令：检测信号上升沿和下降沿

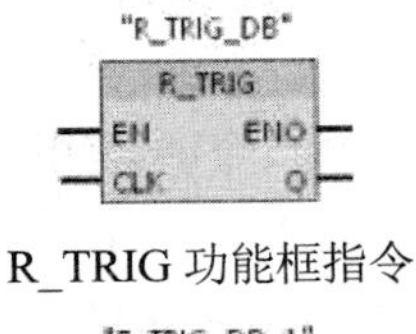

R_TRIG 功能框指令

"F_TRIG_DB_1"
F_TRIG
EN ENO
CLK Q

F_TRIG 功能框指令

R_TRIG 和 F_TRIG 功能框指令分配位 CLK 为指令要扫描的信号，数据类型为布尔型；输出 Q 为指令边沿检测的结果，数据类型为布尔型；分配位 M_BIT 保存上一次查询的 CLK 的信号状态，数据类型为布尔型。指令调用时，分配的背景数据块可存储 CLK 输入的前一个状态。

使能输入 EN 为“1”时，执行 R_TRIG 和 F_TRIG 功能框指令。执行指令时，R_TRIG 和 F_TRIG 功能框指令比较 CLK 输入的当前状态与保存在背景数据块中上一次查询的信号状态。检测到 CLK 输入信号上升沿时，R_TRIG 功能框指令的输出 Q 将在一个程序周期内置位为“1”；检测到 CLK 输入信号下降沿时，F_TRIG 功能框指令的输出 Q 将在一个程序周期内置位为“1”；在其他任何情况下，输出 Q 的信号状态均为“0”。

在 LAD 编程中，R_TRIG 和 F_TRIG 功能框指令不能放在程序段的开头或结尾。R_TRIG 功能框指令 LAD 编程实例如图 5-9 所示。

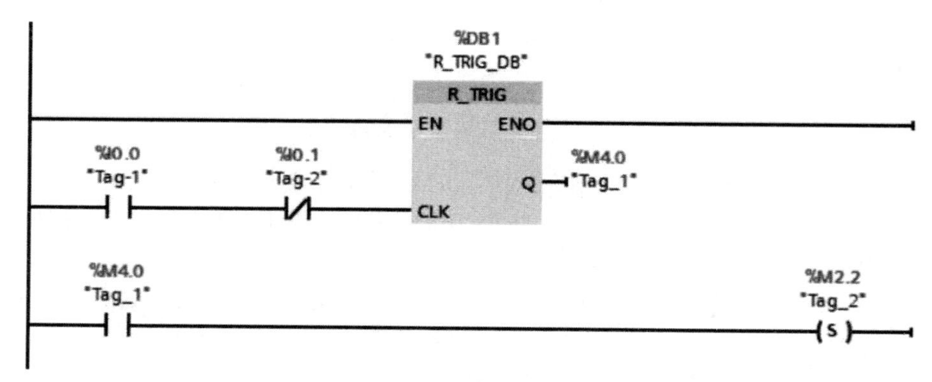

图 5-9　R_TRIG 功能框指令 LAD 编程实例

5.2.2　定时器和计数器指令

1．定时器指令

（1）TP（脉冲型定时器）指令

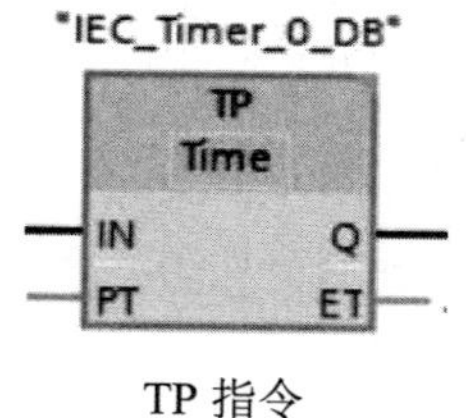

TP 指令

脉冲型定时器可生成具有预设时间宽度的脉冲，其指令标识符为 TP。

TP 指令引脚定义：IN 表示定时器的使能端，0 为禁用定时器，1 为启用定时器；PT 表示预设时间的输入；Q 表示定时器的输出；ET 为定时器的当前值，表示定时器经过的时间。

PT 和 ET 的值以有符号双精度整数（时间单位为 ms）形式存储在存储器中。Time 数据使用 T#标识符，以简单时间单元（T#200ms）或复合时间单元（如 T#2s_200ms）的形式输入，见表 5-5。

表 5-5　Time 数据类型的大小和范围

数据类型	大小	有效数值范围
Time	32 位，以 DInt 数据的形式存储	T#-24d_20h_31m_23s_648ms~T#24d_20h_31m_23s_647ms 以-2147483648ms~+2147483647ms 的形式存储

在定时器指令中，无法使用表 5-5 中 Time 数据类型的负数范围，负的 PT 值在定时器指令执行时被设置为 0，ET 始终为正值。

TP 指令执行时的时序图如图 5-10 所示。由时序图可以得出：在使用 TP 指令时，可以将输出 Q 置位为预设的一段时间，当定时器的使能端 IN 的状态由 OFF 变为 ON 时，可启动该定时器指令，定时器开始计时。同时输出 Q 置位，并持续预设 PT 时间后复位。在使能端 IN 的状态由 OFF 变为 ON 后，无论后续使能端的状态如何变化，都将输出 Q 置位为由 PT 指定的一段时间。若定时器正在计时，即使检测到使能端的信号在此从 OFF 变为 ON 的状态，输出 Q 的信号状态也不会受到影响。

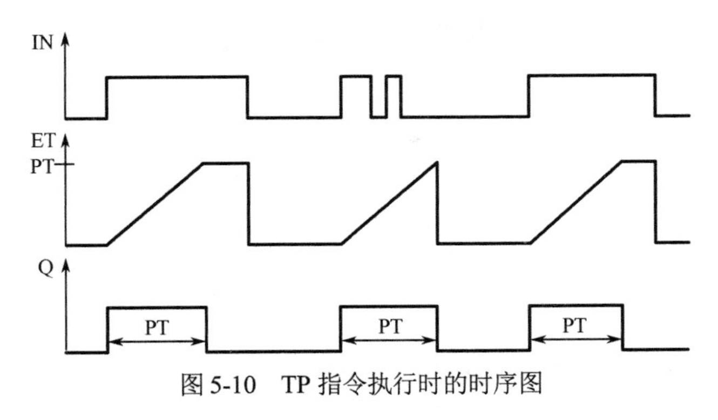

图 5-10　TP 指令执行时的时序图

如图 5-11 所示说明了该指令的工作原理。当 I0.5 接通为 ON 时，Q0.4 的状态为 ON，5s 后，Q0.4 的状态变为 OFF，在这 5s 时间内，不管 I0.5 的状态如何变化，Q0.4 的状态始终保持为 ON。

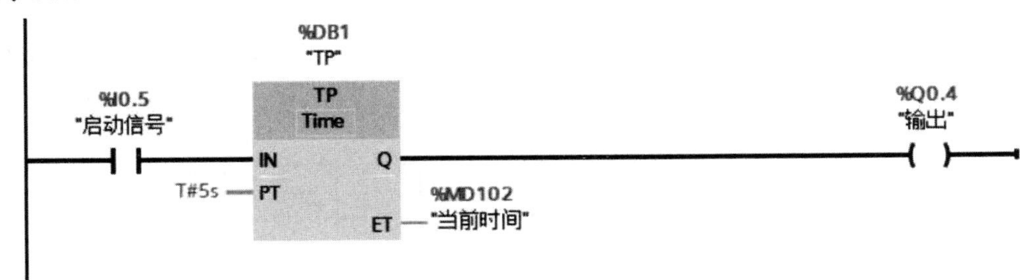

图 5-11　TP 指令的工作原理

（2）TON（接通延时定时器）指令

接通延时定时器在预设的延时过后将输出 Q 设置为 ON，其指令标识符为 TON。TON 指令引脚定义与 TP 指令引脚定义一致。TON 指令执行时的时序图如图 5-12 所示。

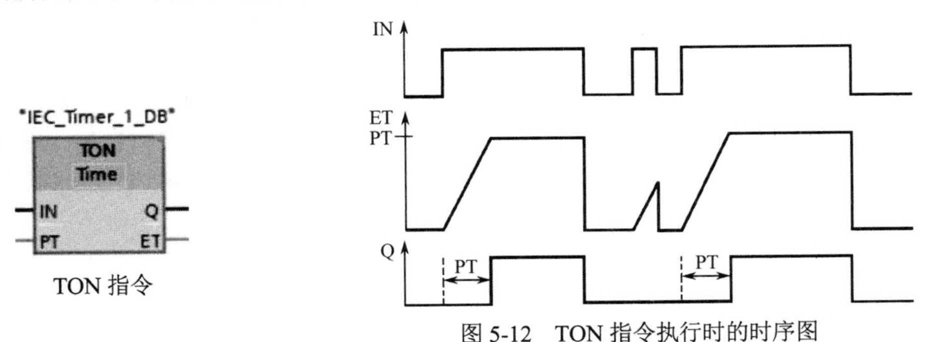

TON 指令

图 5-12　TON 指令执行时的时序图

由时序图可以得出：当定时器的使能端 IN 为 1 时，启动 TON 指令并开始计时。在定时器的当前值 ET 与设定值 PT 相等时，输出 Q 为 ON。只要使能端仍为 ON，输出 Q 就保持为 ON。若使能端变为 OFF，则将输出 Q 复位为 OFF。在使能端再次变为 ON 时，该定时器将再次启动。

如图 5-13 所示说明了该指令的工作原理。该段程序主要完成的是启动输出后，延时一段时间后自动断开定时器：当 I0.5 接通为 ON 时，执行复位优先指令中的置位功能，使 Q0.4 输出为 ON，并启动接通延时定时器 TON，延时 10s 后，定时器的输出 Q 为 ON，此时复位优先指令中的复位端信号为 ON，执行复位功能，Q0.4 输出为 OFF。

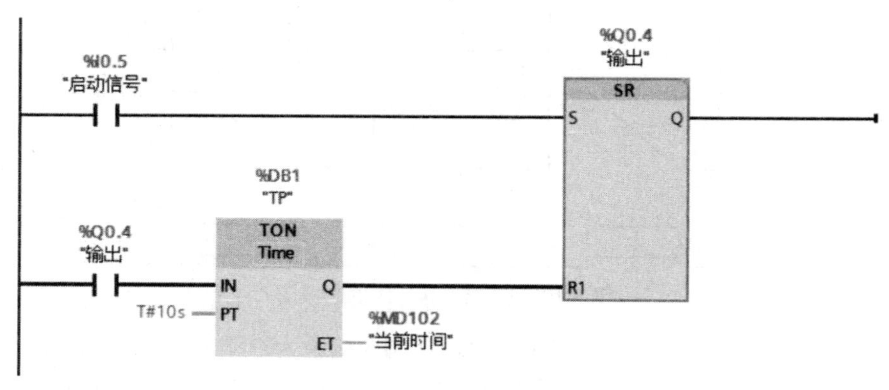

图 5-13 TON 指令的工作原理

（3）TOF（关断延时定时器）指令

关断延时定时器在预设的延时过后将输出 Q 重置为 OFF，其指令标识符为 TOF。TOF 指令引脚定义与 TP/TON 指令引脚定义一致。TOF 指令执行时的时序图如图 5-14 所示。

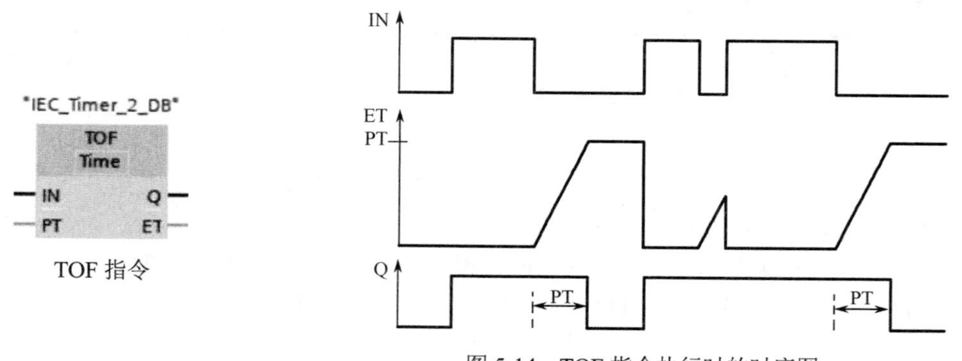

图 5-14 TOF 指令执行时的时序图

由时序图可以得出：在使用 TOF 指令时，当定时器的使能端 IN 为 ON 时，将输出 Q 置位为 ON。当使能端变回 OFF 时，定时器开始计时，当前值 ET 达到预设值 PT 时，将输出 Q 复位。如果使能端在 ET 的值小于 PT 值时变为 ON，则复位定时器，输出 Q 仍将为 ON。

如图 5-15 所示说明了该指令的工作原理。通过对 TOF 指令执行过程的分析，可以看出该程序表示的是一个断开延时的过程，当 I0.5 为 ON 时，Q0.4 输出为 ON，当 I0.5 变为 OFF 时，Q0.4 保持输出，10s 后自动断开为 OFF。

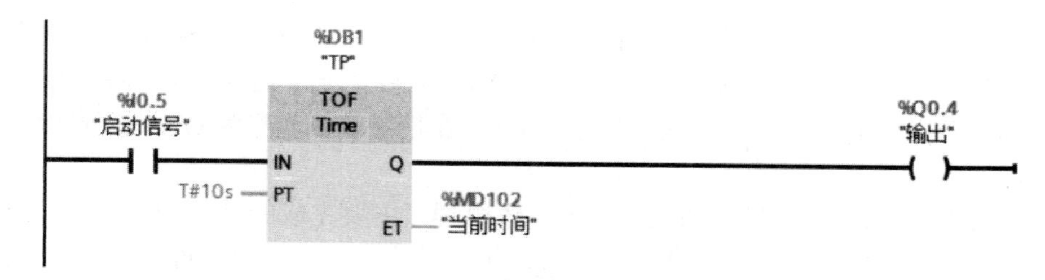

图 5-15 TOF 指令的工作原理

（4）TONR（保持型接通延时定时器）指令

保持性接通延时定时器在预设的延时过后将输出 Q 设置为 ON，其指令标识符为 TONR。保持性接通延时定时器的功能与接通延时定时器的功能基本一致，区别在于保持型接通延时定时器在定时器的使能端变为 OFF 时，定时器的当前值不清零，在使用 R 输入重置经过的时间之前，会跨越多个定时时段，一直累加经过的时间而接通延时定时器；在定时器的使能端变为 OFF 时，定时器的当前值会自动清零。TONR 指令引脚定义中 R 表示定时器的复位端，其余与 TP/TON 指令引脚定义一致。

TONR 指令执行时的时序图如图 5-16 所示。

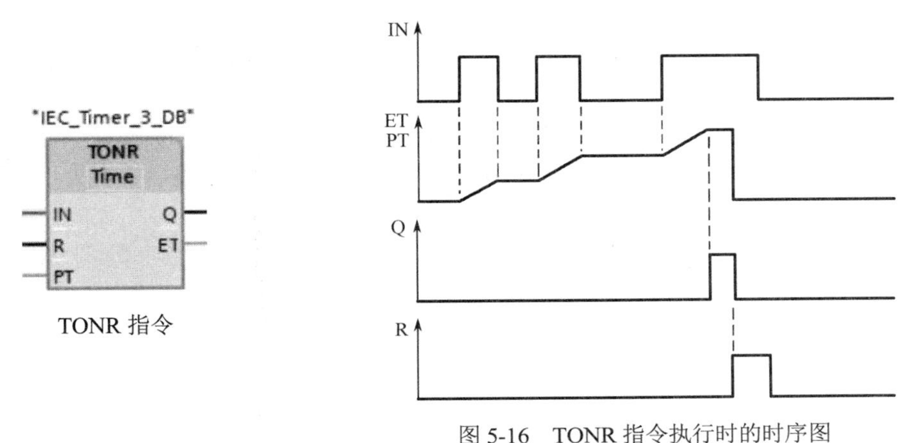

图 5-16　TONR 指令执行时的时序图

由时序图可以得出：在使用 TONR 指令时，当定时器的使能端 IN 为 ON 时，启动定时器。只要定时器的使能端保持为 ON，则记录运行时间。如果使能端变为 OFF，则暂停计时。如果使能端变回 ON，则继续记录运行时间。如果定时器的当前值 ET 等于设定值 PT，并且使能端为 ON，则定时器的输出 Q 为 ON。如果定时器的复位端 R 为 ON，则定时器的当前值清零，输出 Q 变为 OFF。

如图 5-17 所示说明了该指令的工作原理。当 I0.5 接通为 ON 时，TONR 指令执行延时功能，在定时器的延时时间未到达 10s 时，I0.5 变为 OFF，则定时器的当前值保持不变，当 I0.5 再次变为 ON 时，定时器在原基础上继续往上计时。当定时器的延时时间到达 10s 时，Q0.4 输出为 ON。在任何时候，只要 I1.1 的状态为 ON，则该定时器的当前值都会被清零，输出 Q0.4 复位。

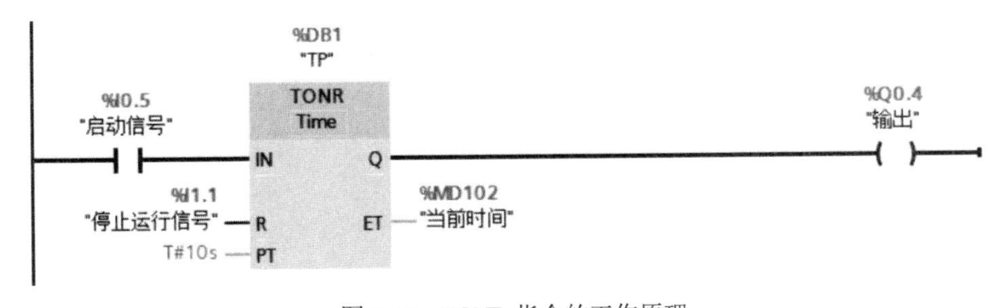

图 5-17　TONR 指令的工作原理

2．计数器指令

计数器用来累计输入脉冲的个数。计数器是由集成电路构成的，是应用非常广泛的编程元件，可使用计数器指令对内部程序事件和外部过程事件进行计数。

计数器与定时器的结构和使用基本相似，编程时需要输入预设值 PV（计数的次数），计数器累计其脉冲输入端上升沿的个数，当计数器达到预设值 PV 时，发出中断请求信号，以便 PLC 作出相应的处理。

计数器指令有 3 种：CTU 指令、CTD 指令、CTUD 指令。

（1）CTU 指令：加计数器指令

CU 表示加计数输入信号，PV 表示预设值，数据类型可为 SInt、Int、DInt、USInt、UInt、UDInt。R 用来将计数值重置为零，CV 表示当前计数值，Q 表示计数器的输出参数。

CTU 指令执行时的时序图如图 5-18 所示。当输入信号 CU 的值由 0 变为 1 时，CTU 指令会使当前计数值 CV 加 1。图中显示了计数值为无符号整数时的运行情况，预设值 PV 为 3。如果 CV 的值大于或等于 PV 的值，则计数器输出参数 Q=1；如果 R 的值由 0 变为 1，则 CV 重置为 0。

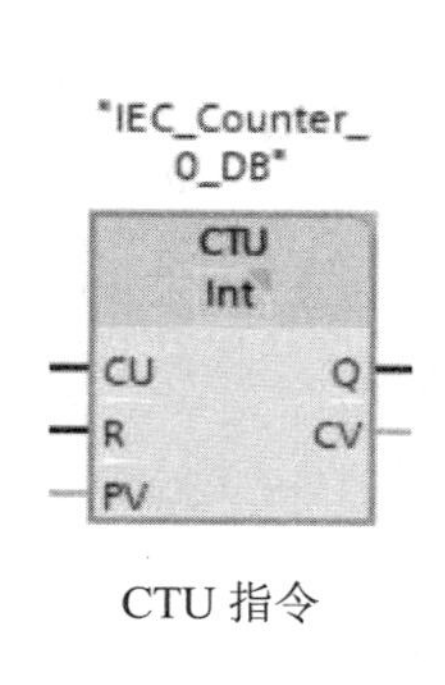

CTU 指令

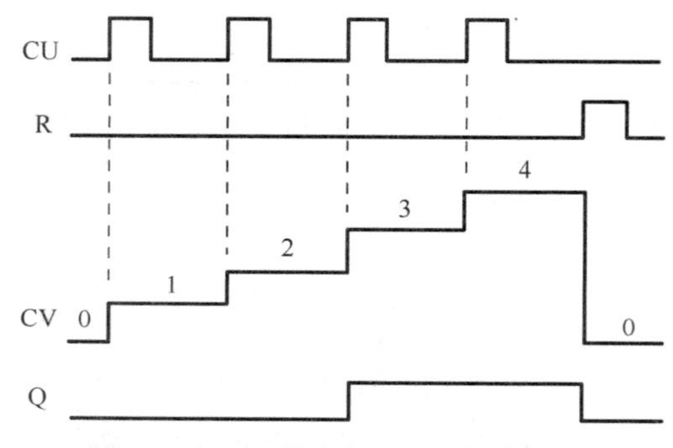

图 5-18　CTU 指令执行时的时序图

（2）CTD 指令：减计数器指令

CD 表示减计数输入信号，LD 用来重新装载预设值，PV、CV、Q 与 CTU 指令引脚定义一致。

CTD 指令执行时的时序图如图 5-19 所示。当输入信号 CD 的值由 0 变为 1 时，CTD 指令会使当前计数值 CV 减 1。图中显示了计数值为无符号整数时的运行情况，预设值 PV 为 3。如果 CV 的值小于或等于 0，则计数器输出参数 Q=1；如果 LD 的值由 0 变为 1，则 PV 的值将作为新的 CV 值装载到计数器中。

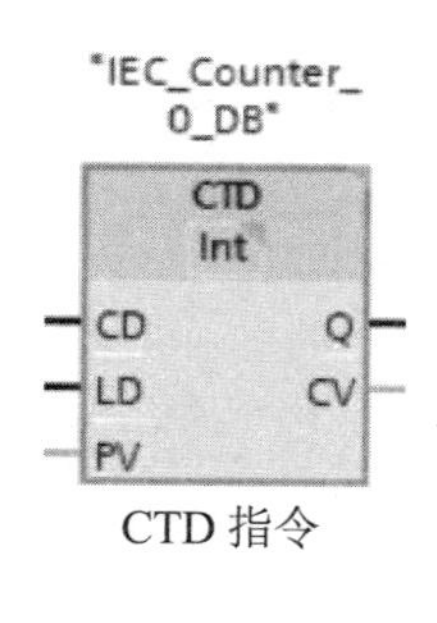

CTD 指令

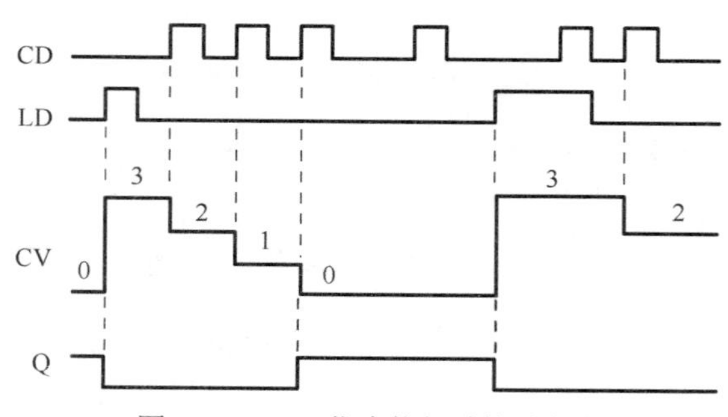

图 5-19　CTD 指令执行时的时序图

（3）CTUD 指令：加减计数器指令

CU 表示加计数输入信号，CD 表示减计数输入信号，R 用来将计数值重置为零，LD 用来重新装载预设值，QU、QD 表示计数器的输出参数，PV、CV 与 CTU 指令引脚定义一致。

CTUD 指令执行时的时序图如图 5-20 所示。当加计数输入信号 CU 或减计数输入信号 CD 的值由 0 变为 1 时，CTUD 指令会使当前计数值 CV 加 1 或减 1。图中显示了计数值为无符号整数时的运行情况，预设值 PV 为 4。如果 CV 的值大于或等于 PV 的值，则计数器输出参数 QU=1；如果 CV 的值小于或等于 0，则计数器输出参数 QD=1；如果 LD 的值由 0 变为 1，则 PV 的值将作为新的 CV 值装载到计数器；如果 R 的值由 0 变为 1，则 CV 的值重置为 0。

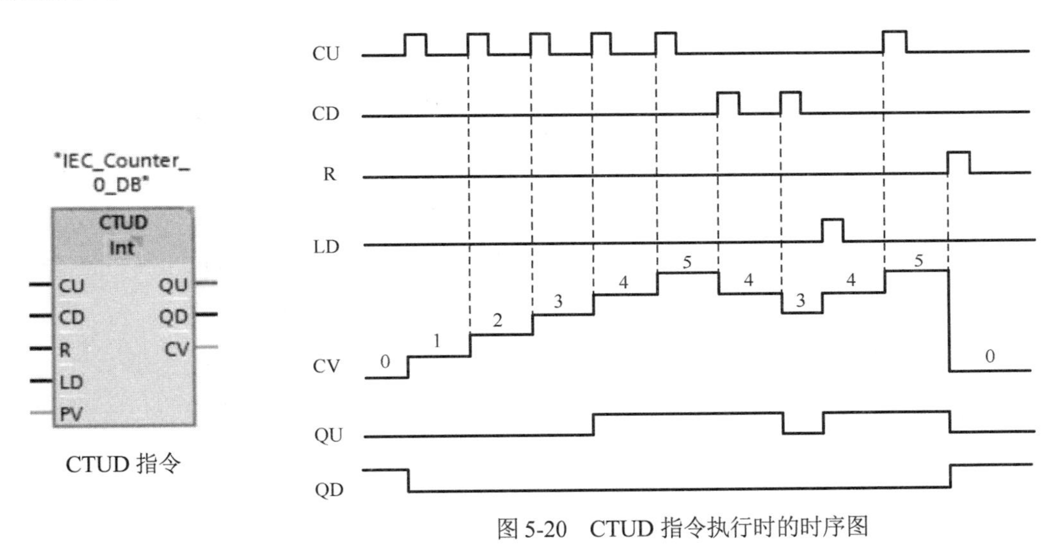

图 5-20　CTUD 指令执行时的时序图

5.2.3　比较指令

比较指令包括比较值指令、IN_RANGE 和 OUT_RANGE 指令、OK 和 NOT_OK 指令、Variant 指针比较指令。

1．比较值指令

比较值指令

比较值指令支持多种比较类型（见表 5-6），用来比较数据类型相同的 IN1 和 IN2 的大小。如果满足比较条件，则比较值指令返回逻辑运算结果（RLO）“1”；如果不满足比较条件，则比较值指令返回“0”。

IN1 和 IN2 的数据类型为 Byte、Word、DWord、SInt、Int、DInt、USInt、UInt、UDInt、Real、LReal、String、WString、Char、Time、Date、常数等。

2．IN_RANGE 和 OUT_RANGE 指令：值在范围内和值在范围外

IN_RANGE 和 OUT_RANGE 指令将输入 VAL 与比较下限 MIN 和比较上限 MAX 进行比较，VAL 与 MIN 和 MAX 的数据类型为 SInt、Int、DInt、USInt、UInt、UDInt、Real、LReal、常数。

表 5-6　比较值指令比较类型说明

比较类型	满足以下条件时结果为真
==	IN1 等于 IN2
<>	IN1 不等于 IN2
>=	IN1 大于或等于 IN2
<=	IN1 小于或等于 IN2
>	IN1 大于 IN2
<	IN1 小于 IN2

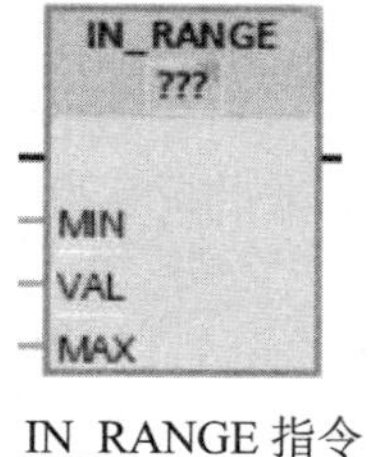

IN_RANGE 指令

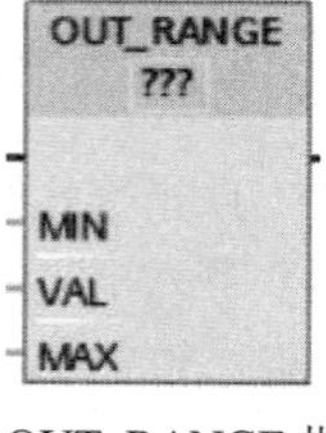

OUT_RANGE 指令

功能框输入信号状态为“1”时，执行 IN_RANGE 和 OUT_RANGE 指令。如果输入 VAL 的值满足 MIN<=VAL<=MAX，IN_RANGE 功能框输出信号为“1”，OUT_RANGE 功能框输出信号为“0”；否则，IN_RANGE 功能框输出信号为“0”，OUT_RANGE 功能框输出信号为“1”。

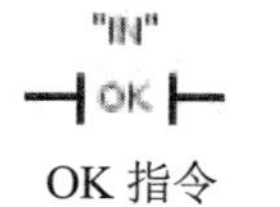

OK 指令

3．OK 和 NOT_OK 指令：检查有效性和检查无效性指令

OK 和 NOT_OK 指令用于检查输入参数 IN 是否为符合 IEEE 754 规范的有效实数。

NOT_OK 指令

如果 LAD 触点为真，则激活该触点并传递能流。如果 IN 为有效实数，则 OK 指令传递能流；如果 IN 不是有效实数，则 NOT_OK 指令传递能流。

Variant 指针比较指令此处不予介绍。

5.2.4　数学运算指令

1．ADD 指令：加法运算指令

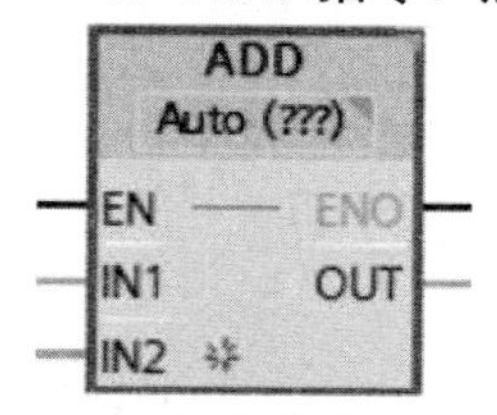

ADD 指令

使能输入 EN 有效时，将 IN1 和 IN2 相加，产生结果 OUT=IN1+IN2。

IN1、IN2 的数据类型为 SInt、Int、DInt、USInt、UInt、UDInt、Real、LReal、常数。

OUT 的数据类型为 SInt、Int、DInt、USInt、UInt、UDInt、Real、LReal。

其中，单击“???”并从下拉菜单中选择数据类型，IN1、IN2 和 OUT 的数据类型必须相同。启用 ADD 指令（EN = 1）后，指令会对输入值（IN1 和 IN2）执行加法运算并将结果保存在通过输出参数（OUT）指定的存储器地址中。运算完成后，指令会设置 ENO = 1。

程序实例：如图 5-21 所示，当 I0.0 输入有效时，执行结果为 MB0+MB1→MB2。

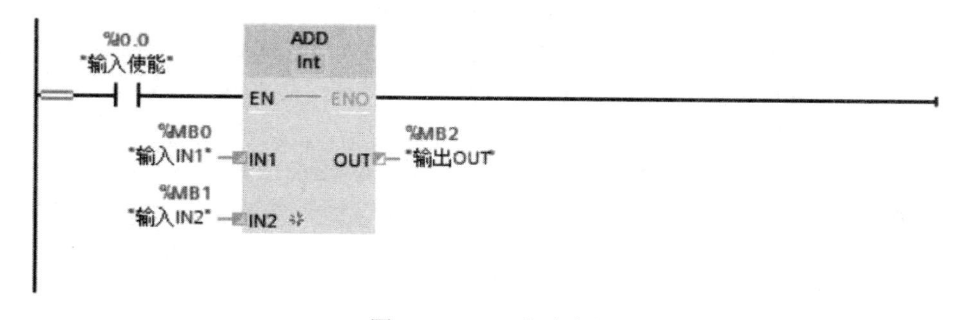

图 5-21　ADD 指令实例

2．SUB 指令：减法运算指令

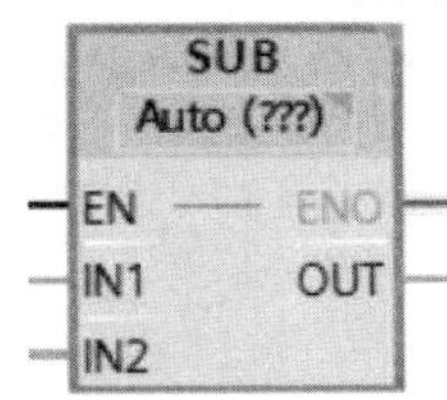

SUB 指令

使能输入 EN 有效时，将 IN1 减去 IN2，产生结果 OUT=IN1-IN2。

IN1、IN2 的数据类型为 SInt、Int、DInt、USInt、UInt、UDInt、Real、LReal、常数。

OUT 的数据类型为 SInt、Int、DInt、USInt、UInt、UDInt、Real、LReal。

其中，单击“???”并从下拉菜单中选择数据类型，IN1、IN2 和 OUT 的数据类型必须相同。启用 SUB 指令（EN = 1）后，指令会对输入值（IN1 和 IN2）执行减法运算并将结果保存在通过输出参数（OUT）指定的存储器地址中。运算完成后，指令会设置 ENO = 1。

程序实例：如图 5-22 所示，当 I0.0 输入有效时，执行结果为 MB0-MB1→MB2。

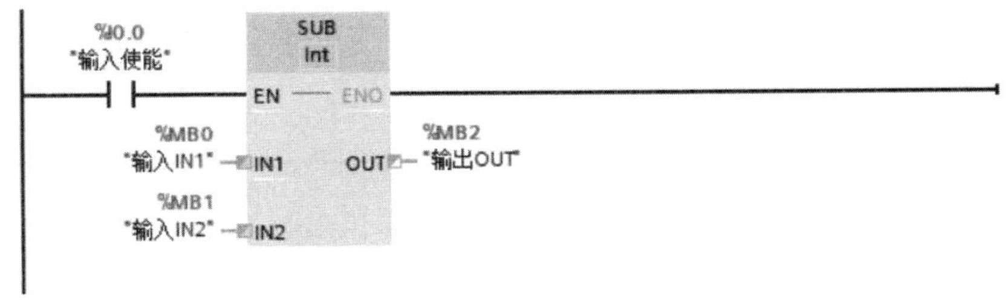

图 5-22　SUB 指令实例

3．MUL 指令：乘法运算指令

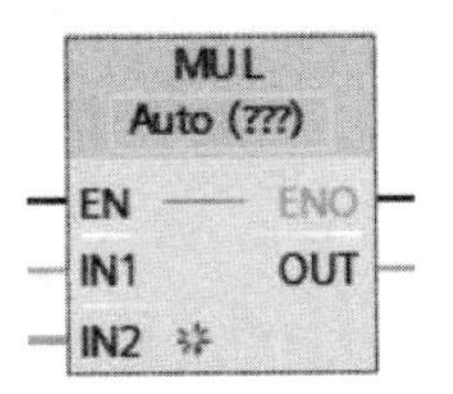

MUL 指令

使能输入 EN 有效时，将 IN1 和 IN2 相乘，产生结果 OUT=IN1*IN2。

IN1、IN2 的数据类型为 SInt、Int、DInt、USInt、UInt、UDInt、Real、LReal、常数。

OUT 的数据类型为 SInt、Int、DInt、USInt、UInt、UDInt、Real、LReal。

其中，单击“???”并从下拉菜单中选择数据类型，IN1、IN2 和 OUT 的数据类型必须相同。启用 MUL 指令（EN = 1），对输入值（IN1 和 IN2）执行乘法运算并将结果保存在通过输出参数（OUT）指定的存储器地址中。运算完成后，指令会设置 ENO = 1。

4．DIV 指令：除法运算指令

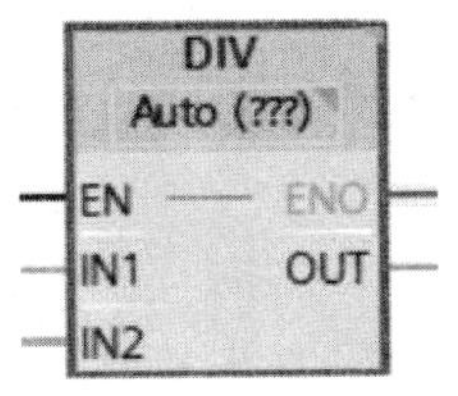

DIV 指令

使能输入 EN 有效时，将 IN1 除以 IN2，产生结果 OUT=IN1/IN2。

IN1、IN2 的数据类型为 SInt、Int、DInt、USInt、UInt、UDInt、Real、LReal、常数。

OUT 的数据类型为 SInt、Int、DInt、USInt、UInt、UDInt、Real、LReal。

其中，单击“???”并从下拉菜单中选择数据类型，IN1、IN2 和 OUT 的数据类型必须相同。启用 DIV 指令（EN = 1），对输入值（IN1 和 IN2）执行除法运算并将结果保存在通过输出参数（OUT）指定的存储器地址中。运算完成后，指令会设置 ENO = 1。

5. INC（递增）和 DEC（递减）指令

递增、递减指令又称自增、自减指令，是对无符号或有符号整数进行自动增大或减小一个单位的操作指令。

INC 指令　　　　DEC 指令

使能输入 EN 有效时，将 IN/OUT 值自增或自减，即 IN/OUT±1＝IN/OUT。

IN/OUT 的数据类型为 SInt、Int、DInt、USInt、UInt、UDInt。其中，在 LAD 和 FBD 下，单击“???”并从下拉菜单中选择数据类型。

程序实例：如图 5-23 所示，当 I0.0 输入有效时，执行结果为 MB0+1→MB0。

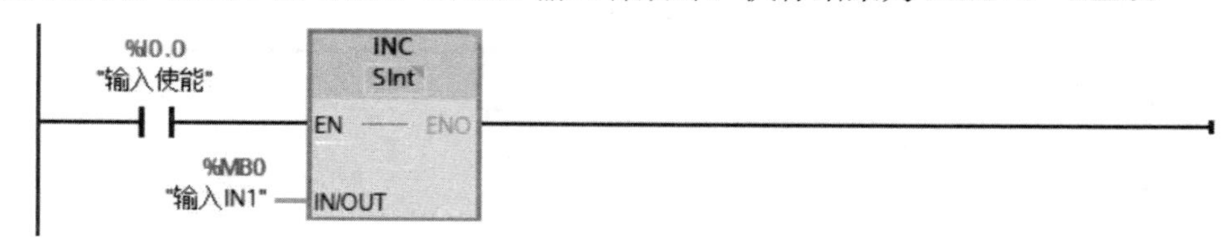

图 5-23　INC 指令实例

6. 数学函数指令

数学函数指令包括平方、平方根、自然对数、指数、正弦函数、余弦函数、正切函数等常用函数的指令，指令分别为 SQR、SQRT、LN、EXP、SIN、COS、TAN 等。

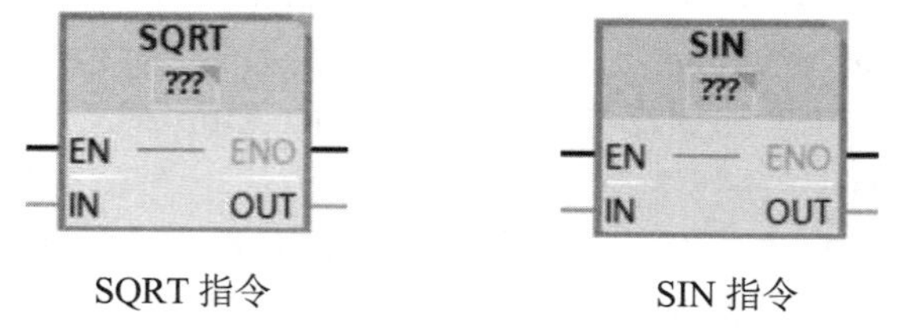

SQRT 指令　　　　SIN 指令

IN 的数据类型为 Real、LReal、常数；OUT 的数据类型为 Real、LReal。其中，在 LAD 和 FBD 下，单击“???”并从下拉菜单中选择数据类型。

5.2.5 移动指令

移动指令包括 MOVE 指令、MOVE_BLK 和 UMOVE_BLK 指令、FILL_BLK 和 UFILL_BLK 指令、SWAP 交换指令、Variant 指针移动指令。

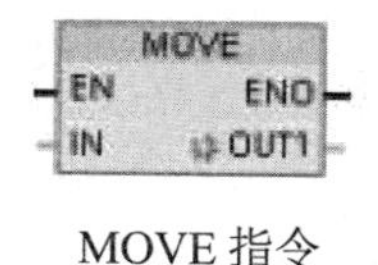

MOVE 指令

1. MOVE 指令：移动指令

MOVE 指令将存储在 IN 指定的源地址的单个数据元素复制到 OUT1 指定的单个或多个目标地址（可通过功能框添加多个目标地址）处，要求 IN 和 OUT1 的数据类型一致。

IN 和 OUT1 支持的数据类型为 SInt、Int、DInt、USInt、UInt、UDInt、Real、LReal、Byte、Word、DWord、Char、WChar、Array、Struct、DTL、Time、Date、TOD 等。

使能输入 EN 为“1”时，执行 MOVE 指令。

2. MOVE_BLK 和 UMOVE_BLK 指令：可中断块移动和不可中断块移动指令

MOVE_BLK 指令

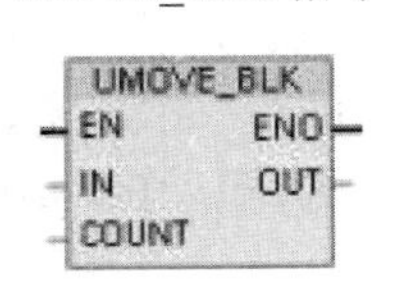

UMOVE_BLK 指令

MOVE_BLK 和 UMOVE_BLK 指令可将数据块或临时存储器中一个存储区的数据元素块复制到另一个存储区中，要求源（IN）和目标（OUT）的数据类型相同。

IN 指定源起始地址，OUT 指定目标起始地址，COUNT 用于指定将移动到目标存储区域中的数据元素个数。通过 IN 中元素的宽度来定义元素待移动的宽度。MOVE_BLK 指令可中断，UMOVE_BLK 指令不可中断。

IN 和 OUT 支持的数据类型为 SInt、Int、DInt、USInt、UInt、UDInt、Real、LReal、Byte、Word、DWord、Time、Date、TOD、WChar。COUNT 的数据类型为 UInt 或常数。

使能输入 EN 为“1”时，执行 MOVE_BLK 和 UMOVE_BLK 指令。ENO 为“1”，表示成功复制了全部元素；ENO 为“0”，表示源（IN）范围或目标（OUT）范围超出了可用存储区。

3. FILL_BLK 和 UFILL_BLK 指令：可中断填充和不可中断填充指令

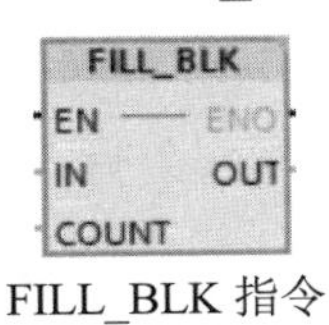

FILL_BLK 指令

UFILL_BLK 指令

填充指令包含 FILL_BLK 可中断填充指令和 UFILL_BLK 不可中断填充指令。

使能输入 EN 为“1”时，执行填充指令，输入 IN 的数据会从输出 OUT 指定的目标起始地址开始填充目标存储区域，输入 COUNT 指定填充范围。

IN 和 OUT 支持的数据类型为 SInt、Int、DInt、USInt、UInt、UDInt、Real、LReal、Byte、Word、DWord、Time、Date、TOD、WChar。IN 中数据可为常数。OUT 指定的目标存储区域只能在数据块（DB）或临时存储器（L）中。

COUNT 的数据类型为 UInt 或常数。

ENO 为“1”，表示指令执行无错误，IN 中的元素成功复制到全部的目标中；ENO 为“0”，表示目标（OUT）超出可用存储区，仅复制部分元素。

4. SWAP 交换指令

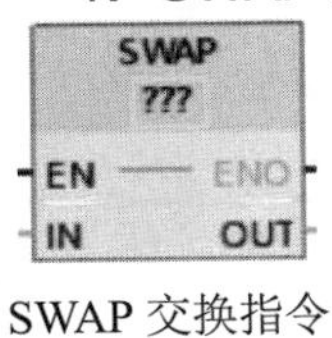

SWAP 交换指令

SWAP 交换指令支持 Word 和 DWord 数据类型。

使能输入 EN 为“1”时，执行 SWAP 指令，更改输入 IN 中 Word 和 DWord 类型数据的顺序，并在输出 OUT 中查询结果。

SWAP 交换指令数据类型为 DWord 的操作数如图 5-24 所示。

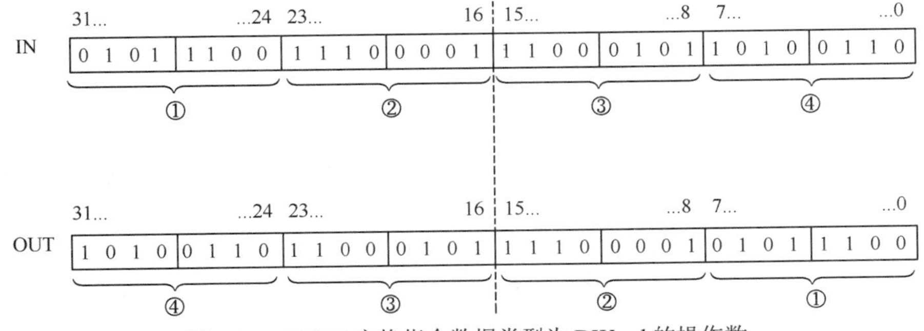

图 5-24　SWAP 交换指令数据类型为 DWord 的操作数

5. Variant 指针移动指令

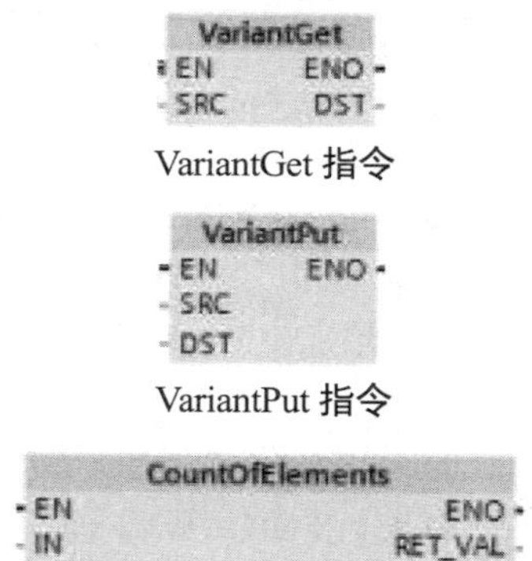

VariantGet 指令

VariantPut 指令

CountOfElements 指令

Variant 指针移动指令包括 VariantGet 指令、VariantPut 指令、CountOfElements 指令。

在 Variant 指针移动指令中，Variant 指针指向的变量在临时存储器（L）中声明。

VariantGet 指令：读取 SRC 中 Variant 指针所指向的变量值，并将其写入 DST 的变量中。

VariantPut 指令：将 SRC 中变量的值写入 DST 中 Variant 指针所指向的变量中。

CountOfElements 指令：查询 IN 中 Variant 指针指向的变量所含有的数组元素数目，并将结果保存在 RET_VAL 中。

5.2.6 转换指令

转换指令是对操作数的类型进行转换的指令。

1. CONV（转换值）指令

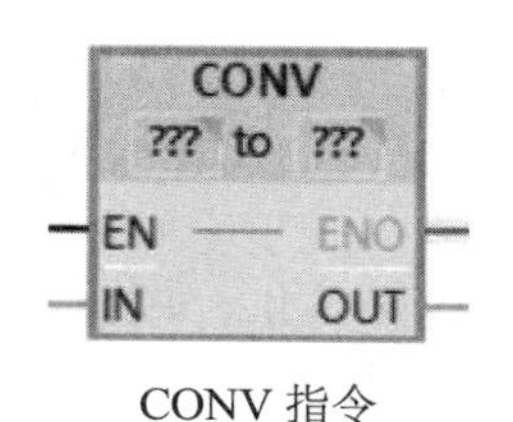

CONV 指令

使能输入 EN 有效时，将数据 IN 从一种数据类型转换为另一种数据类型的数据 OUT。

IN 和 OUT 的数据类型为 SInt、USInt、Int、UInt、DInt、UDInt、Real、LReal、BCD16、BCD32、Char、WChar。在 LAD 和 FBD 下，单击“???”并从下拉菜单中选择转换的数据类型。所占存储器小的数据类型向大的数据类型转换时，值被传送到目标数据的最低有效字节；所占存储器大的数据类型向小的数据类型转换时，值的低字节被传送到目标数据。

程序实例：如图 5-25 所示，当 I0.0 输入有效时，执行结果为将 MD6 中的双整数型数据转换为整数型数据并存储在 MW0 中。如 MD6 中数据为 16#0001_2710，执行结果 MW0 中数据为 16#2710。

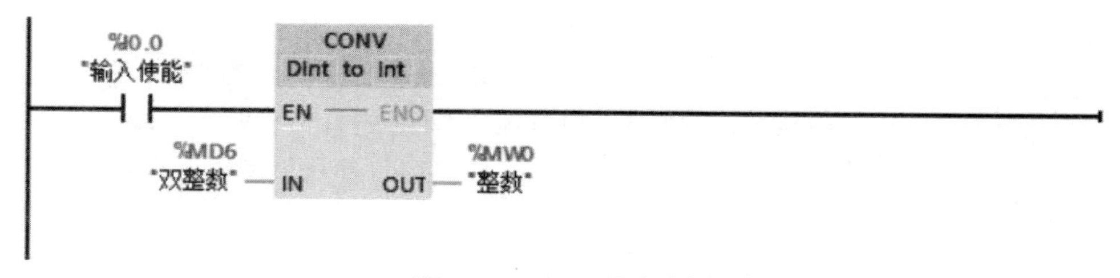

图 5-25 CONV 指令实例

2. 实数与整数之间的转换指令

使能输入 EN 有效时，将实数转换为整数，包含两种指令：ROUND（取整）指令和 TRUNC（截尾取整）指令。

IN 的数据类型为 Real、LReal。

OUT 的数据类型为 SInt、Int、DInt、USInt、UInt、UDInt、Real、LReal。

（1）ROUND（取整）指令

使能输入 EN 有效时，将实数的小数部分舍入为最接近的整数值，如果该数值刚好是两个连续整数的一半（如 10.5），则将其取整为偶数。

根据转换规则，IN 为实数，OUT 为整数。针对不同的 IN 取值，可得出 OUT 取值，见表 5-7。

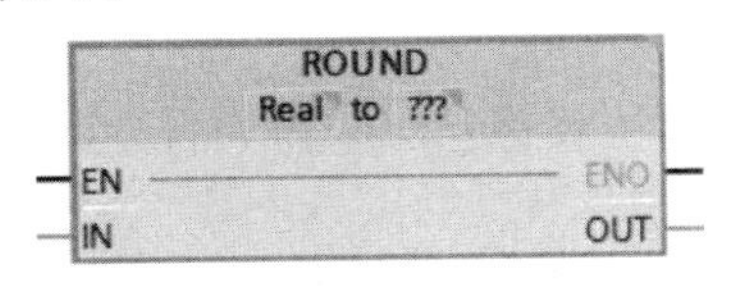

ROUND 指令

表 5-7　ROUND 指令执行结果

IN	10.2	10.6	10.5	11.5
OUT	10	11	10	12

（2）TRUNC（截尾取整）指令

使能输入 EN 有效时，将实数转换为整数，小数部分被取整为 0。

根据转换规则，IN 为实数，OUT 为整数。针对不同的 IN 取值，可得出 OUT 取值，见表 5-8。

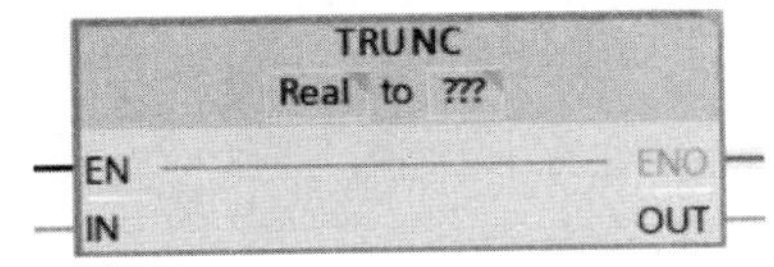

TRUNC 指令

表 5-8　TRUNC 指令执行结果

IN	10.2	10.6	10.5	11.5
OUT	10	10	10	11

3．编码、解码指令

（1）ENCO（编码）指令

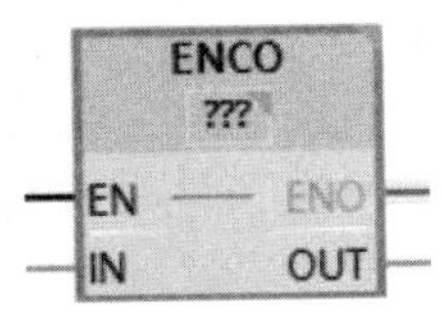

ENCO 指令

使能输入 EN 有效时，将输入数据 IN 中值为 1 的最低有效位的位号编码成二进制数，输出到 OUT 所指定的字节单元。即用一个字节来对数据中的一个有效位进行编码。

IN 的数据类型为 Byte、Word、DWord。

OUT 的数据类型为 Int。

根据编码规则，如果 IN 的数据类型为 Byte，则 OUT 的数据类型为 Int。针对不同的 IN 取值，可得出 OUT 取值，见表 5-9。

表 5-9　ENCO 指令执行结果

IN	16#01	16#02	16#03	16#04
OUT	16#00	16#01	16#00	16#02

（2）DECO（解码）指令

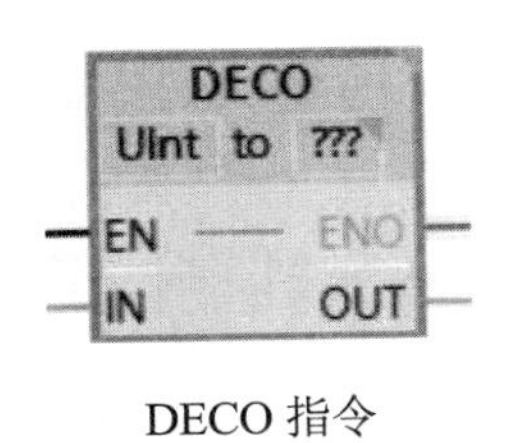

DECO 指令

使能输入 EN 有效时，将二进制数解码成位序列，DECO 指令通过将 OUT 中的相应位置 1（其他所有位置 0）来解码 IN 中的二进制数。即对输入的编码进行译码来选择一个数据中的一位。

IN 的数据类型为 UInt。

OUT 的数据类型为 Byte、Word、DWord。

根据译码规则，如果 IN 的数据类型为 UInt，则 OUT 的数据类型为 Byte。针对不同的 IN 取值，可得出 OUT 取值，见表 5-10。

表 5-10　DECO 指令执行结果

IN	16#00	16#01	16#02	16#04
OUT	16#01	16#02	16#04	16#10

4．浮点数向上取整和浮点数向下取整指令

（1）CEIL（浮点数向上取整）指令

使能输入 EN 有效时，将实数（Real 或 LReal）转换为大于或等于所选实数的最小整数。

IN 的数据类型为 Real、LReal。

OUT 的数据类型为 SInt、Int、DInt、USInt、UInt、UDInt、Real、LReal。

（2）FLOOR（浮点数向下取整）指令

使能输入 EN 有效时，将实数（Real 或 LReal）转换为小于或等于所选实数的最大整数。

IN 的数据类型为 Real、LReal。

OUT 的数据类型为 SInt、Int、DInt、USInt、UInt、UDInt、Real、LReal。

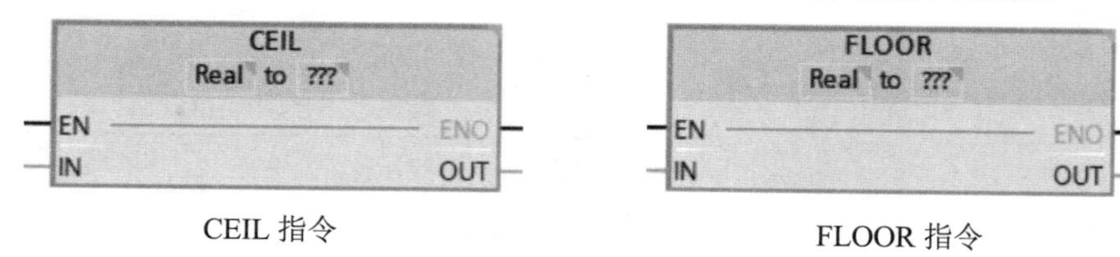

CEIL 指令　　　　FLOOR 指令

5.2.7　程序控制指令

程序控制指令包括跳转和标签指令、JMP_LIST 指令、SWITCH 指令、RET 指令。

1．跳转和标签指令

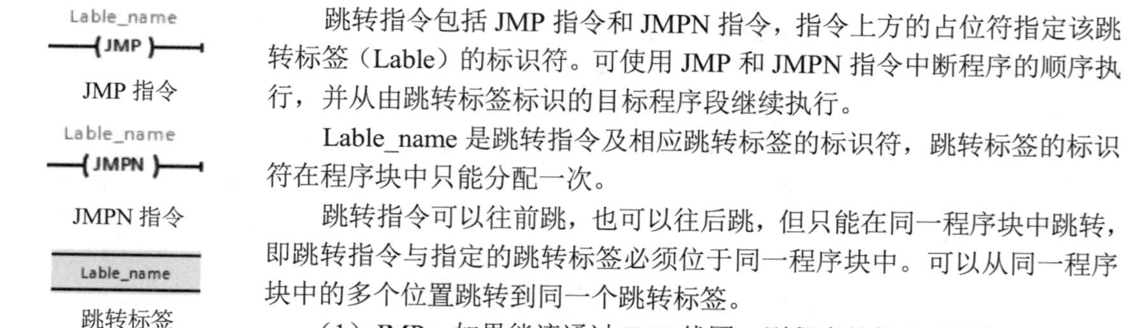

JMP 指令

JMPN 指令

跳转标签

跳转指令包括 JMP 指令和 JMPN 指令，指令上方的占位符指定该跳转标签（Lable）的标识符。可使用 JMP 和 JMPN 指令中断程序的顺序执行，并从由跳转标签标识的目标程序段继续执行。

Lable_name 是跳转指令及相应跳转标签的标识符，跳转标签的标识符在程序块中只能分配一次。

跳转指令可以往前跳，也可以往后跳，但只能在同一程序块中跳转，即跳转指令与指定的跳转标签必须位于同一程序块中。可以从同一程序块中的多个位置跳转到同一个跳转标签。

（1）JMP：如果能流通过 JMP 线圈，则程序从指定跳转标签后的第一条指令继续执行。

（2）JMPN：如果没有能流通过 JMP 线圈，则程序从指定跳转标签后的第一条指令继续执行。

（3）跳转标签（Label）：跳转指令 JMP 或 JMPN 的目标标签。

2．JMP_LIST（跳转列表）指令

JMP_LIST 指令用作程序跳转分配器，控制程序段的执行。使能输入 EN 为“1”时执行指令。根据输入 K（数据类型为 UInt）的值跳转到输出 DESTx 指定的跳转标签（Label），程序从该跳转标签（Label）标识的目标程序段继续执行。可在 JMP_LIST 功能框中增加输出 DESTx 的数量，S7-1200 PLC 最多可以声明 32 个输出。

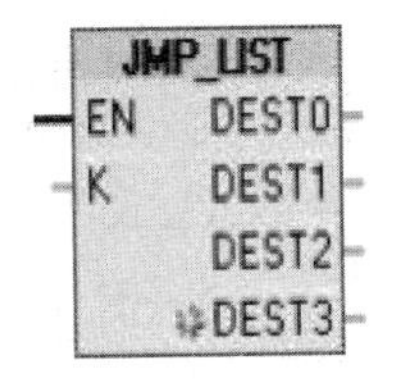

JMP_LIST 指令

如果参数 K 的值等于 0，则跳转到分配给 DEST0 输出的跳转标签；如果参数 K 的值等于 1，则跳转到分配给 DEST1 输出的跳转标签，依次类推。如果参数 K 的值超过（跳转标签数-1），则不进行跳转，继续处理下一程序段。

3．SWITCH（跳转分配器）指令

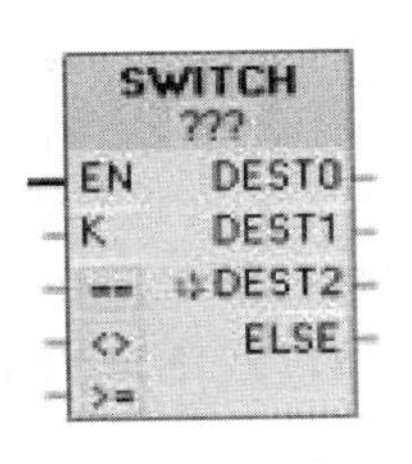

SWITCH 指令

SWITCH 指令用作程序跳转分配器，控制程序段的执行。使能输入 EN 为“1”时执行指令。根据输入 K（数据类型为 UInt）的值将与分配给各个比较输入的值进行比较，跳转到第一个比较结果为 TRUE 的比较值对应的输出参数 DESTx 指定的跳转标签（Label），程序从该跳转标签标识的目标程序段继续执行。如果比较结果都不为 TRUE，则跳转到分配给输出参数 ELSE 的跳转标签。程序从目标跳转标签后面的程序指令继续执行。

比较输入类型可以选择为==、<>、<、<=、>、>=。

4．RET（返回）指令

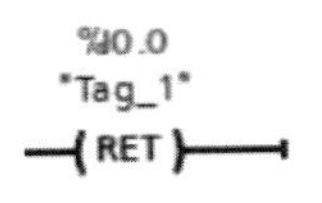

RET 指令

RET 指令用于终止当前块的执行。当且仅当有能流通过 RET 线圈时，当前块的程序执行将在该点终止，并且不执行 RET 指令以后的指令。

如果当前块为组织块（OB），则返回值“Return_Value”将被忽略；如果当前块为函数（FC）或功能块（FB），则“Return_Value”的值作为被调用功能框的 ENO 值传回调用例程。

不要求用户将 RET 指令用作块中的最后一个指令，一个块中可以有多个 RET 指令。

5.2.8 逻辑运算指令

逻辑运算是对无符号数进行的逻辑处理，逻辑运算指令主要包括 AND（逻辑与）、OR（逻辑或）、XOR（逻辑异或）和 INV（取反）等指令。

1．AND（逻辑与）指令

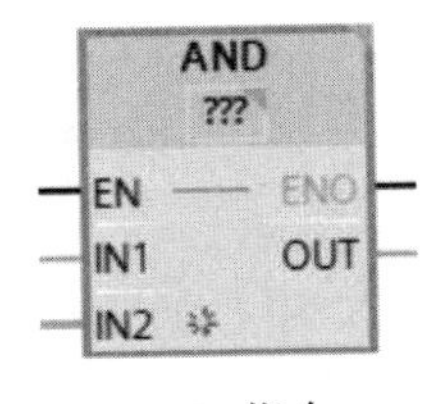

AND 指令

使能输入 EN 有效时，将两个逻辑数 IN1、IN2 按位求与，得到输出结果 OUT。

IN 的数据类型为 Byte、Word、Dword; OUT 的数据类型为 Byte、Word、DWord。单击“???”并从下拉菜单中选择数据类型，将 IN1、IN2 和 OUT 设置为相同的数据类型。

程序实例：如图 5-26 所示，当 I0.0 输入有效时，将 MB0、MB1 中的字节按位求与，将逻辑结果存入 MB1 中。

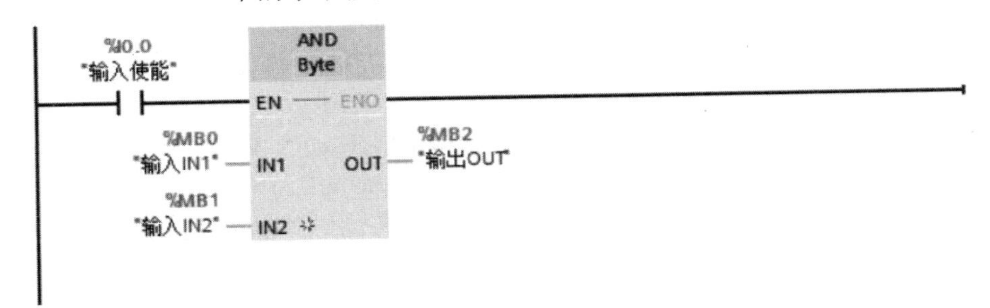

图 5-26　AND 指令实例

根据 AND 指令规则，针对不同的 IN1、IN2 取值，可得出运算结果 OUT（见表 5-11）。

表 5-11　AND 指令执行结果

MB0	16#00	16#01	16#02	16#03
MB1	16#55	16#55	16#55	16#55
MB2	16#00	16#01	16#00	16#01

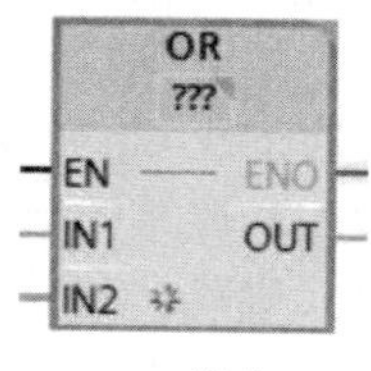

OR 指令

2. OR（逻辑或）指令

使能输入 EN 有效时，将两个逻辑数 IN1、IN2 按位求或，得到输出结果 OUT。

IN 的数据类型为 Byte、Word、Dword；OUT 的数据类型为 Byte、Word、DWord。单击“???”并从下拉菜单中选择数据类型，将 IN1、IN2 和 OUT 设置为相同的数据类型。

XOR 指令

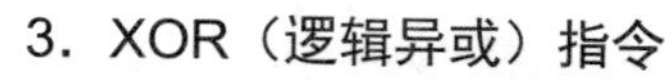

3. XOR（逻辑异或）指令

使能输入 EN 有效时，将两个逻辑数 IN1、IN2 按位求异或，得到输出结果 OUT。

IN 的数据类型为 Byte、Word、Dword；OUT 的数据类型为 Byte、Word、DWord。单击“???”并从下拉菜单中选择数据类型，将 IN1、IN2 和 OUT 设置为相同的数据类型。

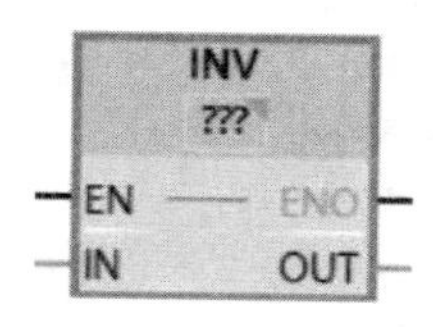

INV 指令

4. INV（取反）指令

使能输入 EN 有效时，计算逻辑数 IN 的二进制反码。通过对 IN 各位的值取反来计算反码（将每个 0 变为 1，每个 1 变为 0），得到输出结果 OUT。

IN 的数据类型为 SInt、Int、DInt、USInt、UInt、UDInt、Byte、Word、DWord；OUT 的数据类型为 SInt、Int、DInt、USInt、UInt、UDInt、Byte、Word、DWord。单击“???”并从下拉菜单中选择数据类型。

5.2.9　移位和循环移位指令

1. 移位指令

SHR 指令

SHL 指令

移位指令包含 SHR（右移）指令和 SHL（左移）指令。

IN 中为待移位的数据，OUT 中保存的移位结果。IN 和 OUT 的数据类型为：Byte、Word、Dword、SInt、Int、DInt、USInt、UInt、UDInt。IN 也可以为常数。

N 用于指定移位位数，数据类型为 USInt、UInt、UDInt、常数。

SHL 指令将 IN 中的数据按位向左移动 N 指定的位数，并用 0 填充移位操作清空的位置，将结果保存在 OUT 中。

SHR 指令将 IN 中的数据按位向右移动 N 指定的位数，将结果保存在 OUT 指定的变量中。如果 IN 中的变量为无符号数据类型，则用 0 填充移位操作清空的位置；如果 IN 中的数据为有符号数据类型，则用符号位填充移位操作清空的位置。

使能输入 EN 为“1”时，执行移位指令；移位指令执行后，ENO 保持为“1”。

SHR 指令示例见表 5-12。

表 5-12　SHR 指令示例

IN	类型	N	OUT
1110 0010 1010 1101	Word	2	0011 1000 1010 1011
1110 0010 1010 1101	UInt	2	0011 1000 1010 1011
1110 0010 1010 1101	Int	2	1111 1000 1010 1011
0110 0010 1010 1101	Int	2	0001 1000 1010 1011

2．循环移位指令

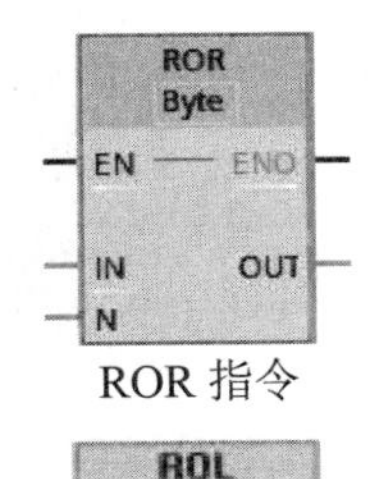

ROR 指令

ROL 指令

循环移位指令包含 ROR（循环右移）指令和 ROL（循环左移）指令。

IN 中为待循环移位的数据，OUT 中保存循环移位的结果。IN 和 OUT 的数据类型为 Byte、Word、Dword。IN 也可以为常数。

N 用于指定循环移位位数，数据类型为 USInt、UInt、UDInt、常数。

循环移位指令将 IN 中的数据按位向左或向右循环移位 N 指定的位数，并用移出的位填充移位操作空出的位置，最后将结果保存到 OUT 中。如果 N 的值为 0，则将输入 IN 的值复制到输出 OUT 的操作数中。如果 N 的值大于可用位数，则输入 IN 中的数据仍会循环移动指定位数。

输入 EN 为“1”时，执行循环移位指令；执行循环移位指令后，ENO 保持为“1”。

ROR 和 ROL 指令示例见表 5-13。

表 5-13　ROR 和 ROL 指令示例

IN	类型	N	OUT
ROR 指令			
1110 0010 1010 1101	Word	2	0111 1000 1010 1011
1110 0010 1010 1101	Word	4	1101 1110 0010 1010
ROL 指令			
1110 0010 1010 1101	Word	2	1000 1010 1011 0111
1110 0010 1010 1101	Word	4	0010 1010 1101 1110

5.3　工艺指令

工艺指令是数控机床控制软件里的名词，相似于操作指令，只不过在控制软件编程中，由程序来完成工艺程序，某些控制加工部件运行的程序就是工艺指令。S7-1200 PLC 有多种工艺指令，主要包含高速计数器指令、PID 控制指令、运动控制指令等。

5.3.1　高速计数器指令

1．CTRL_HSC（控制高速计数器）指令

CTRL_HSC 指令用于高速计数器的参数配置。指令添加一个新的数据块（DB），命名为

DB HSC retain，并且创建一个 DInt 数据元素，命名为 HSC_？（如 HSC_1），用于保存高速计数器的值。

只要在硬件配置中使能并组态了高速计数器，不编写 CTRL_HSC，高速计数器就可以正常计数。CTRL_HSC 指令只是完成参数写入的功能，如表 5-14 所示。

表 5-14　CTRL_HSC 指令

指令图标	指令及功能	数据类型	备注
"Counter name" CTRL_HSC EN ENO HSC BUSY DIR STATUS CV RV PERIOD NEW_DIR NEW_CV NEW_RV NEW_PERIOD	CTRL_HSC（控制高速计数器）：用于高速计数器的参数配置	● HSC：HW_HSC ● DIR：Bool ● CV：Bool ● RV：Bool ● PERIOD：Bool ● NEW_DIR：Int ● NEW_CV：DInt ● NEW_RV：DInt	插入该指令后，STEP 7 显示用于创建相关数据块的“调用选项”（Call Options）对话框

在 CTRL_HSC 指令的参数中，没有提供当前计数值。在高速计数器硬件的组态期间，可分配存储当前计数值的过程映像地址。

可以使用程序逻辑直接读取计数值。返回给程序的值将是读取计数器瞬间的正确计数，但计数器仍将继续对高速事件计数。因此，程序使用旧的计数值完成处理前，实际计数值可能会更改。

2．CTRL_HSC_EXT（控制高速计数器扩展）指令

利用 CTRL_HSC_EXT 指令，程序可以按指定的时间周期访问指定高速计数器的输入脉冲数量。该指令使程序可以以纳米级精度确定输入脉冲之间的时间长度，见表 5-15。

表 5-15　CTRL_HSC_EXT 指令

指令图标	指令及功能	数据类型	备注
"CTRL_HSC_EXT_DB" CTRL_HSC_EXT EN ENO 16#0 HSC DONE ... CTRL BUSY ERROR STATUS	CTRL_HSC_EXT（控制高速计数器扩展）：按指定的时间周期访问指定高速计数器的输入脉冲数量	● HSC：HW_HSC ● CTRL：HSC_Period ● DONE：Bool ● BUSY：Bool ● ERROR：Bool ● STATUS：Word	指令都使用系统定义的数据结构（存储在用户自定义的全局背景数据块中）存储计数器数据。HSC_Period 数据类型被指定用作 CTRL_HSC_EXT 的输入参数

要使用 CTRL_HSC_EXT 指令，按下列步骤进行操作：

（1）先在设备组态中选择 CPU，单击“属性”，激活高速计数器，并设置相关参数。

（2）将 CTRL_HSC_EXT 指令图标拖放至梯形图中，该操作会同时创建一个背景数据块 CTRL_HSC_EXT_DB。

（3）创建一个全局数据块，命名为“MYDB”（CTRL_HSC_EXT 指令的输入参数）。该数据块含有 SFB 所需要的信息。

（4）在全局数据块 MYDB 中添加一个数据类型为“HSC_Period”的变量，变量命名为“MyPeriod”。因为数据类型的下拉控件中目前没有 HSC_Period 选项，必须由用户正确输入并按回车键生效。

（5）检查“MyPeriod”变量现在是否为一个可以扩展的通信数据结构。

（6）先为梯形图指令 CTRL_HSC_EXT 的“CTRL”端口指定全局数据块变量"MYDB".MyPeriod。

3．应用举例

假设在旋转机械上有单相增量编码器作为反馈，接入 S7-1200 PLC，要求在计数 25 个脉冲时，计数器复位，置位 M10.5，并设定新预置值为 50 个脉冲，当计满 50 个脉冲后复位 M10.5，并将预置值再设为 25 个脉冲，周而复始执行此功能。

针对此应用，选择 CPU 1214C，高速计数器为 HSC1。模式为：单相计数，内部方向控制，无外部复位。据此，脉冲输入应接入 I0.0，使用 HSC1 的预置值中断（CV=RV）功能实现此应用。

具体实施过程如下：

（1）添加硬件中断，在组织块中添加硬件中断，如图 5-27 所示。

（2）硬件组态。如图 5-28 所示，选中 CPU，可单击右键打开“属性”（也可以在“编辑”菜单中选择“属性”）。在“常规”选项卡中单击启用高速计数器 HSC1，如图 5-29 所示；“功能”选项中选择“计数类型：计数”“工作模式：单相”“计数方向取决于：用户程序（内部方向控制）”“初始计数方向：增计数”，如图 5-30 所示；“复位为初始值”选项中选择“初始计数器值：0”“初始参考值：25”，如图 5-31 所示；“事件组态”选项中勾选“为计数器值等于参考值这一事件生成中断”，选择“事件名称：预置值中断”“硬件中断：Hardware interrupt”“优先级：18”，如图 5-32 所示；“硬件输入”选项中选择“时钟发生器输入：%I0.0”，如图 5-33 所示；“I/O 地址”选项中选择“起始地址：1000”“结束地址 1003”，如图 5-34 所示。

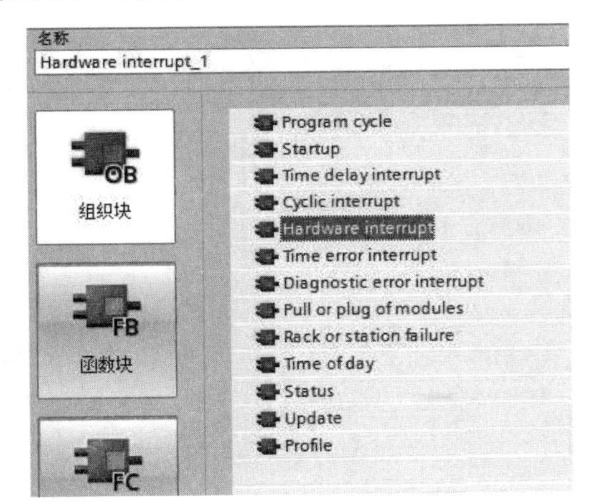

图 5-27　添加硬件中断

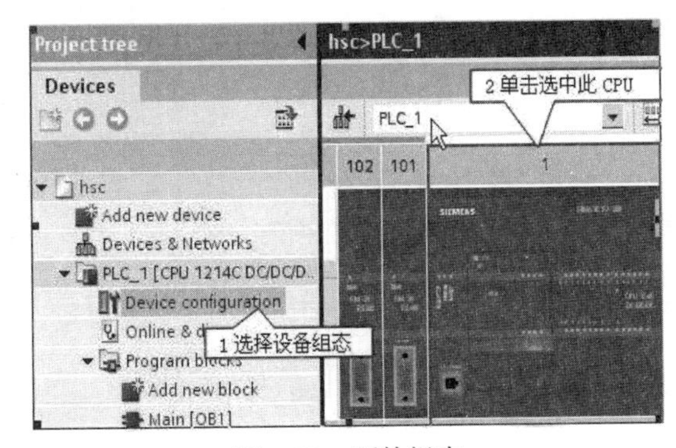

图 5-28　硬件组态

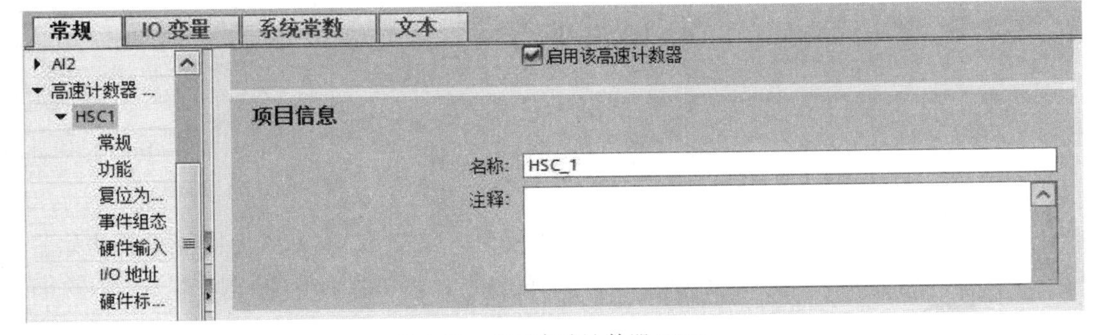

图 5-29　启用高速计数器 HSC1

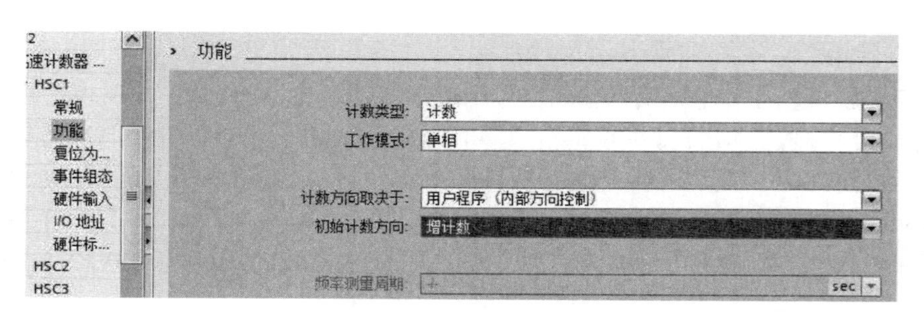

图 5-30　功能设置

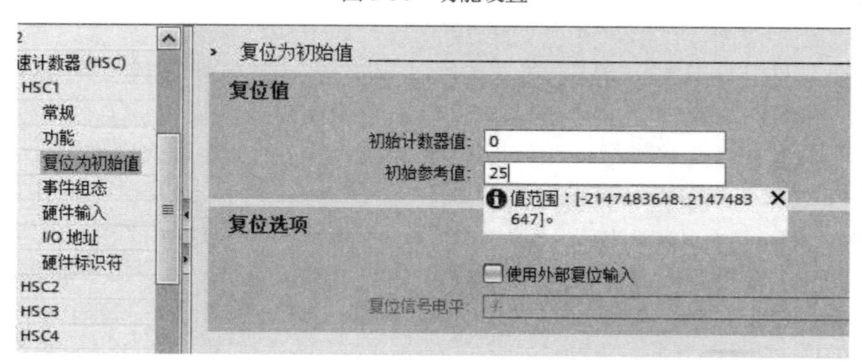

图 5-31　复位为初始值

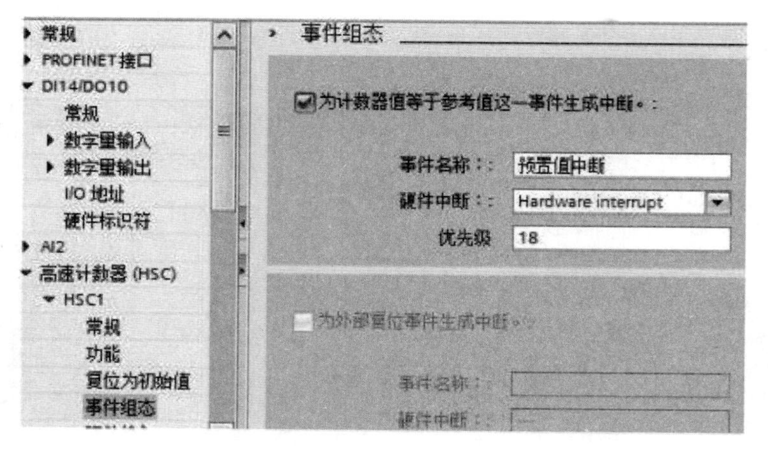

图 5-32　事件组态

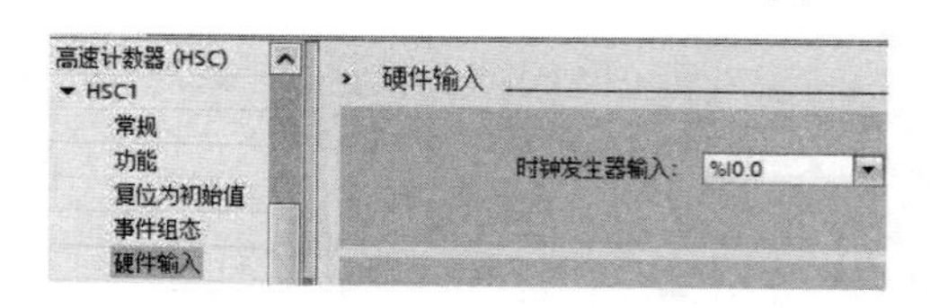

图 5-33　硬件输入

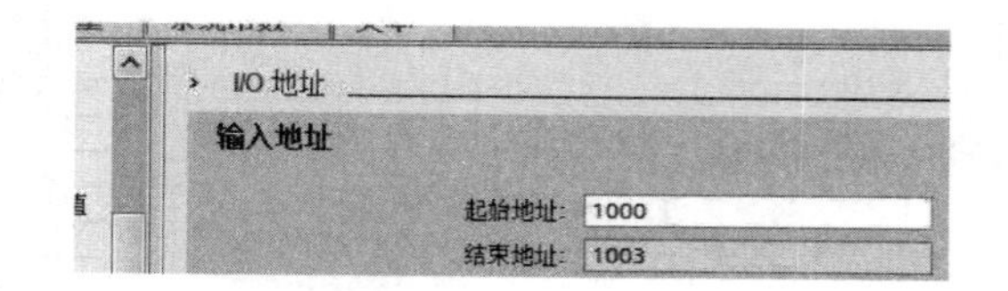

图 5-34　I/O 地址输入

（3）程序编写。HSC 是高速计数器硬件识别号，这里取 1；CV 为使能更新初始值，取 1；RV 为使能更新预置值，取 1；NEW_CV 为新的初始值，取 0；NEW_RV 为新的预置值。

将完成的组态与程序下载到 CPU 后即可执行，当前的计数值可在地址 1000 中读出，关于高速计数器指令，若不需要修改硬件组态中的参数，可不调用，系统仍然可以计数。程序如图 5-35 所示。

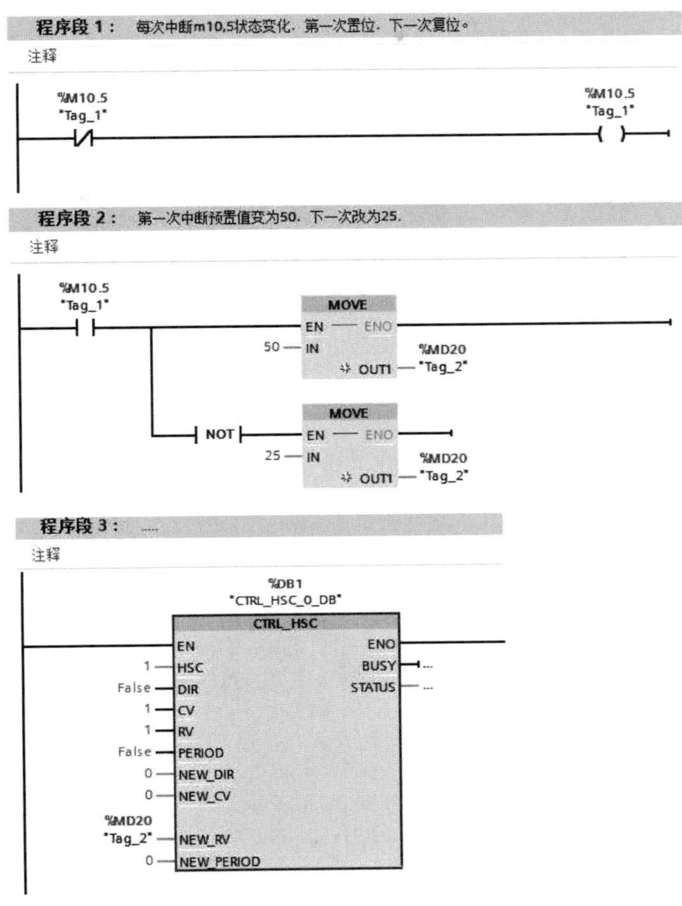

图 5-35　高数计数器应用示例

5.3.2　PID 控制指令

1．PID 控制指令简介

STEP 7 为 S7-1200 PLC 提供了 3 个 PID 控制指令。

① PID_Compact 指令，用于通过连续输入变量和输出变量控制工艺过程。

② PID_3Step 指令，用于控制电动机驱动的设备，如需要通过离散信号实现打开和关闭动作的阀门。

③ PID_Temp 指令，提供一个通用的 PID 控制器，用于处理温度控制的特定需求。

只有 CPU 从 STOP 模式切换到 RUN 模式后，在 RUN 模式下对 PID 组态和下载进行的更改才会生效。而在“PID 参数”（PID Parameters）对话框中使用“起始值控制”（Start value control）进行的更改立即生效。

以上 3 个 PID 控制指令都可以计算启动期间的 P 分量、I 分量及 D 分量（如果组态为“预调节”），还可以将指令组态为“精确调节”，从而对参数进行优化。用户无须手动确定参数。有关指令的信息，可参见博途的在线帮助。

PID 控制器使用式(5-1)来计算PID_Compact指令的输出值，使用式(5-2)来计算PID_3Step指令的输出值。

$$y=K_{\mathrm{P}}\left[(b\cdot w-x)+\frac{1}{T_{\mathrm{I}}\cdot s}(w-x)+\frac{T_{\mathrm{D}}\cdot s}{a\cdot T_{\mathrm{D}}\cdot s+1}(c\cdot w-x)\right] \tag{5-1}$$

$$\Delta y=K_{\mathrm{P}}\cdot s\cdot\left[(b\cdot w-x)+\frac{1}{T_{\mathrm{I}}\cdot s}(w-x)+\frac{T_{\mathrm{D}}\cdot s}{a\cdot T_{\mathrm{D}}\cdot s+1}(c\cdot w-x)\right] \tag{5-2}$$

其中，y 为输出值，x 为过程值，w 为设定值，s 为拉普拉斯算子，K_{P} 为比例增益（P 分量），a 为微分延迟系数（D 分量），T_{I} 为积分作用时间（I 分量），b 为比例作用加权（P 分量），T_{D} 为微分作用时间（D 分量），c 为微分作用加权（D 分量）。

PID 控制指令及其参数见表 5-16。

表 5-16　PID 控制指令及其参数

指令图标	指令及功能	数据类型	备注
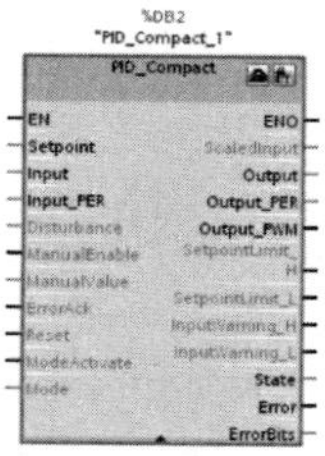 %DB2 "PID_Compact_1" PID_Compact EN / ENO Setpoint / ScaledInput Input / Output Input_PER / Output_PER Disturbance / Output_PWM ManualEnable / SetpointLimit_H ManualValue / SetpointLimit_L ErrorAck / InputWarning_H Reset / InputWarning_L ModeActivate / State Mode / Error ErrorBits	PID_Compact（通用型 PID）：提供可在自动模式和手动模式下自动调节的 PID 控制器。 PID_Compact 是一种具有抗积分饱和功能且对 P 分量和 D 分量进行加权的 PID T1 控制器	● Setpoint：Real ● Input：Real ● Input_PER：Word ● Output：Real ● Output_PER：Word ● Output_PWM：Bool ● State：Int ● Error：Bool ● ErrorBits：DWord ● Actuator_H：Bool ● Actuator_L：Bool ● Feedback：Real ● Feedback_PER：Word ● Output_UP：Bool ● Output_DN：Bool ● OutputHeat：Real ● OutputCool：Real ● OutputHeat_PER：Real ● OutputCool_PER：Real ● OutputHeat_PWM：Real ● OutputCool_PWM：Real	参数 Output、Output_PER 和 Output_PWM 的输出可并行使用。 如果存在多个错误，则错误代码的值将通过二进制加法进行显示
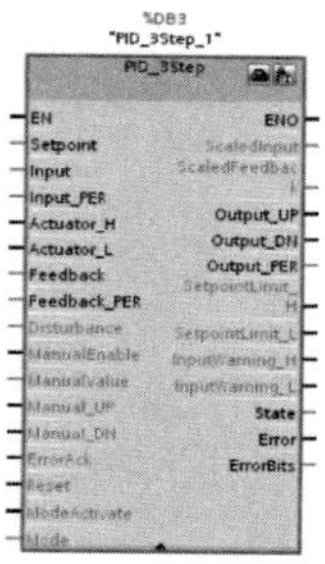 %DB3 "PID_3Step_1" PID_3Step EN / ENO Setpoint / ScaledInput Input / ScaledFeedback Input_PER / Output_UP Actuator_H / Output_DN Actuator_L / Output_PER Feedback / SetpointLimit_H Feedback_PER / SetpointLimit_L Disturbance / InputWarning_H ManualEnable / InputWarning_L ManualValue / State Manual_UP / Error Manual_DN / ErrorBits ErrorAck Reset ModeActivate Mode	PID_3Step（特殊设置型 PID）：用于组态具有自动调节功能的 PID 控制器，这样的控制器已针对通过电动机控制的阀门和执行器进行过优化。它提供两个布尔型输出。 PID_3Step 是一种具有抗积分饱和功能且对 P 分量和 D 分量进行加权的 PID T1 控制器		如果存在多个错误，则错误代码的值将通过二进制加法进行显示
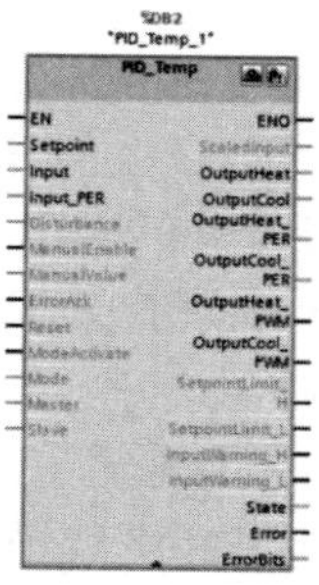 %DB2 "PID_Temp_1" PID_Temp EN / ENO Setpoint / ScaledInput Input / OutputHeat Input_PER / OutputCool Disturbance / OutputHeat_PER ManualEnable / OutputCool_PER ManualValue / OutputHeat_PWM ErrorAck / OutputCool_PWM Reset / SetpointLimit_H ModeActivate / SetpointLimit_L Mode / InputWarning_H Master / InputWarning_L Slave / State Error ErrorBits	PID_Temp（通用型温控 PID）：通用的 PID 控制器，可用于处理温度控制的特定需求。特点：使用不同执行器加热或冷却此过程；用于处理温度的集成式自动调节功能；级联处理取决于同一执行器的多个温度		参数 Output、Output_PER 和 Output_PWM 的输出可并行使用。 如果存在多个错误，则错误代码的值将通过二进制加法进行显示

2. 应用举例

恒温控制装置由一台 S7-1200 PLC，一个模拟量输入模块 SM1231（S7-1200 PLC 自带的输入通道不支持 4~20mA 电流输入），一个温度传感器 PT100，以及温度变送器、热得快、固态继电器等组成，利用 PID 控制指令实现对温度的调节控制。

具体实现步骤如下：

（1）新建 S7-1200 PLC 项目，添加 PLC 和模拟量输入模块。修改模块的模拟量输入类型和范围（4~20mA）、勾选“启用溢出诊断”，设置模拟量模块的 I/O 地址为 96~103（8 个字），如图 5-36、图 5-37 所示。

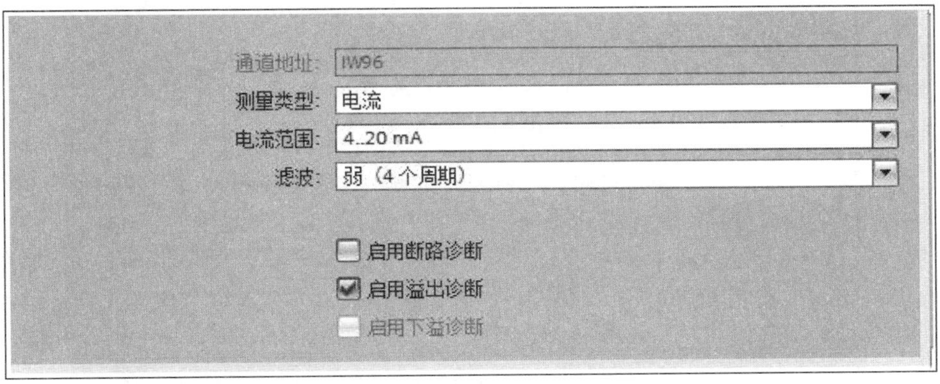

通道地址：IW96
测量类型：电流
电流范围：4..20 mA
滤波：弱（4 个周期）
启用断路诊断
启用溢出诊断
启用下溢诊断

图 5-36　修改模块的模拟量输入类型

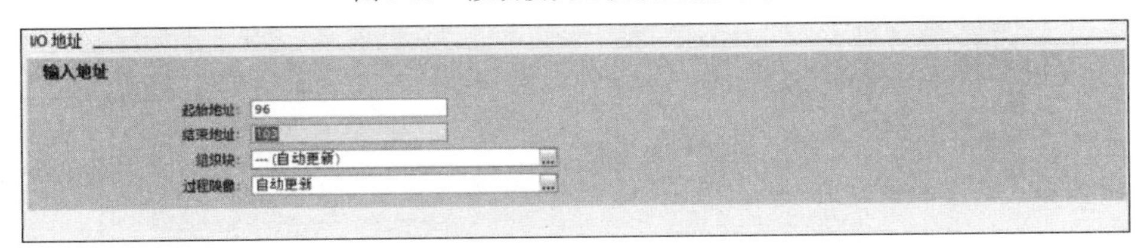

图 5-37　设置模拟量模块 I/O 地址

（2）新建循环组织块 OB30，循环时间选择默认值 100ms，如图 5-38 所示。

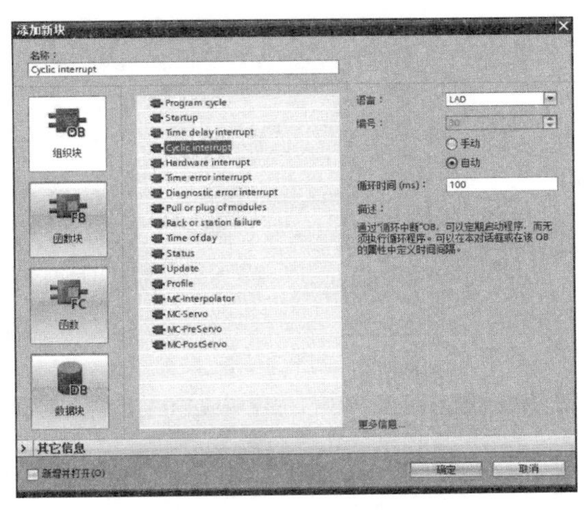

图 5-38　新建循环组织块 OB30

（3）在循环组织块中调用 PID_Compact 指令，会自动生成对应的工艺对象，对工艺对象进行组态。组态包括：基本设置，如图 5-39 所示；过程值设置，如图 5-40 和图 5-41 所示；高级设置，如图 5-42、图 5-43、图 5-44 和图 5-45 所示。

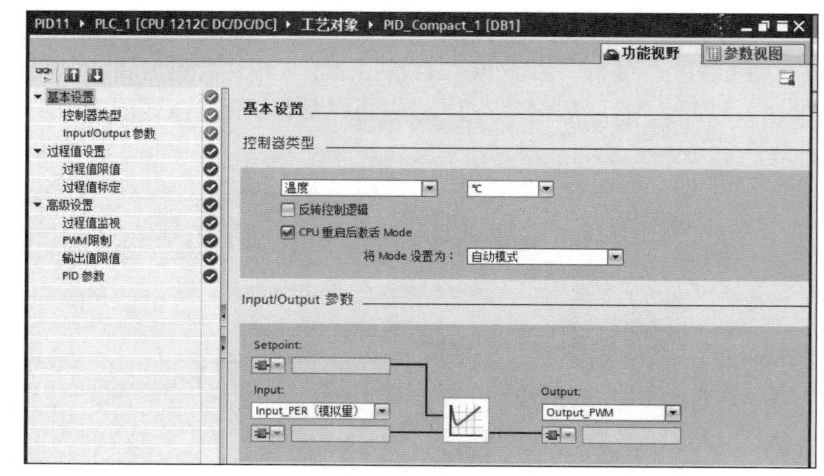

图 5-39　基本设置

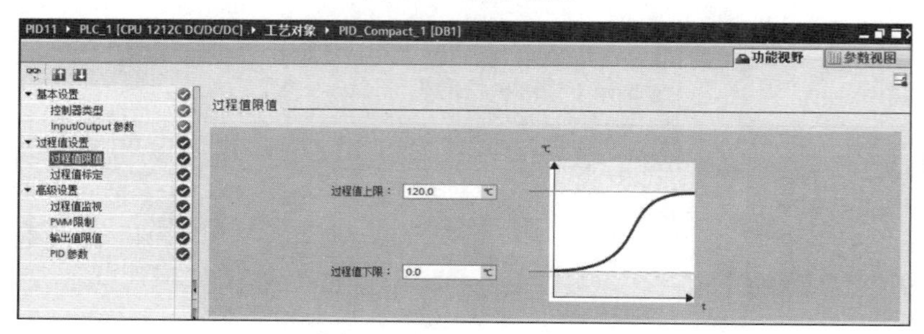

图 5-40　过程值限值设置

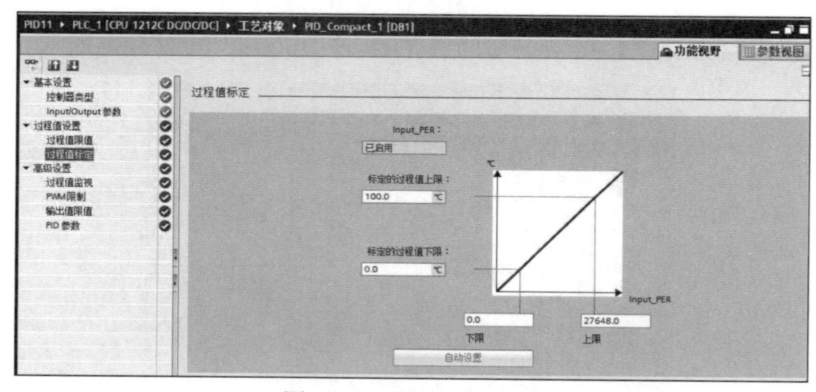

图 5-41　过程值标定设置

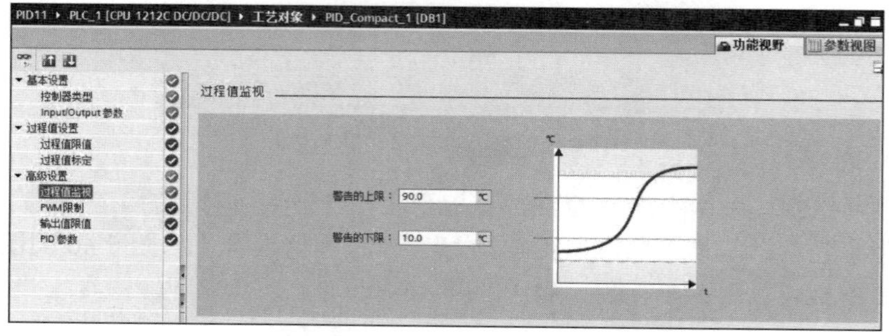

图 5-42　过程值监视设置

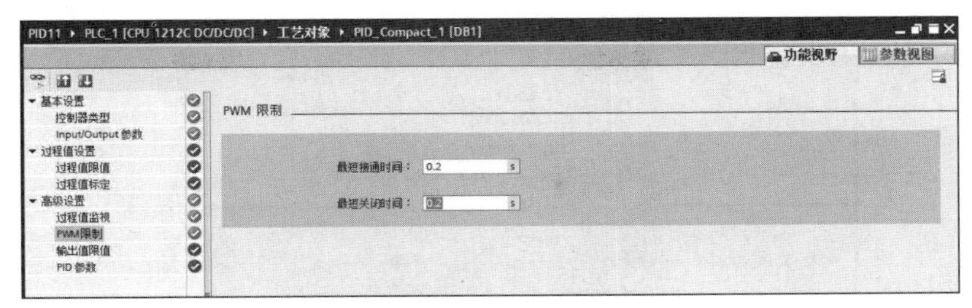

图 5-43　PWM 限制设置

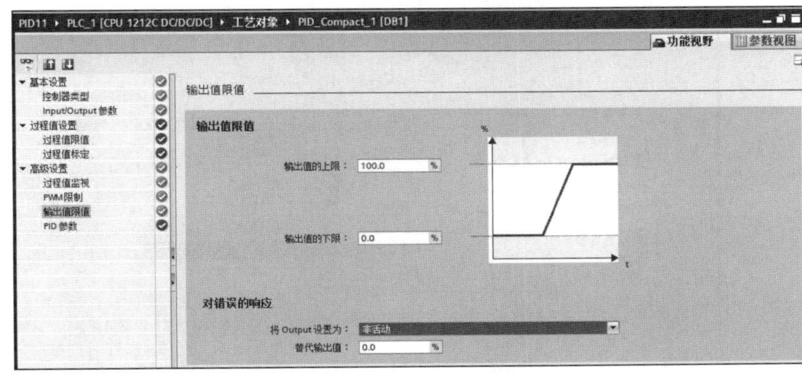

图 5-44　输出值限制设置

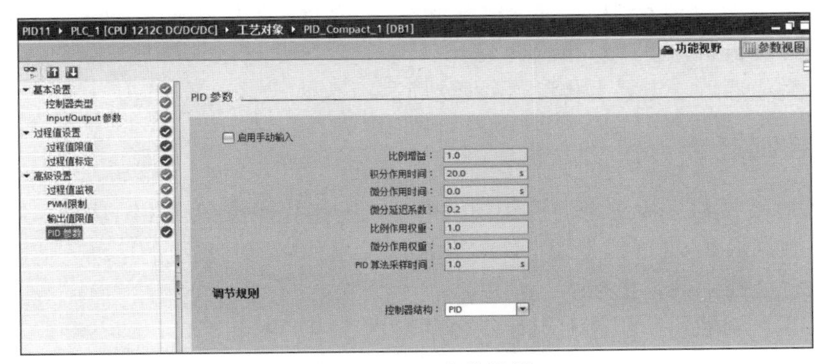

图 5-45　PID 参数设置

（4）新建 DB 块（取消块的优化），内部数据选择“保持”，如图 5-46 所示。

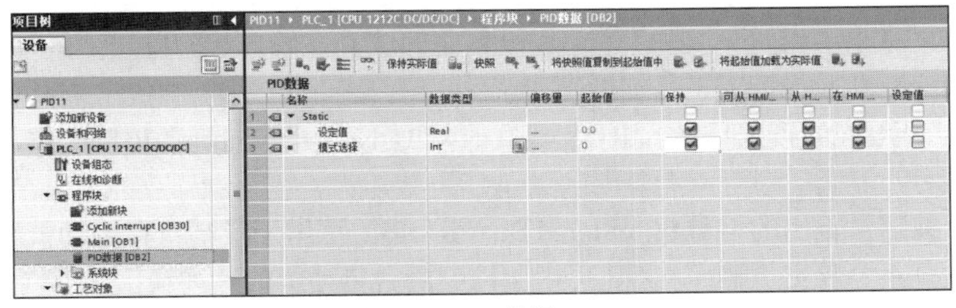

图 5-46　PID 数据[DB2]

（5）完成程序编程，其中：设定值和模式选择要使用保持型寄存器，否则断电重启会出现问题；ErrorAck 只是复位，但 Reset 具有复位重启的作用（请慎用）；PID_3STEP 指令专用于阀门类的 PID 控制，PID_Temp 指令专用于温度的 PID 控制；0 代表未激活模式，3 代表自动模式，4 代表手动模式，如图 5-47 所示。

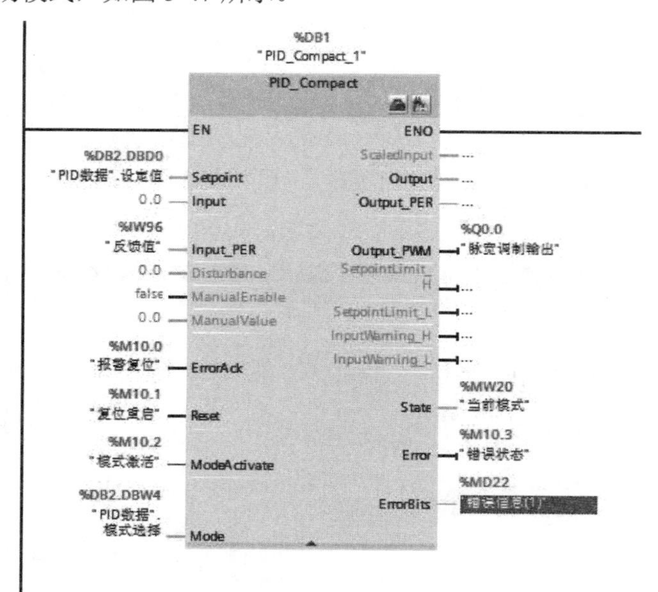

图 5-47　PID 控制编程示例

（6）将程序下载到 PLC 中，在线监视，设定值设为 60℃，模式设为 0，打开工艺对象中的调试；先进行预调节，再进行精确调节。

（7）调节完成后，一定要上传参数并重新下载工艺对象。

5.3.3　运动控制指令

CPU 通过脉冲接口为步进电动机和伺服电动机的运行提供运动控制功能。运动控制指令使用相关工艺数据块和 CPU 的专用 PTO（脉冲串输出）来控制轴上的运动。运动控制功能负责对驱动器进行监控，具体包括：

- “轴”工艺对象用于组态机械驱动器的数据、驱动器的接口、动态参数及其他驱动器属性。
- 通过对 CPU 的脉冲输出和方向输出进行组态来控制驱动器。
- 用户程序使用运动控制指令来控制轴并启动运动控制任务。
- PROFINET 接口用于在 CPU 与编程设备之间建立在线连接。除了 CPU 的在线功能，附加的调试和诊断功能也可用于运动控制。

仅当 CPU 从 STOP 模式切换为 RUN 模式时，RUN 模式下对运动控制配置和下载的更改才会生效。

具有 2 个数字量输出的信号板（Signal Board，SB）可用于控制一台电动机的脉冲输出和方向输出，具有 4 个数字量输出的 SB 可用于控制两台电动机的脉冲输出和方向输出。

不能将内置继电器输出用作电动机的脉冲输出。用户程序中的其他指令无法使用脉冲串输出。将 CPU 或 SB 的输出组态为脉冲发生器时（供 PWM 或运动控制指令使用），会从 Q 存储器中移除相应的输出地址（Q0.0~Q0.3，Q4.0~Q4.3），并且这些地址在用户程序中不能用作其他用途。如果用户程序向用作脉冲发生器的输出写入值，则 CPU 不会将该值写入物理输出。

CPU 以 10ms 为“时间片”或时间段计算运动控制任务。执行一个时间片时，下一时间片会在队列中等待执行。如果中断某个轴上的运动控制任务（通过执行该轴的其他新的运动控制任务），可能最多要等待 20ms（当前时间片的剩余时间加上排队的时间片）才能执行新的运动控制任务。运动控制指令见表 5-17。

运动控制指令的应用，可参见本书 6.5 节的相关内容。

表 5-17　运动控制指令

指令图标	指令及功能	数据类型	备注
"MC_Power_DB" MC_Power EN / ENO Axis / Status Enable / Busy StopMode / Error ErrorID ErrorInfo	MC_Power（发动/阻止轴）指令：可启用或禁用轴。在启用或禁用轴之前，应确保以下条件： ● 已正确组态工艺对象。 ● 没有未决的启用-禁止错误	● Axis：TO_Axis_1 ● Enable：Bool ● StopMode：Int ● Status：Bool ● Busy：Bool ● Error：Bool ● ErrorID：Word ● ErrorInfo：Word ● Execute：Bool ● Restart：Bool ● Done：Bool ● Position：Bool ● Mode：Int ● CommandAborted：Bool ● Velocity：Real ● Distance：Real ● Direction：Int ● Current：Bool ● JogForward：Bool ● JogBackward：Bool ● InVelocity：Bool ● CommandTable：TO_CommandTable_1 ● StartIndex：Int ● EndIndex：Int ● ChangeRampUp：Bool ● RampUpTime：Real ● ChangeRampDown：Bool ● RampDownTime：Real ● ChangeEmergency：Bool ● EmergencyRampTime：Real ● ChangeJerkTime：Bool ● JerkTime：Real ● Parameter：Variant ● Value：Variant ● Valid：Bool	运动控制任务无法中断 MC_Power 的执行。禁用轴（输入参数 Enable = FALSE）将中断相关工艺对象的所有运动控制任务
"MC_Reset_DB" MC_Reset EN / ENO Axis / Done Execute / Busy Restart / Error ErrorID ErrorInfo	MC_Reset（确认错误）指令：复位所有运动控制错误。可确认“导致轴停止的运行错误”和“组态错误”。需要确认的错误可在“解决方法”下的“ErrorIDs 和 ErrorInfos 的列表”中找到		使用 MC_Reset 指令前，必须已将需要确认的未决组态错误的原因消除（例如，通过将“轴”工艺对象中的无效加速度值更改为有效值）
"MC_Home_DB" MC_Home EN / ENO Axis / Done Execute / Busy Position / CommandAborted Mode / Error ErrorID ErrorInfo	MC_Home（使轴回原点）指令：可建立轴控制程序与轴机械定位系统之间的关系。可将轴坐标与实际物理驱动器位置匹配。轴的绝对定位需要回原点。 为了使用 MC_Home 指令，必须先启用轴		在下列情况下，轴回原点会失败：通过 MC_Power 指令禁用轴；在自动控制和手动控制之间切换；主动回原点开始时（成功完成回原点操作后，可再次进行轴回原点操作）；对 CPU 循环上电后，CPU 重新启动（RUN-to-STOP 或 STOP-to-RUN）
"MC_Halt_DB" MC_Halt EN / ENO Axis / Done Execute / Busy CommandAborted Error ErrorID ErrorInfo	MC_Halt（暂停轴）指令：可停止所有运动并将轴切换到停止状态。停止位置未定义。 为了使用 MC_Halt 指令，必须先启用轴		
"MC_MoveAbsolute_DB" MC_MoveAbsolute EN / ENO Axis / Done Execute / Busy Position / CommandAborted Velocity / Error ErrorID ErrorInfo	MC_MoveAbsolute（绝对定位轴）指令：可启动轴到绝对位置的定位运动。 为了使用 MC_MoveAbsolute 指令，必须先启用轴，同时必须使其回原点		

（续表）

指令图标	指令及功能	数据类型	备注
"MC_MoveRelative_DB" MC_MoveRelativ EN / ENO Axis / Done Execute / Busy Distance / CommandAborted Velocity / Error ErrorID ErrorInfo	MC_MoveRelative（相对定位轴）指令：可启动相对于起始位置的定位运动。 为了使用 MC_MoveRelative 指令，必须先启用轴		
"MC_MoveVelocity_DB" MC_MoveVelocit EN / ENO Axis / InVelocity Execute / Busy Velocity / CommandAborted Direction Current / Error ErrorID ErrorInfo	MC_MoveVelocity（以预定义速度移动轴）指令：以指定的速度持续移动轴。 为了使用 MC_MoveVelocity 指令，必须先启用轴		启动 MC_MoveVelocity 任务时，将设置工艺对象的状态位“Speed Command”。轴停止运动后，将立即设置状态位“ConstantVelocity”。启动新的运动控制任务时，这两个位均会适应新情况
"MC_MoveJog_DB" MC_MoveJog EN / ENO Axis / InVelocity JogForward / Busy JogBackward / CommandAborted Velocity / Error ErrorID ErrorInfo	MC_MoveJog（在点动模式下移动轴）指令：以指定的速度在点动模式下持续移动轴。该指令通常用于测试和调试。 为了使用 MC_MoveJog 指令，必须先启用轴		如果 JogForward 和 JogBackward 参数同时为 TRUE，则轴将以组态后的减速度停止运动
"MC_CommandTable_DB" MC_CommandTa EN / ENO Axis / Done CommandTa... / Busy Execute / CommandAborted StartIndex EndIndex / Error ErrorID ErrorInfo CurrentIndex Code	MC_CommandTable（按移动顺序运行轴命令）指令：针对电动机控制轴执行一系列单个运动，这些运动可组合成一个运动序列。 在脉冲串输出的工艺对象命令表（TO_CommandTable_PTO）中，可以组态这些单个运动		执行该指令的先决条件：工艺对象 TO_Axis_PTO V2.0 必须已正确组态；工艺对象 TO_CommandTable_PTO 必须已正确组态；必须释放轴
"MC_ChangeDynamic_DB" MC_ChangeDynamic EN / ENO Axis / Done Execute / Error ChangeRampUp / ErrorID RampUpTime / ErrorInfo ChangeRampDown RampDownTime ChangeEmergency EmergencyRampTime ChangeJerkTime JerkTime	MC_ChangeDynamic（更改轴的动态设置）指令：更改运动控制轴的动态设置。 ● 加速时间（加速度）值 ● 减速时间（减速度）值 ● 急停减速时间（急停减速度）值 ● 平滑时间（冲击）值		执行该指令的先决条件：工艺对象 TO_Axis_PTO V2.0 必须已正确组态；必须释放轴
"MC_WriteParam_DB" MC_WriteParam Bool EN / ENO Execute / Done Parameter / Busy Value / Error ErrorID ErrorInfo	MC_WriteParam（写入工艺对象的参数）指令：可写入公共参数（例如，加速度值和用户 DB 值）		使用该指令可写入选定数量的参数，以来通过用户程序更改轴功能
"MC_ReadParam_DB" MC_ReadParam Real EN / ENO Enable / Valid Parameter / Busy Value / Error ErrorID ErrorInfo	MC_ReadParam（读取工艺对象的参数）指令：可读取单个状态值，与周期控制点无关		使用该指令可读取选定数量的参数，以指示轴输入过程中定义的轴的当前位置、速度等

习题与思考题

5-1　定时器有几种类型？分别实现什么功能？

5-2　计数器有几种类型？各有何特点？

5-3　I0.3:P 和 I0.3 有什么区别？

5-4　用自复位式定时器设计一个周期为 3s，脉冲为一个扫描周期的脉冲串信号。

5-5　设计一个计数范围为 1～40000 的计数器。

5-6　用置位、复位指令设计一台电动机的启、停控制程序。

5-7　用移位指令设计一个路灯照明系统的控制程序，3 路灯按 H1→H2→H3 的顺序依次点亮，各路灯之间点亮的间隔时间为 6h。

5-8　用循环移位指令设计一个彩灯控制程序，8 路彩灯按 H1→H2→H3→…→H8 的顺序依次点亮，且不断重复循环。各路彩灯之间的间隔时间为 0.1s。

5-9　在 MW2 等于 100 或 MW4 大于 1000 时，将 M0.0 置位，反之将 M0.0 复位。用比较指令设计出满足要求的控制程序。

5-10　在 I0.3 的上升沿用 ADD 指令将 MW16 的最高 3 位清零，其余各位保持不变。编写相应的控制程序。

第 6 章　PLC 控制系统设计与应用

PLC 的结构和工作方式与单片机、工业控制计算机等不尽相同，与传统的继电器-接触器电路也有本质的区别。这就决定了其控制系统的设计也不完全一样，其最大的特点是软、硬件可以分开设计。

本章主要内容:

- PLC 控制系统设计的基本原则与一般步骤;
- PLC 控制系统的硬件设计;
- PLC 控制系统的软件设计;
- PLC 应用程序的基本环节及设计技巧;
- PLC 在控制中的应用。

本章重点是 PLC 应用程序的基本环节、设计技巧与应用实例。通过本章的学习，使读者了解 PLC 控制系统设计的基本原则与一般步骤、硬件设计、软件设计，掌握软、硬件设计的基本环节及设计技巧。

6.1　PLC 控制系统设计

6.1.1　PLC 控制系统设计的基本原则

对于工业领域或其他领域的被控对象来说，电气控制的目的是在满足其生产工艺要求的情况下，最大限度地提高生产效率和产品质量。为达到此目的，在 PLC 控制系统设计时应遵循以下原则。

① 最大限度地满足控制要求。设计人员要深入现场进行调查研究，收集资料。同时要注意与现场工程技术人员及操作人员紧密配合，充分发挥 PLC 的功能。

② 在满足控制要求的前提下，力求使控制系统简单、经济、实用及维护方便。一方面要注意不断提高工程的效益，另一方面也要注意不断降低工程的成本。不宜盲目追求自动化和高指标。

③ 保证系统的安全可靠。

④ 考虑生产发展和工艺改进的要求以及今后控制系统发展和完善的需要，在选型时应留有适当的余量。

6.1.2　PLC 控制系统设计的一般步骤

由于 PLC 的结构和工作方式与一般微机和继电器-接触器电路相比各有特点，因此其设计的步骤也不尽相同，具体设计步骤如下。

（1）详细了解被控对象的生产过程，分析控制要求

应用 PLC，首先要详细分析被控对象、控制过程与要求，熟悉工艺流程后列出控制系统的所有功能和指标要求。如果控制对象的工业环境较差，而安全性、可靠性要求特别高，系

统工艺复杂，输入/输出量以开关量居多，在这种情况下，用常规继电器和接触器难以实现要求，用 PLC 进行控制是合适的。控制对象确定后，PLC 的控制范围还要进一步明确。一般而言，能够反映生产过程的运行情况，能用传感器进行直接测量的参数，用人工进行控制工作量大、操作复杂、容易出错的或者操作过于频繁、人工操作不容易满足工艺要求的，往往由 PLC 控制。

（2）选择 PLC 类型

PLC 类型选择的基本原则应在满足功能要求的情况下，主要考虑结构、功能、统一性和在线编程等方面。在结构方面，对于生产过程比较固定、环境条件较好的场合，一般维修量较小，可选用整体式结构的 PLC，其他情况可选用模块式结构的 PLC。在功能方面，对于开关量控制的工程，无须考虑其控制速度，一般的低档机型就可以满足。对于以开关量为主、带少量模拟量控制的工程，可选用带 A/D、D/A 转换，加减运算和数据传送功能的低档机型。而对于控制比较复杂、控制功能要求高的工程，可根据控制规模及其复杂程度，选用中档或高档机型。其中，高档机型主要用于大规模过程控制、全 PLC 的分布式控制系统以及整个工厂的自动化等方面。为了实现资源共享，采用同一机型的 PLC，配以上位机后，可把控制各个独立系统的多台 PLC 连成一个多级分布式控制系统，以相互通信、集中管理。

（3）根据控制要求确定所需的用户输入/输出设备

PLC 输入模块的任务是检测来自现场设备的高电平信号并转换为 PLC 内部的电平信号。模块分为直流 5V、12V、24V、60V、68V，交流 115V 和 220V，由现场设备与模块之间的远近程度选择电压的大小。一般 5V、12V、24V 属于低电平，传输距离不宜太远，距离较远的设备应选用较高电压的模块比较可靠。另外，高密度的输入模块同时接通 I/O 点数取决于输入电压和环境温度。一般而言，同时接通 I/O 点数不得超过 I/O 总点数的 60%。为了提高系统的稳定性，必须考虑接通电平与关断电平之差即门槛电平的大小。门槛电平值越大，抗干扰能力越强，传输距离越远。

PLC 输出模块的任务是将 PLC 内部的电平信号转换为外部设备的控制信号。对于开关频率高、电感性、低功率因数的负载，适合使用晶闸管输出模块，但模块价格较高，过载能力稍差。继电器输出模块的优点是适用电压范围较宽，导通压降损失小，价格较低，但寿命较短，响应速度较慢。输出模块同时接通 I/O 点数的电流累计值必须小于公共端所允许通过的电流值，输出模块的电流值必须大于负载电流的额定值。

（4）分配 PLC 的 I/O 地址，设计 I/O 连接图

输入/输出信号在 PLC 接线端子上的地址分配是进行 PLC 控制系统设计的基础。对软件设计来说，I/O 地址分配以后才可进行编程；对控制柜及 PLC 的外围接线来说，只有 I/O 地址确定以后，才可以绘制电气接线图、装配图，让装配人员根据电气接线图和装配图安装控制柜。

在进行 I/O 地址分配时，最好把 I/O 的名称、代码和地址以表格的形式列写出来。

（5）PLC 软件设计，同时可进行操作台的设计和现场施工

根据系统设计要求编写程序规格说明书，再用相应的编程语言进行程序设计。程序规格说明书应包括技术要求和编制依据等方面的内容。例如，程序模块功能要求、控制对象及其动作时序、精确度要求、响应速度要求、输入装置、输入条件、输出条件、接口条件、输入模块和输出模块接口、I/O 分配表等。根据 PLC 控制系统硬件结构和生产工艺条件要求，在程序规格说明书的基础上，使用相应的编程语言，编制实际应用程序的过程即是程序设计。同

时根据实际的控制系统要求，设计相应配套适用的操作台和控制柜，并且按照系统要求选择所需的电气元件。

（6）系统调试，固化程序，交付使用

调试系统程序，确保程序在满足控制要求的前提下安全、稳定运行，固化程序并编写设计说明书和操作使用说明书。

设计说明书是对整个设计过程的综合说明，一般包括设计的依据、基本结构、各个功能单元的分析、使用的公式和原理、各参数的来源和运算过程、程序调试情况等内容。操作使用说明书主要是提供给使用者和现场调试人员的，一般包括操作规范、步骤及常见故障问题。根据具体控制对象，上述内容可适当调整。

6.2 PLC 控制系统硬件设计

硬件设计主要包括 PLC 及外围线路的设计、电气线路的设计和抗干扰措施的设计等内容。

随着 PLC 功能的不断提高和完善，PLC 几乎可以完成工业控制领域的所有任务。但 PLC 还是有它最适合的应用场合，所以在接到一个控制任务后，要分析被控对象的控制过程和要求，看看用什么控制装置（PLC、单片机、DCS 或 IPC）来完成该任务最合适。比如，仪器及仪表装置、家用电器的控制器要用单片机来完成；大型的过程控制系统大部分要用 DCS 来完成。而 PLC 最适合的控制对象是：工业环境较差，而对安全性、可靠性要求较高，系统工艺复杂，输入/输出以开关量为主的工业自动控制系统或装置。其实，现在的 PLC 不仅能处理开关量，而且对模拟量的处理能力也很强。所以在很多情况下，也可取代工业控制计算机（IPC）作为主控制器，来完成复杂的工业自动控制任务。

控制对象及控制装置（选定为 PLC）确定后，还要进一步确定 PLC 的控制范围。一般来说，能够反映生产过程的运行情况，能用传感器进行直接测量的参数，控制逻辑复杂的部分都由 PLC 完成。另外，如紧急停车等环节，对主要控制对象还要加上手动控制功能，这就需要在设计电气系统原理图与编程时统一考虑。

6.2.1 PLC 的选型

当确定由 PLC 来完成控制后，设计者接下来要解决 PLC 容量的选择问题。

首先要对控制任务进行详细的分析，把所有的 I/O 找出来，包括开关量 I/O 和模拟量 I/O 以及这些 I/O 的性质。I/O 的性质主要指它们是直流信号还是交流信号，它们的电源电压，以及输出类型（继电器型、晶体管型、晶闸管型）。控制系统输出的类型非常关键，如果输出之中既有交流 220V 的接触器、电磁阀，又有直流 24V 的指示灯，则最后选用的 PLC 的输出点数有可能大于实际点数。因为 PLC 的输出点一般是几个一组公用一个公共端，这一组输出只能有一种电源的种类和等级。所以一旦它们是交流 220V 的负载，则直流 24V 的负载只能使用其他组的输出端了。这样有可能造成输出点数的浪费，从而增加成本。所以要尽可能选择相同等级和种类的负载，比如使用交流 220V 的指示灯等。一般情况下，继电器型输出的 PLC 使用最多，但对于要求高速输出的情况，如运动控制时的高速脉冲输出，就要使用无触点的晶体管型输出的 PLC。确定这些以后，就可以确定选用多少 I/O 点数和 PLC 的类型。

然后要对内存容量进行估算。用户程序所需内存容量受到内存利用率、开关量 I/O 点数、模拟量 I/O 点数和用户编程水平等主要因素的影响。我们把一个程序段中的接点数与存放该程序段所代表的机器语言所需的内存字节数的比值称为内存利用率。高的内存利用率给用户带来好处，同样的程序可以减少内存容量，从而降低内存投资。另外，同样的程序可缩短扫描周期时间，从而提高系统的响应。PLC 开关量 I/O 总点数是计算所需内存容量的重要根据。一般系统中，开关量输入和开关量输出的比为 6∶4。这方面的经验公式是根据开关量输入、开关量输出的总点数给出的。

所需内存字节数＝开关量（输入＋输出）总点数×10

具有模拟量控制的系统要用到传送和数学运算等功能指令，这些功能指令的内存利用率较低，因此所占的内存较多。在只有模拟量输入的系统中，一般要对模拟量进行读入、数字滤波、传送和比较运算。在模拟量输入和输出同时存在的情况下，运算较为复杂，内存需要量大。一般情况下的经验公式为：

只有模拟量输入时：所需内存字节数＝模拟量点数×100

模拟量输入/输出同时存在：所需内存字节数＝模拟量点数×200

这些经验公式在 10 个模拟量左右使用。当模拟量点数小于 10 时，内存字节数要适当加大；模拟量点数多时，可适当减少。

对于同样的系统，不同用户编写的程序可能会使程序长短和执行时间差距很大，一般来说，初学者应为内存多留一些余量，而有经验的编程者可少留一些余量。经验公式为：

总内存字节数=（开关量输入点数＋开关量输出点数）×10＋模拟量点数×150

然后按计算总内存字节数的 25%考虑余量。

PLC 常用的内存有 EPROM、EEPROM 和带锂电池供电的 RAM。一般微型和小型 PLC 的内存容量是固定的，介于 1～2KB 之间。用户程序占用多少内存与许多因素有关，如 I/O 点数、控制要求、运算处理量、程序结构等，因此在程序设计之前只能粗略地估算。根据经验，每个 I/O 及有关功能元件占用的内存大致如下。

- 开关量输入元件：10～20B/点。
- 开关量输出元件：5～10B/点。
- 定时器/计数器：2B/个。
- 模拟量：100～150B/点。
- 通信接口：一个接口一般需要 300B 以上。

根据上面计算出的总字节数再考虑 25%左右的余量，就可估算出用户程序所需的内存容量，从而选择合适的 PLC 内存。

6.2.2 I/O 地址分配

当选择了 PLC 后，首先需要确定系统中各 I/O 的绝对地址。在西门子公司的 S7 系列 PLC 中，I/O 地址的分配方式有固定地址型、自动分配型、用户设定型 3 种。实际所使用的方式取决于所采用的 PLC 的 CPU 型号、编程软件、软件版本、编程人员的选择等因素。

1．固定地址型

固定地址型是一种对 PLC 安装机架上的每个安装位置（插槽）都规定地址的分配方式。其特点如下：

① PLC 的每个安装位置都按照该系列 PLC 全部模块中可能存在的最大 I/O 点数分配地址；

② 对于输入或输出来说，I/O 地址是间断的，而且在输入与输出中不可以使用相同的二进制字节与位。

2．自动分配型

自动分配型是一种通过自动检测 PLC 所安装的实际模块，自动、连续分配地址的方式。其特点如下：

① PLC 的每个安装位置的 I/O 点数无规定，PLC 根据模块自动分配地址；

② 输入与输出的地址均从 0.0 起连续编排、自动识别，I/O 地址连续、有序。

3．用户设定型

用户设定型是一种可以通过编程软件进行任意定义的地址分配方式。其特点如下：

① PLC 的每个安装位置的地址可以任意定义，I/O 点数无规定，但同一 PLC 中不可以重复；

② 输入与输出的地址既可以是间断的，也可以不按照次序。

6.2.3 响应时间

对于过程控制，扫描周期和响应时间必须认真考虑。PLC 顺序扫描的工作方式，使它不能可靠地接收持续时间小于扫描周期的输入信号。例如，电动机转速的测量，就需要选用高速计数指令来完成。总之，PLC 的处理速度应满足实时控制的要求。

选定 PLC 及其扩展模块（若需要）和分配完 I/O 地址后，硬件设计的主要内容就是完成电气原理图的设计、电气元件的选择和控制柜的设计。电气原理图包括主电路和控制电路。控制电路包括 PLC 的 I/O 接线和自动部分、手动部分的详细连接等，有时还要在电气原理图中标出元器件代号或另外配上安装图、端子接线图等，以方便控制柜的安装。电气元件的选择主要是根据控制要求选择按钮、开关、传感器、保护电器、接触器、指示灯和电磁阀等。

6.3 PLC 控制系统软件设计

PLC 的软件设计包括系统初始化程序、主程序、子程序、中断程序、故障应急措施和辅助程序的设计。首先应根据总体要求和控制系统的具体情况，确定程序的基本结构，画出控制流程图或功能流程图，然后编写具体的程序。在实际工作中，软件的实现方法有很多种，具体使用哪种方法，因人因控制对象而异，简单的系统可以用经验设计法，复杂的系统一般用逻辑设计法。

6.3.1 经验设计法

在 PLC 发展的初期，沿用了设计继电器-接触器电路图的方法来设计梯形图，即在已有的一些典型梯形图的基础上，根据被控对象对控制的要求，不断地修改和完善梯形图。有时需要多次反复地调试和修改梯形图，不断增加中间元件和触点，最后才能得到一个较为满意的结果。这种方法没有普遍的规律可以遵循，设计所用的时间、设计的质量与编程者的经验有很大的关系，所以把这种设计方法称为经验设计法。

经验设计法对于一些比较简单的程序设计是比较有效的，可以收到快速、简单的效果。但是，由于这种方法主要是依靠设计人员的经验进行设计的，因此对设计人员的要求也就比较高，特别是要求设计人员有一定的实践经验，对工业控制系统和工业上常用的各种典型环节比较熟悉。经验设计法没有规律可遵循，具有很大的试探性和随意性，往往需经多次反复修改和完善才能符合设计要求，所以设计的结果往往不很规范，因人而异。

经验设计法一般适合于设计一些简单系统的梯形图或复杂系统的某一局部程序（如手动程序等）。如果用来设计复杂系统的梯形图，则存在以下问题。

（1）考虑不周、设计麻烦、设计周期长

用经验设计法设计复杂系统的梯形图时，要用大量的中间元件来完成记忆、联锁、互锁等功能。由于需要考虑的因素很多，这些因素往往又交织在一起，因此分析起来非常困难，并且很容易遗漏一些问题。修改某一局部程序时，很可能会对系统其他部分的程序产生意想不到的影响，往往花了很长时间，还得不到一个满意的结果。

（2）梯形图的可读性差、系统维护困难

用经验设计法设计的梯形图是按设计人员的经验和习惯的思路进行设计的。因此，即使是设计人员的同行，要分析这种程序也非常困难，更不用说维修人员了，这给 PLC 控制系统的维护和改进带来许多困难。

6.3.2 逻辑设计法

逻辑设计法是以数字电路中的组合逻辑电路或时序逻辑电路的思想来设计 PLC 程序的。PLC 的最基本功能是逻辑运算，早期 PLC 的应用主要是利用该功能替代继电器-接触器控制系统。用“1”和“0”两种状态取值代替传统的继电器、接触器等触点的“吸合”“断开”或线圈的“得电”“断电”状态，运用逻辑代数设计 PLC 程序是完全可行的。最基本的逻辑运算关系是“与”“或”“非”3 种，分别对应 PLC 程序中节点的串联、并联和反状态，并可在此基础上构建更复杂的“与非”“或与”“与或”等逻辑运算关系。当一个逻辑函数用逻辑变量的基本运算式表达出来后，实现这个逻辑函数的线路就确定了。当这种方法使用熟练后，甚至梯形图也可以省略，可以直接写出与逻辑函数表达式对应的指令语句程序。

用逻辑设计法设计 PLC 程序的一般步骤如下：

① 列出执行元件动作节拍表；

② 绘制控制系统的状态转移图；

③ 进行控制系统的逻辑设计；

④ 编写程序；

⑤ 对程序检查、修改和完善。

控制系统设计的难易程度因控制任务而异，也因人而异。对于经验丰富的工程技术人员来说，在长时间的专业工作中，受到过各种各样的磨炼，积累了许多经验，除一般的编程方法外，更有自己的编程技巧和方法，可采用经验设计法。但不管采用哪种方法，平时多注意积累和总结是很重要的。

在程序设计时，除 I/O 分配表外，有时还要把在程序中用到的中间继电器（M）、定时器（T）、计数器（C）和存储单元（V）以及它们的作用或功能列写出来，以便编写程序和阅读程序。

在编程语言的选择上，主要取决于：

① 有些 PLC 使用梯形图编程不是很方便，则可以使用结构化控制语言（SCL）编程，但是梯形图总比 SCL 直观；

② 经验丰富的设计人员可以使用 SCL 直接编程，就像使用 C 语言一样。

6.4　PLC 应用程序的基本环节及设计技巧

6.4.1　PLC 应用程序的基本环节

复杂的控制程序一般都是由一些典型的基本环节有机地组合而成的，因此，掌握这些基本环节尤为重要，这有助于程序设计水平的提高。以下是几个常用的基本环节。

1．电动机的启动、停止控制程序

电动机的启动与停止是最常见的控制，通常需要设置启动按钮、停止按钮及接触器等电器。I/O 分配表见表 6-1，I/O 接线图如图 6-1 所示。

表 6-1　I/O 分配表

输入信号		输出信号	
停止按钮 SB_1	I0.1	接触器 KM	Q0.1
启动按钮 SB_2	I0.2		

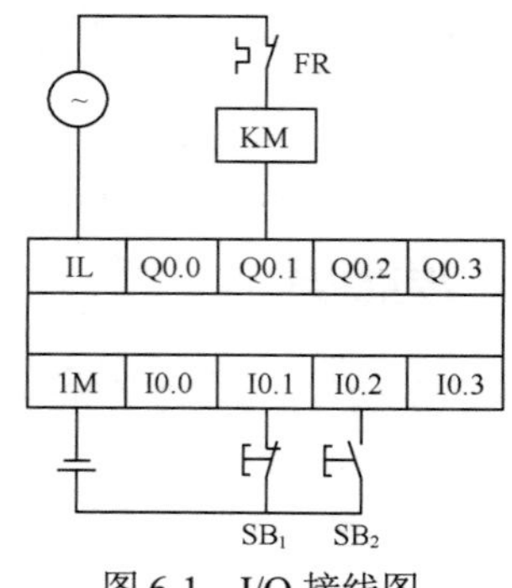

图 6-1　I/O 接线图

（1）停止优先控制程序

为确保安全，通常电动机的启动、停止控制总是选用图 6-2 所示的停止优先控制程序。对于该程序，若同时按下启动和停止按钮，则停止优先。

（2）启动优先控制程序

对于有些场合，需要启动优先控制，若同时按下启动和停止按钮，则启动优先。具体程序如图 6-3 所示。

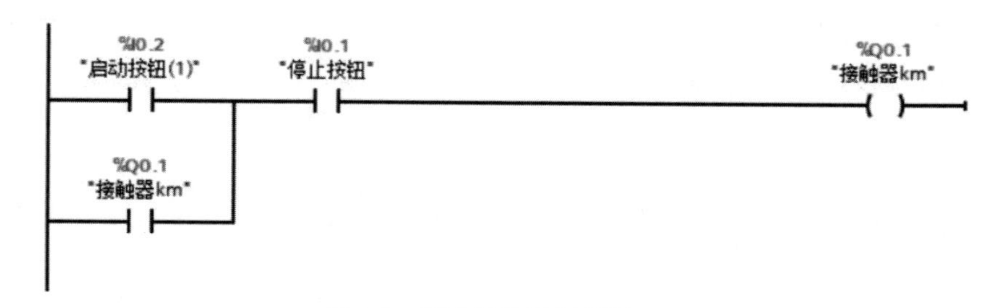

图 6-2　停止优先控制程序

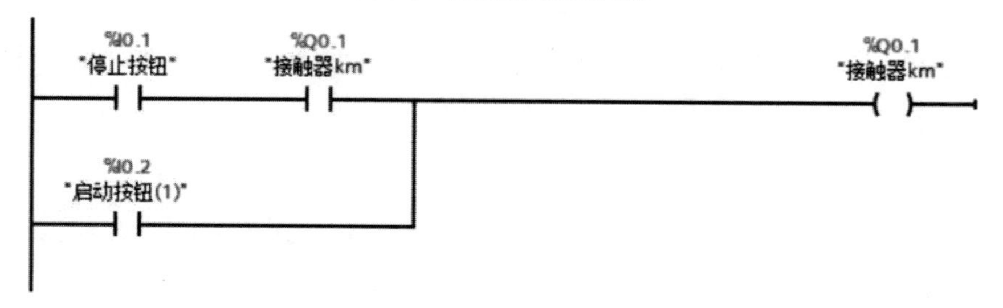

图 6-3　启动优先控制程序

2. 具有点动功能的电动机启动、停止控制程序

有些设备的运动部件的位置常常需要进行调整，这就要用到点动调整功能。这样除上述启动按钮、停止按钮外，还需要增加点动按钮 SB_3。I/O 分配表见表 6-2，I/O 接线图如图 6-4 所示。

表 6-2 I/O 分配表

输入信号		输出信号	
停止按钮 SB_1	I0.0	接触器 KM	Q0.1
启动按钮 SB_2	I0.1		
点动按钮 SB_3	I0.2		

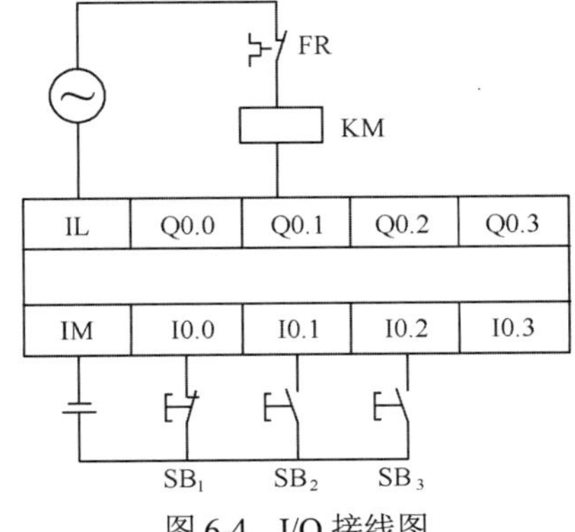

图 6-4 I/O 接线图

在继电器控制柜中，点动控制是采用复合按钮实现的，即利用常开、常闭触点的先断后合的特点实现。而 PLC 梯形图中的“软继电器”的常开触点和常闭触点的状态转换是同时发生的，这时，可采用图 6-5 所示的存储器 M2.0 及其常闭触点来模拟先断后合型继电器的特性。该程序中运用了 PLC 的周期循环扫描工作方式而造成的输入、输出延迟响应来达到先断后合的效果。注意：若将 M2.0 内部线圈与 Q0.1 输出线圈的位置对调，则不能产生先断后合的效果。

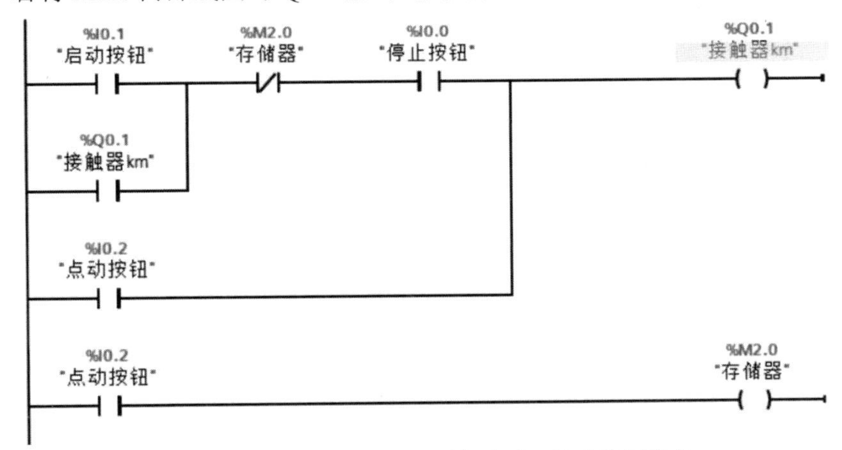

图 6-5 具有点动功能的电动机启动、停止控制程序

3. 电动机的正、反转控制程序

电动机的正、反转控制是常用的控制形式，输入信号设有停止按钮 SB_1、正转按钮 SB_2、反转按钮 SB_3，输出信号应设正、反转接触器 KM_1、KM_2。I/O 分配表见表 6-3，I/O 接线图如图 6-6 所示。

电动机可逆运行的方向切换是通过两个接触器 KM_1、KM_2 的切换来实现的。切换时，要改变电源的相序。在设计程序时，必须防止由于电源换相所引起的短路事故。例如，由正向运转切换到反向运转时，当正转接触器 KM_1 断开时，由于其主触点内瞬时产生的电弧，使这个触点仍处于接通状态，如果这时使反转接触器 KM_2 闭合，就会使电源短路。因此，必须在

完全没有电弧的情况下使反转接触器闭合。

表 6-3　I/O 分配表

输入信号		输出信号	
停止按钮 SB_1	I0.0	正转接触器 KM_1	Q0.1
正转按钮 SB_2	I0.1		
反转按钮 SB_3	I0.2	反转接触器 KM_2	Q0.2

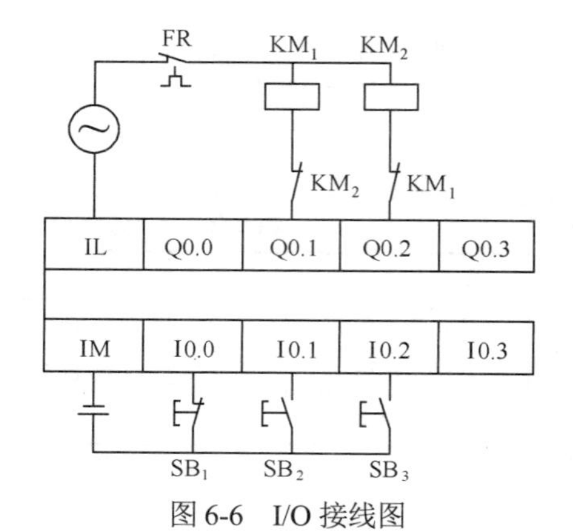

图 6-6　I/O 接线图

由于在 PLC 内部，同一元件的常开、常闭触点的切换没有时间的延迟，因此必须采用防止电源短路的方法。图 6-7 中，采用定时器 T_1、T_2 分别用作正转、反转切换的延迟时间，从而防止了切换时发生电源短路故障。

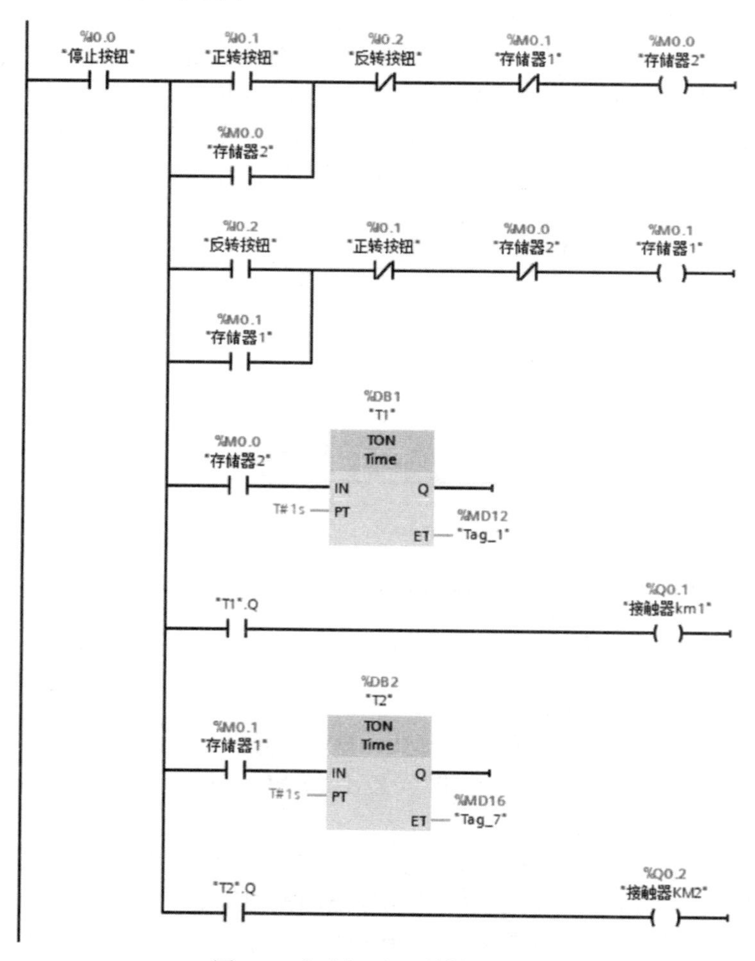

图 6-7　电动机正、反转控制程序

4．闪烁电路

闪烁电路也称为振荡电路，该电路用在报警、娱乐等场合。闪烁电路实际上就是一个时钟电路，它可以等间隔地通断，也可以不等间隔地通断。图 6-8 所示为一个典型的闪烁电路程序。图中，当 I0.0 有效时，T1 就会产生一个 5s 通、3s 断的闪烁信号。Q0.0 和 T1 一样开始闪烁。

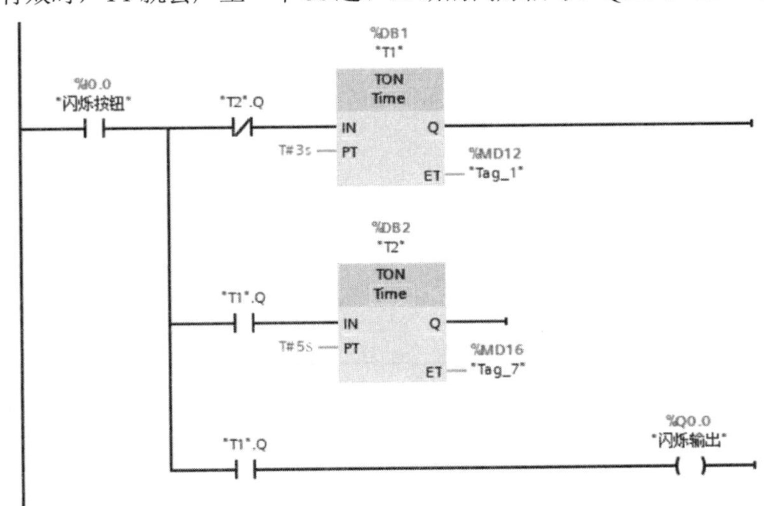

图 6-8 闪烁电路程序

在实际的程序设计中，如果电路中用到闪烁功能，往往直接用两个定时器组成闪烁电路，如图 6-9 所示。这个电路不管其他信号如何，PLC 一经通电，它就开始工作。当使用闪烁功能时，把 T1 的常开触点（或常闭触点）串联上即可。通断的时间值可以根据需要任意设定。图 6-9 是一个 3s 通、3s 断的闪烁程序。

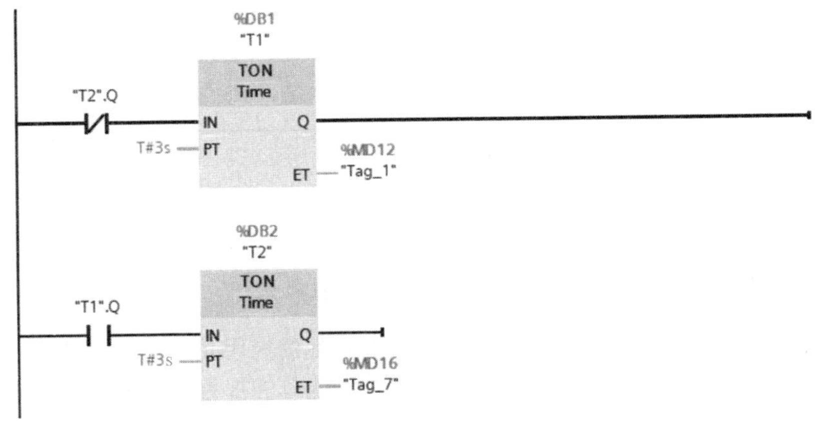

图 6-9 实用闪烁电路程序

5．报警电路

报警是电气控制系统中不可缺少的重要环节，标准的报警功能应该是声光报警。当故障发生时，报警灯闪烁，报警电铃或蜂鸣器鸣响。操作人员得知故障发生后，按消铃按钮，把电铃或蜂鸣器关掉，报警灯从闪烁变为长亮。故障消失后，报警灯熄灭。另外，还应设置试灯、试铃按钮，用于平时检测报警灯和电铃或蜂鸣器的好坏。图 6-10、图 6-11 为故障标准报警电路梯形图、时序图，图中的 I/O 地址分配如下：

输入信号——I0.0 为故障信号；I1.0 为消铃按钮；I1.1 为试灯、试铃按钮。

输出信号——Q0.0 为报警灯；Q0.7 为报警电铃。

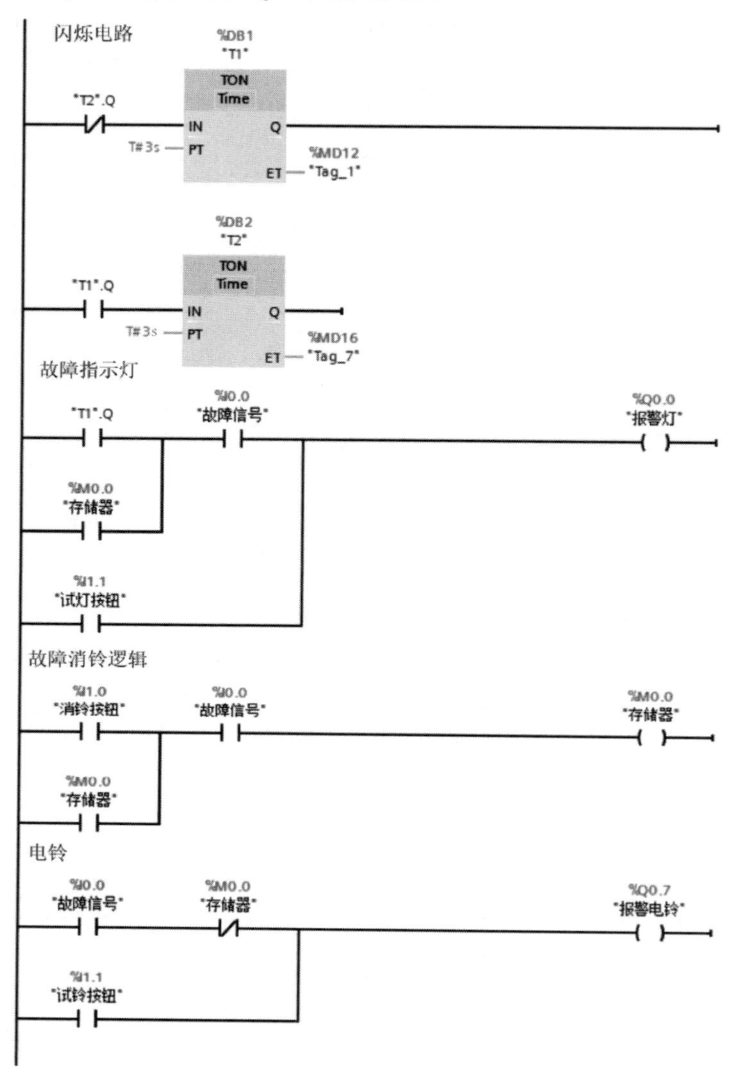

图 6-10　故障标准报警梯形图

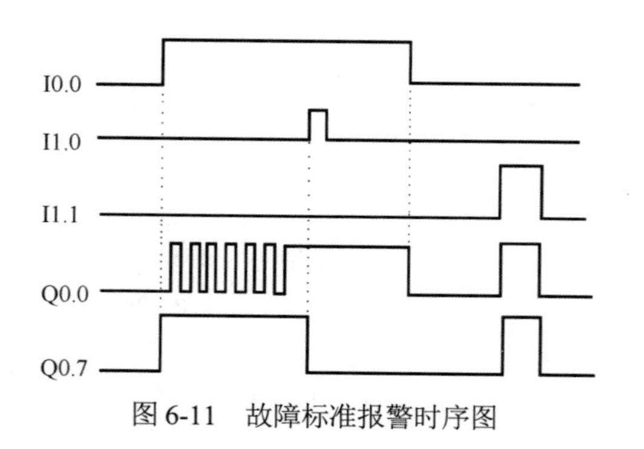

图 6-11　故障标准报警时序图

在实际的应用系统中，可能出现的故障一般有多种，这时的报警电路就不一样了。对报警灯来说，一种故障对应于一个报警灯，但一个系统只能有一个电铃。下面分析一个有两种故障的报警电路供大家在实际使用时参考。图 6-12 所示为两种故障标准报警梯形图，图中 I/O 地址分配如下：

输入信号——I0.0 为故障信号 1；I0.1 为故障信号 2；I1.0 为消铃按钮；I1.1 为试灯、试铃按钮。

输出信号——Q0.0 为故障信号 1 报警灯；

Q0.1 为故障信号 2 报警灯；Q0.7 为报警电铃。

在该程序的设计中，关键是当任何一种故障发生时，按消铃按钮后，都不能影响其他故障发生时报警电铃的正常鸣响。

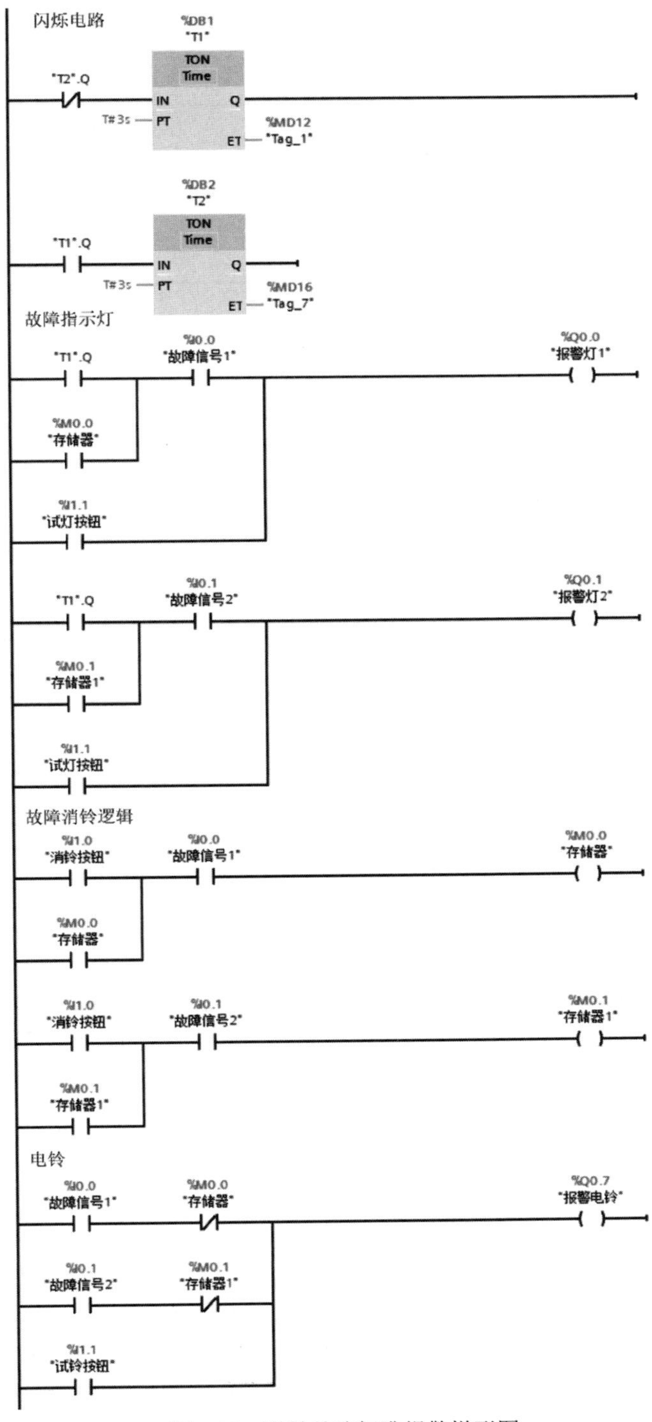

图 6-12　两种故障标准报警梯形图

6. 脉冲宽度可控制电路

在输入信号宽度不规范的情况下，要求在每个输入信号的上升沿产生一个宽度固定的脉冲，该脉冲宽度可以调节。如果输入信号的两个上升沿之间的距离小于该脉冲宽度，则忽略输入信号的第二个上升沿。图 6-13、图 6-14 所示为该电路的梯形图和时序图。

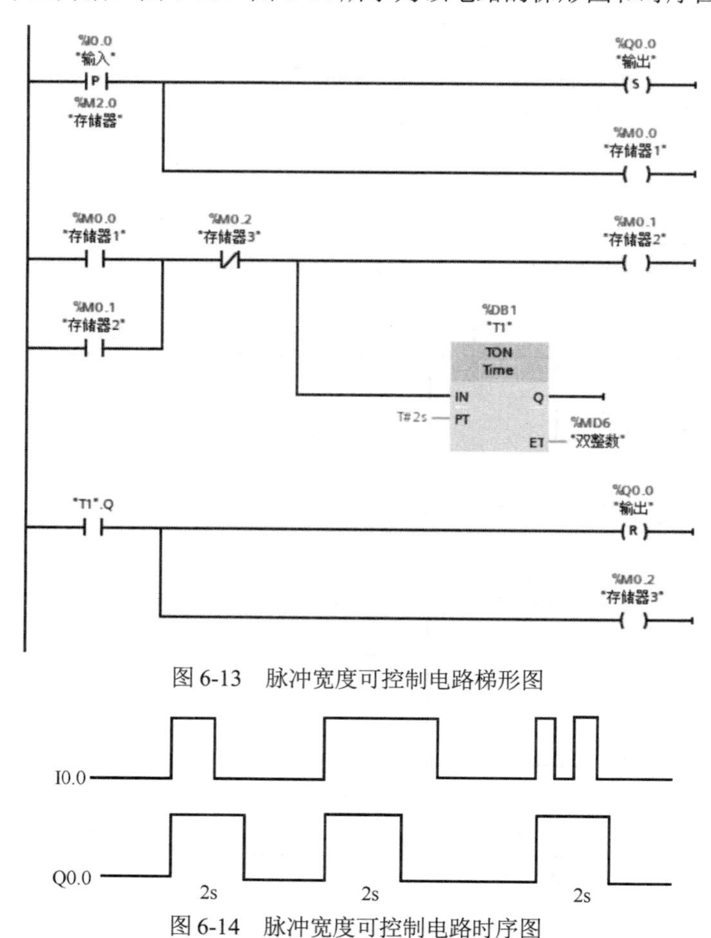

图 6-13　脉冲宽度可控制电路梯形图

图 6-14　脉冲宽度可控制电路时序图

该例使用了上升沿脉冲指令和 S/R 指令。关键是找出 Q0.0 的开启和关断条件，使其不论在 I0.0 的宽度大于或小于 2s 时，都可使 Q0.0 的宽度为 2s。定时器 T1 的计时输入逻辑在上升沿之间的距离小于该脉冲宽度时，对后面产生的上升沿脉冲无效。T1 在计时到后，产生一个信号复位 Q0.0，然后自己复位。该例中，通过调节 T1 设定值 PT 的大小，就可控制 Q0.0 的宽度。该宽度不受 I0.0 接通时间长短的影响。

7. 分频电路

在许多控制场合，需要对控制信号进行分频。下面以二分频为例来说明 PLC 是如何实现分频的。

输入 I0.1 引入信号脉冲，要求输出 Q0.0 引出的脉冲是前者的二分频。

图 6-15、图 6-16 所示为二分频电路的梯形图和时序图。图 6-15 中用了 3 个辅助继电器，编号分别是 M0.0、M0.1、M0.2。输入 I0.1 在 t_1 时刻接通（ON），此时辅助继电器 M0.0 上将产生单脉冲。然而输出线圈 Q0.0 在此之前并未得电，其对应的常开触点处于断开状态，因此

扫描至第 3 行程序时，尽管 M0.0 得电，辅助继电器 M0.2 也不能得电。扫描至第 4 行程序时，Q0.0 得电并自锁。此后这部分程序虽经多次扫描，但由于 M0.0 仅接通一个扫描周期，M0.2 不能得电。Q0.0 对应的常开触点闭合，为 M0.2 的得电做好了准备。等到 t_2 时刻，输入 I0.1 再次接通（ON），M0.0 上再次产生单脉冲，因此在扫描第 3 行程序时，M0.2 满足得电条件，M0.2 对应的常闭触点断开。执行第 4 行程序时，输出线圈 Q0.0 失电，输出信号消失。以后即使 I0.1 继续存在，由于 M0.0 是单脉冲信号，虽然多次扫描第 4 行程序，输出线圈 Q0.0 也不能得电。在 t_3 时刻，输入 I0.1 第三次接通（ON），M0.0 上又产生单脉冲，输出 Q0.0 再次接通。

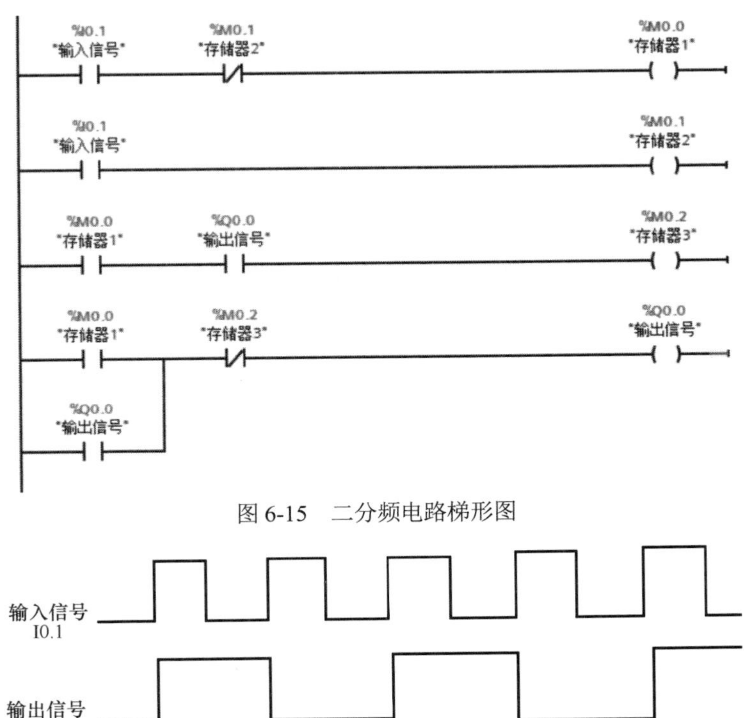

图 6-15　二分频电路梯形图

输入信号
I0.1

输出信号
Q0.0

t_1　t_2　t_3　t_4

图 6-16　二分频电路时序图

6.4.2　PLC 应用程序的设计技巧

在工艺要求改变后，常常需要改变程序，有时会出现 I/O 点数不够又不想增加 PLC 扩展单元的情况，此时可采用一些方法来减少输入点和输出点。

1．减少输入点的方法

（1）采用二极管隔离的分组输入法

控制系统一般具有手动和自动两种工作方式。由于手动与自动不是同时发生的，因此可分成两组，并由转换开关 SA 选择自动（位置 2）和手动（位置 1）的工作位置，如图 6-17 所示。这样一个输入点就可当作两个输入点使用。二极管的作用是避免产生寄生电路，保证信号的正确输入。

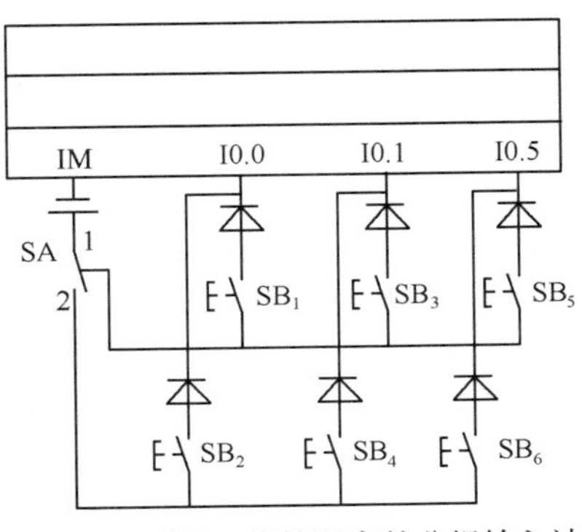

图 6-17　采用二极管隔离的分组输入法

（2）触点合并式输入法

在生产工艺允许的条件下，将具有相同性质和功能的输入点串联或并联后再输入 PLC 的输入点，这样使几个输入信号只占用一个输入点。下面以两地控制程序为例来说明。

设有一台电动机，要求分别在甲、乙两地均可对其进行启动、停止控制。甲地设停止按钮 SB_1，启动按钮 SB_3；乙地设停止按钮 SB_2，启动按钮 SB_4。I/O 分配表见表 6-4，I/O 接线图如图 6-18 所示。

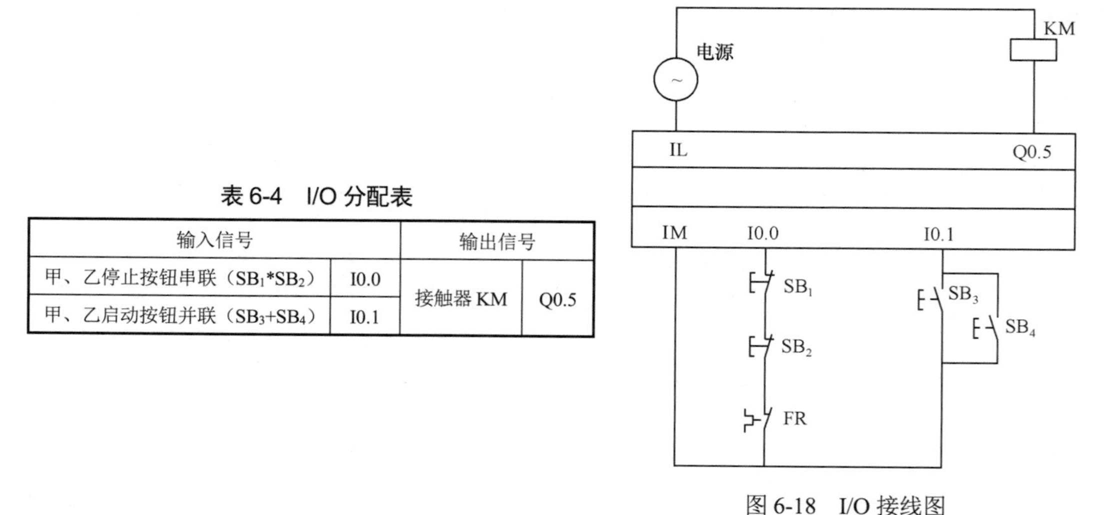

表 6-4　I/O 分配表

输入信号		输出信号	
甲、乙停止按钮串联（SB_1*SB_2）	I0.0	接触器 KM	Q0.5
甲、乙启动按钮并联（SB_3+SB_4）	I0.1		

图 6-18　I/O 接线图

对应的梯形图如图 6-19 所示。这样，不管是在甲地或乙地，均可对电动机进行启动、停止控制，而只占用于 PLC 的两个输入点（I0.0、I0.1）。

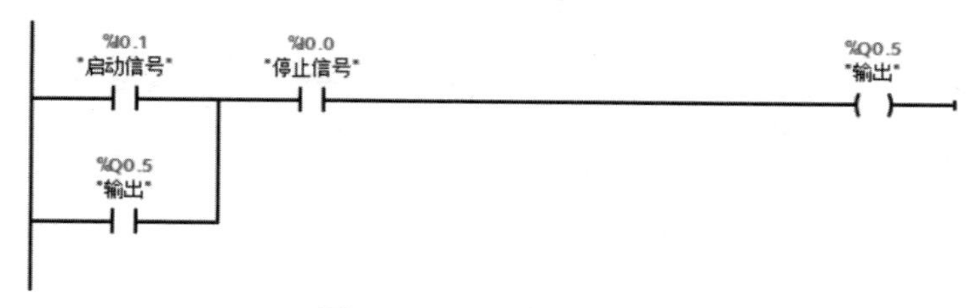

图 6-19　两地控制梯形图

推而广之，对于多地点控制，只要将 *n* 地的停止按钮的常闭触点串联起来，接入 PLC 的一个输入点；再将 *n* 地的启动按钮并联起来，接入 PLC 的一个输入点。

（3）单按钮控制法

通常启动、停止控制（如电动机的启动、停止控制）均要设置两个控制按钮作为启动按钮和停止按钮。下面介绍只用一个按钮，通过软件编程，实现启动与停止控制。

如图 6-20 所示，I0.0 作为启动、停止按钮的地址，第一次按下时 Q0.0 有输出，第二次按下时 Q0.0 无输出，第三次按下时 Q0.0 又有输出。

2．减少输出点的方法

对于两个通断状态完全相同的负载，可将它们并联后公用一个 PLC 的输出点，如图 6-21 所示。

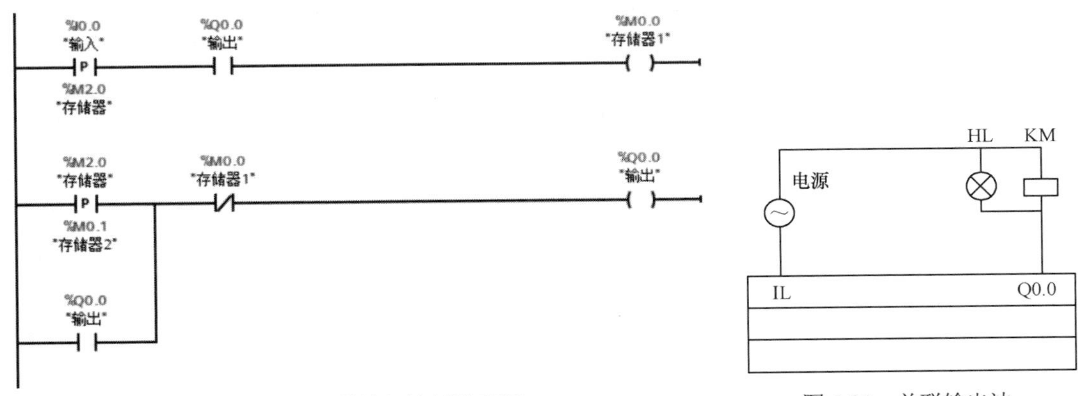

图 6-20　单按钮控制梯形图

图 6-21　并联输出法

两个负载并联公用一个输出点，应注意两个输出负载电流的总和不能大于输出端的负载能力。

由于信号灯的电流很小，因此常用信号灯与被指示的负载并联的方法，这样可少占用 PLC 的一个输出点。

6.5　PLC 在控制中的应用

6.5.1　基于博途软件的项目创建

博途软件向用户提供了非常简便灵活的项目创建、编辑和下载方式，用户不需要购买专用编程电缆，仅使用以太网卡和以太网线即可实现对 S7-1200 PLC 的监控和下载，也可以配合 S7-PLCSIM 仿真软件在单台计算机上对程序进行仿真、调试等开发工作。

下面以一个简单的项目为例逐步展开介绍，使读者对博途 V16 和 S7-1200 PLC 实施一个项目一目了然。

1. 项目介绍

（1）功能介绍

通过 S7-1200 PLC 实现一个自动化工程师们广为熟悉的“电机启停控制”。

（2）软、硬件描述

软、硬件列表见表 6-5。

表 6-5　软、硬件列表

项目	描述	订货号	数量/个
编程软件	TIA Portal V16	6ES7 823-0AA00-1AA0	1
CPU	1211C AC/DC/Rly	6ES7 211-1BE40-0XB0	1
存储卡	12MB	6ES7954-8LE01-0AA0	1
安装导轨	480mm	6ES7590-1AE80-0AA0	1
前连接器	螺钉型端子	6ES7592-1AM00-0XB0	2
24V DC 电源	SITOP 24VDC/2.5A	可以选择 PM 及其他支持 ELV 的开关电源	1

注：项目中的选型仅供参考，用户务必根据实际要求进行选型。

（3）所使用的 PC 操作系统

PC 操作系统采用 Windows 10 专业版。

（4）I/O 地址分配

I/O 分配表见表 6-6。

表 6-6　I/O 分配表

序号	名称	地址
1	启动按钮（Motor_start）	I0.0
2	停止按钮（Motor_stop）	I0.1
3	电机驱动（Motor）	Q0.0

（5）软件安装

安装博途 V16 过程可参考本书 4.6.2 节的相关内容。如果暂时没有 PLC 实物，可以使用 S7-PLCSIM 仿真软件模拟 PLC 实物，完成硬件配置、程序下载、监控等操作。

2．硬件安装与接线

S7-1200 CPU 模块如图 6-22 所示。在安装时总结一句话：先导轨，模块先左后右装，U 型连接器勿忘模块间。更多的安装指导可参考相关手册。

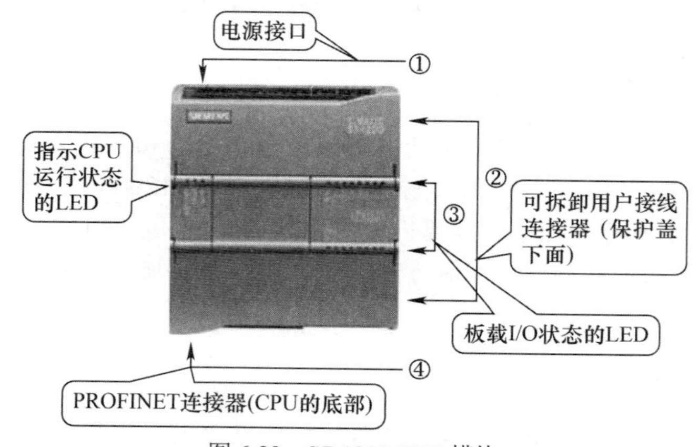

图 6-22　S7-1200 CPU 模块

各模块电源的接线应严格按照设备说明书的要求，包括连接方式、导线规格、导线颜色等。如图 6-23 所示，L1、N 接 120~240V AC，L+、M 接 24V DC 传感器电源，1M、2M 是公共端子，对于漏型输入，将负载连接到“−”端（如图示）；对于源型输入，将负载连接到“+”端。需要注意的是，这里停止按钮使用的是常开按钮而非传统电气设计中使用的常闭按钮，所以在后续的控制程序中，应使用常闭触头与之对应。

3．项目编辑

项目编辑按照以下步骤进行操作。

（1）双击桌面上的图标，打开博途 V16。

（2）在欢迎界面中，单击“创建新项目”，输入“项目名称”（如项目 2）并选择存放路径后，单击“创建”按钮，如图 6-24 所示。

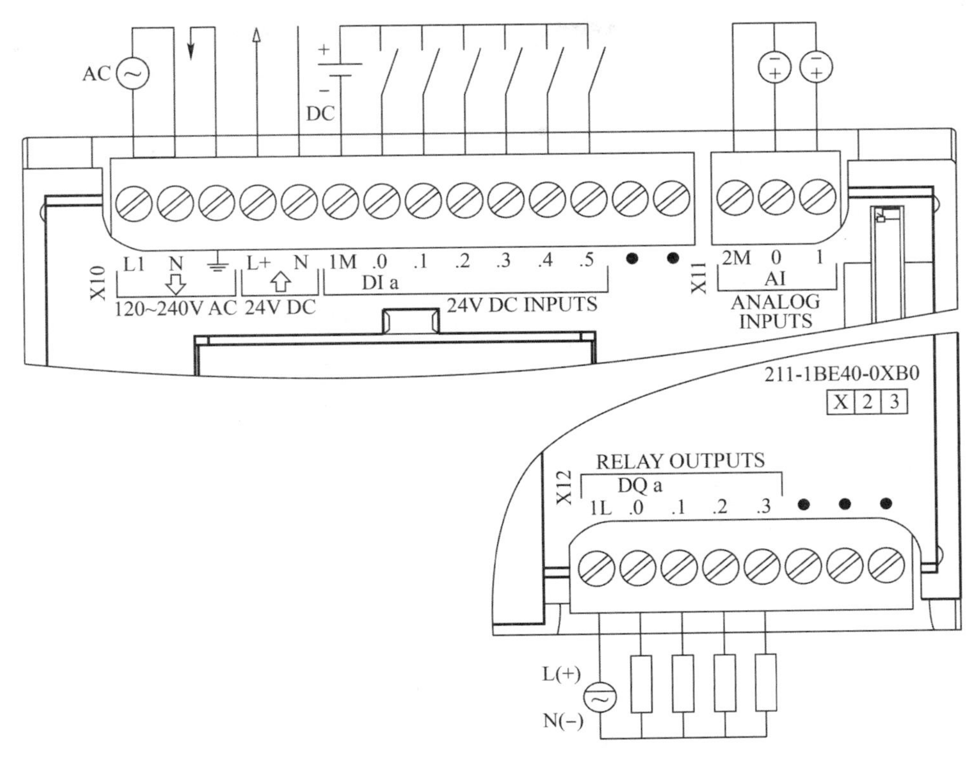

图 6-23　电源、按钮接线示意图

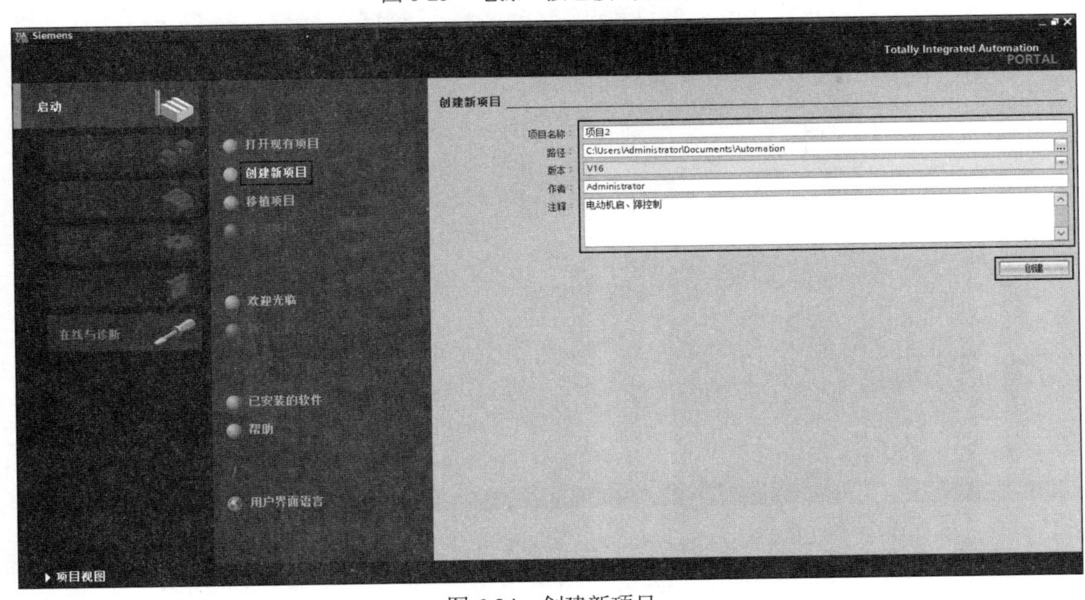

图 6-24　创建新项目

（3）项目成功创建后，单击左下角的“项目视图”，切换到编辑界面，如图 6-25 所示。

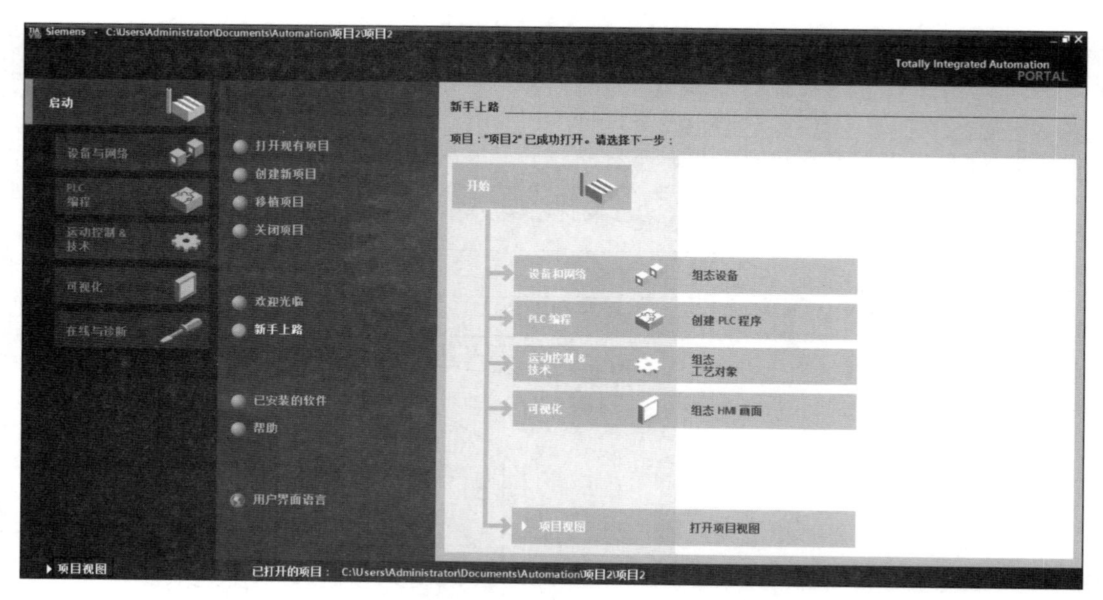

图 6-25　切换“项目视图”

（4）单击项目名称左边的小箭头以展开“项目树”，如图 6-26 所示，双击“添加新设备”。

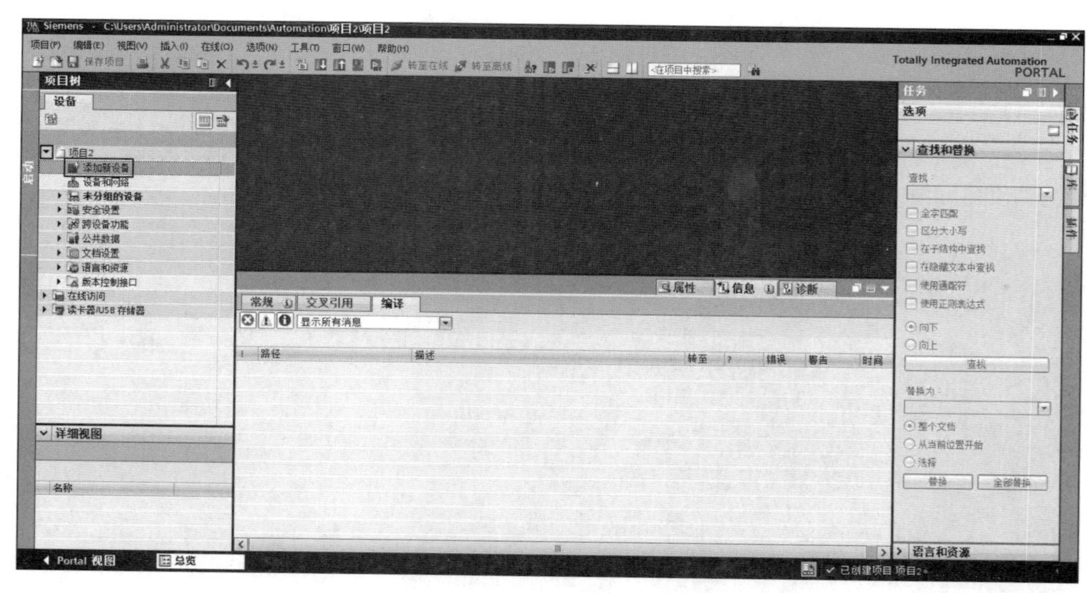

图 6-26　添加新设备

（5）弹出如图 6-27 所示的“添加新设备”对话框。单击“控制器”，然后单击“Controllers”→“SIMATIC S7-1200”→“CPU”→“CPU 1211C AC/DC/Rly”左侧的小箭头，选择 PLC 订货号“6ES7 211-1BE40-0XB0”，最后单击“确定”按钮。

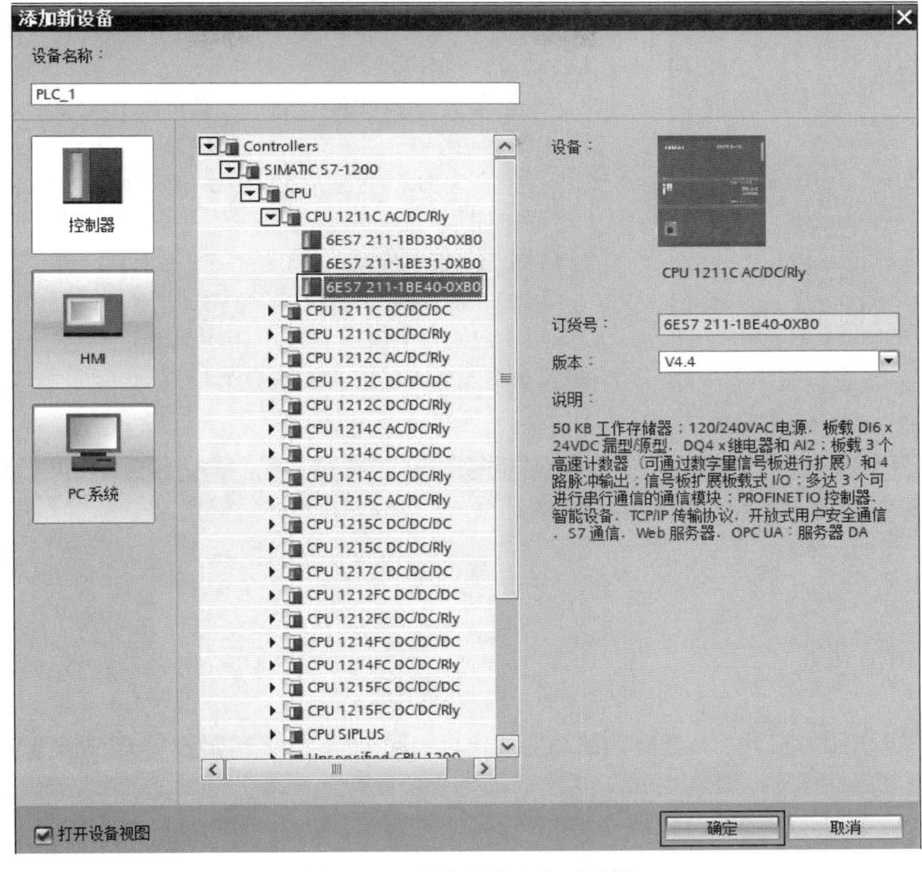

图 6-27 “添加新设备”对话框

（6）设备组态至此已经完成，在“设备视图”的“设备概览”选项卡中，可以看到系统默认分配的输出地址从 Q0 开始，输入地址从 I0 开始，模拟量输入地址为 I64～I67，如图 6-28 所示。

项目2 ▸ PLC_1 [CPU 1211C AC/DC/Rly]

拓扑视图 网络视图 设备视图

设备概览

模块	插槽	I 地址	Q 地址	类型	订货号	固件	注释
	103						
	102						
	101						
▾ PLC_1	1			CPU 1211C AC/DC/Rly	6ES7 211-1BE40-0XB0	V4.4	
DI 6/DQ 4_1	1 1	0	0	DI 6/DQ 4			
AI 2_1	1 2	64...67		AI 2			
	1 3						
HSC_1	1 16	1000...10...		HSC			
HSC_2	1 17	1004...10...		HSC			
HSC_3	1 18	1008...10...		HSC			
HSC_4	1 19	1012...10...		HSC			
HSC_5	1 20	1016...10...		HSC			
HSC_6	1 21	1020...10...		HSC			
Pulse_1	1 32		1000...10...	脉冲发生器 (PTO/PWM)			
Pulse_2	1 33		1002...10...	脉冲发生器 (PTO/PWM)			
Pulse_3	1 34		1004...10...	脉冲发生器 (PTO/PWM)			
Pulse_4	1 35		1006...10...	脉冲发生器 (PTO/PWM)			
OPC UA	1 254			OPC UA			
▸ PROFINET 接口_1	1 X1			PROFINET 接口			

图 6-28 “设备概览”选项卡

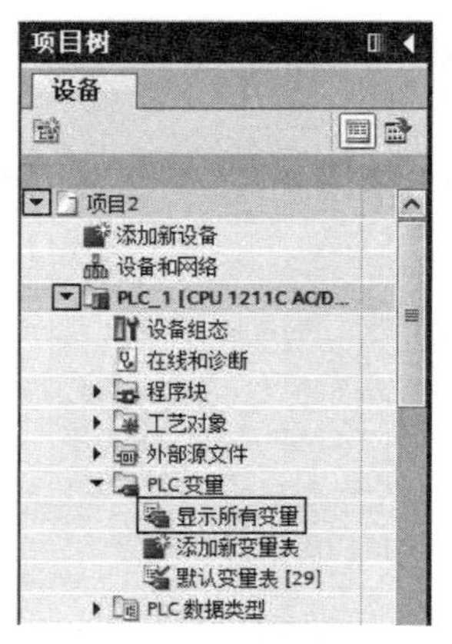

图 6-29 “显示所有变量”选项

（7）编写变量表。为了提高程序的可读性，需要定义 I/O 地址。操作步骤如下：

① 单击“项目树”中的“显示所有变量”选项，如图 6-29 所示。

② 在“PLC 变量”窗口中，定义地址 I0.0 的名称是“启动按钮”，地址 I0.1 的名称是“停止按钮”，地址 Q0.0 的名称是“电机驱动”，如图 6-30 所示。

（8）进入编程环节。依次单击“项目树”中的“项目 2”→“PLC_1[CPU 1211C AC/DC/Rly]”→“程序块”左侧的小箭头，再双击“Main[OB1]”打开主程序，如图 6-31 所示。

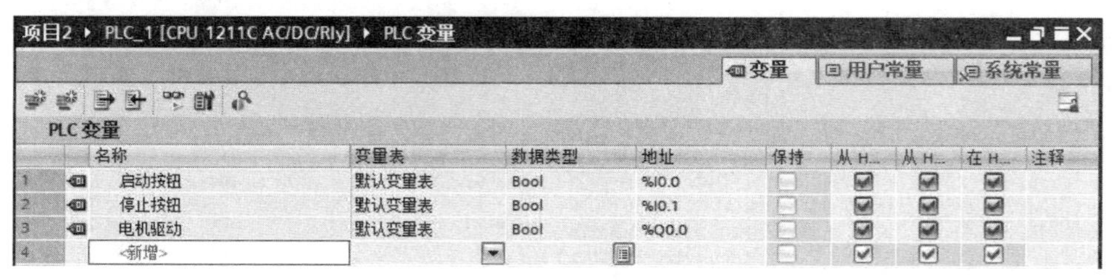

图 6-30 定义变量

（9）现在开始编辑一个具有自锁功能（电机长动控制）的电机启停程序。输入点 I0.0 用于启动电机，I0.1 用于停止电机，电机启停由输出点 Q0.0 控制接触器的线圈，接触器的主触头控制电机电源通断，下面是具体步骤。

① 从指令收藏夹中单击选中常开触点，按住鼠标左键不放，将其拖拽到绿色小方块处，如图 6-32 所示。

② 重复上述操作，在已插入的常开触点下方再插入一个常开触点，如图 6-33 所示。

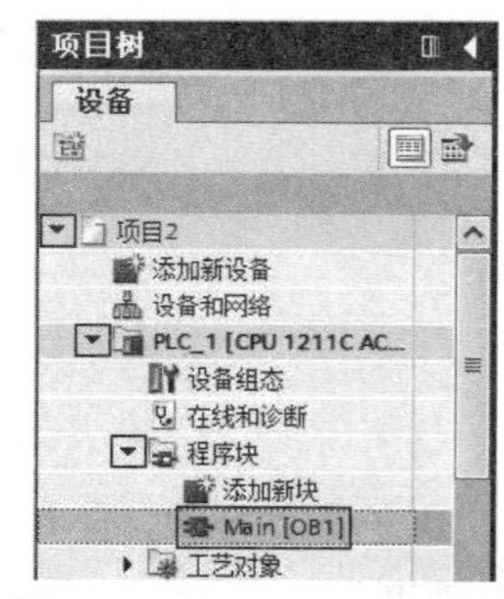

图 6-31 “Main[OB1]”选项

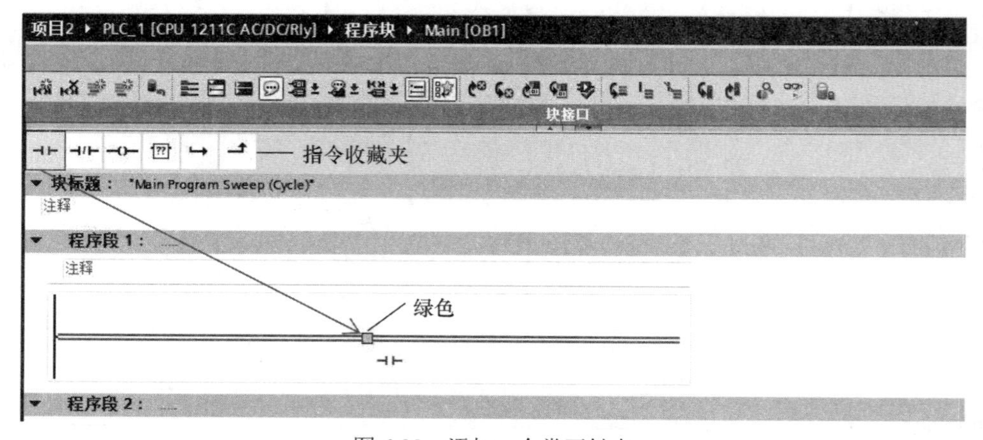

图 6-32 添加一个常开触点

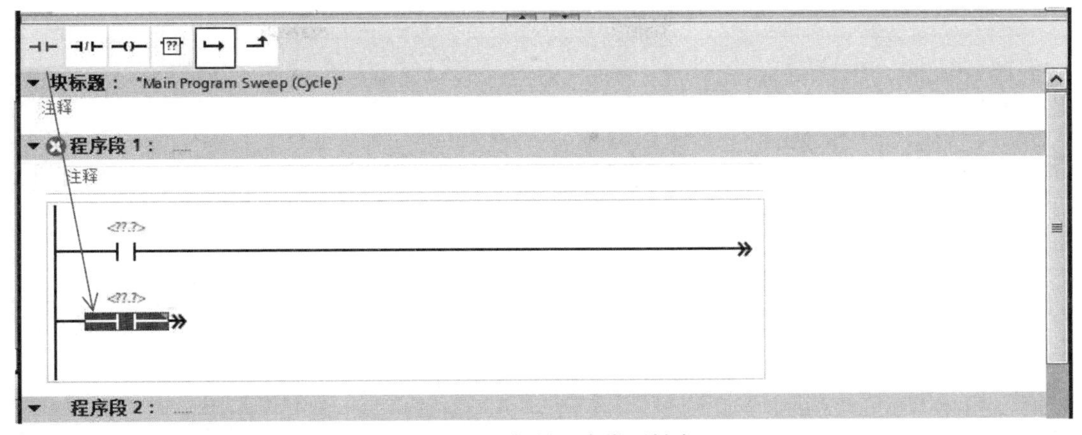

图 6-33　添加另一个常开触点

③ 选中下面的常开触点右侧的双箭头，单击指令收藏夹中的向上箭头，连接能流，如图 6-34 所示。

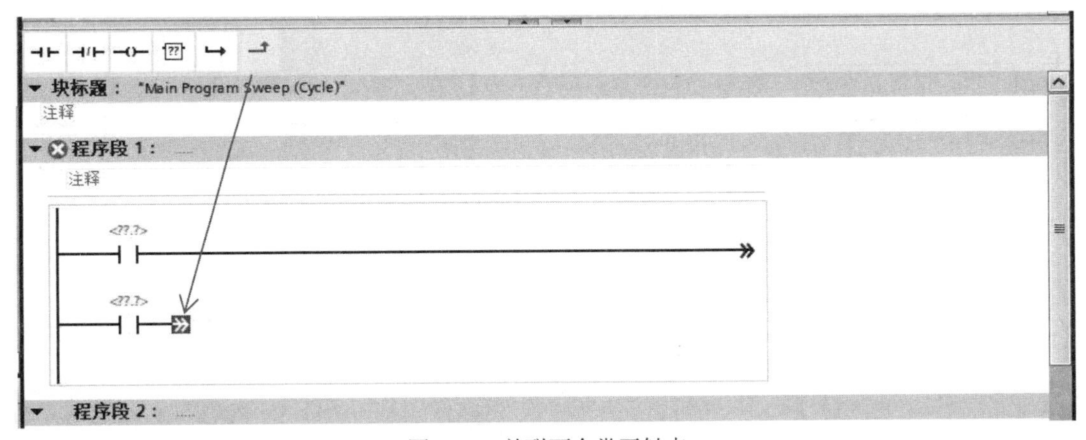

图 6-34　并联两个常开触点

④ 同样用拖拽的方法，在能流结合点后面添加一个常闭触点和输出线圈，如图 6-35 和图 6-36 所示。

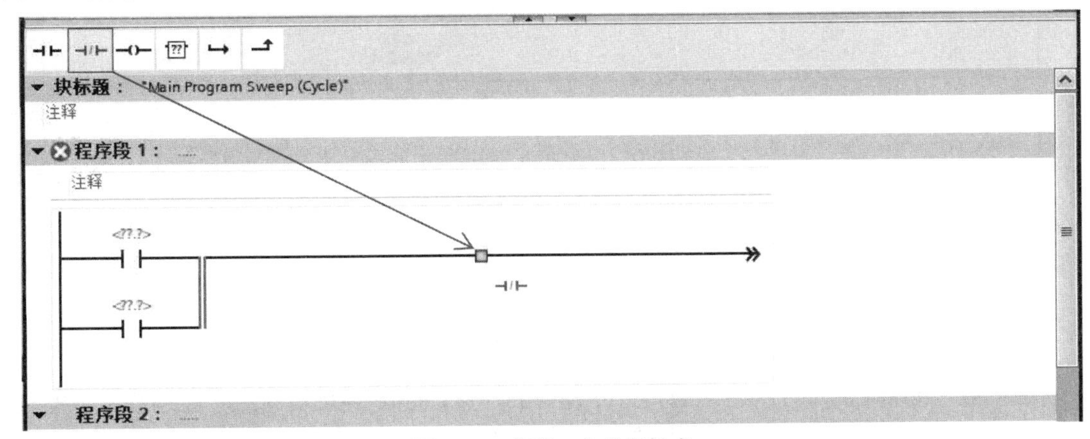

图 6-35　串联一个常闭触点

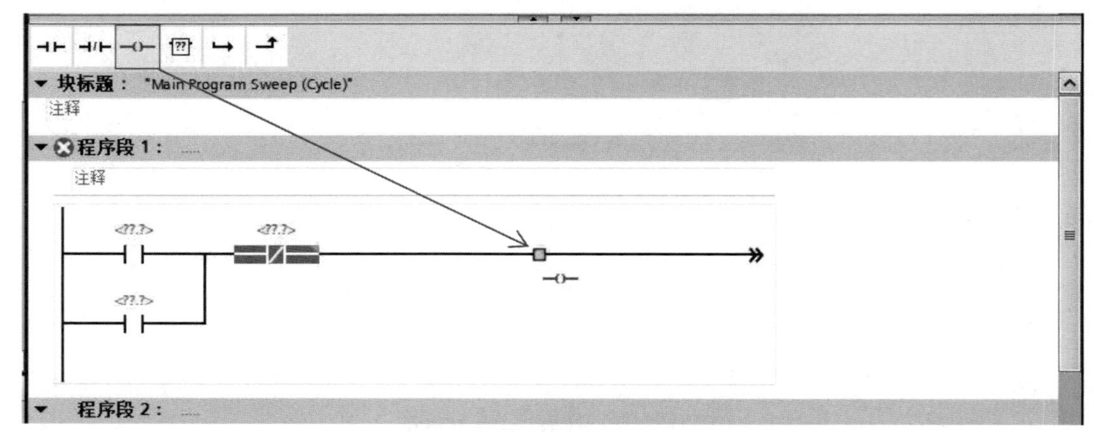

图 6-36　串联一个输出线圈

⑤ 为逻辑指令填写地址：单击指令上方的<??.?>，依次输入地址 I0.0、I0.1、Q0.0 和 Q0.0，如图 6-37 所示。所有地址都填写好后的效果如图 6-38 所示。

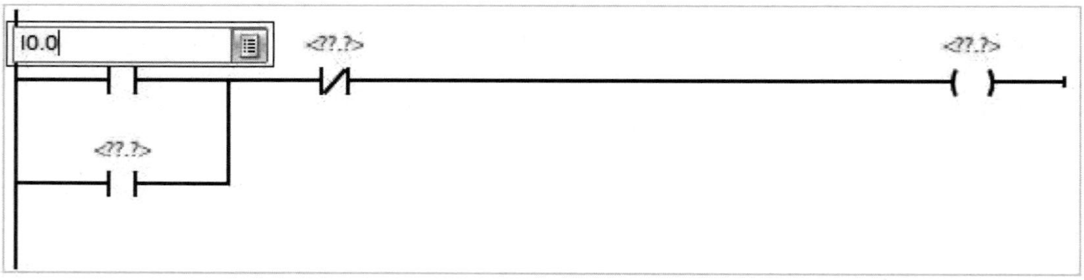

图 6-37　填写指令地址

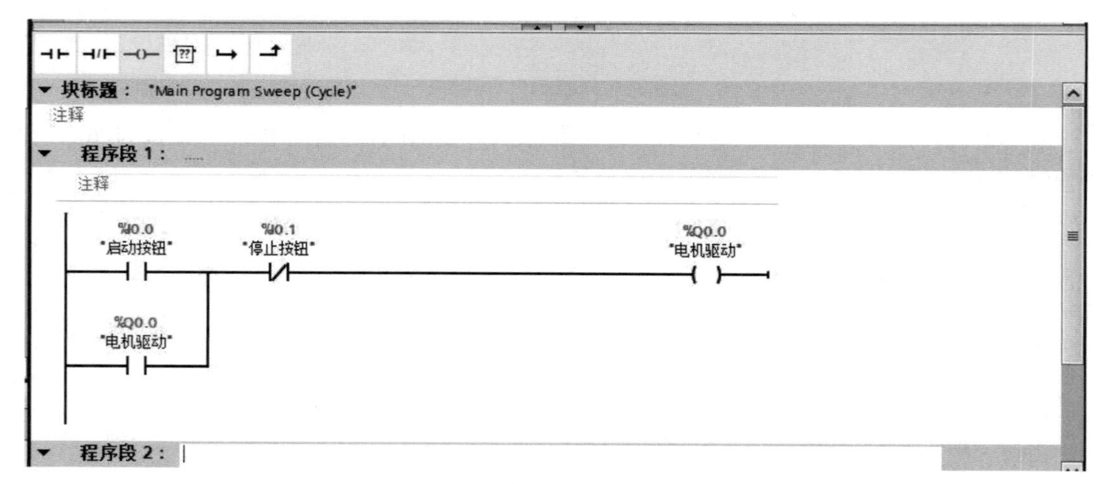

图 6-38　完成地址填写后的效果

4．项目下载

要对 S7-1200 PLC 进行项目下载，首先设置 PC 网卡的 IP 地址，然后才能进行下载操作。如果采用 S7-PLCSIM 仿真软件进行仿真，该步骤可省略。

（1）设置 PC 网卡的 IP 地址

由于在之前的项目组态中，CPU 1211C AC/DC/Rly 的“PROFNET 接口_1”默认的 IP 地址是 192.168.0.1，因此要将 PC 网卡的 IP 地址设为 192.168.0.2，具体步骤如下。

① 单击 Windows 10 操作系统的“控制面板”→“网络和 Internet”→“网络和共享中心”→“更改适配器设置”→“以太网”选项，打开“以太网 属性”窗口，选择“Internet 协议版本 4（TCP/IPv4）”，单击“属性”按钮，如图 6-39 所示。

② 在弹出窗口中选择“使用下面 IP 地址”，填写 IP 地址为 192.168.0.2，子网掩码为 255.255.255.0。之后单击“确定”按钮，如图 6-40 所示。

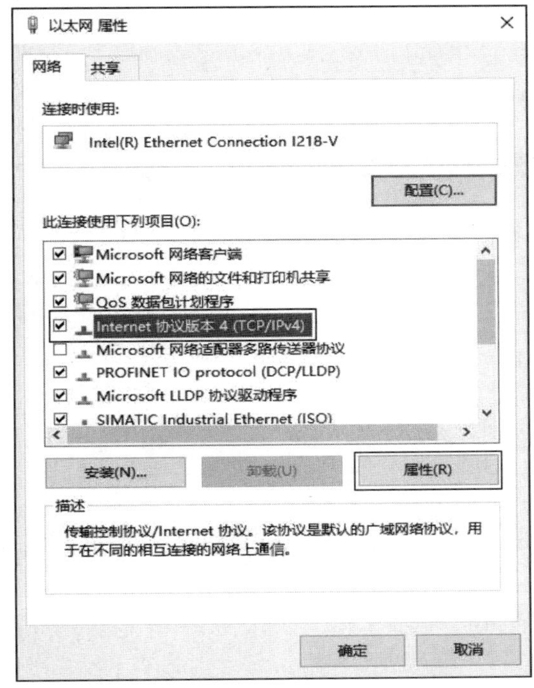

图 6-39 “Internet 协议版本 4（TCP/IPv4）”选项

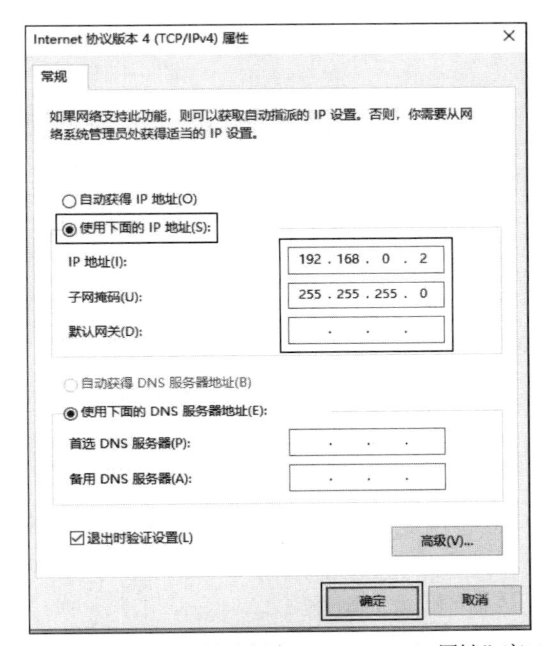

图 6-40 “Internet 协议版本 4（TCP/IPv4）属性”窗口

（2）博途 V16 软件中的下载操作

① 单击“项目树”中的“PLC_1[CPU 1211C AC/DC/Rly]”，然后单击“在线”下拉菜单中的“扩展的下载到设备”选项，如图 6-41 所示。

② 弹出如图 6-42 所示的“扩展下载到设备”窗口，其中：

- 选择“PG/PC 接口的类型”为“PN/IE”；
- 选择“PG/PC 接口”为“PLC SIM”；
- 选择“接口/子网的连接”为“插槽'1×1'处的方向”。

单击“开始搜索”按钮，如果 CPU 1211C AC/DC/Rly 没有出现在“选择目标设备”中，勾选“显示所有兼容的设备”，继续单击“开始搜索”按钮。CPU 1211C AC/DC/Rly 出现在“选择目标设备”中后，就可以单击“下载”按钮进行下载，如图 6-43 所示。

如果没有 PLC 实物，可采用 S7-PLCSIM 仿真软件模拟下载操作，具体参考本书 4.6.6 节的相关内容，或 S7-PLCSIM 操作手册。

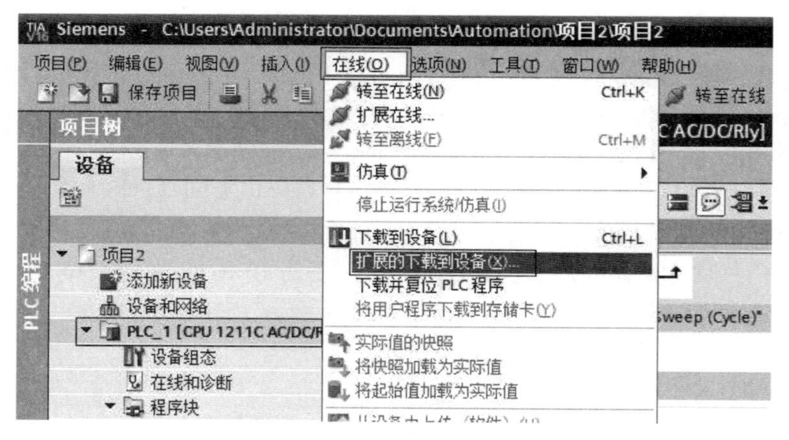

图 6-41 “扩展的下载到设备”选项

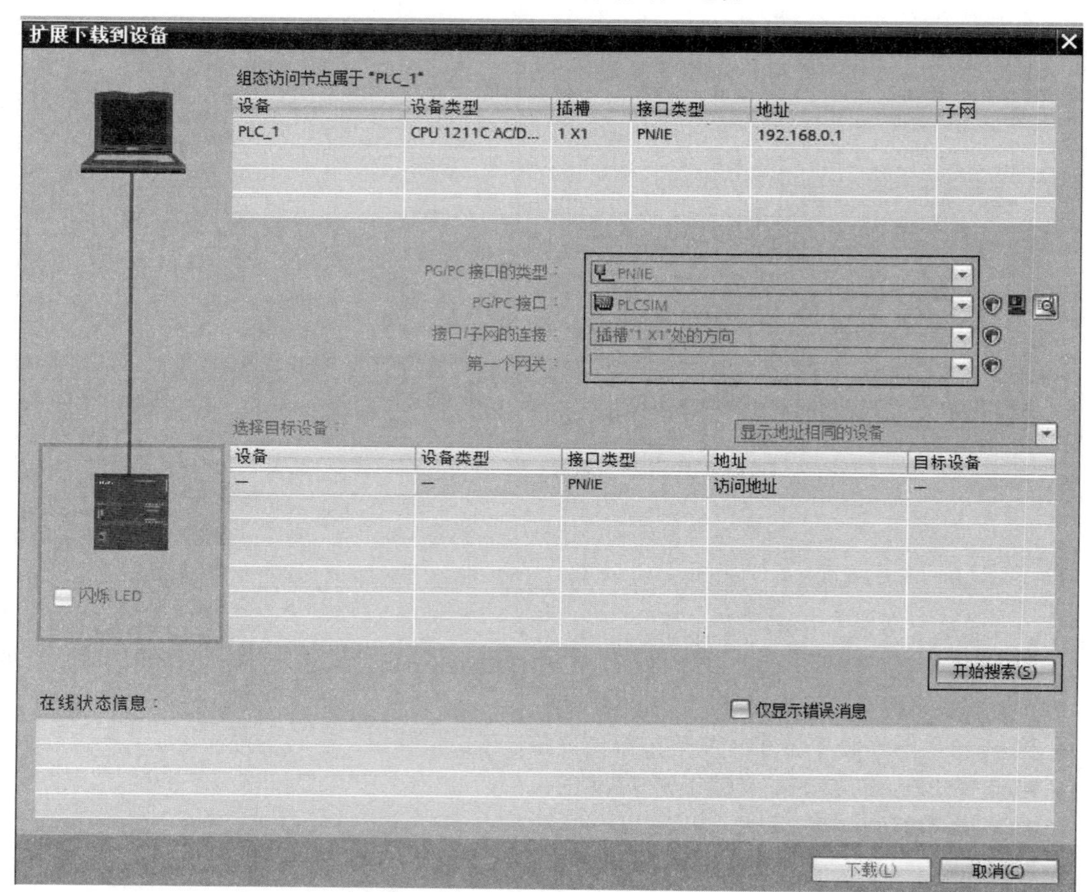

图 6-42 “扩展下载到设备”窗口

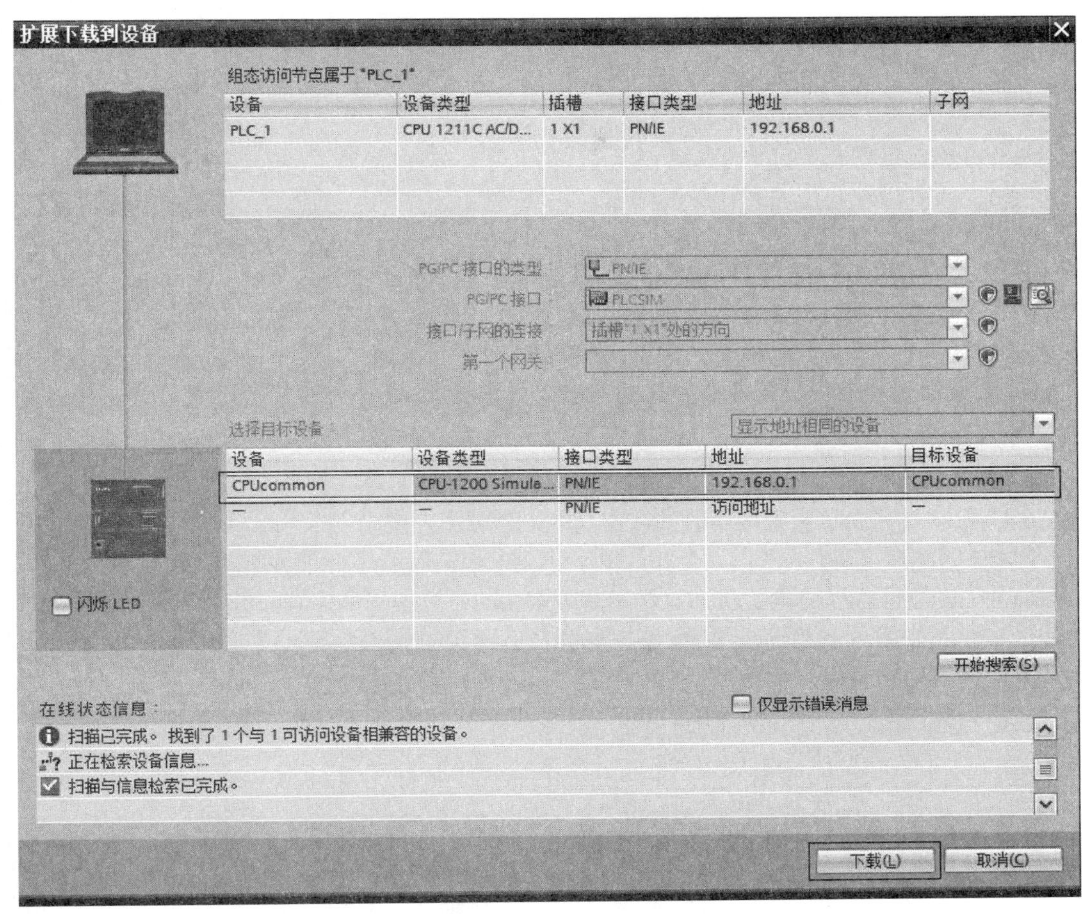

图 6-43 下载界面

5. 项目调试

（1）将 PLC 的模式开关设置为 RUN，或者开启仿真软件，如图 6-44 所示。

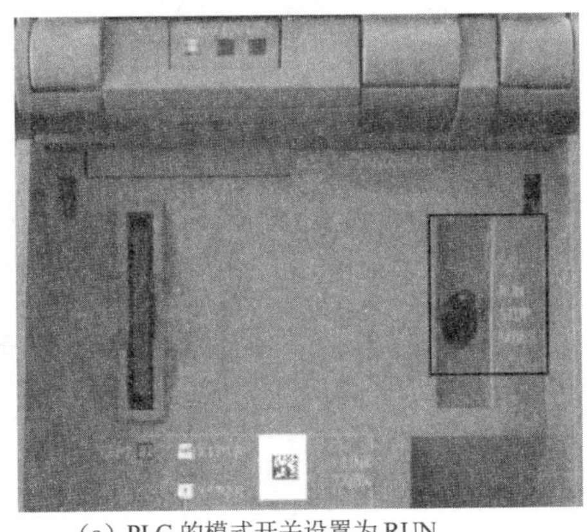

（a）PLC 的模式开关设置为 RUN

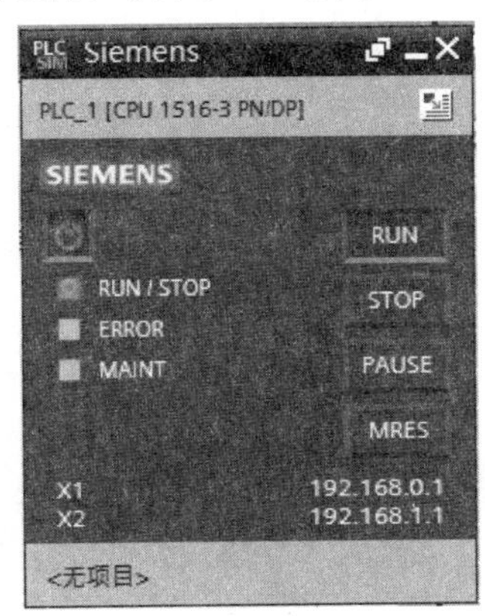

(b) 开启仿真软件

图 6-44 运行 PLC 或开启仿真软件

（2）按下连接在输入点 I0.0 上的按钮，即可看到输出点 Q0.0 点亮了。

（3）按下连接在输入点 I0.1 上的按钮，即可看到输出点 Q0.0 熄灭了。

至此，表明程序和 PLC 运行一切正常。

6．监控程序运行

（1）监控变量状态

利用监控表可以实现监控变量的功能，具体可以通过如下步骤实现：

① 在“项目树”中依次打开“PLC_1[CPU 1211C AC/DC/Rly]”→“监控与强制表”→“添加新监控表”，如图 6-45 所示。

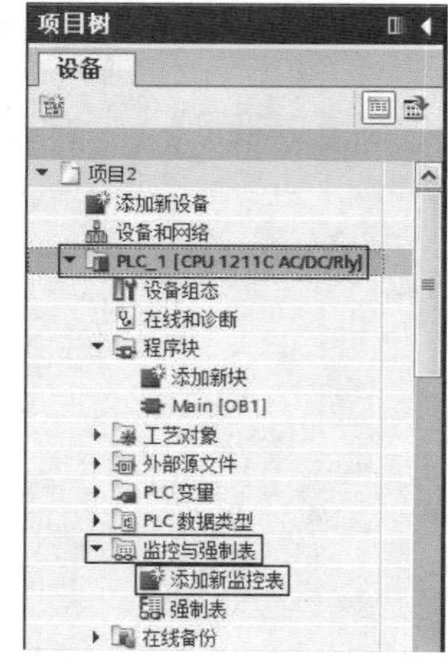

图 6-45 添加新监控表

② 在新建的监控表中输入要监控的变量，如图 6-46 所示，单击监控按钮 。

③ 正常监控后，就可以在“监视值”中看到相应的数值，如图 6-47 所示是启动按钮未按下时的状态，图 6-48 所示为按下启动按钮时的状态。

如果仅仅是想监控变量的状态，利用变量表也可以实现类似的效果，如图 6-49 所示，在线监控变量表后如图 6-50 所示。

项目2 ▸ PLC_1 [CPU 1211C AC/DC/Rly] ▸ 监控与强制表 ▸ 监控表_1

	i	名称	地址	显示格式	监视值	修改值	⚡	注释
1		"启动按钮"	%I0.0	布尔型				
2		"停止按钮"	%I0.1	布尔型				
3		"电机驱动"	%Q0.0	布尔型				
4			<新增>					

图 6-46 在新建的监控表中输入监控变量

项目2 ▸ PLC_1 [CPU 1211C AC/DC/Rly] ▸ 监控与强制表 ▸ 监控表_1

	i	名称	地址	显示格式	监视值	修改值	⚡	注释
1		"启动按钮"	%I0.0	布尔型	FALSE			
2		"停止按钮"	%I0.1	布尔型	FALSE			
3		"电机驱动"	%Q0.0	布尔型	FALSE			
4			<新增>					

图 6-47 启动按钮未按下时的状态

项目2 ▸ PLC_1 [CPU 1211C AC/DC/Rly] ▸ 监控与强制表 ▸ 监控表_1

	名称	地址	显示格式	监视值	修改值	⚡	注释
1	"启动按钮"	%I0.0	布尔型	FALSE	FALSE	☑	
2	"停止按钮"	%I0.1	布尔型	FALSE			
3	"电机驱动"	%Q0.0	布尔型	TRUE			
4		<新增>					

图 6-48 按下启动按钮时的状态

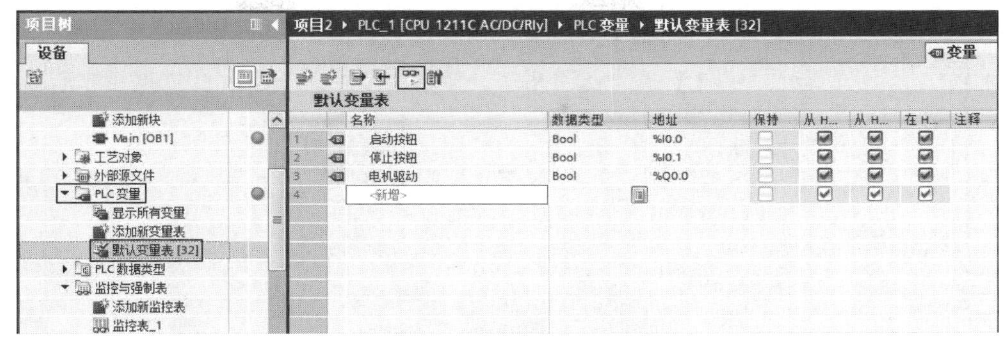

	名称	数据类型	地址	保持	从 H...	从 H...	在 H...	注释
1	启动按钮	Bool	%I0.0		☑	☑	☑	
2	停止按钮	Bool	%I0.1		☑	☑	☑	
3	电机驱动	Bool	%Q0.0		☑	☑	☑	
4	<新增>				☑	☑	☑	

图 6-49　变量表

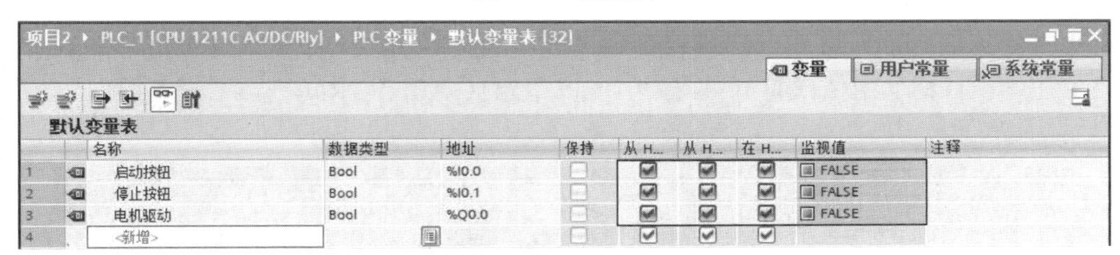

	名称	数据类型	地址	保持	从 H...	从 H...	在 H...	监视值	注释
1	启动按钮	Bool	%I0.0		☑	☑	☑	FALSE	
2	停止按钮	Bool	%I0.1		☑	☑	☑	FALSE	
3	电机驱动	Bool	%Q0.0		☑	☑	☑	FALSE	
4	<新增>				☑	☑	☑		

图 6-50　在线监控变量表

（2）程序监控状态

通过监控程序的运行状态，可以帮助我们进一步判断程序的执行情况，具体步骤如下。

① 在“项目树”中依次打开“PLC_1[CPU 1211C AC/DC/Rly]”→“程序块”→“Main[OB1]”，如图 6-51 所示，单击监控按钮 。

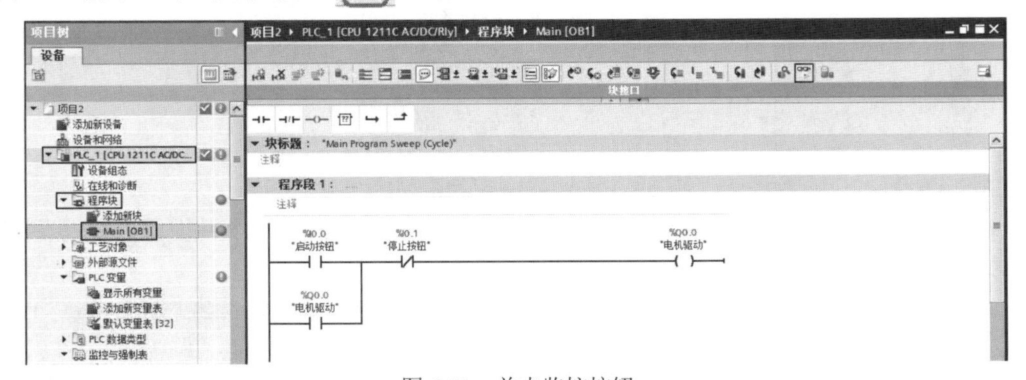

图 6-51　单击监控按钮

② 当启动按钮 I0.0 未按下时，程序显示如图 6-52 所示，（蓝色）虚线表示能流未导通。

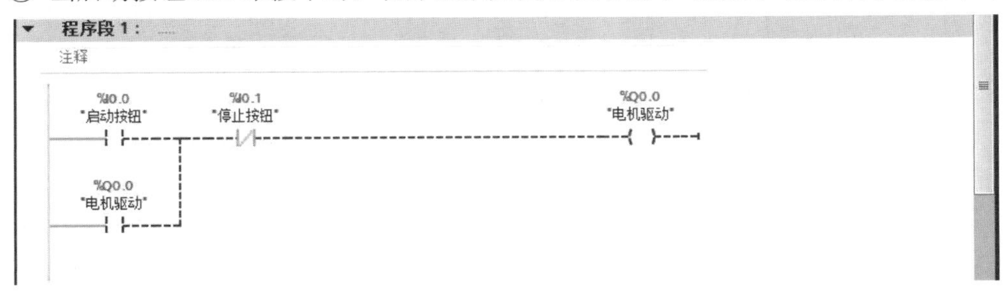

图 6-52　启动按钮 I0.0 未按下时

③ 启动按钮 I0.0 按下时，程序显示如图 6-53 所示，（绿色）实线表示能流导通。

图 6-53　启动按钮 I0.0 按下时

7．在线查看故障

利用在线诊断功能可以帮助我们看到现场模块的实际状态，如模块是否运行等。

（1）在“项目树”中依次打开“PLC_1[CPU 1211C AC/DC/Rly]”→“设备组态”，进入如图 6-54 所示界面。

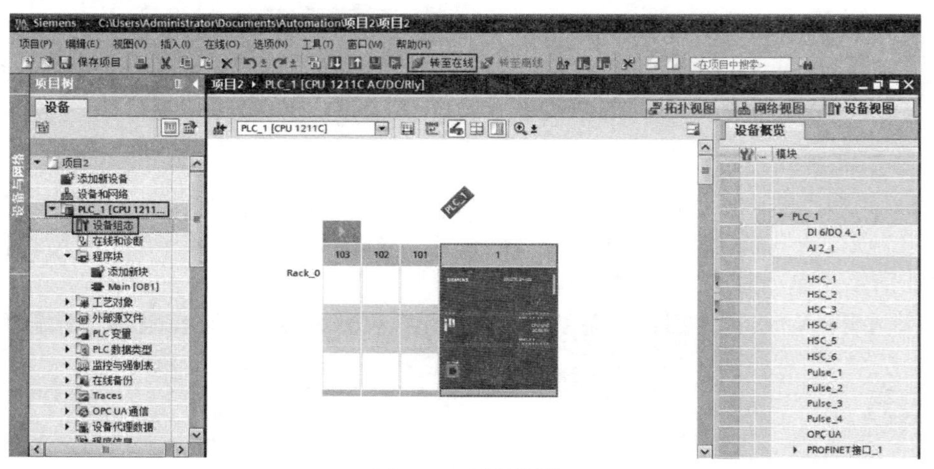

图 6-54　项目视图

（2）单击“转至在线”即可查看模块状态。“设备概览”下“模块”前面的表示模块正常，如图 6-55 所示。

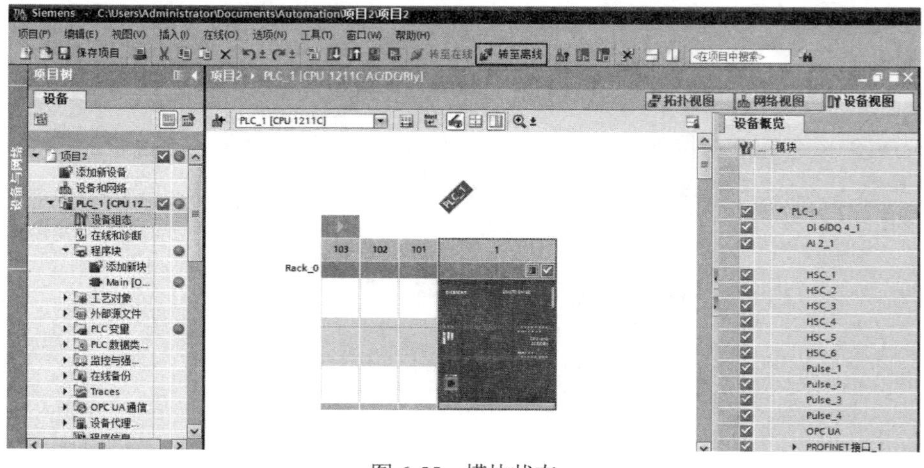

图 6-55　模块状态

（3）单击“转至离线”，即可退出监控状态。

（4）如果需要查看模块的详细信息，则可以扩展下部的信息浏览区进行查看，如图 6-56 所示。

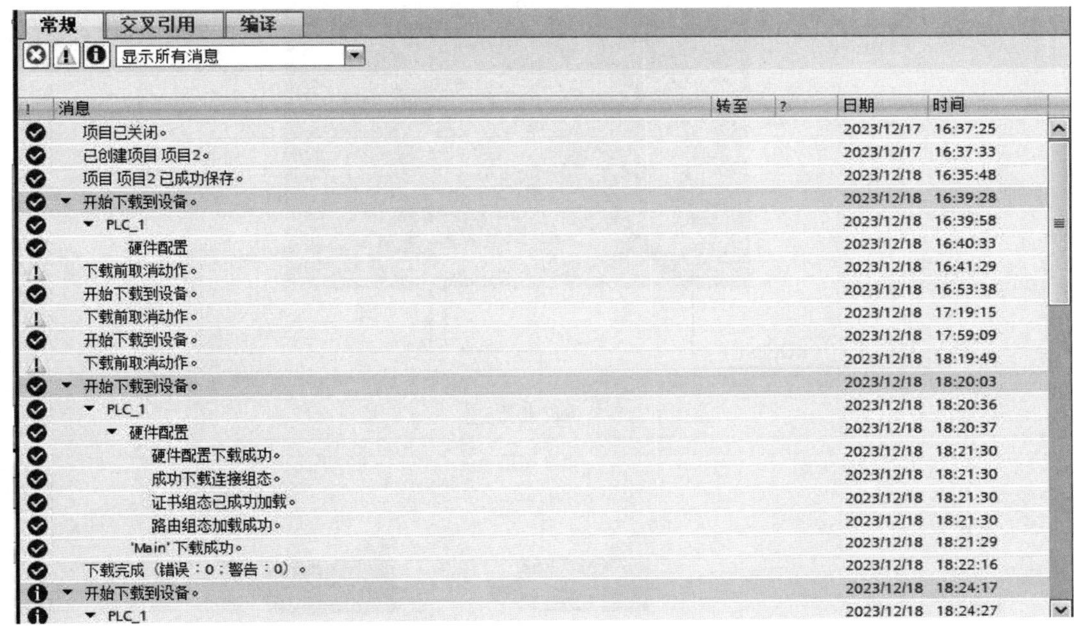

图 6-56　查看详细信息

如果想进一步查看模块的故障信息，在“项目树”中依次打开“PLC_1[CPU 1211C AC/DC/Rly]”→“在线和诊断”→“诊断缓冲区”，查看模块的诊断信息，如图 6-57 所示。

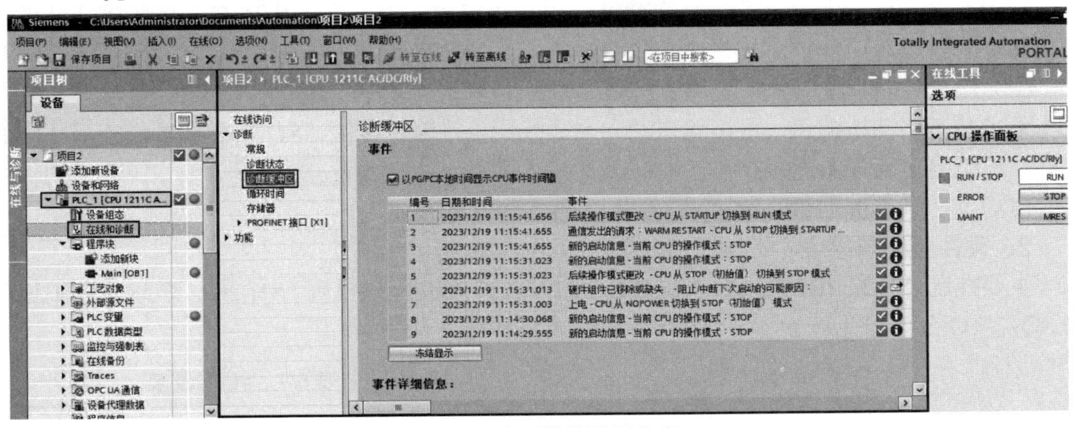

图 6-57　查看模块诊断信息

6.5.2　S7-1200 PLC 控制步进电机

在使用西门子 S7-1200 PLC 的运动控制功能时，可通过博途软件来进行项目的创建和组态，并将组态好的程序下载到 CPU 中，运动控制功能在 CPU 中进行处理。用户可以使用专门的控制指令来控制最终的工艺对象，通过使用博途软件的调试和诊断功能，从而轻松完成驱动装置的调试和优化工作。S7-1200 PLC 控制步进电机的基本硬件配置如图 6-58 所示。

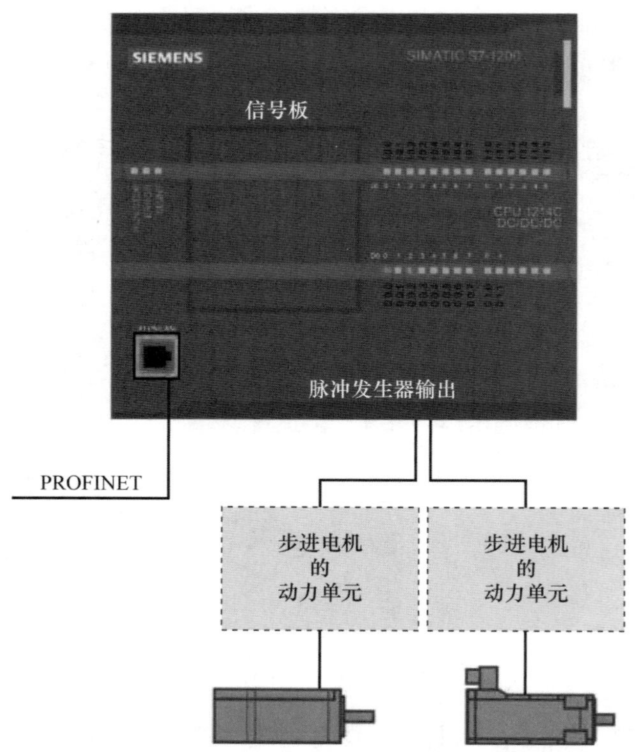

图 6-58　S7-1200 PLC 控制步进电机的基本硬件配置

1．项目介绍

（1）项目开发平台

利用博途 V16 软件，实现 S7-1200 PLC 对步进电机的控制，以及 PLC 与触摸屏之间的以太网通信。触摸屏应能控制步进电机的运动方向、速度及距离。

（2）运动控制功能

要求按下启动按钮后，机械轴自动向左寻找原点（限位开关）SQ_1，寻找到原点后，向右移动一定距离 x 后开始进行往复运动，往复运动距离为 y，如图 6-59 所示，要求 x 和 y 的值及速度值均可在触摸屏上进行修改。

2．硬件描述与接线

主要控制硬件采用 CPU 1211C AC/DC/Rly、KTP700PN 触摸屏、SH-2024 驱动器和限位开关 SQ_1。I/O 分配表见表 6-7，PLC 硬件连接电路如图 6-60 所示。

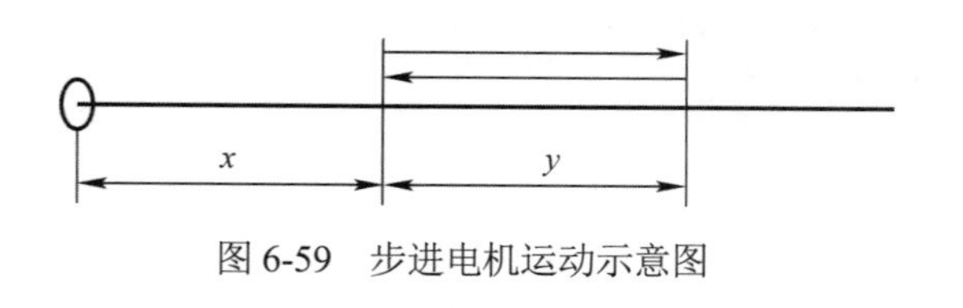

图 6-59　步进电机运动示意图

表 6-7　I/O 分配表

输入信号		输出信号	
启动按钮（SB_1）	I0.0	启动输出信号	Q0.0
停止按钮（SB_2）	I0.1	PUL+脉冲信号	Q0.1
原点(SQ_1)	I0.2	DIR+脉冲信号	Q0.2

3．组态

以步进电机控制要求为依据，需要利用博途 V16 软件中的工艺对象运动轴进行组态。在组态过程中，驱动器选择 PTO 模式，输入步进电机每转的脉冲数，步进电机每旋转一圈滑台前进或后退 4mm，组态测量单位为 mm；步进电机的控制脉冲由信号板 Q4.0 输出，方向由信号板 Q4.1 控制。这里采用限位开关 SQ_1 作为原点归位，高电平有效，对应 I0.2。

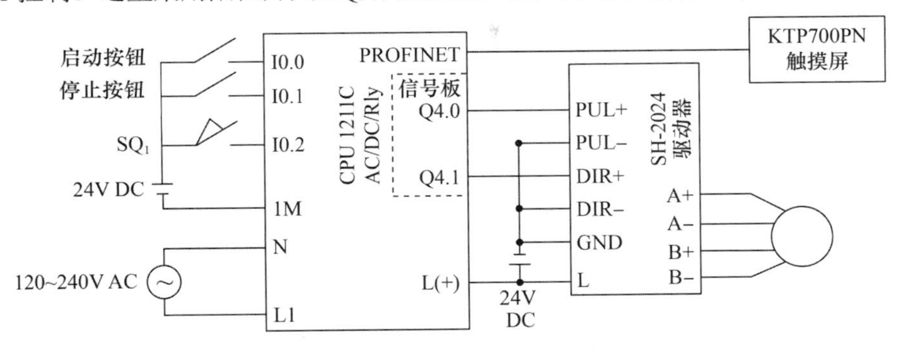

图 6-60　PLC 硬件连接电路

（1）创建项目

打开博途 V16，创建项目。在图 6-27 中选择“控制器”，找到 CPU 下面的 CPU 1211C AC/DC/Rly，然后选择 PLC 订货号“6ES7 211-1BE40-0XB0”，单击“确定”按钮，如图 6-61 所示。

双击图 6-61 中的 ，在“硬件目录”中的“DQ”分类中选择 DQ 4×24VDC，并双击添加信号板（该信号板输出地址从 Q4.0 开始），如图 6-62 所示。

图 6-61　创建项目并添加设备

模块	插槽	I 地址	Q 地址	类型	订货号
	103				
	102				
	101				
PLC_1	1			CPU 1211C AC/DC/Rly	6ES7 211-1BE40-0XB0
DI 6/DQ 4_1	1 1	0	0	DI 6/DQ 4	
AI 2_1	1 2	64...67		AI 2	
DQ 4x24VDC_1	1 3		4	DQ4 信号板 (200kHz)	6ES7 222-1BD30-0XB0
HSC_1	1 16	1000...10...		HSC	
HSC_2	1 17	1004...10...		HSC	

图 6-62　添加信号板

然后选中 CPU，单击“属性”→“常规”→“PROFINET 接口[X1]”→“以太网地址”，设定 IP 地址为 192.168.0.1，子网掩码为 255.255.255.0，如图 6-63 所示。

单击“属性”→“常规”→“脉冲发生器”，进入脉冲发生器设置界面，勾选“启用该脉冲发生器”；在“参数分配”中更改参数，如图 6-64 所示。

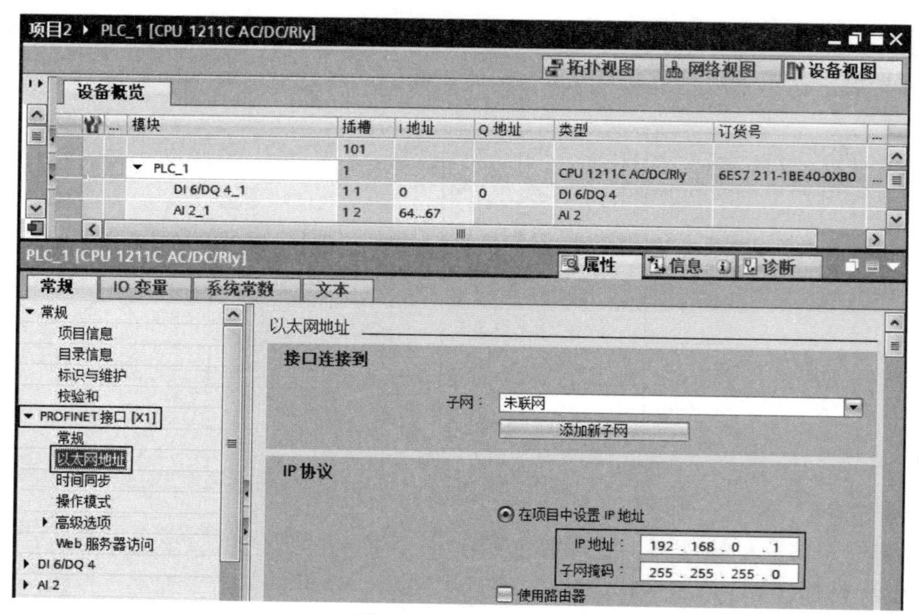

图 6-63　修改 IP 地址

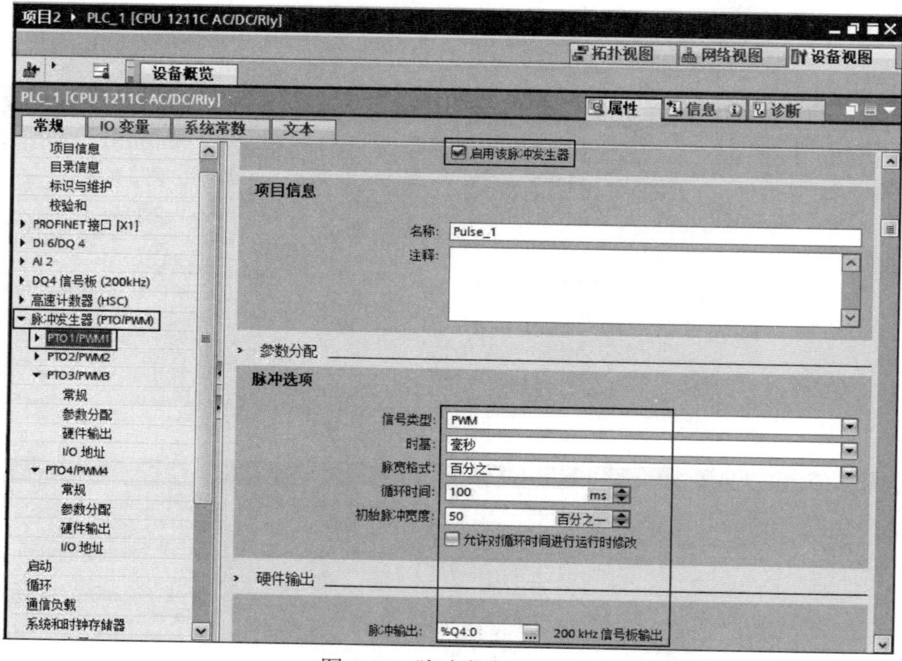

图 6-64　脉冲发生器设置

（2）创建对象

在“项目树”中打开“工艺对象”→“新增对象”，在“运动控制”中选择“TO_PositioningAxis V7.0”（轴对象）并双击，如图 6-65 所示。轴_1 参数设置如图 6-66 所示。

SH-2024 驱动器的细分表如表 6-8 所示，本例所用的为 1.8°的步进电机，开关组合细分为 8，所以步进电机转动一圈需要的脉冲数为 1600 个，丝杠上两个螺纹之间的间距为 1mm，将其写入机械组态中，如图 6-67 所示。

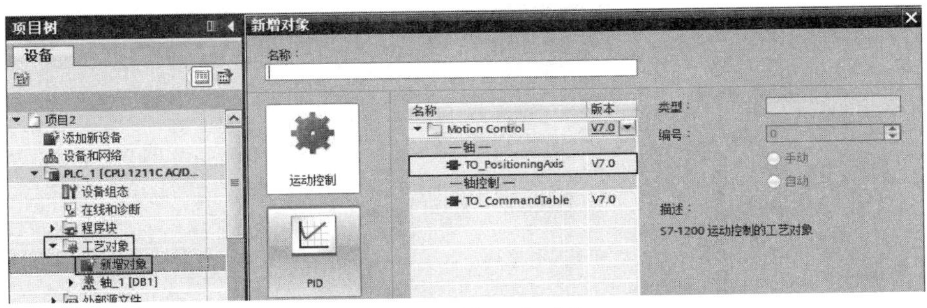

图 6-65　添加工艺对象

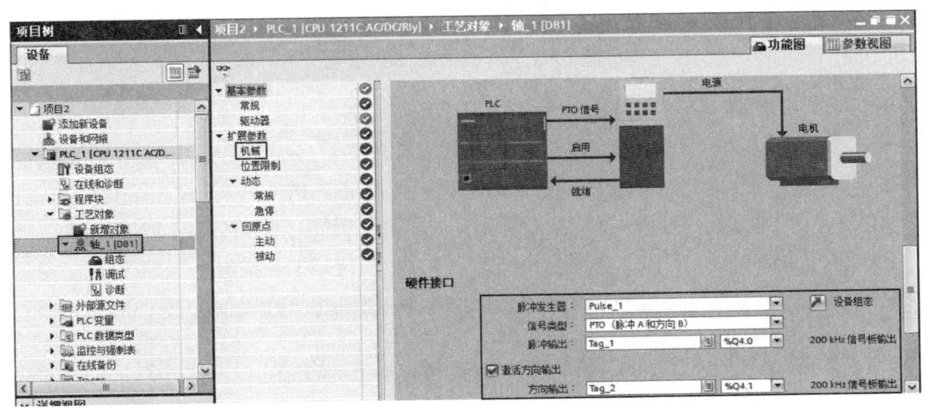

图 6-66　轴_1 参数设置

表 6-8　SH-2024 驱动器的细分表

电流选择				细分选择					
电流值/A	SW1	SW2	SW3	细分数/个	脉冲数/个	SW5	SW6	SW7	SW8
1.00	ON	ON	ON	2	400	OFF	ON	ON	ON
1.46	OFF	ON	ON	4	800	ON	OFF	ON	ON
1.91	ON	OFF	ON	8	1600	OFF	OFF	ON	ON
2.37	OFF	OFF	ON	16	3200	ON	ON	OFF	ON
3.84	ON	ON	OFF	32	6400	OFF	ON	OFF	ON
3.31	OFF	ON	OFF	64	12800	ON	OFF	OFF	ON
3.76	ON	OFF	OFF	128	25600	OFF	OFF	OFF	ON
4.20	OFF	OFF	OFF	5	1000	ON	ON	ON	OFF
				10	2000	OFF	ON	ON	OFF
				20	4000	ON	OFF	ON	OFF
				25	5000	OFF	OFF	ON	OFF
				40	8000	ON	ON	OFF	OFF
				50	10000	OFF	ON	OFF	OFF
				100	20000	ON	OFF	OFF	OFF
				125	25000	OFF	OFF	OFF	OFF

注：电流值由 SW1、SW2、SW3 选择，细分数、脉冲数由 SW5、SW6、SW7、SW8 选择。

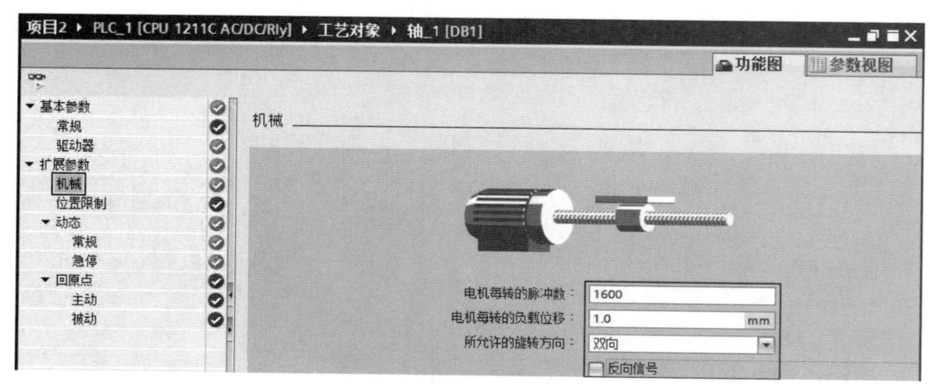

图 6-67　机械组态参数设置

4．功能块参数设置

（1）在“项目 2”→“PLC_1[CPU 1211C AC/DC/Rly]”→“程序块”→“Main[OB1]中，把右边“指令”→“工艺”→“Motion Control”中的“MC_Power”指令拖拽到编辑区的背景数据块（默认），如图 6-68 所示。单击“确定”按钮，填写 MC_Power 的各引脚，如图 6-69 所示。如果对各引脚的数据类型及含义不清楚，可按 F1 键寻求帮助。

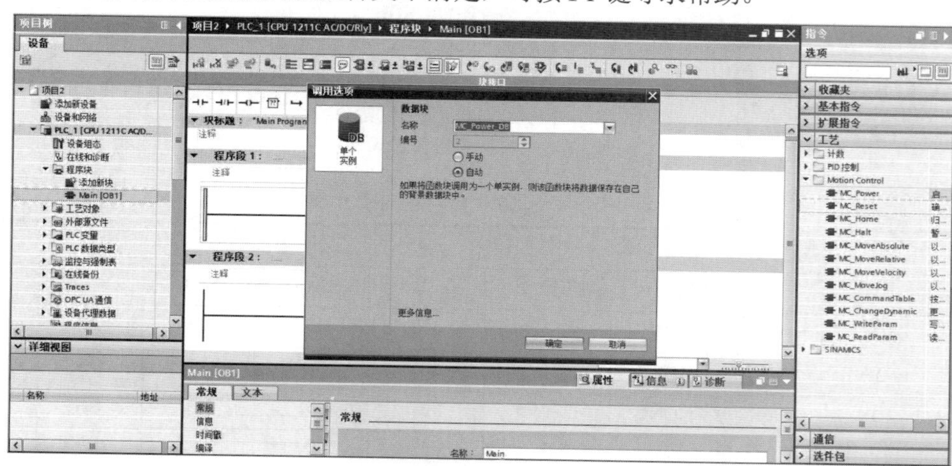

图 6-68　在程序块中添加工艺指令

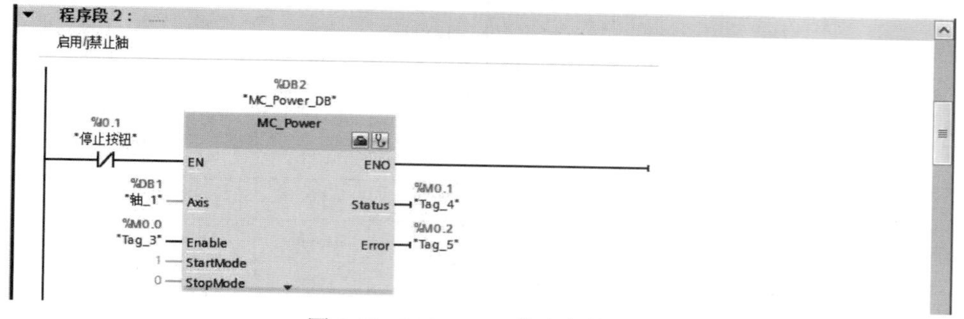

图 6-69　MC_Power 指令参数设置

（2）选择以相对方式定位轴。添加“MC_MoveRelative”指令，并设置相关参数，如图 6-70 所示。

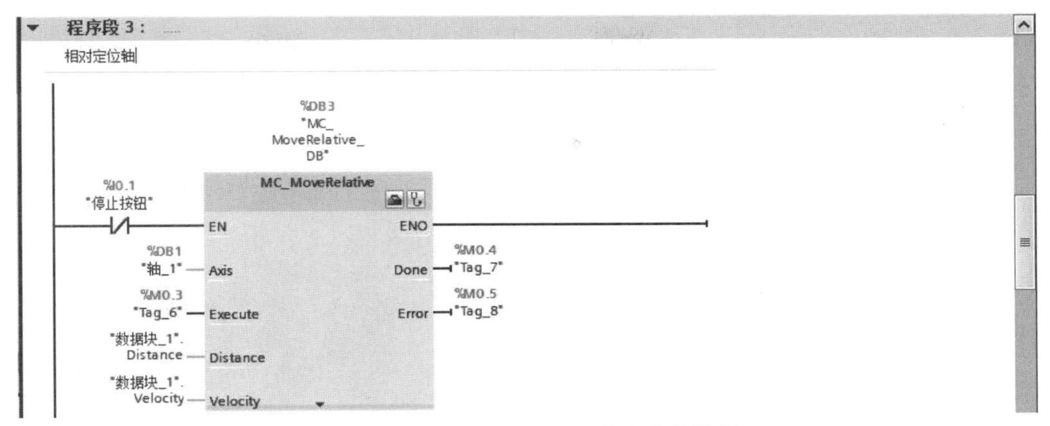

图 6-70 MC_MoveRelative 指令参数设置

（3）选择以点动模式移动轴。添加“MC_MoveJog”指令，并设置相关参数，如图 6-71 所示。

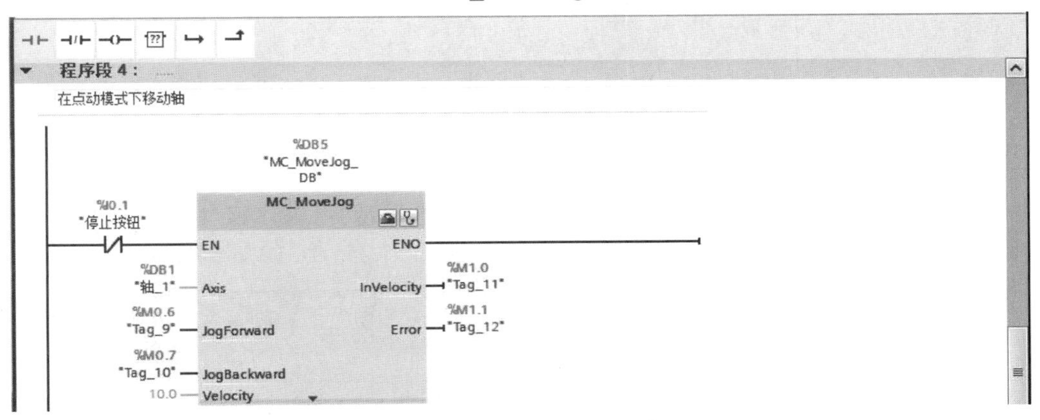

图 6-71 MC_MoveJog 指令参数设置

5. 触摸屏通信

（1）单击“项目树”中的“项目 2”→“添加新设备”，选择“HMI”，在“HMI”→“SIMATIC Basic Panel”下找到“KTP700 Basic Portrait”，选择“6AV2 123-2GB03-0AX0”，如图 6-72 所示。

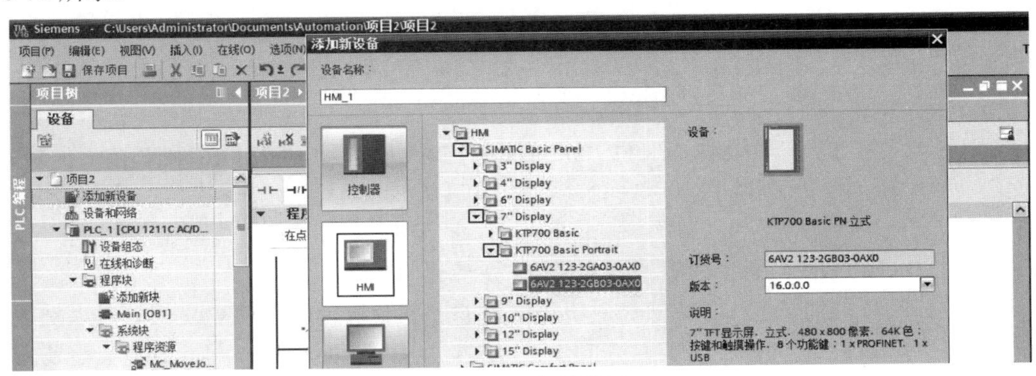

图 6-72 添加触摸屏

（2）单击“确定”按钮，然后在出现界面中“选择 PLC”→“PLC_1”，单击✔按钮，如图 6-73 所示。

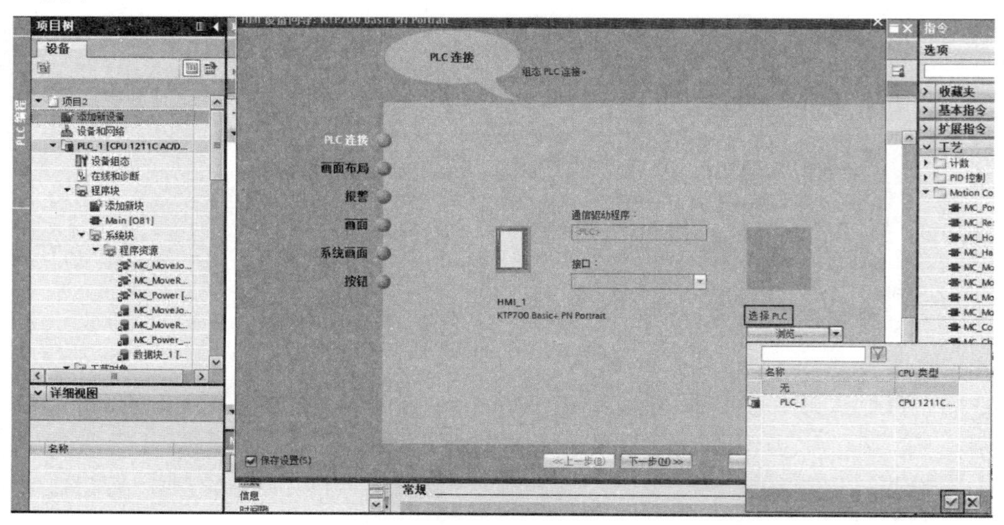

图 6-73　触摸屏与 PLC 的连接

（3）在“项目 2”→“HMI_1[KTP700 Basic PN Portrait]”→“设备组态”中，选择“属性”→“常规”→“PROFINET 接口[×1]”→“以太网地址”，进行 IP 地址设置，选择子网 PN/IE_1，填写 IP 地址为 192.168.0.2，子网掩码为 255.255.255.0，如图 6-74 所示。

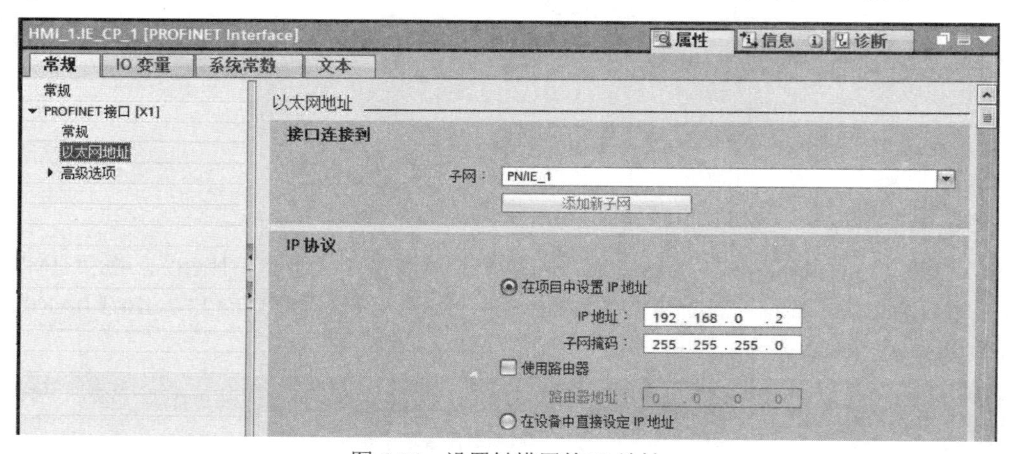

图 6-74　设置触摸屏的 IP 地址

（4）在“项目 2”→“HMI_1[KTP700 Basic PN Portrait]”→“PROFINET 接口[×1]”→“画面”→“根画面”中，进行运行画面编辑，如图 6-75 所示。至此，触摸屏的硬件组态已经完成。

（5）对 PLC 和 HMI 进行下载，进而调试并完善其他细节。

本实例介绍了西门子 S7-1200 PLC 对步进电机的控制及触摸屏与 PLC 之间的以太网通信。通过触摸屏与 PLC 之间的通信来实时控制步进电机，具有通信速度快、稳定性好、设置方便、编程简单等特点，这将是未来电机控制的主流。

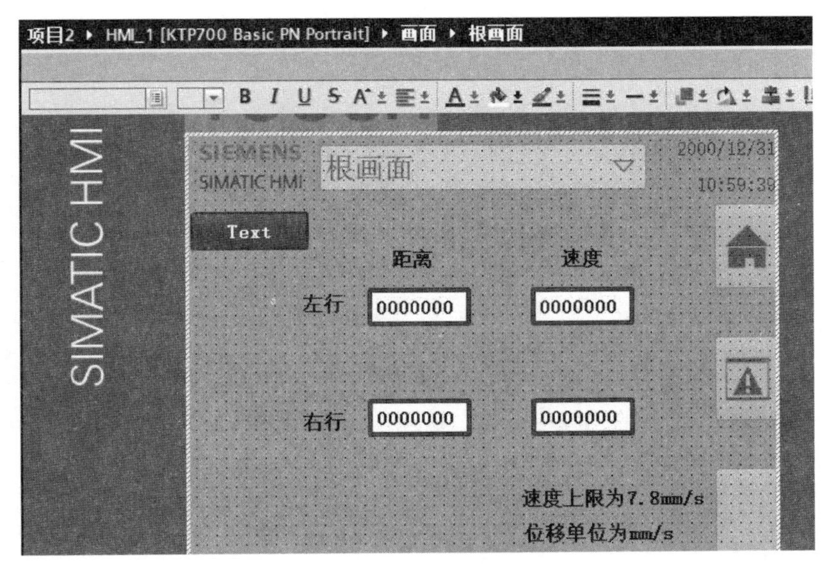

图 6-75　触摸屏编辑

6.5.3 顺序控制设计法应用举例

顺序控制设计法是 PLC 梯形图程序设计的常用方法。所谓顺序控制，就是按照生产工艺预先归档的顺序，在各个输入信号的作用下，根据内部状态和时间顺序，在生产过程中各个执行机构自动有序地进行操作。顺序功能图（Sequential Function Chart，SFC）是描述控制系统的控制过程、功能和特征的一种图形，也是设计 PLC 顺序控制程序的有力工具。

采用顺序功能图设计时，可根据转移条件对控制系统的功能流程顺序进行分配，一步一步地按照顺序动作。每一步代表一个控制任务，用方框表示，顺序功能图的要素包括初始步、活动步、有向连线、转换和转换条件。

下面用一个机床顺序启停的实例进一步说明顺序控制设计法的应用。

1. 项目介绍

现有一台机加工设备，由油泵电机、溢流阀、主轴电机组成。油泵电机必须先得电，溢流阀再工作，最后主轴电机才可以启动。

（1）3 个机构顺序启动，按下按钮 SB_1，油泵电机 M1 启动运行。

（2）3s 后，顺序启动溢流阀，然后启动主轴电机 M2，直至 3 个机构全部启动运行。

（3）按下停止按钮 SB_2，主轴电机 M2 停止运行。

（4）5s 后，逆序停止前一台电机，直至 3 个机构全部停止运行。

（5）按下紧急停止按钮 SB_3，所有机构立即停止。

2. 硬件描述与接线

主要控制硬件采用 CPU 1211C AC/DC/Rly、常开和常闭按钮、接触器与继电器。I/O 分配表见表 6-9，硬件连接电路如图 6-76 所示，顺序功能图如图 6-77 所示。

表 6-9　I/O 分配表

输入信号		输出信号	
启动按钮（SB_1）	I0.0	油泵电机	Q0.0
停止按钮（SB_2）	I0.1	溢流阀	Q0.1
紧急停止按钮（SB_3）	I0.2	主轴电机	Q0.2

3. 软件设计

顺序启停控制梯形图如图 6-78 所示。

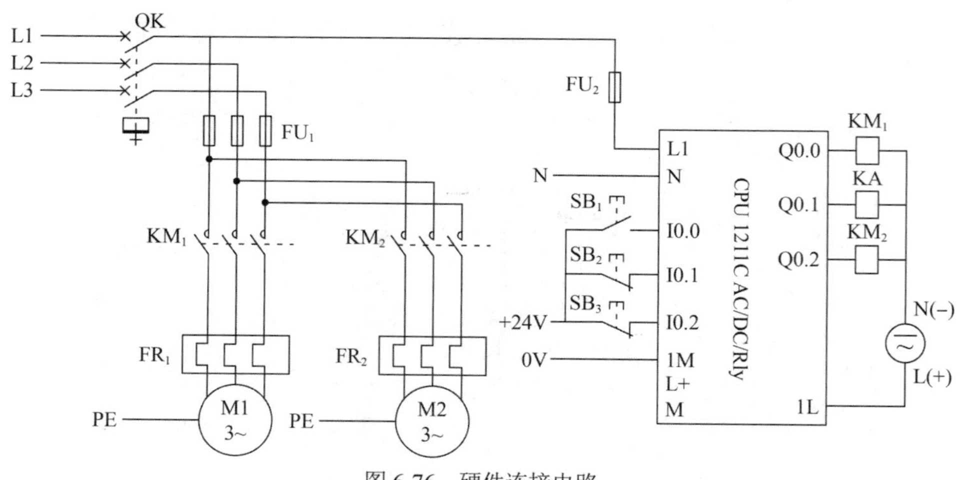

图 6-76　硬件连接电路

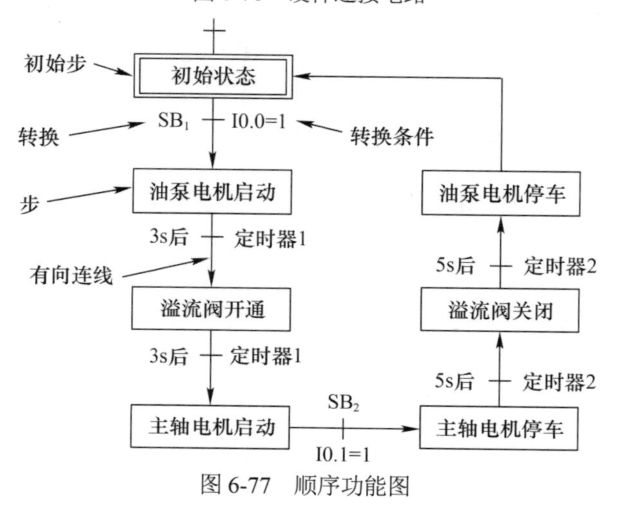

图 6-77　顺序功能图

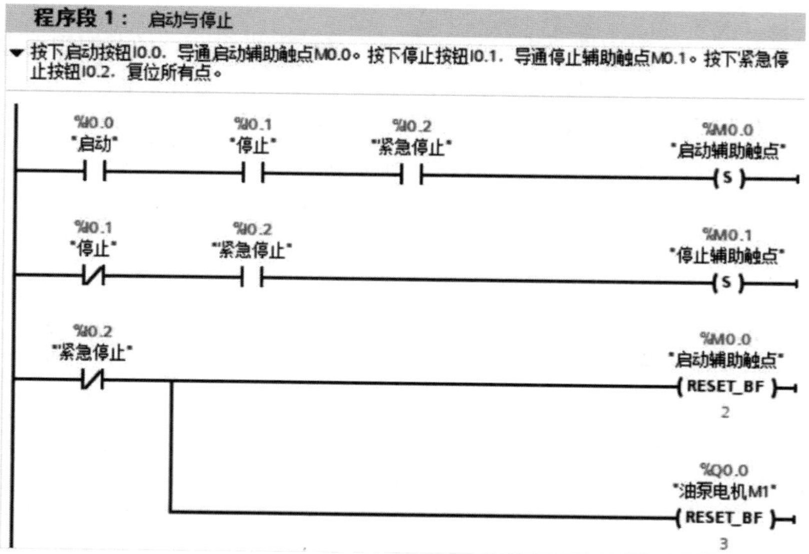

程序段 1： 启动与停止

▼ 按下启动按钮I0.0，导通启动辅助触点M0.0。按下停止按钮I0.1，导通停止辅助触点M0.1。按下紧急停止按钮I0.2，复位所有点。

%I0.0 "启动"　%I0.1 "停止"　%I0.2 "紧急停止"　%M0.0 "启动辅助触点" (S)

%I0.1 "停止"　%I0.2 "紧急停止"　%M0.1 "停止辅助触点" (S)

%I0.2 "紧急停止"　%M0.0 "启动辅助触点" (RESET_BF) 2

%Q0.0 "油泵电机M1" (RESET_BF) 3

图 6-78　顺序启停控制梯形图

程序段 2： 顺序启动

M0.0导通时，置位Q0.0，油泵电机启动，同时接通定时器1。每经过3s，M0.2导通一个扫描周期，顺序导通Q0.1、Q0.2。主轴电机Q0.2导通后复位M0.0。

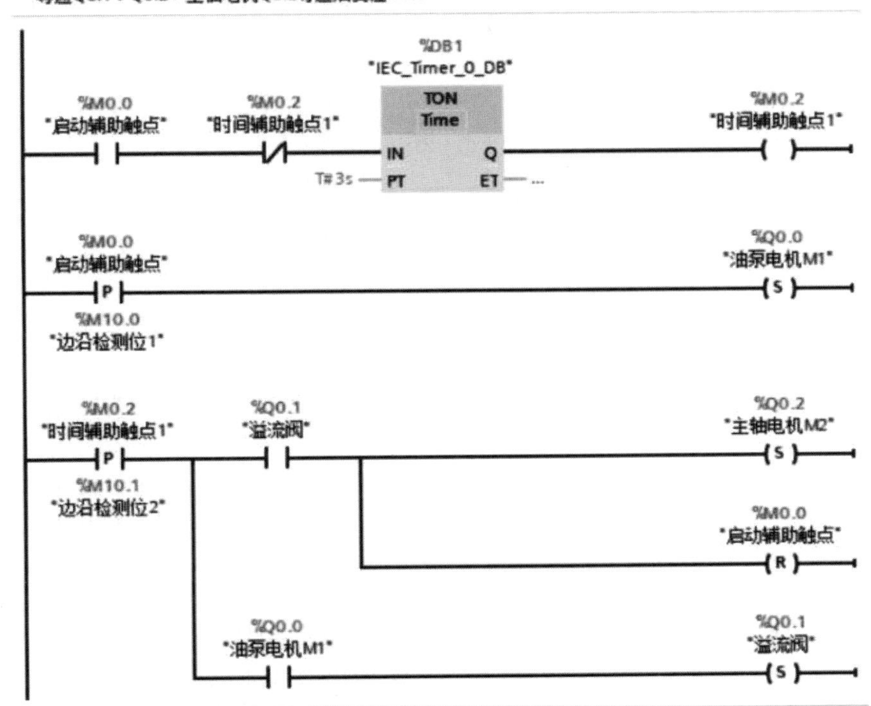

程序段 3： 顺序停止

M0.1导通时，复位Q0.2，主轴电机停止，同时接通定时器2。每经过5s，M0.3导通一个扫描周期，顺序复位Q0.1、Q0.0。油泵电机Q0.0复位后复位M0.1。

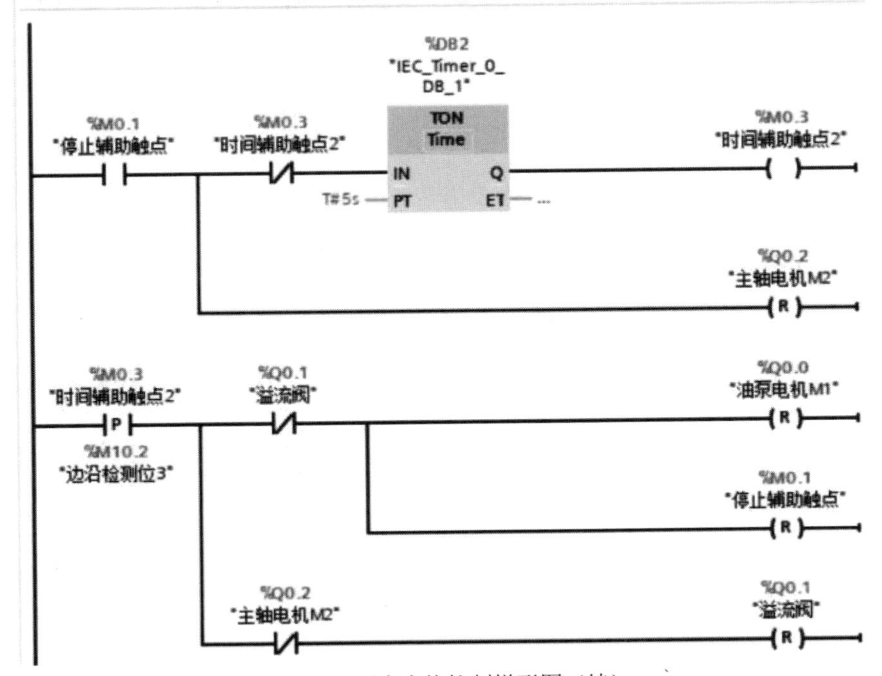

图 6-78　顺序启停控制梯形图（续）

习题与思考题

6-1　简述 PLC 控制系统设计的基本原则。

6-2　按下启动按钮 I0.0，Q0.5 控制的电动机运行 30s，然后自动断电，同时 Q0.6 控制的制动电磁铁开始通电，10s 后自动断电。试设计梯形图。

6-3　编写控制程序，使其满足图 6-79 所示的时序图功能。

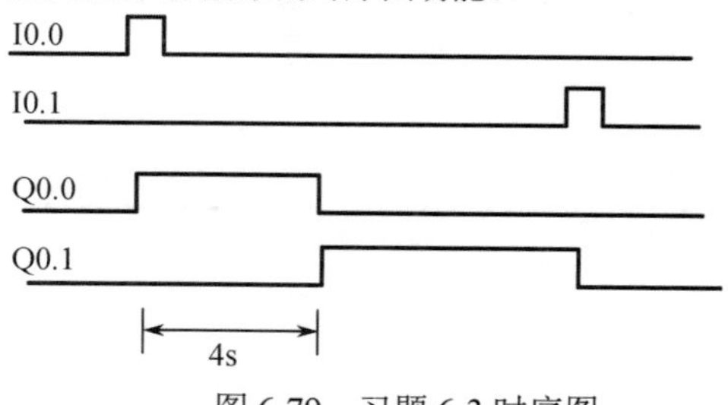

图 6-79　习题 6-3 时序图

6-4　某轧钢厂的成品库可存放钢卷 1200 个，因为不断有钢卷进库、出库，所以需要对库存的钢卷数进行统计。当库存数低于下限 200 个时，指示灯 HL_1 亮；当库存数大于 1000 个时，指示灯 HL_2 亮；当达到库存上限 1200 个时，报警器 HA 响，此时停止进库。列出 I/O 分配表并设计梯形图。

6-5　设计一个闪烁电路，要求 Q0.0 为 ON 的时间为 5s，Q0.0 为 OFF 的时间为 3s。

6-6　用接在 I0.0 输入端的光电开关检测传送带上通过的产品，有产品通过时，I0.0 为 ON，如果在 10s 内没有产品通过，由 Q0.0 发出报警信号，用 I0.1 输入端外接的开关解除报警信号，设计梯形图。

6-7　电动机 M_1 启动后，电动机 M_2 才能启动，且 M_2 能实现点动。列出 I/O 分配表，画出接线图并设计程序。

第 7 章　PROFINET 通信

S7-1200 CPU 模块本体上集成了一个 PROFINET 通信接口，支持以太网和基于 TCP/IP 的通信。

本章主要内容:

- 通信的基本知识;
- S7-1200 PLC 与编程设备的通信;
- S7-1200 PLC 与 S7-1200 PLC 之间的通信;
- S7-1200 PLC 与 S7-200 PLC 之间的通信。

本章重点是 S7-1200 PLC 与其他控制器之间的通信。通过本章的学习，使读者了解通信的一般知识，熟悉掌握 S7-1200 PLC 如何与其他控制器之间实现通信连接。

7.1　通信基本知识

7.1.1　开放系统互连参考模型

为保证通信正常运行，必须有一套通用的计算机网络通信标准。国际标准化组织（International Standard Organization，ISO）于 1978 年提出了开放系统互连（Open Systems Interconnection，OSI）参考模型，它所用的通信协议一般为 7 层，如图 7-1 所示。

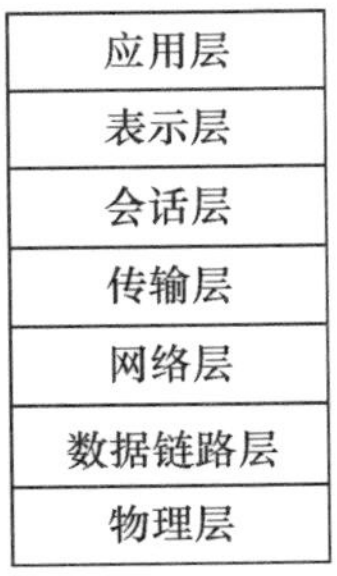

应用层
表示层
会话层
传输层
网络层
数据链路层
物理层

图 7-1　OSI 参考模型

① 物理层：物理层为最低层，实际通信就是通过物理层在互连介质上进行的。物理层为用户提供建立、保持和断开物理连接的功能。7 层模型中，上面的任何层都以物理层为基础，对每层之间实现开放系统互连。

② 数据链路层：数据链路层中的数据以帧为单位传送，每帧包含一定数量的数据和必要的控制信息，如同步信息、地址信息等。数据链路层负责在两个相邻节点间的链路上实现差错控制，把输入的数据组成数据帧，并在接收端检验传输的正确性。若正确，则发送确认信息；若不正确，则抛弃该帧，等待发送端超时重发。

③ 网络层：网络层的主要功能是数据包的分段、数据包阻塞的处理及通信子网路径的选择。

④ 传输层：传输层的信息传送单位是报文（Message），该层主要负责从会话层接收数据，把它们传送到网络层，并保证这些数据正确地到达目的地。该层控制端点到端点数据的完整性，确保高质量的网络服务，起到网络层和会话层之间的接口作用。

⑤ 会话层：会话层的功能是支持通信管理和实现最终用户应用进程的同步，按正确的顺序发送数据，进行各种对话。

⑥ 表示层：表示层用于应用层信息的形式交换，如数据加密/解密、信息压缩/解压、消

去重复的字符和空白等，把应用层提供的信息变成能够共同理解的形式。

⑦ 应用层：应用层作为 OSI 参考模型的最高层，主要为用户的应用服务提供信息交换，为应用接口提供操作标准。应用层负责与其他高级功能的通信，如分布式数据库和文件传输等。

7.1.2 工业以太网与 PROFINET

1．工业以太网

工业以太网（Industrial Ethernet）是西门子公司提出的一种基于以太网的工业通信模式，遵循国际标准 IEEE 802.3。工业以太网和局域网都采用 TCP/IP 协议，因而可以直接和局域网的计算机互连，便于共享网络中的数据，可以用 IE 等浏览器访问终端数据。

工业以太网具有以下特点：

① 用于工况恶劣的工业场所，网络设备应具有气候环境适应性，要求耐腐蚀、防尘、防水等；

② 在易燃易爆场所，网络设备应具有防燃防爆性能；

③ 要求具有较高的抗干扰能力和电磁兼容性（EMC）；

④ 硬件设备模块化，安装简单方便，支持线形、星形、环形结构；

⑤ 具有高速冗余的网络安全性，最大网络重构时间（故障持续时间）不超过 300ms；

⑥ 支持网络监控，网络模块可以被 HMI 软件（如 WinCC 等）监控。

目前工业以太网采用多芯双绞线作短距离信息传输，无线作中距离信息传输，光纤作远距离信息传输。

2．PROFINET

PROFIBUS 国际组织于 1999 年开始研发新一代总线系统 PROFINET。由于有全球知名的自动化设备制造商的支持，2000 年年底，PROFINET 正式成为了 IEC 61158 标准的第 10 种现场总线。

PROFINET 是一种基于工业以太网的现场总线通信系统，具有比 PROFIBUS 更多的优点，因而在自动化控制领域中得到越来越广泛的应用。采用 100Mb/s 高速以太网和交换技术，全面支持 TCP/IP 协议，从企业管理层直至现场层，均可实现直接、透明的访问操作。

PROFINET 有两种变化形式：PROFINET IO 和 PROFINET CBA。

（1）PROFINET IO

这是一种将分布式 I/O 设备直接连接到工业以太网的通用标准，现场设备可通过该标准将其数据循环传送给相应控制器的寄存器。PROFINET IO 的设备类型有：

- I/O 控制器——运行自动化程序，对自动化任务进行控制的系统（如 PLC、PC）；
- I/O 设备——分配给控制器所控制的现场设备（如 ET 200S）；
- I/O 监控器——基于 PC 的工程工具，可参数化或诊断各个 I/O 设备。

（2）PROFINET CBA

CBA 即“Component-Based Automation”，基于组件的自动化。一个组件为一个工艺单元，也可理解为一个相对独立的自动化系统，用来完成某种特定工序和工艺。PROFINET CBA 技术首先将各个工艺单元进行“封装”，生成组件描述文件（PCD），然后将 PCD 导入连接编辑器的文件库中，建立各 PROFINET 组件之间的逻辑连接，从而达到创建一个项目的目的。

相比之下，PROFINET IO 的组建基本类似于 PROFIBUS 和工业以太网，区别在于模块的选择——需要带 PN 接口的 CP 或 CPU，以及在用户程序中调用支持 PROFINET IO 的通信模块。而 PROFINET CBA 则是将控制功能模块化，在每个模块内部，系统软、硬件的配置是常规的，经过封装后，所有模块（组件）通过 PROFINET CBA 接口与其他组件交换信息，所有组件经过逻辑连接后被纳入一个应用中，实现这样的逻辑连接需要专用的逻辑编辑器（如西门子的 SIMASTIC iMap）。

S7-1200 CPU 本体上集成了一个 PROFINET 通信接口，支持工业以太网和基于 TCP/IP 协议的通信。使用这个通信接口，可以实现 S7-1200 CPU 与编程设备的通信，与 HMI 触摸屏的通信，以及与其他 CPU 之间的通信。这个 PROFINET 通信接口支持 10M/100Mb/s 的 RJ-45 口、电缆交叉自适应，因此，任何一个标准的或是交叉的以太网线都可用于该接口。

S7-1200 CPU 上的 PROFINET 通信接口支持以下并发通信连接：

① 3 个用于 HMI 与 CPU 通信的连接；

② 1 个用于编程设备（PG）与 CPU 通信的连接；

③ 8 个使用传输块（T-block）指令（TSEND_C、TRCV_C、TCON、TDISCON、TSEND、TRCV）实现 S7-1200 CPU 通信的连接；

④ 3 个用于被动 S7-1200 CPU 与主动 S7 CPU 通信的连接。主动 S7 CPU 使用 GET 和 PUT 指令（S7-300 和 S7-400）或 ETHx_XFER 指令（S7-200）。被动 S7-1200 CPU 通信连接只能使用传输块（T-block）指令。

S7-1200 CPU 的 PROFINET 通信接口支持以下通信协议及服务。

① S7 通信。

② 用户数据报协议（UDP）。

③ 传输控制协议（TCP）。TCP 协议的主要用途是在各层之间提供可靠、安全的连接服务。该协议具有以下特点：

- 由于与硬件紧密相关，因此它是一种高效的通信协议；
- 适合用于中等大小或较大的数据量（最多 8192 字节）；
- 为应用带来了更多的便利，特别在错误恢复、数据流控制和可靠性方面；
- 是一种面向连接的协议；
- 可以非常灵活地用于只支持 TCP 协议的第三方系统；
- 有路由功能；
- 只能应用静态数据长度；
- 消息会被确认；
- 使用端口号对应用程序寻址；
- 大多数用户应用协议（如 TELNET 和 FTP）都使用 TCP 协议；
- 由于使用 SEND/RECEIVE 编程接口，因此需要编程来进行数据管理。

④ ISO-on-TCP（RFC 1006），一种能够将 ISO 应用移植到 TCP/IP 网络的协议。该协议具有以下特点：

- 是与硬件关系紧密的高效通信协议；
- 适合用于中等大小或较大的数据量（最多 8192 字节）；
- 与 TCP 协议相比，它的消息提供了数据结束标识符并且它是面向消息的；
- 具有路由功能，可用于 WAN；
- 可用于实现动态数据长度；
- 由于使用 SEND/RECEIVE 编程接口，因此需要编程来进行数据管理。

7.2　S7-1200 PLC 与编程设备的通信

S7-1200 CPU 可以与网络上的编程设备进行通信。PROFINET 接口可在编程设备和 S7-1200 CPU 之间建立物理连接。由于 S7-1200 CPU 内置了自动跨接功能，因此对该接口既可以使用标准以太网电缆，又可以使用跨接以太网电缆。将编程设备直接连接到 S7-1200 CPU 时，不需要以太网交换机。

1．硬件连接

在编程设备和 S7-1200 CPU 之间创建硬件连接时，首先安装 S7-1200 CPU，将以太网电缆插入 PROFINET 接口中，再将以太网电缆连接到编程设备上，如图 7-2 所示。

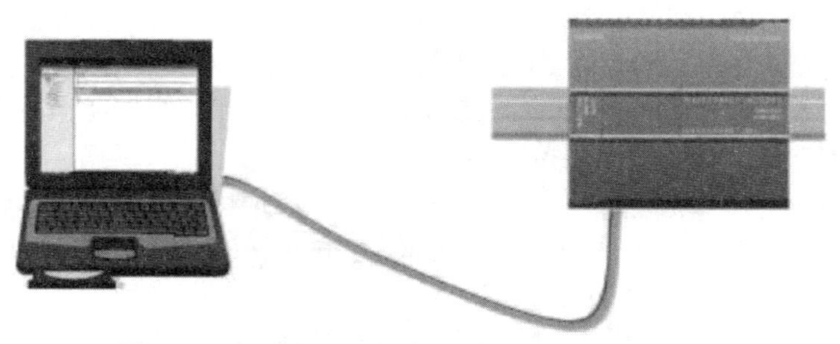

图 7-2　S7-1200 CPU 与编程设备的硬件连接示意图

2．组态

打开博途 V16 软件，创建一个新项目，命名为“S7-1200 编程示例”，单击“创建新项目”后，在生成页面中单击“组态设备”，如图 7-3 所示。

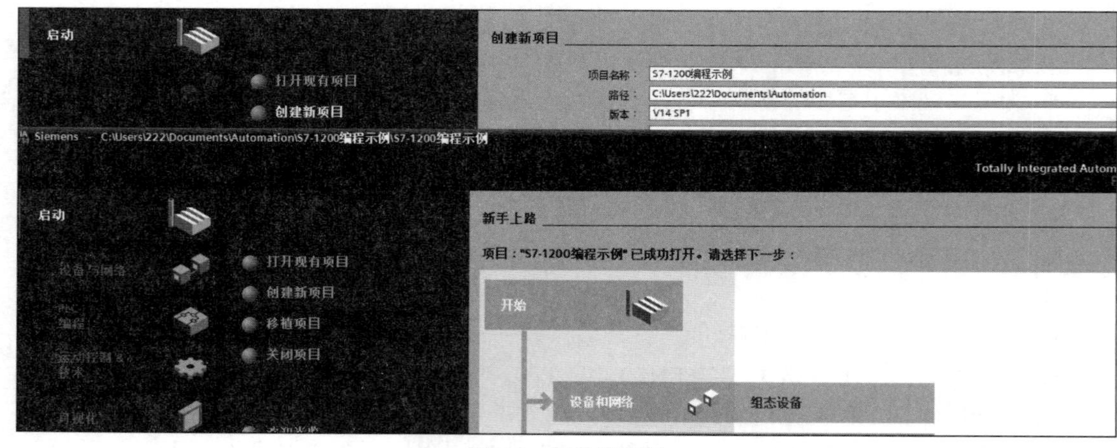

图 7-3　创建新项目

双击“添加新设备”，即可根据实际 PLC 型号选择添加新设备，如图 7-4 所示。

3．为编程设备和新设备分配 IP 地址

单击 Windows 10 操作系统的“控制面板”→“网络和 Internet”→“网络和共享中心”→“更改适配器设置”→“以太网”选项，打开“以太网 属性”窗口，选择“Internet 协议版本 4（TCP/IPv4）”，单击“属性”按钮，选择“自动获得 IP 地址（DHCP）”或在“使用下面的 IP 地址”下输入静态 IP 地址。

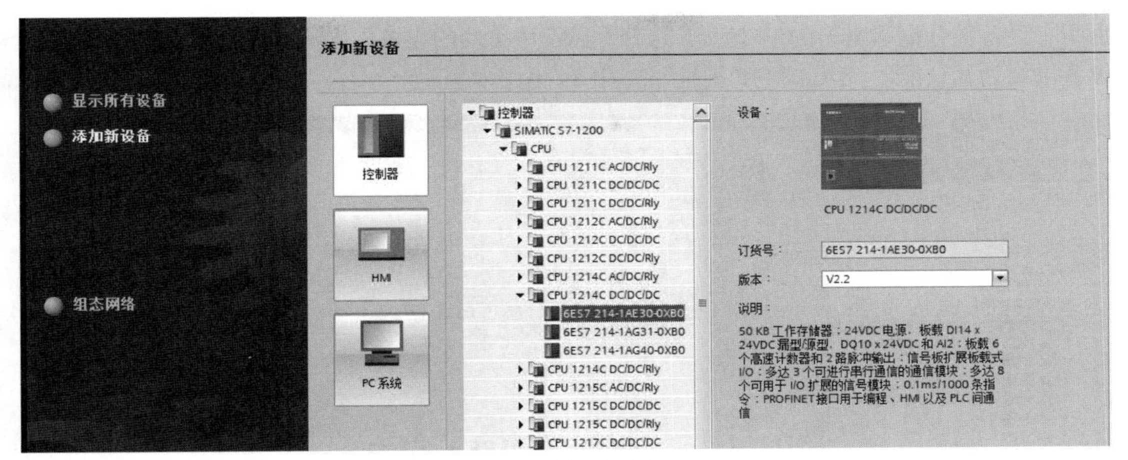

图 7-4　添加新设备

为 S7-1200 CPU 分配 IP 地址时，采用在项目中组态 IP 地址的方法。使用 S7-1200 CPU 配置机架之后，可组态 PROFINET 接口的参数。为此，单击 CPU 上的 PROFINET 框■以选择 PROFINET 接口。巡视窗口中的“常规”选项卡会显示 PROFINET 接口，如图 7-5 所示。

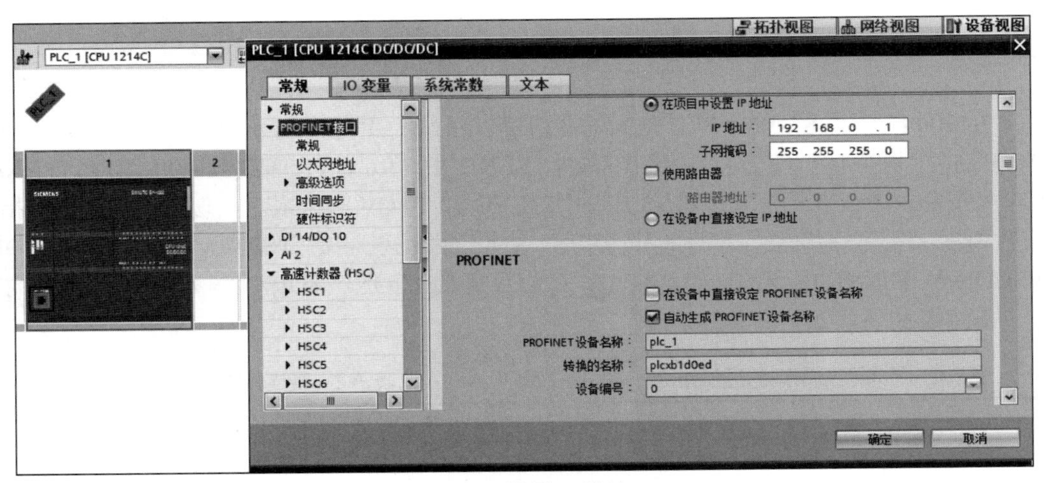

图 7-5　设置 IP 地址

IP 地址：每个设备都必须具有一个 Internet 协议地址，该地址使设备可以在更加复杂的路由网络中传送数据。每个 IP 地址分为 4 段，每段占 8 位，并以十进制数格式表示。IP 地址由两部分组成，第一部分（前三个数）用于表示用户所在的 IP 网络，第二部分表示主机 ID（对于网络中的每个设备都是唯一的）。

子网掩码：子网是已连接的网络设备的逻辑分组。在局域网中，子网中的节点彼此之间的物理位置相对接近。掩码（称为子网掩码或网络掩码）定义 IP 子网的边界，子网掩码的值通常为 255.255.255.0。

4．测试运行

在完成组态后，可使用“扩展的下载到设备”对话框测试所连接的网络设备。S7-1200 CPU“下载到设备”功能及“扩展的下载到设备”对话框可显示所有可访问的网络设备，以及是否为所有设备都分配了唯一的 IP 地址。选择“显示可访问的设备”，能够显示全部可访问和可用设备以及为其分配的 MAC 和 IP 地址，如图 7-6 所示。

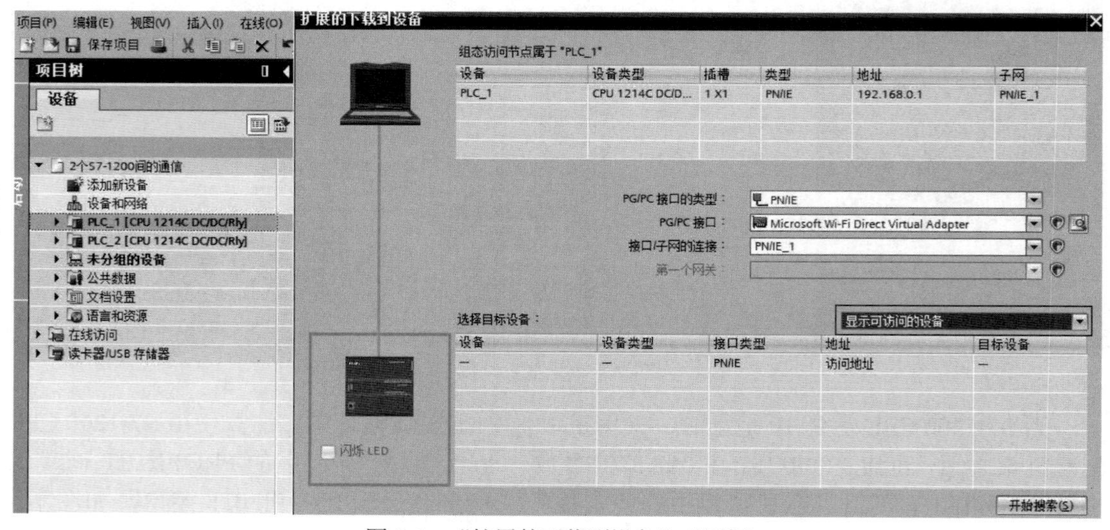

图 7-6 “扩展的下载到设备”对话框

7.3 S7-1200 PLC 之间的通信

S7-1200 PLC 与 S7-1200 PLC 之间的通信可以通过 TCP 或 ISO-on-TCP 协议来实现，使用的通信指令是在双方 CPU 中调用 T-block（TSEND_C、TRCV_C、TCON、TDISCON、TSEND、TRCV）指令。通信方式为双边通信，因此 TSEND 和 TRCV 必须成对出现，通过这两个指令可设置和建立连接，并在通过指令断开连接前一直自动监视该连接。TSEND_C 指令兼具 TCON、TDISCON 和 TSEND 指令的功能，TRCV_C 指令兼具 TCON、TDISCON 和 TRCV 指令的功能，见表 7-1 和表 7-2。

表 7-1 不带连接管理的通信指令

指令	功能
TCON	建立以太网连接
TDISCON	断开以太网连接
TSEND	发送数据
TRCV	接收数据

表 7-2 带连接管理的通信指令

指令	功能
TSEND_C	建立以太网连接并发送数据
TRCV_C	建立以太网连接并接收数据

7.3.1 通信步骤

设置两个 S7-1200 PLC 之间通信时的步骤如下。

（1）建立硬件通信连接

通过 PROFINET 接口建立两个 S7-1200 CPU 之间的物理连接。由于 S7-1200 CPU 内置了自动跨接功能，因此对该接口既可以使用标准以太网电缆，又可以使用跨接以太网电缆，因此，连接两个 S7-1200 CPU 时不需要以太网交换机。

（2）添加并组态 PLC

在博途 V16 软件中选择“创建新项目”，创建一个新项目，并命名为“2 个 S7-1200 间的通信”。然后添加新设备，在图 7-4 中选择所使用的 S7-1200 CPU 并添加到机架上，命名为 PLC_1。用同样的方法再添加通信伙伴的 S7-1200 CPU，命名为 PLC_2。两台 PLC 使用相同的组态过程、CPU 属性设置，启用系统存储器字节和时钟存储器字节。

单击 CPU 上代表 PROFINET 接口的图标，在下方会出现 PROFINET 接口的“属性”对话框，分配 IP 地址为 192.168.0.1，子网掩码为 255.255.255.0，如图 7-7 所示。采用同样方法，在同一个项目里添加另一个新设备 S7-1200 CPU，并为其分配 IP 地址为 192.168.0.2，如图 7-8 所示。

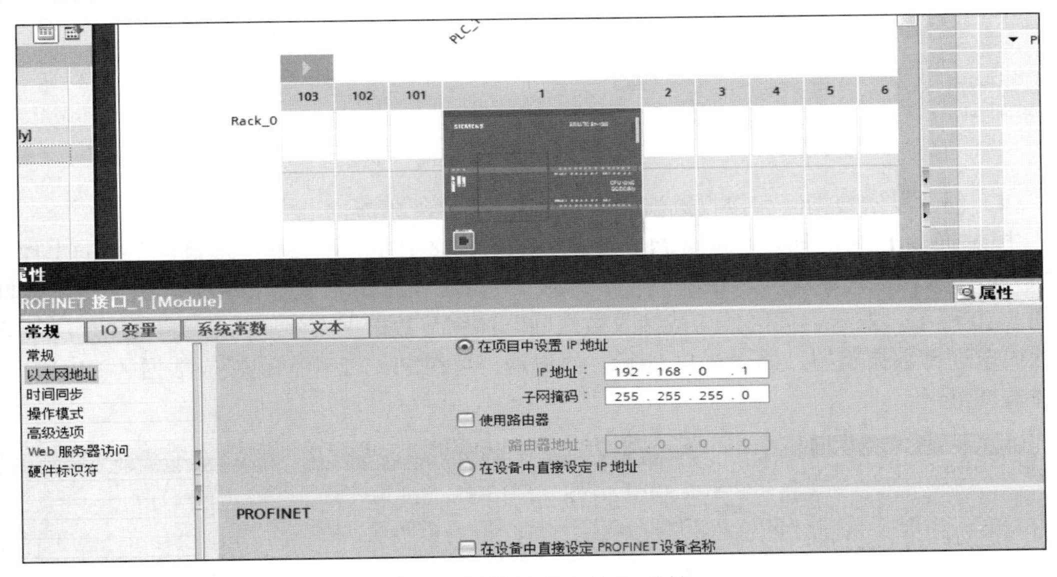

图 7-7　设置 PLC_1 的 IP 地址

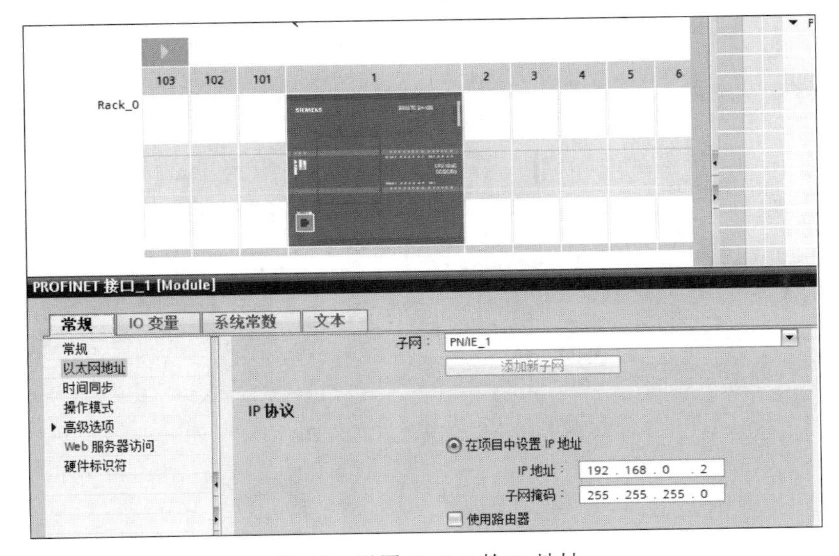

图 7-8　设置 PLC_2 的 IP 地址

（3）组态网络连接

在“项目树”中的“设备”→“设备和网络”→“网络视图”下创建两个设备的连接。用光标选中 PLC_1 上的 PROFINET 接口的图标█，按住鼠标左键拖出一条线到 PLC_2 的 PROFINET 接口的图标█上，松开鼠标即建立连接，如图 7-9 所示。

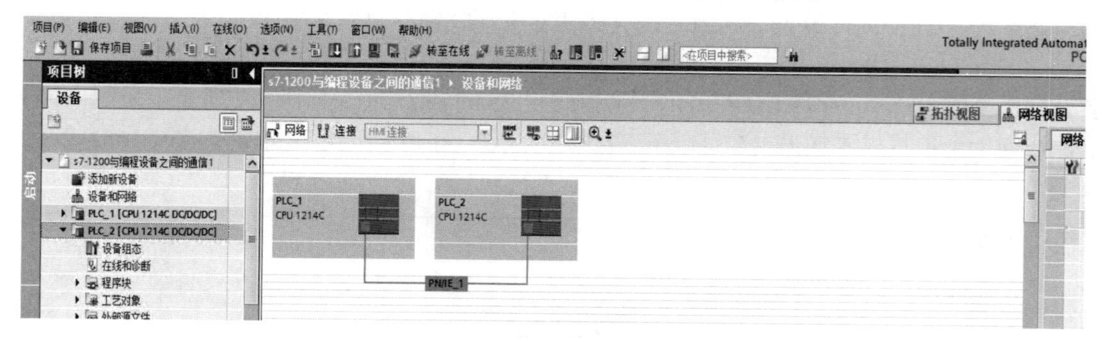

图 7-9　建立网络连接

（4）创建发送数据区和接收数据区，用来发送和接收数据

根据通信要求，创建并定义 PLC_1 的发送数据区 DB 块。选择“项目树”中的文件夹“PLC_1”，选择“程序块”并双击“添加新块”，选择“数据块”创建 DB 块，定义传送数据，如图 7-10 所示。发送数据区传送或接收数组的具体字节数根据实际通信要求设置，可以根据通信要求选择数据类型，如图 7-11 所示。类似地，可在 PLC_2 中创建接收数据区 DB 块，并选择数据类型。

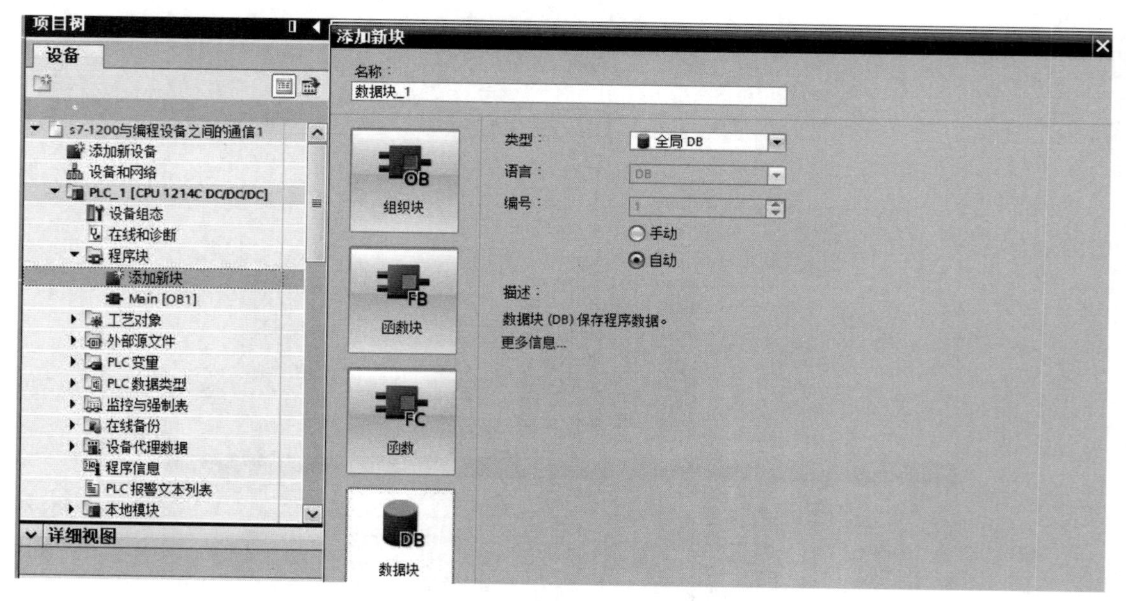

图 7-10　创建发送数据区 DB 块

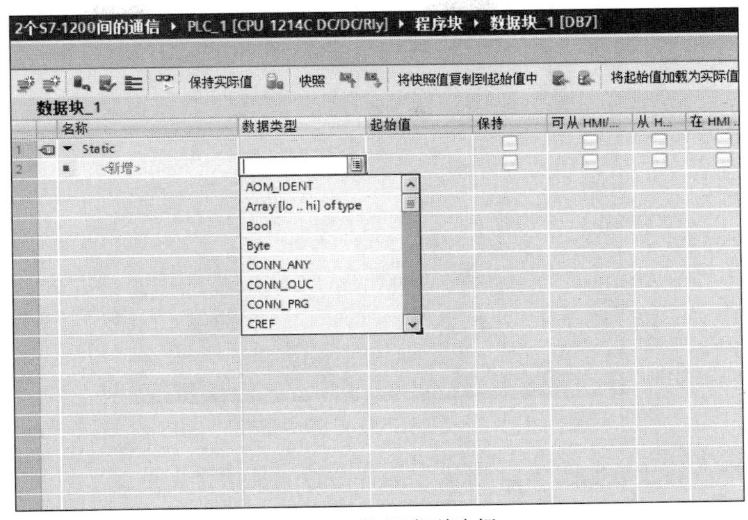

图 7-11　数据类型选择

（5）组态传送和接收参数

传输块（T-block）通信用于建立两个 S7-1200 CPU 之间的连接。在 CPU 可进行 PROFINET 通信前，必须组态传送消息和接收消息的参数。这些参数决定了在向目标设备传送消息或从目标设备接收消息时的通信方式。

通过使用 TSEND_C 和 TRCV_C 指令，一个 S7-1200 CPU 可与网络中的另一个 S7-1200 CPU 进行通信，并且必须在两个 S7-1200 CPU 中均组态 TSEND_C 和 TRCV_C 指令，才能实现两个 S7-1200 PLC 之间的通信。

TSEND_C 指令可创建与伙伴的通信连接，并在通过指令断开连接前一直自动监视该连接。通过博途 V16 的设备配置，可以组态 TSEND_C 指令传送数据的方式。首先从“通信”→“开放式用户通信”中将该指令插入程序中，如图 7-12 所示。该指令将与“调用选项”对话框一起显示，在该对话框中可以生成用于存储 TSEND_C 指令参数的 DB，如图 7-13 所示。

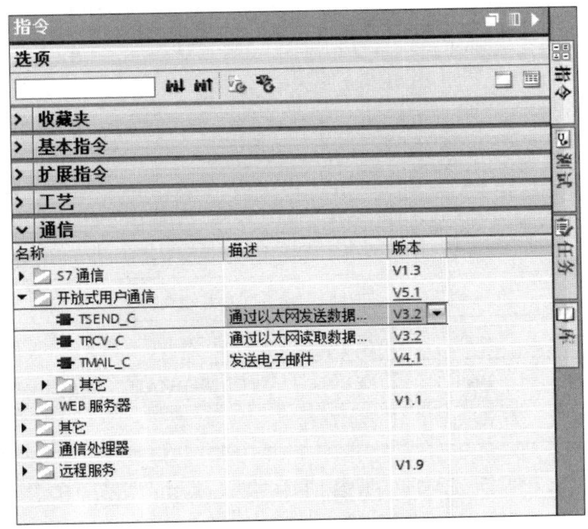

图 7-12　开放式用户通信

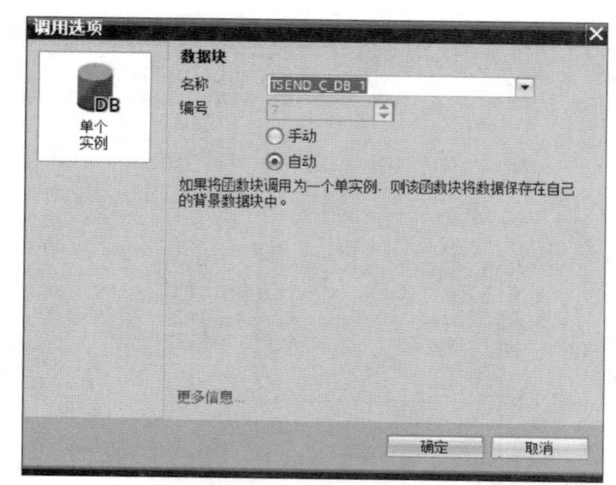

图 7-13　生成 TSEND_C 指令参数的 DB

TSEND_C 指令的参数如图 7-14 所示，部分参数的具体含义见表 7-3。

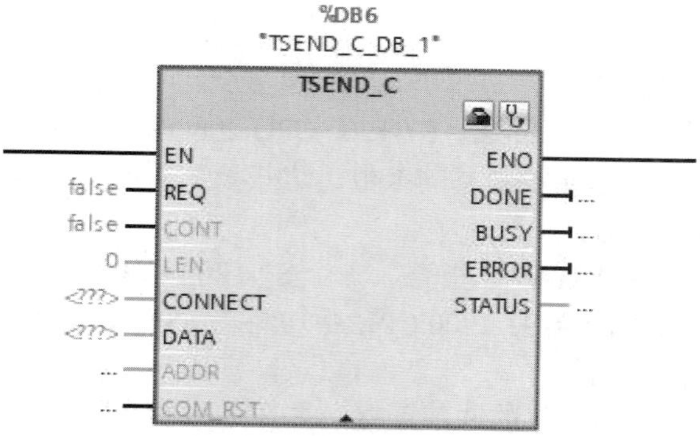

图 7-14　TSEND_C 指令的参数

表 7-3　TSEND_C 指令部分参数的具体含义

参数	参数类型	数据类型	说　明
REQ	INPUT	Bool	控制参数 REQ 在上升沿启动时具有 CONNECT 中所述连接的发送任务
CONT		Bool	为 0 时断开，为 1 时建立并保持连接
LEN		Int	要发送的最大字节数 当 LEN 为默认值 0 时，表示 DATA 参数决定要发送的数据的长度
CONNECT	IN_OUT	TCON_Param	指向连接描述的指针
DATA	IN_OUT	Variant	发送区，包含要发送数据的地址和长度
COM_RST	IN_OUT	Bool	为 1 时，完成功能块的重新启动，现有连接将终止
DONE	OUTPUT	Bool	为 0 时，任务尚未开始或仍在运行；为 1 时，无错执行任务
BUSY	OUTPUT	Bool	为 0 时，任务完成；为 1 时，任务尚未完成，无法触发新任务
ERROR	OUTPUT	Bool	为 1 时，处理时出错，STATUS 参数提供错误类型的详细信息
STATUS	OUTPUT	Word	错误信息

选中 TSEND_C 指令，然后选中巡视窗口中的“属性”选项卡，单击“组态”选项卡，在“连接参数”下可以设置 TEEND_C 指令的连接参数，如图 7-15 所示。

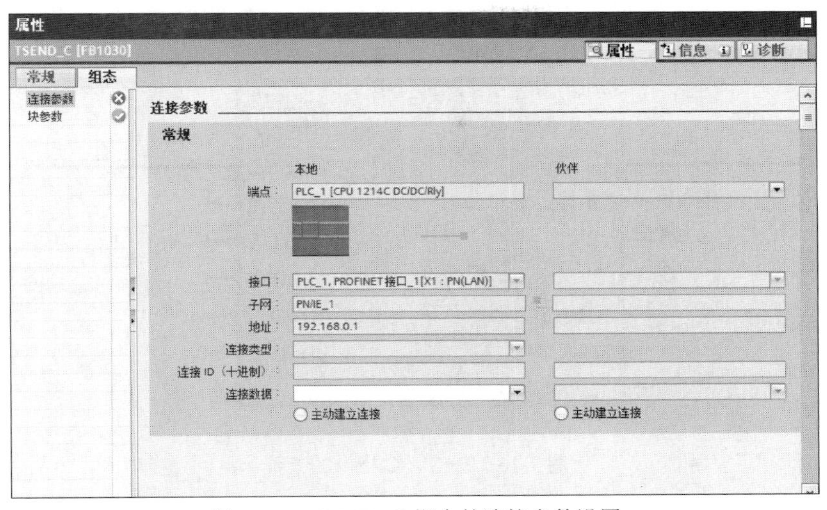

图 7-15　TSEND_C 指令的连接参数设置

TSEND_C 指令的连接参数说明见表 7-4。

表 7-4　TSEND_C 指令的连接参数说明

参数	描述
端点：本地/伙伴	显示本地端点和伙伴端点的名称。本地端点就是为其设置 TSEND_C 指令的 CPU，因此是已知的。伙伴端点则需要从下拉框中选择，下拉框中将显示所有可用的连接伙伴
接口	显示本地端点的接口，只有指定伙伴端点后，才会显示伙伴端点的接口
子网	显示本地端点的子网，只有指定伙伴端点后，才会显示伙伴端点的子网。如果所选伙伴端点未通过子网连接到本地端点，则会自动将两个连接伙伴联网，为此必须指定伙伴端点。不同子网中的伙伴只能通过 IP 路由建立连接
地址	显示本地端点的 IP 地址，只有指定伙伴端点后，才会显示伙伴端点的 IP 地址。如果选择了未指定的连接伙伴，输入框将为空并呈红色背景，在这种情况下，需指定有效的 IP 地址
连接类型	从下拉框中可选择需要使用的连接类型：TCP，ISO-on-TCP，UDP
连接 ID	在输入框中输入连接 ID。创建新连接时，会分配默认值 1，可以在输入框中更改连接 ID
连接数据	系统会自动生成本地的 DB 块，所有的连接数据都会保存在这个 DB 块中。伙伴的连接 DB 块，只有在对方（PLC_2）建立连接后才能生成，然后在本地（PLC_1）中通过“伙伴”下拉框中选择连接数据
主动建立连接	启用“主动建立连接”，可选择本地或伙伴 CPU 作为主动连接方

为了实现接收来自其他 PLC 的数据，需在该 PLC 中调用接收指令 TRCV_C。TRCV_C 指令可创建与伙伴的通信连接，并在通过指令断开连接前一直自动监视该连接。TRCV_C 指令兼具 TCON、TDISCON 和 TRCV 指令的功能。通过博途 V16 中的 CPU 组态，可以组态 TRCV_C 指令接收数据的方式。从“通信”→“开放式用户通信”中将该指令插入程序中，如图 7-12 所示。该指令将与“调用选项”对话框一起显示，在该对话框中可以分配用于存储 TRCV_C 指令参数的 DB。

TRCV_C 指令的参数如图 7-16 所示，而部分参数的具体含义见表 7-5。该指令连接参数的配置与 TSEND_C 连接参数的配置基本相似，各参数要与通信伙伴 CPU 对应设置（参考表 7-4）。

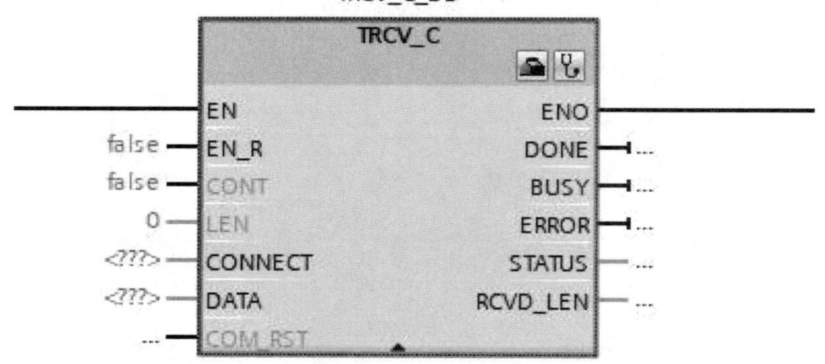

图 7-16　TRCV_C 指令的参数

表 7-5　TRCV_C 指令部分参数的具体含义

参数	参数类型	数据类型	说明
EN_R	IN	Bool	启用接收的控制参数：EN_R＝1 时，TRCV_C 准备接收
CONT	IN	Bool	为 0 时断开，为 1 时建立并保持连接
LEN	IN	Int	接收区长度（字节） 默认值=0，表示 DATA 参数决定要发送的数据的长度
CONNECT	IN_OUT	TCON_Param	指向连接描述的指针
DATA	IN_OUT	Variant	接收区包含接收数据的起始地址和最大长度
COM_RST	IN_OUT	Bool	为 1 时，完成功能块的重新启动，现有连接将终止
DONE	OUT	Bool	为 0 时，任务尚未开始或仍在运行；为 1 时，无错执行任务
BUSY	OUT	Bool	为 0 时，任务完成；为 1 时，任务尚未完成，无法触发新任务
ERROR	OUT	Bool	为 1 时，处理时出错，STATUS 提供错误类型的详细信息
STATUS	OUT	Word	错误信息
RCVD_LEN	OUT	Int	实际接收到的数据量（字节）

（6）测试 PROFINET 网络

必须为每个CPU都下载相应的组态。

7.3.2　使用 TCP 协议连接的通信实例

下面通过一个简单例子介绍 S7-1200 PLC 之间进行以太网通信的组态步骤，要求通信双方发送和接收 10B 的数据。首先在博途 V16 软件中选择“创建一个新项目”，并命名为“2 个 S7-1200 间的通信”，添加 2 个 PLC，命名为 PLC_1 和 PLC_2 并分别进行组态。然后定义接收通信模块参数，创建并定义接收数据区 DB 块，在 PLC_1 中创建数据块 DB1，新建数组 to_plc_2，用来发送数据到对方 PLC，数据类型为 Array[0..9] of Byte，共计 10B；新建数组 from_plc_2，用来接收来自 PLC_2 传送的数据，数据类型为 Array[0..9] of Byte，共计 10B，如图 7-17 所示。

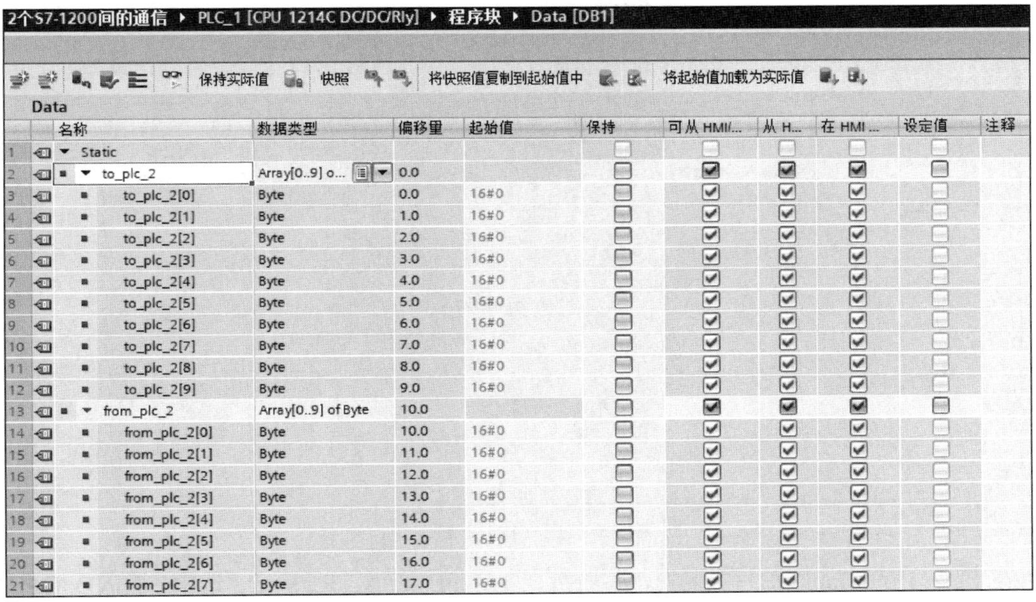

2个S7-1200间的通信 ▸ PLC_1 [CPU 1214C DC/DC/Rly] ▸ 程序块 ▸ Data [DB1]

保持实际值 快照 将快照值复制到起始值中 将起始值加载为实际值

Data

	名称	数据类型	偏移量	起始值	保持	可从 HMI/...	从 H...	在 HMI ...	设定值	注释
1	▼ Static				☐	☐	☐	☐	☐	
2	▼ to_plc_2	Array[0..9] o...	0.0		☐	☑	☑	☑	☐	
3	to_plc_2[0]	Byte	0.0	16#0	☐	☑	☑	☑	☐	
4	to_plc_2[1]	Byte	1.0	16#0	☐	☑	☑	☑	☐	
5	to_plc_2[2]	Byte	2.0	16#0	☐	☑	☑	☑	☐	
6	to_plc_2[3]	Byte	3.0	16#0	☐	☑	☑	☑	☐	
7	to_plc_2[4]	Byte	4.0	16#0	☐	☑	☑	☑	☐	
8	to_plc_2[5]	Byte	5.0	16#0	☐	☑	☑	☑	☐	
9	to_plc_2[6]	Byte	6.0	16#0	☐	☑	☑	☑	☐	
10	to_plc_2[7]	Byte	7.0	16#0	☐	☑	☑	☑	☐	
11	to_plc_2[8]	Byte	8.0	16#0	☐	☑	☑	☑	☐	
12	to_plc_2[9]	Byte	9.0	16#0	☐	☑	☑	☑	☐	
13	▼ from_plc_2	Array[0..9] of Byte	10.0		☐	☑	☑	☑	☐	
14	from_plc_2[0]	Byte	10.0	16#0	☐	☑	☑	☑	☐	
15	from_plc_2[1]	Byte	11.0	16#0	☐	☑	☑	☑	☐	
16	from_plc_2[2]	Byte	12.0	16#0	☐	☑	☑	☑	☐	
17	from_plc_2[3]	Byte	13.0	16#0	☐	☑	☑	☑	☐	
18	from_plc_2[4]	Byte	14.0	16#0	☐	☑	☑	☑	☐	
19	from_plc_2[5]	Byte	15.0	16#0	☐	☑	☑	☑	☐	
20	from_plc_2[6]	Byte	16.0	16#0	☐	☑	☑	☑	☐	
21	from_plc_2[7]	Byte	17.0	16#0	☐	☑	☑	☑	☐	

图 7-17　定义 PLC_1 的数据块内容

如图 7-18 所示定义 PLC_2 的数据块 DB1，其中新建数组 to_plc_1 用来发送数据到对方 PLC，数据类型为 Array[0..9] of Byte，共计 10B；新建数组 from_plc_1 用来接收来自 PLC_1 传送的数据，数据类型为 Array[0..9] of Byte，共计 10B。

2个S7-1200间的通信 ▸ PLC_2 [CPU 1214C DC/DC/Rly] ▸ 程序块 ▸ Data [DB1]

保持实际值 快照 将快照值复制到起始值中 将起始值加载为实际值

Data

	名称	数据类型	偏移量	起始值	保持	可从 HMI/...	从 H...	在 HMI ...	设定值
1	▼ Static				☐	☐	☐	☐	☐
2	▼ to_plc_1	Array[0..9] o...	0.0		☐	☑	☑	☑	☐
3	to_plc_1[0]	Byte	0.0	16#0	☐	☑	☑	☑	☐
4	to_plc_1[1]	Byte	1.0	16#0	☐	☑	☑	☑	☐
5	to_plc_1[2]	Byte	2.0	16#0	☐	☑	☑	☑	☐
6	to_plc_1[3]	Byte	3.0	16#0	☐	☑	☑	☑	☐
7	to_plc_1[4]	Byte	4.0	16#0	☐	☑	☑	☑	☐
8	to_plc_1[5]	Byte	5.0	16#0	☐	☑	☑	☑	☐
9	to_plc_1[6]	Byte	6.0	16#0	☐	☑	☑	☑	☐
10	to_plc_1[7]	Byte	7.0	16#0	☐	☑	☑	☑	☐
11	to_plc_1[8]	Byte	8.0	16#0	☐	☑	☑	☑	☐
12	to_plc_1[9]	Byte	9.0	16#0	☐	☑	☑	☑	☐
13	▼ from_plc_1	Array[0..9] of Byte	10.0		☐	☑	☑	☑	☐
14	from_plc_1[0]	Byte	10.0	16#0	☐	☑	☑	☑	☐
15	from_plc_1[1]	Byte	11.0	16#0	☐	☑	☑	☑	☐
16	from_plc_1[2]	Byte	12.0	16#0	☐	☑	☑	☑	☐
17	from_plc_1[3]	Byte	13.0	16#0	☐	☑	☑	☑	☐
18	from_plc_1[4]	Byte	14.0	16#0	☐	☑	☑	☑	☐
19	from_plc_1[5]	Byte	15.0	16#0	☐	☑	☑	☑	☐
20	from_plc_1[6]	Byte	16.0	16#0	☐	☑	☑	☑	☐
21	from_plc_1[7]	Byte	17.0	16#0	☐	☑	☑	☑	☐
22	from_plc_1[8]	Byte	18.0	16#0	☐	☑	☑	☑	☐

图 7-18　定义 PLC_2 的数据块内容

因为使用绝对寻址，在全局数据块 DB1 中单击鼠标右键，选择“属性”，去掉“优化的块访问”复选框中的“ √ ”，如图 7-19 所示。

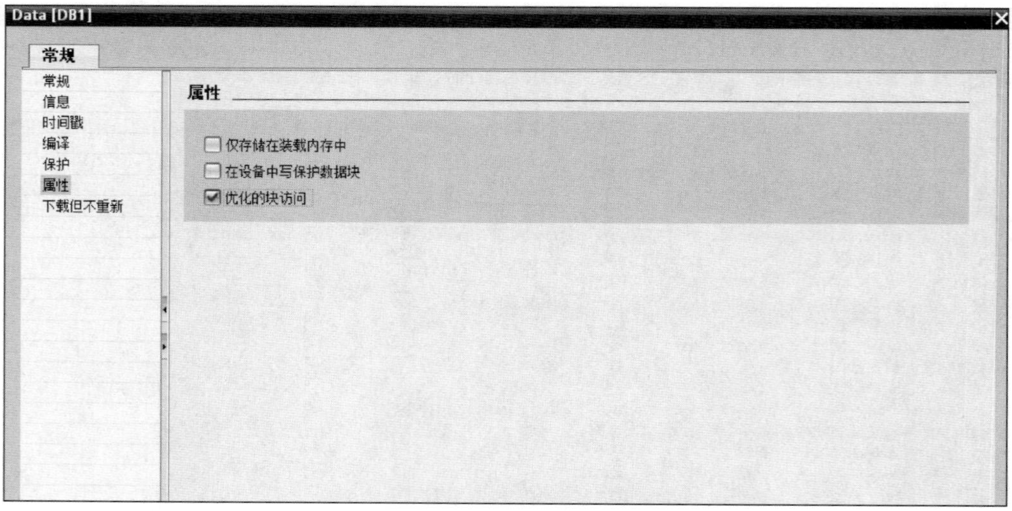

图 7-19　禁用“优化的块访问”

在 PLC_1 的 Main(OB1)中编程，添加指令 TSEND_C 和 TRCV_C。选中 TSEND_C 指令，然后单击鼠标右键，选择“属性”并选择“组态”，设置 PLC_1 中组态 TCP 连接的各项参数；选中 TRCV_C 指令，进行类似操作，如图 7-20 所示。

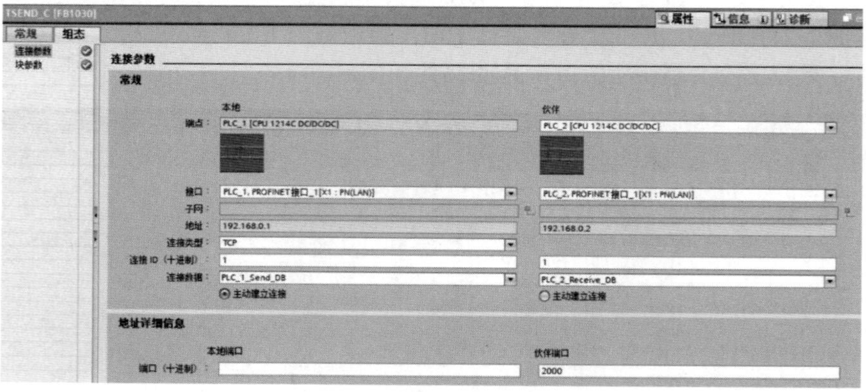

(a) TSEND_C指令组态

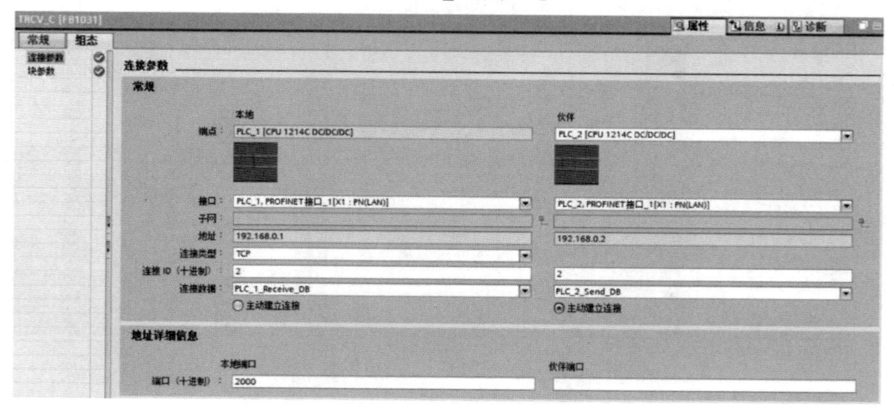

(b) TRCV_C指令组态

图 7-20　PLC_1 中组态 TCP 连接

根据指令 TSEND_C 和 TRCV_C 参数的意义及实际通信要求，指令的参数定义如图 7-21 所示。

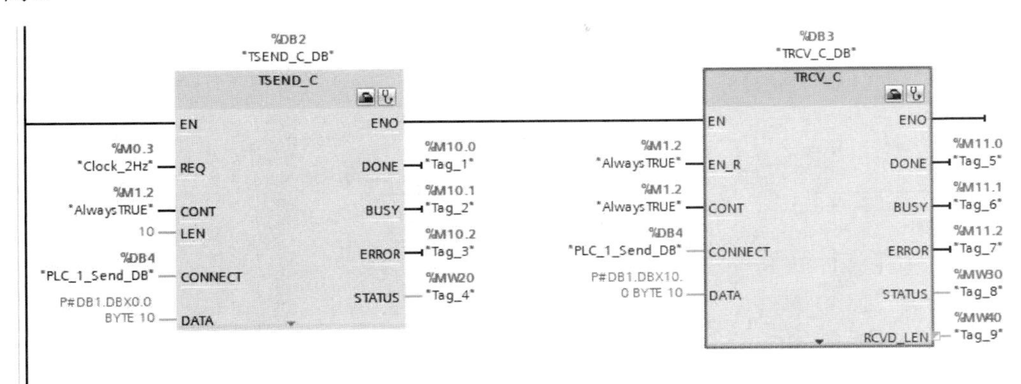

图 7-21　PLC_1 中指令 TSEND_C 和 TRCV_C 参数的定义

在 PLC_2 的 Main(OB1)中编程，添加指令 TSEND_C 和 TRCV_C。选中 TSEND_C 指令，然后单击鼠标右键，选择“属性”并选择“组态”，设置 PLC_2 中组态 TCP 连接的各项参数；选中 TRCV_C 指令，进行类似操作，如图 7-22 所示。

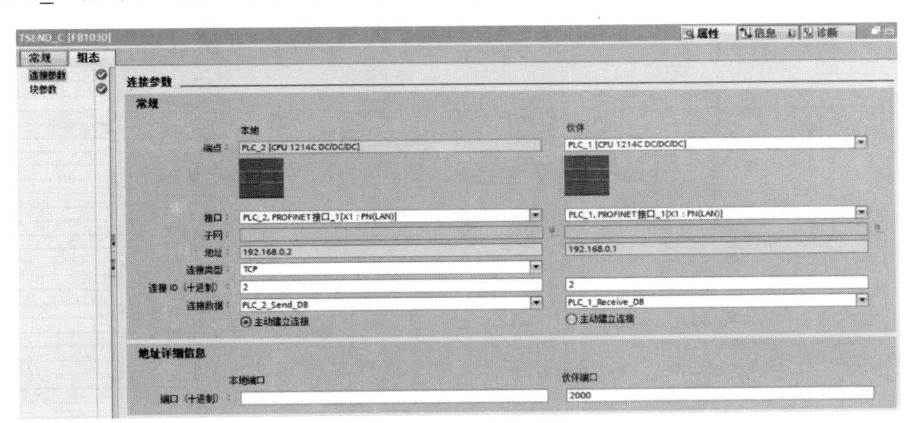

(a) TSEND_C指令组态

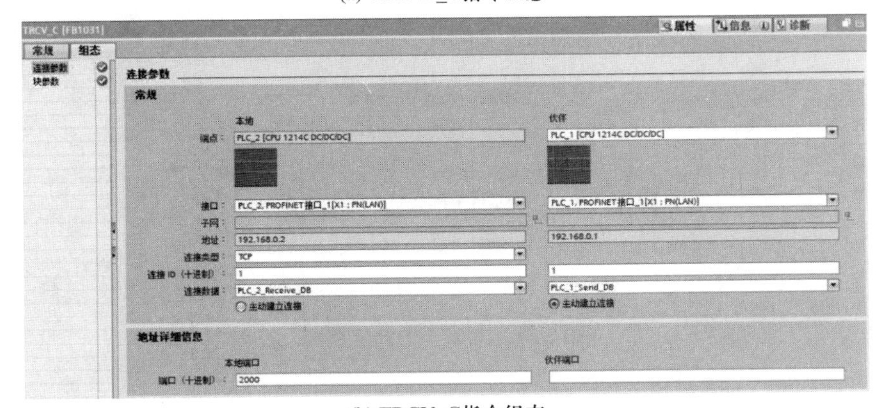

(b) TRCV_C指令组态

图 7-22　PLC_2 中组态 TCP 连接

根据指令TSEND_C和TRCV_C参数的意义及实际通信要求，指令的参数定义如图7-23所示。

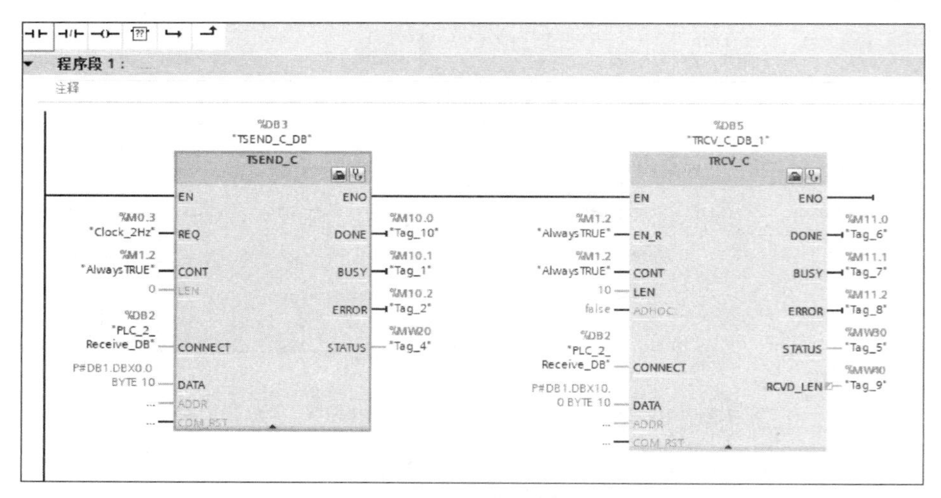

图7-23　PLC_2中指令TSEND_C和TRCV_C参数的定义

单击“项目树”中的“PLC_1”文件夹，双击“监控与强制表”选项，添加新监控表，生成监控表_1，如图7-24所示，其中“修改值”中的1，2，…，10表示从PLC_1向PLC_2传送的数据。

2个s7-1200通信1 ▸ PLC_1 [CPU 1214C DC/DC/DC] ▸ 监控与强制表 ▸ 监控表_1

	i	名称	地址	显示格式	监视值	修改值			注释
1		"plc1".to_plc_2[0]		无符号十进制		1	☑	!	
2		"plc1".to_plc_2[1]		无符号十进制		2	☑	!	
3		"plc1".to_plc_2[2]		无符号十进制		3	☑	!	
4		"plc1".to_plc_2[3]		无符号十进制		4	☑	!	
5		"plc1".to_plc_2[4]		无符号十进制		5	☑	!	
6		"plc1".to_plc_2[5]		无符号十进制		6	☑	!	
7		"plc1".to_plc_2[6]		无符号十进制		7	☑	!	
8		"plc1".to_plc_2[7]		无符号十进制		8	☑	!	
9		"plc1".to_plc_2[8]		无符号十进制		9	☑	!	
10		"plc1".to_plc_2[9]		无符号十进制		10	☑	!	
11		"plc1".from_plc_2[0]		无符号十进制			☐		
12		"plc1".from_plc_2[1]		无符号十进制			☐		
13		"plc1".from_plc_2[2]		无符号十进制			☐		
14		"plc1".from_plc_2[3]		无符号十进制			☐		
15		"plc1".from_plc_2[4]		无符号十进制			☐		
16		"plc1".from_plc_2[5]		带符号十进制			☐		
17		"plc1".from_plc_2[6]		无符号十进制			☐		
18		"plc1".from_plc_2[7]		无符号十进制			☐		
19		"plc1".from_plc_2[8]		无符号十进制			☐		
20		"plc1".from_plc_2[9]		无符号十进制			☐		
21		<添加>					☐		

图7-24　PLC_1中的监控表

单击“项目树”中的“PLC_2”文件夹，双击“监控与强制表”选项，添加新监控表，生成监控表_1，如图7-25所示，其中“修改值”中的102，103，…，111表示从PLC_2向PLC_1传送的数据。

2个s7-1200通信1 ▸ PLC_2 [CPU 1214C DC/DC/DC] ▸ 监控与强制表 ▸ 监控表_1

	i	名称	地址	显示格式	监视值	修改值	注释
1		"plc2".from_plc_1[0]		无符号十进制			
2		"plc2".from_plc_1[1]		无符号十进制			
3		"plc2".from_plc_1[2]		无符号十进制			
4		"plc2".from_plc_1[3]		无符号十进制			
5		"plc2".from_plc_1[4]		无符号十进制			
6		"plc2".from_plc_1[5]		无符号十进制			
7		"plc2".from_plc_1[6]		无符号十进制			
8		"plc2".from_plc_1[7]		无符号十进制			
9		"plc2".from_plc_1[8]		无符号十进制			
10		"plc2".from_plc_1[9]		无符号十进制			
11		"plc2".to_plc_1[0]		无符号十进制		102	
12		"plc2".to_plc_1[1]		无符号十进制		103	
13		"plc2".to_plc_1[2]		无符号十进制		104	
14		"plc2".to_plc_1[3]		无符号十进制		105	
15		"plc2".to_plc_1[4]		无符号十进制		106	
16		"plc2".to_plc_1[5]		无符号十进制		107	
17		"plc2".to_plc_1[6]		无符号十进制		108	
18		"plc2".to_plc_1[7]		无符号十进制		109	
19		"plc2".to_plc_1[8]		无符号十进制		110	
20		"plc2".to_plc_1[9]		无符号十进制		111	
21		<添加>					

图 7-25　PLC_2 中的监控表

选中某一个 PLC，单击开始仿真按钮，如图 7-26 所示，下载 PLC_1 和 PLC_2。

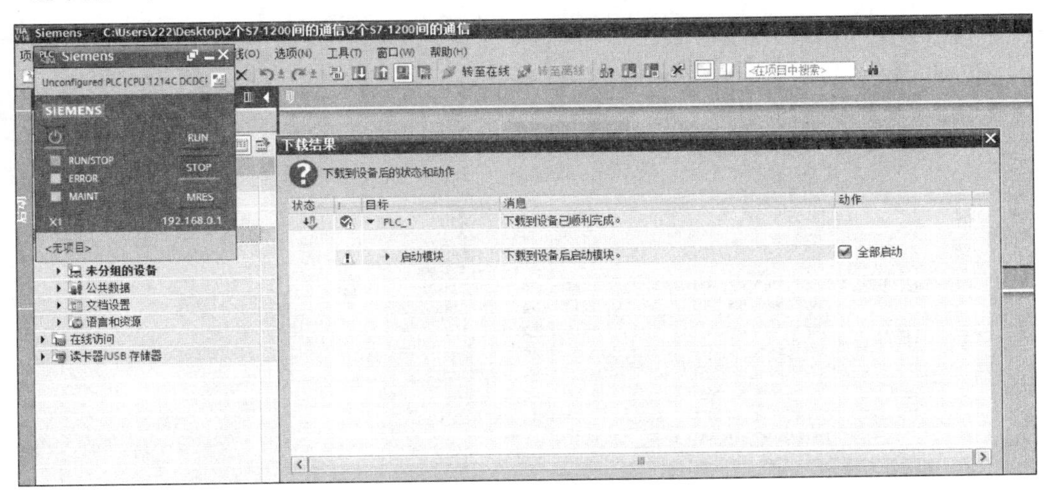

图 7-26　开始仿真

打开监控表进行在线监控，“监视值”列标识 PLC 接收到的数据。图 7-27 和图 7-28 分别是 PLC_2 和 PLC_1 通过通信接收到的数据，可以看到 PLC_1 与 PLC_2 交互的数据完全正确。

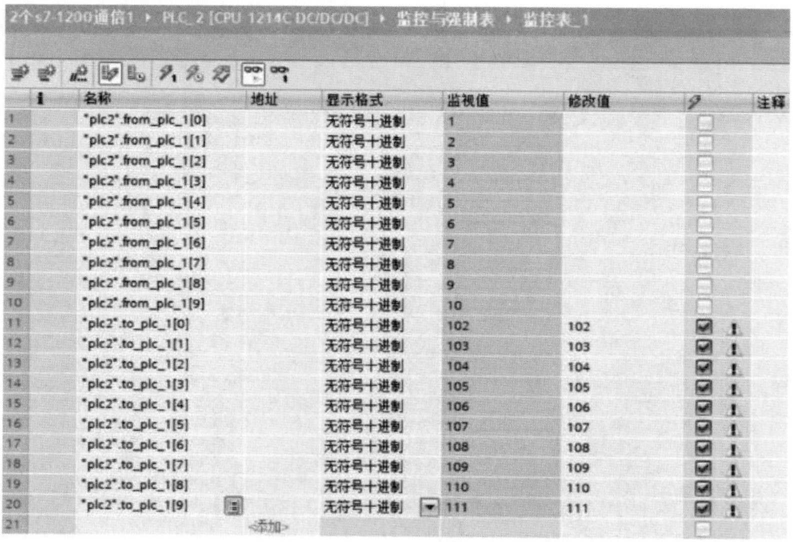

2个s7-1200通信1 ▸ PLC_2 [CPU 1214C DC/DC/DC] ▸ 监控与强制表 ▸ 监控表_1

	i	名称	地址	显示格式	监视值	修改值		注释
1		"plc2".from_plc_1[0]		无符号十进制	1			
2		"plc2".from_plc_1[1]		无符号十进制	2			
3		"plc2".from_plc_1[2]		无符号十进制	3			
4		"plc2".from_plc_1[3]		无符号十进制	4			
5		"plc2".from_plc_1[4]		无符号十进制	5			
6		"plc2".from_plc_1[5]		无符号十进制	6			
7		"plc2".from_plc_1[6]		无符号十进制	7			
8		"plc2".from_plc_1[7]		无符号十进制	8			
9		"plc2".from_plc_1[8]		无符号十进制	9			
10		"plc2".from_plc_1[9]		无符号十进制	10			
11		"plc2".to_plc_1[0]		无符号十进制	102	102		
12		"plc2".to_plc_1[1]		无符号十进制	103	103		
13		"plc2".to_plc_1[2]		无符号十进制	104	104		
14		"plc2".to_plc_1[3]		无符号十进制	105	105		
15		"plc2".to_plc_1[4]		无符号十进制	106	106		
16		"plc2".to_plc_1[5]		无符号十进制	107	107		
17		"plc2".to_plc_1[6]		无符号十进制	108	108		
18		"plc2".to_plc_1[7]		无符号十进制	109	109		
19		"plc2".to_plc_1[8]		无符号十进制	110	110		
20		"plc2".to_plc_1[9]		无符号十进制	111	111		
21			<添加>					

图 7-27　PLC_2 接收到的数据

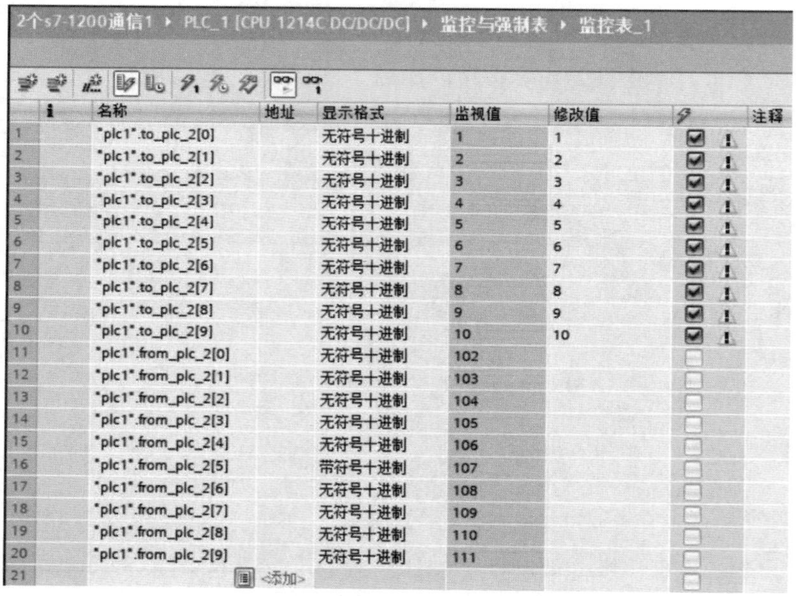

2个s7-1200通信1 ▸ PLC_1 [CPU 1214C DC/DC/DC] ▸ 监控与强制表 ▸ 监控表_1

	i	名称	地址	显示格式	监视值	修改值		注释
1		"plc1".to_plc_2[0]		无符号十进制	1	1		
2		"plc1".to_plc_2[1]		无符号十进制	2	2		
3		"plc1".to_plc_2[2]		无符号十进制	3	3		
4		"plc1".to_plc_2[3]		无符号十进制	4	4		
5		"plc1".to_plc_2[4]		无符号十进制	5	5		
6		"plc1".to_plc_2[5]		无符号十进制	6	6		
7		"plc1".to_plc_2[6]		无符号十进制	7	7		
8		"plc1".to_plc_2[7]		无符号十进制	8	8		
9		"plc1".to_plc_2[8]		无符号十进制	9	9		
10		"plc1".to_plc_2[9]		无符号十进制	10	10		
11		"plc1".from_plc_2[0]		无符号十进制	102			
12		"plc1".from_plc_2[1]		无符号十进制	103			
13		"plc1".from_plc_2[2]		无符号十进制	104			
14		"plc1".from_plc_2[3]		无符号十进制	105			
15		"plc1".from_plc_2[4]		无符号十进制	106			
16		"plc1".from_plc_2[5]		带符号十进制	107			
17		"plc1".from_plc_2[6]		无符号十进制	108			
18		"plc1".from_plc_2[7]		无符号十进制	109			
19		"plc1".from_plc_2[8]		无符号十进制	110			
20		"plc1".from_plc_2[9]		无符号十进制	111			
21			<添加>					

图 7-28　PLC_1 接收到的数据

7.3.3　使用 ISO-on-TCP 协议的通信实例

首先按照 7.3.2 节的步骤生成一个新的项目，然后将图 7-20 中的“连接类型”改为 ISO-on-TCP。在“地址详细信息”栏下的 TSAP 中，本地 TASP 设置为 1000，伙伴 TSAP 设置为 1100，如图 7-29 所示。

将图 7-22 中的“连接类型”改为 ISO-on-TCP。在“地址详细信息”栏下的 TSAP 中，本地 TSAP 设置为 1100，伙伴 TSAP 设置为 1000，如图 7-30 所示。

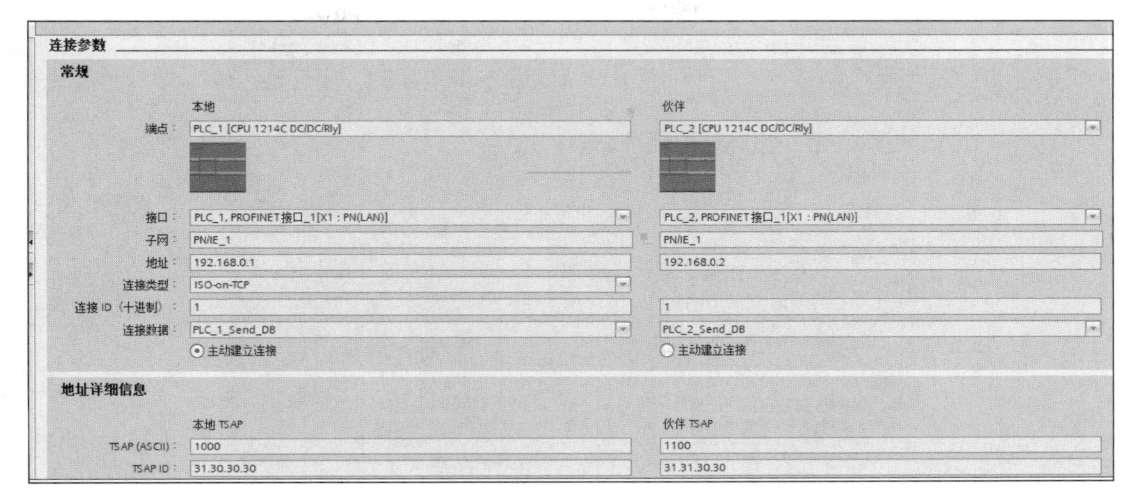

图 7-29　PLC_1 中组态 ISO-on-TCP 连接

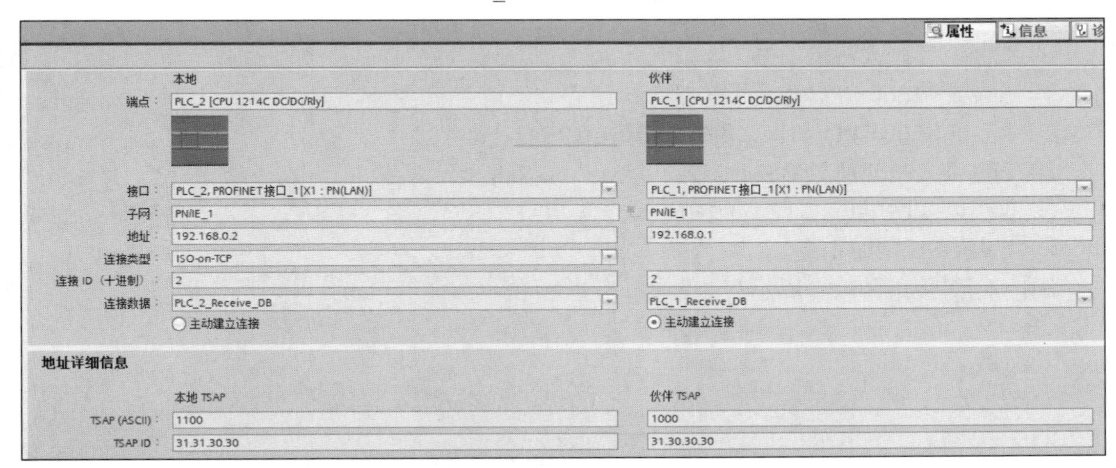

图 7-30　PLC_2 中组态 ISO-on-TCP 连接

使用 ISO-on-TCP 协议的通信实例与 7.3.2 节中的通信实例相比，用户程序和其他组态数据不变。通过实验发现，两个通信实例的实验结果相同。

7.4　S7-1200 PLC 与 S7-200 PLC 的通信

S7-200 PLC 的以太网模块只支持 S7 通信，因此，S7-1200 PLC 与 S7-200 PLC 之间的通信只能通过 S7 通信来实现。此外，由于 S7-1200 PLC 的 PROFINET 接口只支持 S7 通信的服务器端，因此在编程方面 S7-1200 CPU 不用做任何工作。主要编程工作都在 S7-200 CPU 一侧完成，需要将 S7-200 PLC 的以太网模块设置成客户机，并用 ETHx_XFR 指令编程。S7-200 PLC 与 S7-1200 PLC 通过 S7 通信的基本原理如图 7-31 所示。

下面通过简单的例子介绍 S7-1200 PLC 与 S7-200 PLC 的以太网通信。要求：S7-200 CPU 将通信数据区 VB 中的 16 字节发送到 S7-1200 CPU 的 DB2 数据区，S7-200 CPU 读取 S7-1200 CPU 中的输入数据并发送到 S7-200 CPU 的输出区 QB0。

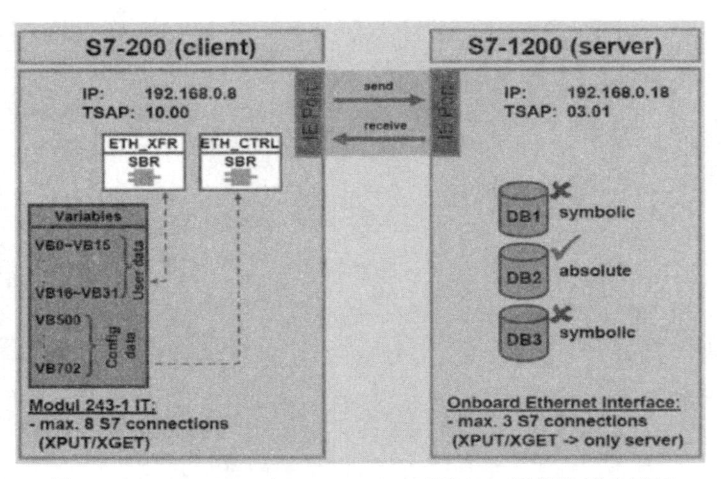

图 7-31　S7-200 PLC 与 S7-1200 PLC 通过 S7 通信的基本原理

1．硬件配置

① 1 台装有以太网卡的 PC；

② 1 台 S7-1200 CPU 作为服务器；

③ 1 台 S7-200 CPU 和以太网扩展模块 CP 243-1；

④ 1 台以太网交换机 CSM1277；

⑤ 3 根以太网电缆；

⑥ 1 根 USB 网线电缆。

硬件连接图如图 7-32 所示。

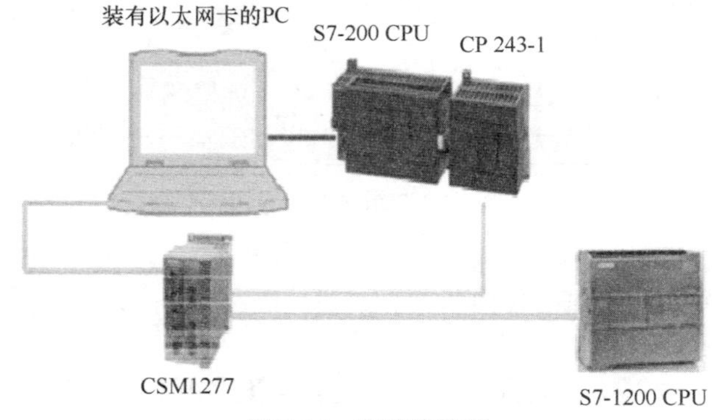

图 7-32　硬件连接图

2．S7-1200 CPU 组态

使用博途 V16 创建项目，添加 S7-1200 CPU 1214C，设置 IP 地址为 192.168.0.2，生成数据块 DB2，打开全局数据块 DB2，输入两个数组类型的数据，每个数组有 16 个元素，其中 var1 保存 S7-1200 CPU 要读取的数组，var2 生成 S7-200 CPU 要写入数据的数组。因为 S7 通信只支持绝对地址 DB 寻址通信，所以这两个数组不能设置为“仅符号访问”，如图 7-33 所示。

3．S7-200 CPU 配置

使用 STEP 7-Micro/WIN 中的以太网向导将 CP 243-1 配置为 S7 客户机。通过菜单命令“工具”→“以太网向导”，如图 7-34 所示，打开“以太网向导”对话框。

如图 7-35 所示，指定模块位置时，可以单击“读取模块”按钮来自动识别模块位置。

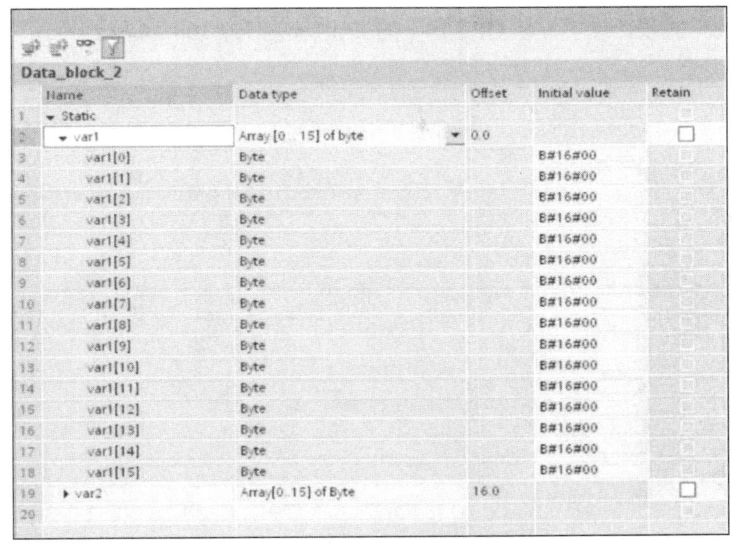

Data_block_2

	Name	Data type	Offset	Initial value	Retain
1	Static				
2	var1	Array [0..15] of byte	0.0		
3	var1[0]	Byte		B#16#00	
4	var1[1]	Byte		B#16#00	
5	var1[2]	Byte		B#16#00	
6	var1[3]	Byte		B#16#00	
7	var1[4]	Byte		B#16#00	
8	var1[5]	Byte		B#16#00	
9	var1[6]	Byte		B#16#00	
10	var1[7]	Byte		B#16#00	
11	var1[8]	Byte		B#16#00	
12	var1[9]	Byte		B#16#00	
13	var1[10]	Byte		B#16#00	
14	var1[11]	Byte		B#16#00	
15	var1[12]	Byte		B#16#00	
16	var1[13]	Byte		B#16#00	
17	var1[14]	Byte		B#16#00	
18	var1[15]	Byte		B#16#00	
19	var2	Array[0..15] of Byte	16.0		
20					

图 7-33　在 DB2 中添加数据

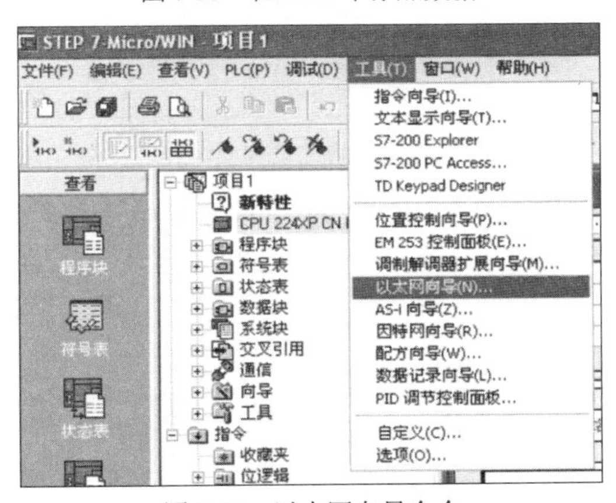

图 7-34　以太网向导命令

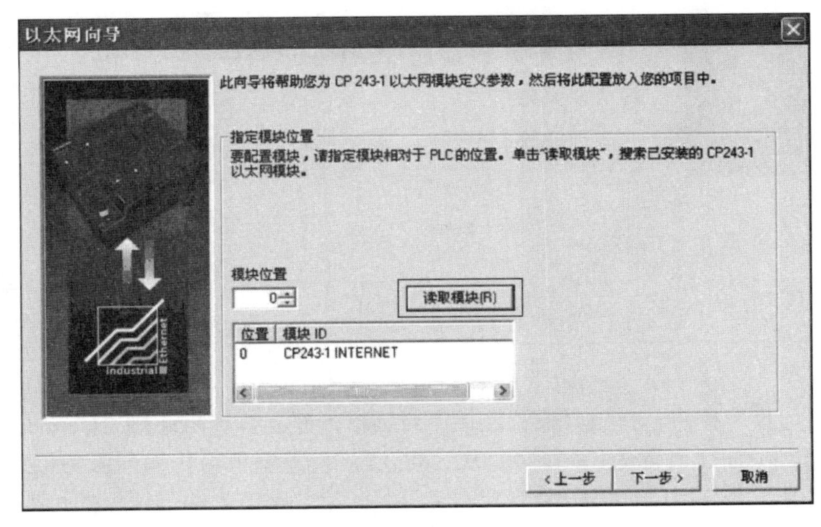

图 7-35　指定模块位置

单击“下一步”按钮，设置模块CP 243-1的IP地址为192.168.0.1，子网掩码为255.255.255.0，并设置模块连接类型，如图7-36所示。

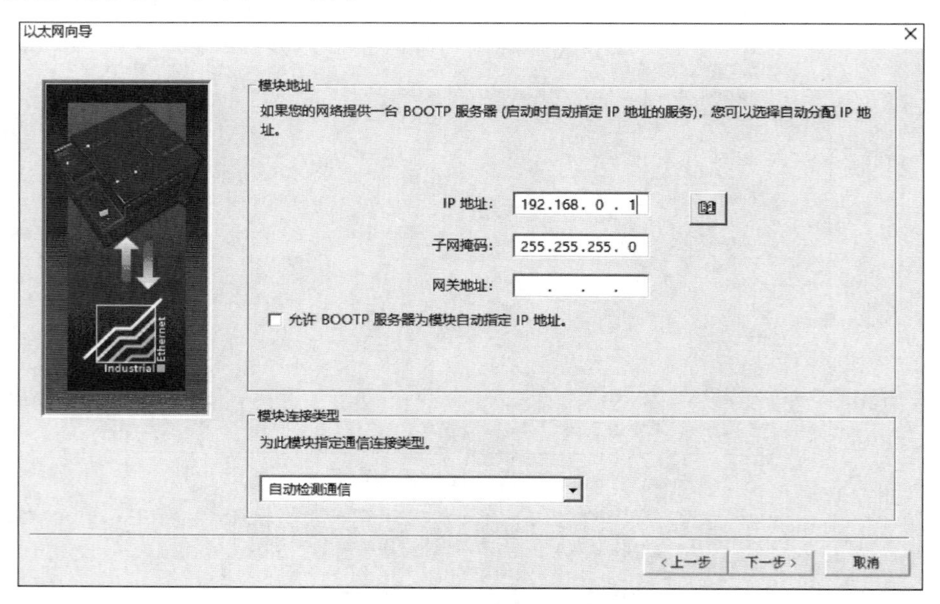

图7-36　设置模块地址和模块连接类型

单击“下一步”按钮，设置模块的连接数为1，最多只能设置8个。也就是说，S7-200 PLC最多可同时与8个S7通信伙伴进行通信，如图7-37所示。

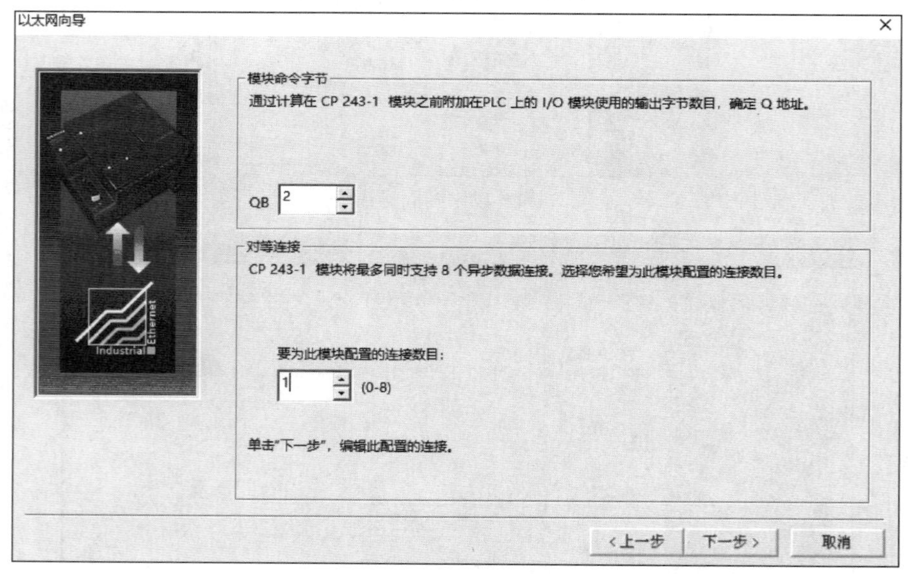

图7-37　设置模块连接数

单击“下一步”按钮，弹出“配置连接”对话框，建立客户机连接“Connection0_0”，IP地址应与S7-1200 CPU设置的相同，为192.168.0.2，设置服务器传输层服务接入点TSAP为03.01。TSAP由2字节组成，第一字节为连接资源，第二字节为通信模板的机架号和插槽号，如图7-38所示。

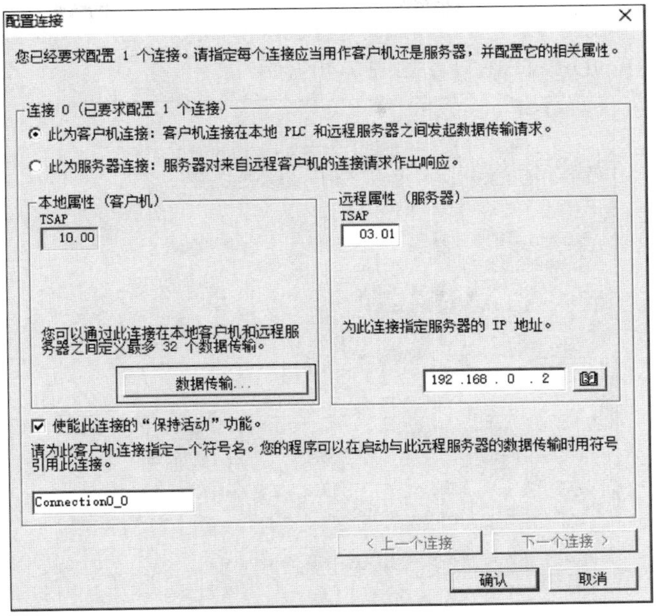

配置连接
您已经要求配置 1 个连接。请指定每个连接应当用作客户机还是服务器，并配置它的相关属性。
连接 0（已要求配置 1 个连接）
此为客户机连接：客户机连接在本地 PLC 和远程服务器之间发起数据传输请求。
此为服务器连接：服务器对来自远程客户机的连接请求作出响应。
本地属性（客户机）
TSAP
10.00
您可以通过此连接在本地客户机和远程服务器之间定义最多 32 个数据传输。
数据传输...
远程属性（服务器）
TSAP
03.01
为此连接指定服务器的 IP 地址。
192 .168 . 0 . 2
使能此连接的“保持活动”功能。
请为此客户机连接指定一个符号名。您的程序可以在启动与此远程服务器的数据传输时用符号引用此连接。
Connection0_0
< 上一个连接
下一个连接 >
确认
取消

图 7-38　配置连接

单击图 7-38 中的“数据传输”按钮，弹出“配置 CPU 至 CPU 数据传输”对话框，如图 7-39 所示。单击“新传输”按钮，弹出询问“添加一个新数据传输吗？”的小窗口，单击“是”按钮，创建读取数据传输 PeerMessage00_1。数据传输 0 读取服务器 16 字节 DB1.DBB0～DB1.DBB15（S7-1200 CPU）到 VB0～VB15。

配置 CPU 至 CPU 数据传输
当本地 PLC 配备 CP 243-1 模块时，CPU 数据传输可以用于传输本地 PLC 和远程服务器之间的数据块。数据传输可被定义为从服务器读取数据或从本地 PLC 向服务器写入数据。如要配置更多的数据传输操作，请单击“新传输”。
数据传输 0（已定义 1）
此数据传输应当：
从远程服务器连接读取数据。
将数据写入远程服务器连接。
应当从服务器读取多少个字节的数据？
16
本地 PLC
服务器 192.168.0.2
数据存储在本地 PLC 的何处？
应当从服务器的何处读取数据？
VB0
至
VB15
DB1.DBB0
至
DB1.DBB15
将为此数据传输定义一个符号名，以便在您的项目中使用。
PeerMessage00_1
删除传输(D)
< 上一个传输
新传输
确认
取消

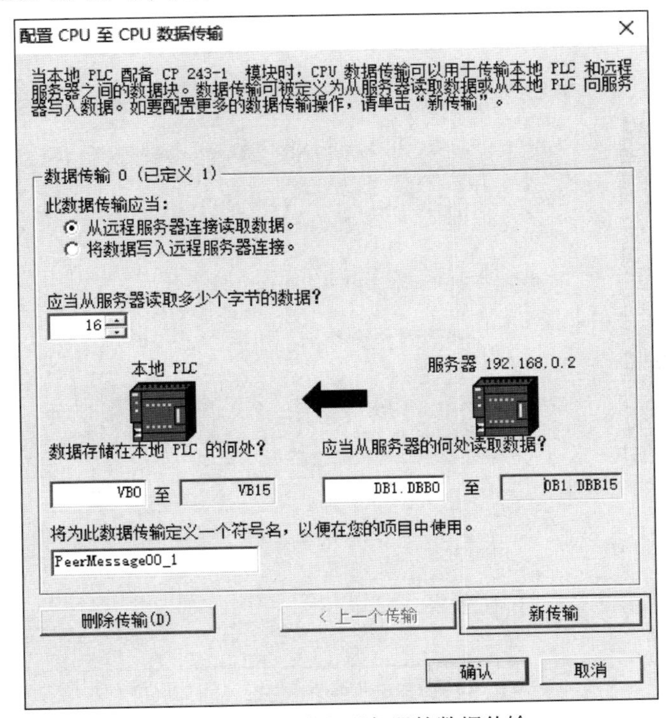

图 7-39　组态读取服务器的数据传输

单击“新传输”按钮，创建写入数据传输 PeerMessage00_2，将 16 字节 VB16～VB31 写入服务器 DB2.DBB16～DB2.DBB31，如图 7-40 所示。

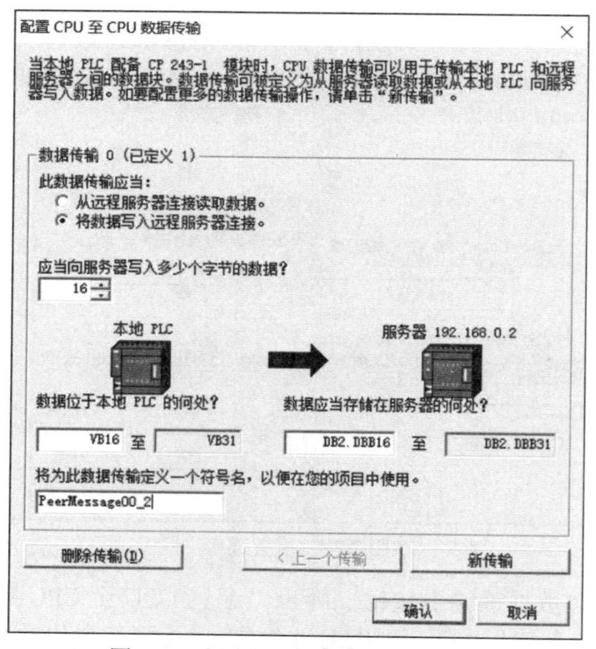

图 7-40　组态写入服务器的数据传输

单击“确认”按钮，返回“配置连接”对话框。单击“确认”按钮，在弹出的对话框中采用默认的设置，用 CRC 校验保护模块的配置，如图 7-41 所示。

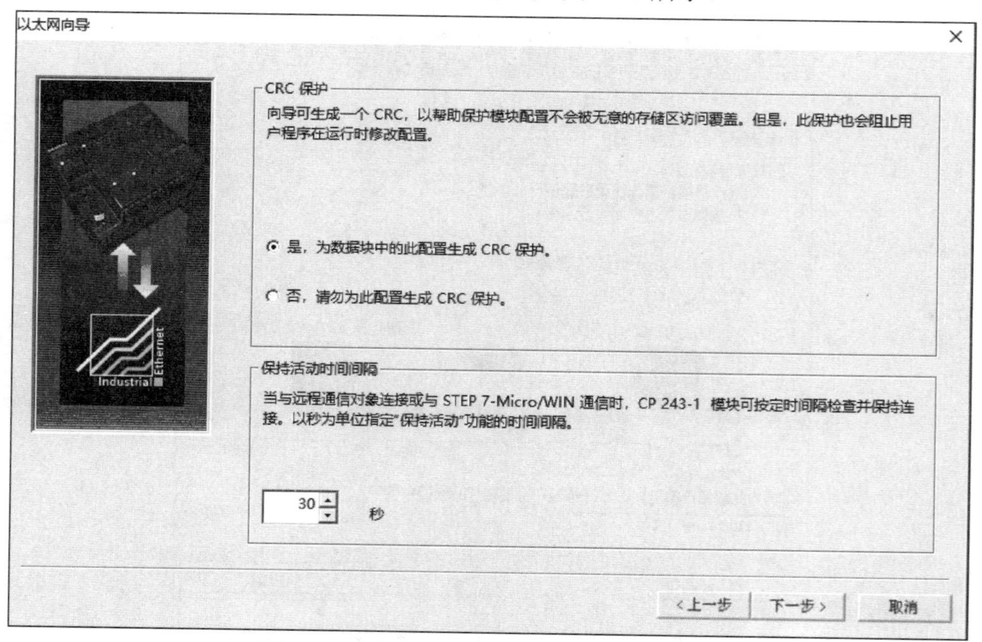

图 7-41　设置 CRC 保护和保持活动时间间隔

单击“下一步”按钮，为模块分配存储区，可采用建议地址，如图 7-42 所示。

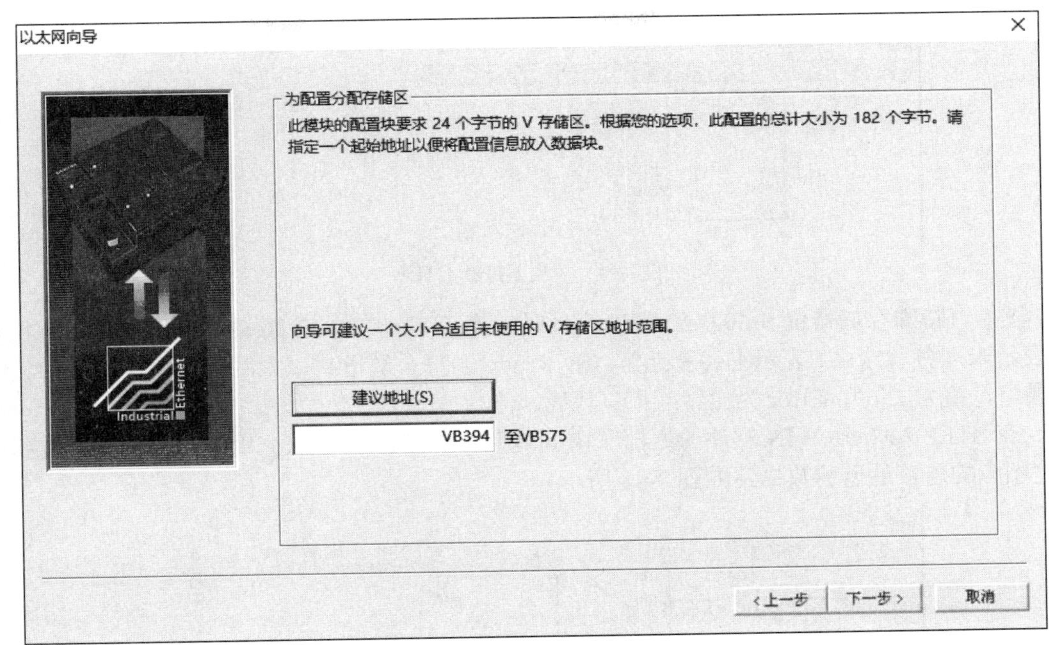

图 7-42　分配存储区

单击“下一步”按钮，可以看到自动生成的子程序、数据存放地址和全局符号表的名称。单击“完成”按钮，结束对 S7-200 PLC 的组态，如图 7-43 所示。

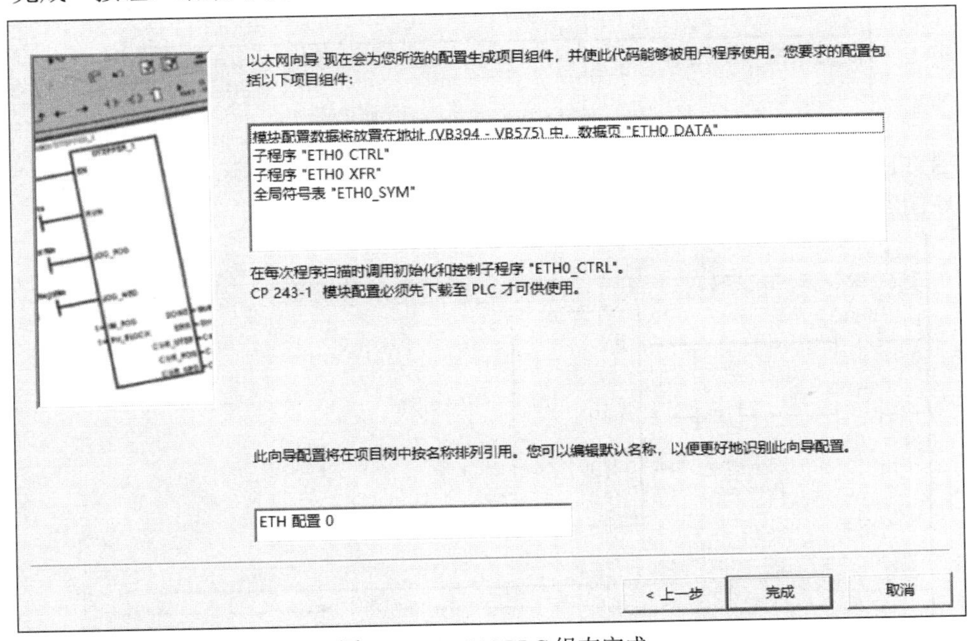

图 7-43　S7-200 PLC 组态完成

4．S7-200 PLC 编程

在 S7-200 PLC 的编程软件 STEP 7-Micro/WIN 的主程序块下调用子程序 ETH0_CTRL，用于使能和初始化以太网，如图 7-44 所示。

程序注释
网络 1　初始化以太网模块
网络注释
SM0.0
ETH0_CTRL
EN
CP_Re~ M0.0
Ch_Re~ MW1
Error MW3

图 7-44　调用 ETH0_CTRL

图中，特殊存储器位 SM0.0 在 CPU 运行时始终为 1。参数 CP_Ready 为 CP 243-1 的状态（0 表示未准备就绪，1 表示准备就绪），Ch_Ready 为每个通道或以太网扩展模块服务的状态（0 通道，值为 256），Error 为出错或报文代码。

在 STEP 7-Micro/WIN 软件的主程序块下调用指令 ETH0_XFR，用于读取服务器数据，指定相应的连接通道和数据，如图 7-45 所示。

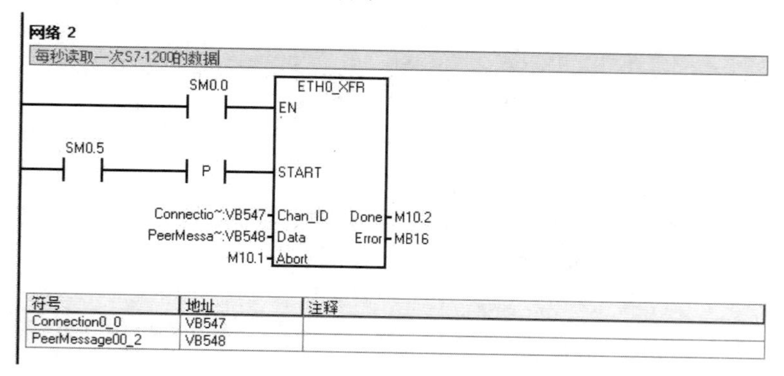

符号	地址	注释
Connection0_0	VB547	
PeerMessage00_2	VB548	

图 7-45　调用 ETH0_XFR 读取服务器数据

在 STEP 7-Micro/WIN 软件的主程序块下调用子程序 ETH0_XFR，用于写入服务器数据，指定相应的连接通道和数据，如图 7-46 所示。

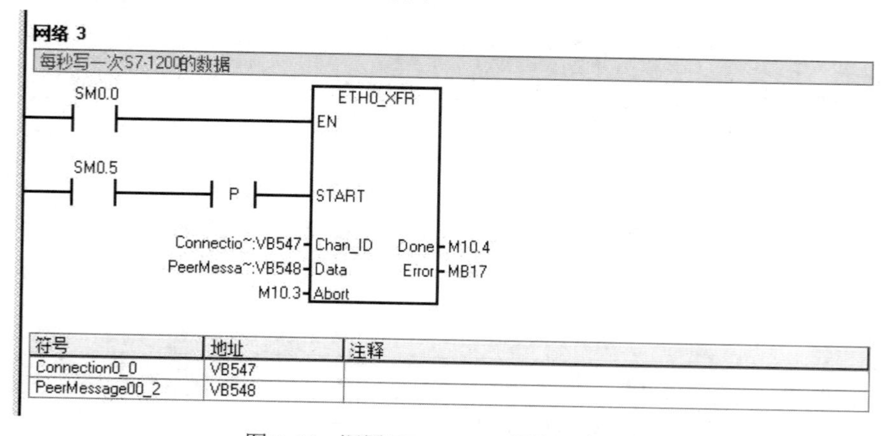

符号	地址	注释
Connection0_0	VB547	
PeerMessage00_2	VB548	

图 7-46　调用 ETH0_XFR 写入服务器数据

在图 7-45 和图 7-46 中，时钟脉冲位 SM0.5 产生周期为 1s、脉冲宽度为 0.5s 的时钟脉冲，在时钟脉冲的上升沿和下降沿分别启动读取和写入服务器数据。参数 Chan_ID 和 Data 分别是组态时生成的连接和数据传输的名称。

5．检测 S7-1200 PLC 与 S7-200 PLC 通信的结果

将组态信息和用户程序下载到 S7-1200 CPU 和 S7-200 CPU 中，并用网线电缆连接两个 CPU 的 RJ-45 接口，将 CPU 切换到 RUN 模式。用 S7-200 CPU 的监控表监视 VB0～VB15 和 VB16～VB31。

首先，在监控表中将数据写入 S7-1200 CPU 的数据块 DB2 中，如图 7-47 所示。在 S7-200 CPU 的 VB0～VB15 中，通过监控表可以看到服务器中的数据被读取到 S7-200 CPU 中，如图 7-48 所示。根据仿真结果得出 S7-1200 CPU 的数据被成功读取到 S7_200 CPU 中。

	Name	Address	Display format	Monitor value	Modify value			Com
1	"Data_block_2".v...	%DB2.DBB0	DEC_unsigned	1	1	☑	⚠	
2	"Data_block_2".v...	%DB2.DBB1	DEC_unsigned	2	2	☑	⚠	
3	"Data_block_2".v...	%DB2.DBB2	DEC_unsigned	3	3	☑	⚠	
4	"Data_block_2".v...	%DB2.DBB3	DEC_unsigned	4	4	☑	⚠	
5	"Data_block_2".v...	%DB2.DBB4	DEC_unsigned	5	5	☑	⚠	
6	"Data_block_2".v...	%DB2.DBB5	DEC_unsigned	6	6	☑	⚠	
7	"Data_block_2".v...	%DB2.DBB6	DEC_unsigned	7	7	☑	⚠	
8	"Data_block_2".v...	%DB2.DBB7	DEC_unsigned	8	8	☑	⚠	
9	"Data_block_2".v...	%DB2.DBB8	DEC_unsigned	9	9	☑	⚠	
10	"Data_block_2".v...	%DB2.DBB9	DEC_unsigned	10	10	☑	⚠	
11	"Data_block_2".v...	%DB2.DBB10	DEC_unsigned	11	11	☑	⚠	
12	"Data_block_2".v...	%DB2.DBB11	DEC_unsigned	12	12	☑	⚠	
13	"Data_block_2".v...	%DB2.DBB12	DEC_unsigned	13	13	☑	⚠	
14	"Data_block_2".v...	%DB2.DBB13	DEC_unsigned	14	14	☑	⚠	
15	"Data_block_2".v...	%DB2.DBB14	DEC_unsigned	15	15	☑	⚠	
16	"Data_block_2".v...	%DB2.DBB15	DEC_unsigned	16	16	☑	⚠	

图 7-47　S7-1200 CPU 的 DB2.DBB0～DB2.DBB15 数据

	地址	格式	当前值
1	VB0	无符号	1
2	VB1	无符号	2
3	VB2	无符号	3
4	VB3	无符号	4
5	VB4	无符号	5
6	VB5	无符号	6
7	VB6	无符号	7
8	VB7	无符号	8
9	VB8	无符号	9
10	VB9	无符号	10
11	VB10	无符号	11
12	VB11	无符号	12
13	VB12	无符号	13
14	VB13	无符号	14
15	VB14	无符号	15
16	VB15	无符号	16

图 7-48　S7-200 CPU 的 VB0～VB15 数据

从 S7-200 PLC 程序中可知，在 M11.0 从 0 变为 1 时，可以看到 S7-200 CPU 的数据 VB16~VB31 被写入 S7-1200 CPU 的 DB2.DBB16~DB2.DBB31 中，如图 7-49 和图 7-50 所示。

17	VB16	无符号	11
18	VB17	无符号	12
19	VB18	无符号	13
20	VB19	无符号	14
21	VB20	无符号	15
22	VB21	无符号	16
23	VB22	无符号	17
24	VB23	无符号	18
25	VB24	无符号	19
26	VB25	无符号	20
27	VB26	无符号	21
28	VB27	无符号	22
29	VB28	无符号	23
30	VB29	无符号	24
31	VB30	无符号	25
32	VB31	无符号	26

图 7-49　S7-200 CPU 的 VB16～VB31 数据

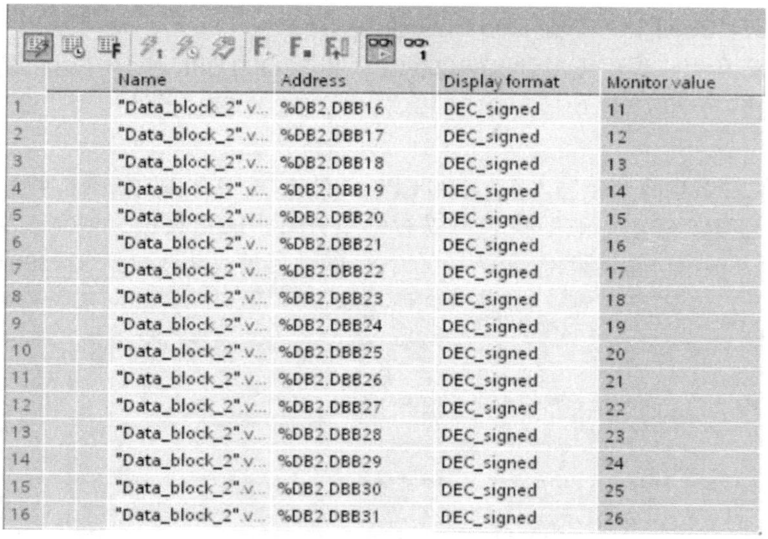

	Name	Address	Display format	Monitor value
1	"Data_block_2".v...	%DB2.DBB16	DEC_signed	11
2	"Data_block_2".v...	%DB2.DBB17	DEC_signed	12
3	"Data_block_2".v...	%DB2.DBB18	DEC_signed	13
4	"Data_block_2".v...	%DB2.DBB19	DEC_signed	14
5	"Data_block_2".v...	%DB2.DBB20	DEC_signed	15
6	"Data_block_2".v...	%DB2.DBB21	DEC_signed	16
7	"Data_block_2".v...	%DB2.DBB22	DEC_signed	17
8	"Data_block_2".v...	%DB2.DBB23	DEC_signed	18
9	"Data_block_2".v...	%DB2.DBB24	DEC_signed	19
10	"Data_block_2".v...	%DB2.DBB25	DEC_signed	20
11	"Data_block_2".v...	%DB2.DBB26	DEC_signed	21
12	"Data_block_2".v...	%DB2.DBB27	DEC_signed	22
13	"Data_block_2".v...	%DB2.DBB28	DEC_signed	23
14	"Data_block_2".v...	%DB2.DBB29	DEC_signed	24
15	"Data_block_2".v...	%DB2.DBB30	DEC_signed	25
16	"Data_block_2".v...	%DB2.DBB31	DEC_signed	26

图 7-50　S7-1200 CPU 的 DB2.DBB16～DB2.DBB31 数据

习题与思考题

7-1　S7-1200 CPU 的 PROFINET 通信接口支持哪些通信协议及服务？

7-2　简述 S7-1200 PLC 与编程设备之间通信的组态过程。

7-3　简述 S7-1200 PLC 之间通信的组态和编码过程。

7-4　指令 TSEND_C 和 TRCV_C 有什么特点？

7-5　怎样建立 S7 连接？

7-6　如何实现两个 S7-1200 PLC 之间 10 字节的数据传送？

第 8 章　点对点通信

S7-1200 PLC 支持使用点对点协议（PtP）进行基于字符的串行通信。本章介绍串行通信的一般知识，重点介绍点对点通信的组态与设计过程，以及如何实现 S7-1200 PLC 与变频器的 USS 通信。

本章主要内容：

- 串行通信概述；
- 点对点通信的组态与设计；
- S7-1200 PLC 与变频器的 USS 通信。

本章重点是 S7-1200 PLC 点对点通信的设计。通过本章的学习，使读者了解串行通信的一般知识，熟悉并掌握点对点通信模块的组态与设计过程、S7-1200 PLC 与变频器的 USS 通信的软件架构设计。

8.1　串行通信概述

1．数据传输方式

（1）并行通信与串行通信

按照传输数据的时空顺序，数据通信可分为并行通信和串行通信两种。

① 并行通信：所传输数据的各位同时发送或接收。并行通信传输数据快，但由于并行通信时数据有多少位二进制数就需要多少根传输线，因此通常用于近距离传输。在远距离传输时，会导致线路复杂、成本高，而且在传输过程中，容易因线路因素使电压标准发生变化（最常见的是电压衰减和信号互相干扰问题），从而使得传输的数据发生错误。

② 串行通信：所传输的数据按顺序一位一位地发送或接收。串行通信只需一根到两根传输线，在长距离传输时，通信线路简单且成本低，但传输速度比并行通信速度低，故常用于长距离传输且速度要求不高的场合。近年来，串行通信技术得到了很快的发展，通信速度甚至可以达到 Mb/s 的数量级，因此在分布式控制系统中得到了广泛应用。

如果通信距离小于 30m，则可采用并行通信，例如，计算机与打印机之间、PLC 的内部各元件之间、PLC 主机与扩展模块之间等。当通信距离大于 30m 时，则要采用串行通信，例如，计算机之间、计算机与 PLC 之间、PLC 和 PLC 之间等。

（2）同步通信和异步通信

串行通信按信息传输格式分为同步通信和异步通信。在串行通信中，发送端与接收端之间的同步问题是数据通信中的一个重要问题。同步不好，轻者导致误码增加，重者使整个系统不能正常工作。为解决这一传输过程中的问题，在串行通信中采用了两种同步技术——异步通信和同步通信。

① 异步通信：异步通信也称起止式通信，它是利用起止法来达到收发同步的。

在异步通信中，数据是一帧一帧传输的。在帧格式中，一个字符由 4 部分组成：起始位、数据位、奇偶校验位和停止位。首先传输的起始位由“0”开始；然后是数据位，通常规定低位在前、高位在后；接下来是奇偶校验位（可省略）；最后是停止位“1”（可以是 1 位、1.5

位或 2 位），表示一帧的结束。

例如，传输一个 ASCII 字符（每个字符有 7 位），选用 1 个停止位，那么传输这个 7 位的 ASCII 字符就需 11 位，其中包含 1 个起始位、1 个奇偶校验位、1 个停止位和 8 个数据位。异步通信的帧格式如图 8-1 所示。

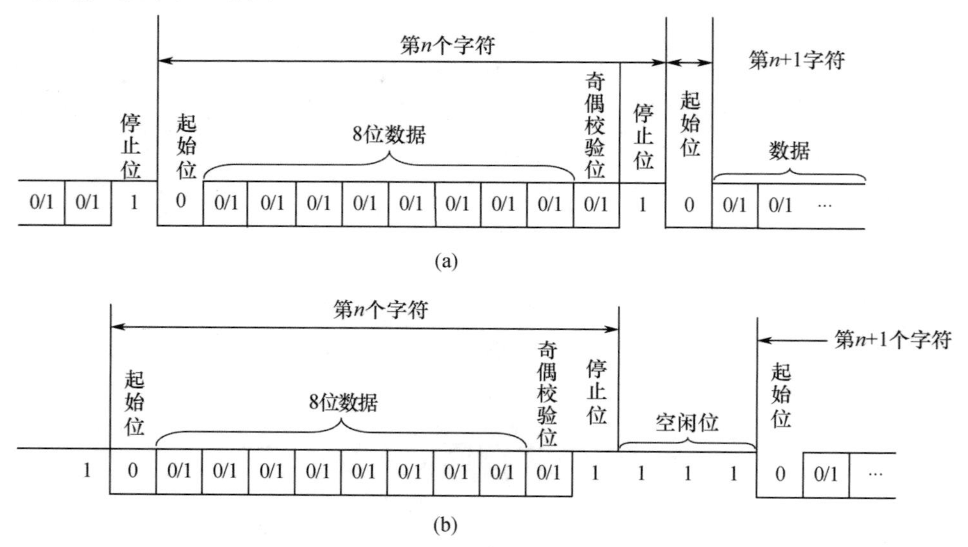

图 8-1　异步通信的帧格式

异步通信就是按照上述约定好的固定格式，一帧一帧地传输，因此采用异步通信时，硬件结构简单，但是传输每一字节就要加起始位、停止位，因而传输效率低，主要用于中、低速的通信。

② 同步通信：同步通信在数据开始处就用同步字符（通常为 1～2 个）来指示。由定时信号（时钟）来实现收发端同步，一旦检测到与规定的同步字符相符合，接下去就按顺序传输数据。在这种传送方式中，数据以一组数据（数据块）为单位传输，数据块中每一字节不需要起始位和停止位，因而就克服了异步通信效率低的缺点，但同步通信所需的软、硬件价格是异步通信的 8～12 倍。因此，通常在数据传输速率超过 2Mb/s 的系统中才采用同步通信。

2．数据传输方式

按串行通信的数据在通信线路进行传输的方向分类，数据传输方式可分为单工、半双工和全双工通信方式 3 种，如图 8-2 所示。

（1）单工通信方式

单工通信就是指数据的传输始终保持同一个方向，而不能进行反向传输，如图 8-2（a）所示。其中，A 端只能作为发送端发送数据，B 端只能作为接收端接收数据。

（2）半双工通信方式

半双工通信就是指数据可以在两个方向上传输，但同一时刻只限于一个方向传输，如图 8-2（b）所示。其中，A 端和 B 端都具有发送和接收的功能，但传输线路只有一条，或者 A 端发送 B 端接收，或者 B 端发送 A 端接收。

（3）全双工通信方式

全双工通信能在两个方向上同时发送和接收数据，如图 8-2（c）所示。A 端和 B 端都可以一个方向发送数据，另一个方向接收数据。

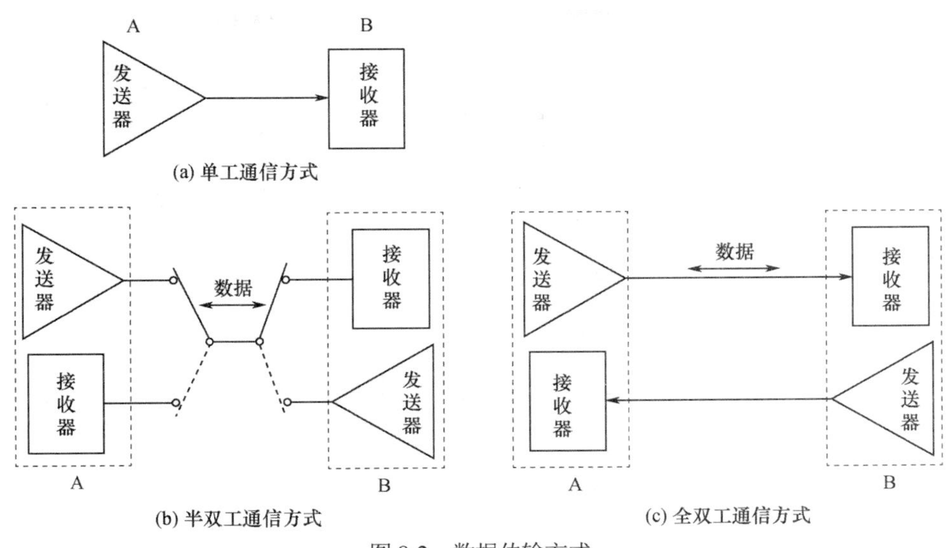

图 8-2　数据传输方式

3．比特率

比特率指每秒传输的比特（bit）数，单位为比特每秒（bit/s，b/s）。

假如数据传输速率是 120 字符/s，而每个字符包含 10 个代码位（1 个起始位、1 个停止位、8 个数据位），这时数据传输的比特率为

$$10\text{bit/字符}\times 120\ \text{字符/s} = 1200\text{bit/s}$$

4．串行通信接口

在工业互联网中，设备或网络之间大多采用串行通信方式传输数据，常用的有以下几种串行通信接口。

（1）RS-232 接口

RS-232 是美国电子工业协会（Electronic Industries Association，EIA）公布的串行通信接口标准。它既是一种协议标准，又是一种电气标准，规定了数据终端设备（DTE）和数据通信设备（DCE）之间信息交换的方式和功能。RS-232 标准插件是 25 针的 D 型连接器，部分引脚的信号定义见表 8-1。

表 8-1　D 型连接器部分引脚的信号定义

引脚号	信号名称	符号	说明
1	保护地线	PG	设备地线
2	发送数据	TXD	由 DTE 输出数据到 DCE
3	接收数据	RXD	由 DCE 输出数据到 DTE
4	请求发送	RTS	至 DCE，DTE 请求切换到发送方式
5	允许发送	CTS	DCE 已切换到准备接收
6	DCE 准备好	DSR	DCE 可以使用
7	信号地线	SG	信号地线
8	载波检测	DCD	载波检测
20	DTE 准备好	DTR	DTE 可以使用
22	响铃信号	RT	有 DCE 来，指示通信线路测出响铃

RS-232 接口是计算机普遍配备的接口，应用起来既简单又方便。尽管 RS-232 规定 25 针连接器为标准插件，但实际应用上并未将 25 个引脚全部用完，最简单的只需使用 3 个引脚，最多也不超过 22 个引脚。所以在计算机与 PLC 的通信中，使用的连接器有 25 针的，也有 9 针的，具体采用哪一种，用户可根据需要自行配置。RS-232 接口采用按位串行的方式单端发送、单端接收，所以数据传输速率低，抗干扰能力差。数据传输速率为 300b/s、600b/s、1200b/s、4800b/s、9600b/s、19200b/s 等。RS-232 接口在通信距离近、数据传输速率和环境要求不高的场合应用较广泛，最大传输距离一般不超过 15m（实际可约达 30m）。

（2）RS-422 接口

为了克服 RS-232 接口单端发送、单端接收，数据传输速率低，抗干扰能力差的缺点，EIA 于 1977 年制定了串行通信标准 RS-499，RS-422 是 RS-499 标准的子集。RS-422 接口采用差动接收和差动发送的方式传输数据，有较高的数据传输速率（可达 10Mb/s 以上）和较强的抗干扰能力，适合远距离传输。

（3）RS-485 接口

RS-485 接口是 RS-422 接口的变形。RS-485 接口采用差动接收和平衡发送的方式传输数据，有较高的数据传输速率（可达 10Mb/s 以上）和较强的抑制共模干扰能力，输出阻抗低，并且无接地回路。这种接口适合远距离传输，是工业设备通信中应用最多的一种接口。

RS-422 接口与 RS-485 接口的区别在于：RS-485 接口采用半双工通信方式，RS-422 接口采用全双工通信方式；RS-422 接口用两对差分信号线，RS-485 接口只用一对差分信号线。

8.2 点对点通信模块的组态与设计

8.2.1 PtP 通信模块的组态

1. 串行通信模块

点对点（Point-to-Point，PtP）通信能够将信息直接发送到外部设备，如打印机；能够从其他设备接收信息，如条码读写器、第三方照相机或视觉系统及其他类型的设备；也能够与其他设备交换信息（发送和接收数据），如 GPS 设备、第三方照相机或视觉系统、无线调制解调器及其他设备。PtP 通信属于串行通信，通信模块 CM1241 提供了用于执行 PtP 通信的电气接口。

通信模块 CM1241 具有以下特征：

- 有隔离的端口；
- 支持 PtP 通信协议；
- 通过 PtP 通信处理器指令进行组态和编程；
- 通信模块上有 3 个 LED——诊断 LED（DIAG）、发送 LED（Tx）、接收 LED（Rx）；
- 由 CPU 供电，不必连接外部电源。

S7-1200 CPU 支持下列基于字符的串行通信协议的点对点通信：PtP、USS 和 Modbus。

2. 组态通信模块

有两种方法组态通信模块。

① 使用博途 V16 中的设备组态端口参数（波特率和奇偶校验）、发送参数和接收参数。CPU 存储设备组态设置，并在循环上电和从 RUN 模式切换到 STOP 模式后应用这些设置。在博途 V16 中创建一个新的项目，选择对应的 PLC 型号，打开设备视图，将右侧的硬件目录窗

口的文件夹“\通信模块\点到点\RS-422/485”拖放到 CPU 左边的 101 号槽中。在巡视窗口的“属性”对话框中可以设置所选接口通信模块的参数，如图 8-3 所示。

图 8-3　组态通信模块

在图 8-3 中主要设置以下参数：波特率、奇偶校验、停止位、流量控制（仅限 RS-232）及等待时间。

无论是组态 RS-232 还是 RS-422/485 接口通信模块，除流量控制外，其他组态参数都是相同的，但是参数值可能不同。其中，波特率的默认值为 9.6kb/s，有效选项有：300b/s、600b/s、2.4kb/s、19.2kb/s、38.4kb/s、76.8kb/s 等。奇偶校验的默认值是无，有效选项有无、偶校验、奇校验、传号校验（奇偶校验始终设置为 1）、空号校验（奇偶校验始终设置为 0）等。停止位默认值为 1，有效选项是 1 或 2。

流量控制：对于 RS-232 接口通信模块，可以选择硬件或软件流量控制；RS-422/485 接口通信模块不支持流量控制。

等待时间是指通信模块在声明请求发送（Request To Send，RTS）后等待接收允许发送（Clear To Send，CTS）的时间或者接收 XOFF 后等待接收 XON 的时间，具体取决于流量控制的类型。如果在通信模块接收到预期的 CTS 或 XON 之前超过了等待时间，则通信模块将中止发送操作并向用户程序返回错误。等待时间以毫秒（ms）表示，范围是 0～65535ms。

② 使用 PORT_CONFIG、SEND_CONFIG 和 RECEIVE_CONFIG 指令设置参数。这些指令设置的端口在 CPU 处于 RUN 模式期间有效，在切换到 STOP 模式或循环上电后，这些端口将恢复为设备组态设置。

3. 管理流量控制

流量控制是指为了不丢失数据而用来平衡数据发送和接收的一种机制。流量控制可确保发送设备发送的信息量不会超出接收设备所能处理的信息量，这可以通过硬件或软件来实现。RS-232 接口通信模块支持硬件或软件流量控制，在组态端口时，可使用 PORT_CFG 指令指定流量控制类型。

（1）硬件流量控制

硬件流量控制通过请求发送（RTS）和允许发送（CTS）信号来实现。对于 RS-232 接口通信模块，RTS 信号从引脚 7 输出，而 CTS 信号通过引脚 8 接收。CM1241 是 DTE（数据终端设备），它将 RTS 声明为输出并将 CTS 作为输入来监视。

硬件流量控制分为 RTS 切换的硬件流量控制和 RTS 始终激活的硬件流量控制。如果启用 RTS 切换的硬件流量控制，则 RS-232 接口通信模块会将 RTS 信号设置为激活状态以发送数据，还会监视 CTS 信号以确定接收设备是否能接收数据。CTS 信号激活后，只要 CTS 信号保持激活状态，通信模块便可发送数据。如果 CTS 信号变为非激活状态，则发送必须停止，一旦 CTS 信号变为激活状态，发送会继续执行。如果 CTS 信号在组态的等待时间内未激活，则通信模块会中止发送并向用户程序返回错误。对于需要“发送已激活”信号的设备，适合使用 RTS 切换的硬件流量控制，例如无线调制解调器使用 RTS 作为“键”信号来激励无线发送器。RTS 切换的硬件流量控制对于标准电话调制解调器不起作用，对电话调制解调器使用“RTS 始终激活”选项。

在“RTS 始终激活”节点中，CM1241 默认情况下将 RTS 设置为激活状态，设备（如电话调制解调器等）监视来自通信模块的 RTS 信号，并将该信号用作允许发送信号。电话调制解调器仅在 RTS 处于激活状态时才向通信模块发送数据，即电话调制解调器在遇到激活的 CTS 信号后发送数据，如果 RTS 处于非激活状态，则电话调制解调器不向通信模块发送数据。要使电话调制解调器随时都能向通信模块发送数据，设置组态“RTS 始终激活”硬件流量控制，通信模块因此会将 RTS 信号设置为始终激活，即使通信模块无法接收字符，通信模块也不会将 RTS 设置为非激活状态。发送设备必须确保不会使通信模块的接收缓冲区超负荷运行。

（2）软件流量控制

软件流量控制使用消息中的特殊字符来实现流量控制，这些字符是表示 XON 和 XOFF 的 ASCII 字符。XOFF 指示发送必须停止，XON 指示发送可以继续。发送设备从接收设备收到 XOFF 字符时，将停止发送；发送设备收到 XON 字符时，发送又继续进行。如果通信模块在通过端口组态指定的等待时间内没有收到 XON 字符，则它将中止发送并向用户程序返回错误。软件流量控制需要全双工通信，因为在发送过程中接收者必须能够将 XOFF 发送到发送者。软件流量控制只能用于仅包含 ASCII 字符的消息，二进制协议无法使用软件流量控制。

8.2.2 PtP 通信模块的设计

1. 指令

STEP 7 提供了一些扩展指令，使得用户程序能够使用程序中设计和实现的协议来执行点对点通信。这些指令分为两类：组态指令和通信指令。必须先组态通信接口以及用于发送数据和接收数据的参数，然后才能通过用户程序执行 PtP 通信。可以通过设备配置或用户程序中的 PORT_CONFIG、SEND_CONFIG 和 RECEIVE_CONFIG 指令，对各个通信模块（CM）或通信板（CB）执行端口组态和消息组态。PtP 通信指令使用户程序能够与通信接口交换消息。常见的通信指令有：SEND_PTP，用于发送点对点数据；RCV_PTP，用于接收点对点数据；RCV_RESET，用于复位接收缓冲区；SIGNAL_GET，用于获取 RS-232 信号；SIGNAL_SET，用于设置 RS-232 信号。所有 PtP 通信都是异步运行的，用户程序可以使用轮询架构来确定发送和接收的状态。

SEND_PTP 和 RCV_PTP 可以同时执行。CM 或 CB 根据需要对发送和接收消息进行缓冲，最大缓冲区大小为 1024 字节。

2．轮询架构

STEP 7 用户程序必须循环、周期性调用 S7-1200 PLC 点对点指令以检查接收到的消息，发送轮询可在发送结束时刻即告知用户程序。

（1）主站的典型轮询顺序

① SEND_PTP 指令启动 CM 或 CB 的传送。

② 后续扫描期间会执行 SEND_PTP 指令以轮询发送完成状态。

③ 当 SEND_PTP 指令指示发送完成时，用户程序可以准备接收响应。

④ RCV_PTP 指令反复执行以检查响应。在 CM 或 CB 收到响应后，RCV_PTP 指令将响应复制到 CPU 并指示已接收到新数据。

⑤ 用户程序随即可处理响应。

⑥ 转到第①步并重复该循环。

（2）从站的典型轮询顺序

① 每次扫描用户程序都会执行 RCV_PTP 指令。

② CM 或 CB 收到请求后，RCV_PTP 指令将指示新数据准备就绪并将请求复制到 CPU 中。

③ 用户程序随即处理请求并生成响应。

④ 使用 SEND_PTP 指令将该响应往回发送给主站。

⑤ 反复执行 SEND_PTP 以确保执行发送操作。

⑥ 转到第①步并重复该循环。

3．编程

S7-1200 CPU 通过 CM1241 的 RS-232 接口与装有终端仿真器的 PC 通信。使用全局数据块作为通信缓冲区，使用 RCV_PTP 指令从终端仿真器接收数据，使用 SEND_PTP 指令向终端仿真器回送缓冲数据。

（1）硬件连接

首先，必须将 CM1241 的 RS-232 通信接口连接到 PC 的 RS-232 接口。由于这两个接口都是数据终端设备（DTE），因此在连接这两个接口时必须交换接收和发送引脚（引脚 2 和 3）。可通过以下任一种方法实现交换：一是使用 Null 调制解调器适配器和标准 RS-232 电缆交换引脚 2 和 3；二是使用已交换引脚 2 和 3 的 Null 调制解调器电缆。通常将电缆两端是否带有两个 9 针 D 型母头连接器作为识别 Null 调制解调器电缆的依据。

（2）通信模块组态

可通过 STEP 7 中的设备组态或通过用户程序指令来组态 CM1241。此示例使用设备组态方法，在“设备组态”中单击通信模块的通信接口，然后来组态该接口，如图 8-4 所示。

在“消息”组态中接收消息组态的默认值，在消息开始时将不发送中断信号。在组态接收消息时，将 CM1241 组态为在通信线路处于非激活状态至少 50 个位时间（在 9.6kb/s 时约为 5ms）时开始接收消息，如图 8-5 所示。

如图 8-6 所示，组态接收消息结束时，将 CM1241 组态为在最多接收到 100 字节或换行字符（十进制数 10 或十六进制数 a）时结束消息。

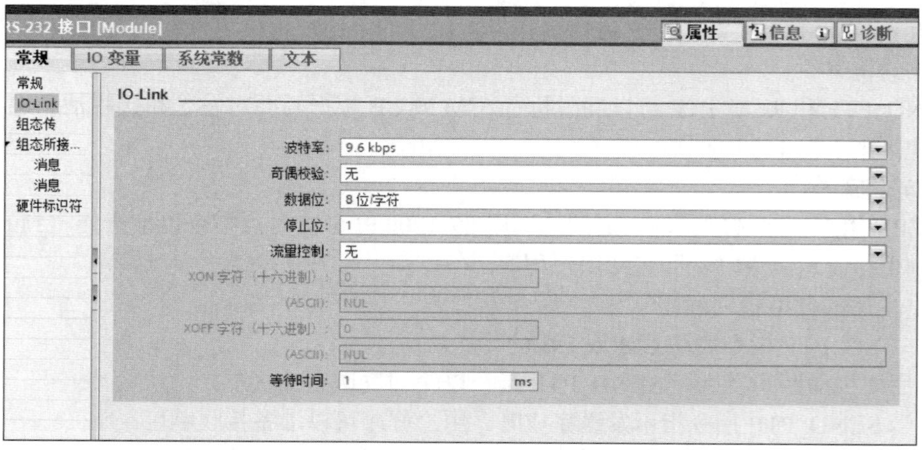

RS-232 接口 [Module]　属性　信息　诊断

常规　IO 变量　系统常数　文本

常规
IO-Link
组态传
组态所接...
消息
消息
硬件标识符

IO-Link

波特率: 9.6 kbps
奇偶校验: 无
数据位: 8 位字符
停止位: 1
流量控制: 无
XON 字符（十六进制）: 0
(ASCII): NUL
XOFF 字符（十六进制）: 0
(ASCII): NUL
等待时间: 1 ms

图 8-4　RS-232 接口通信模块组态

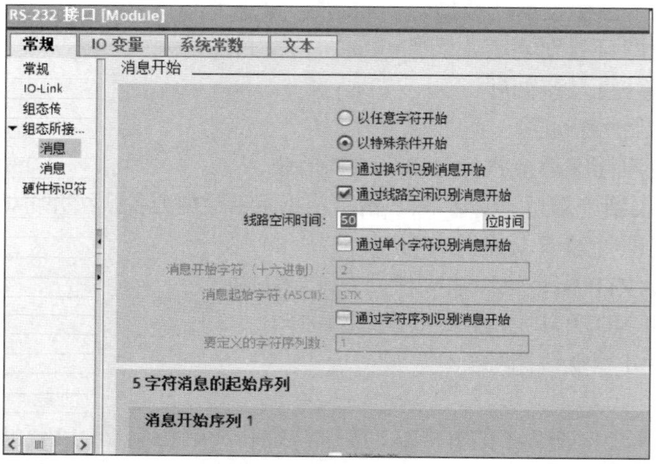

RS-232 接口 [Module]

常规　IO 变量　系统常数　文本

常规
IO-Link
组态传
组态所接...
消息
消息
硬件标识符

消息开始

以任意字符开始
以特殊条件开始
通过换行识别消息开始
通过线路空闲识别消息开始
线路空闲时间: 50 位时间
通过单个字符识别消息开始
消息开始字符（十六进制）: 2
消息起始字符 (ASCII): STX
通过字符序列识别消息开始
要定义的字符序列数: 1

5 字符消息的起始序列

消息开始序列 1

图 8-5　接收消息组态

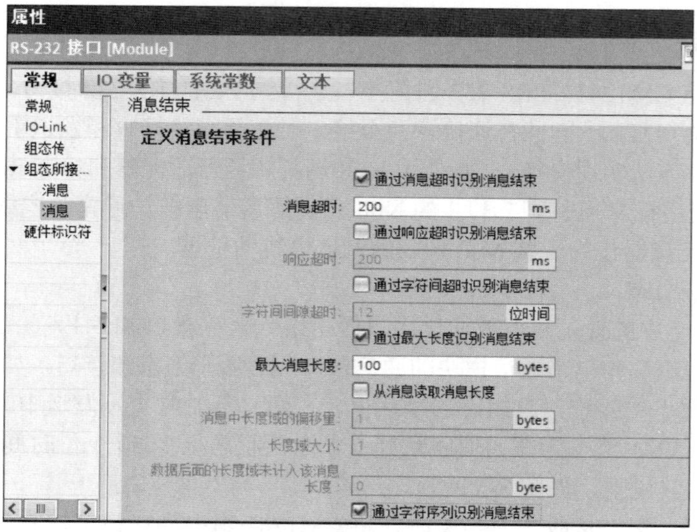

属性

RS-232 接口 [Module]

常规　IO 变量　系统常数　文本

常规
IO-Link
组态传
组态所接...
消息
消息
硬件标识符

消息结束

定义消息结束条件

通过消息超时识别消息结束
消息超时: 200 ms
通过响应超时识别消息结束
响应超时: 200 ms
通过字符间超时识别消息结束
字符间间隙超时: 12 位时间
通过最大长度识别消息结束
最大消息长度: 100 bytes
从消息读取消息长度
消息中长度域的偏移量: 1 bytes
长度域大小: 1
数据后面的长度域未计入该消息长度: 0 bytes
通过字符序列识别消息结束

图 8-6　接收消息结束组态

（3）编写 STEP 7 程序

要对该示例编程，需要添加数据块组态和主程序块 OB1，创建一个全局数据块（DB）并将其命名为“Data”。在该数据块中创建一个名为“buffer”、数据类型为“字节数组[0 .. 99]”的值。

程序段 1：只要 SEND_PTP 未激活，就启用 RCV_PTP 指令，如图 8-7 所示。在程序段 4 中，M20.0 中的 Tag_1 在发送操作完成时进行指示，即在通信模块相应地准备好接收消息时进行指示。

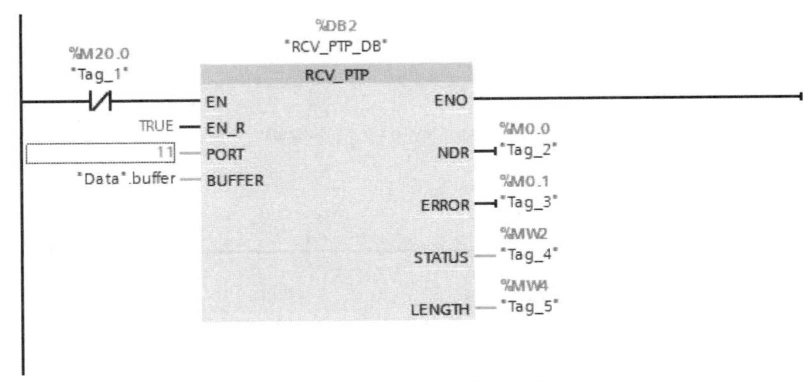

图 8-7　RCV_PTP 指令编程

程序段 2：使用由 RCV_PTP 指令设置的 NDR 值（M0.0 中的 Tag_2）来复制接收到的字节数，并使一个标记（M20.0 中的 Tag_1）置位以触发 SEND_PTP 指令，如图 8-8 所示。

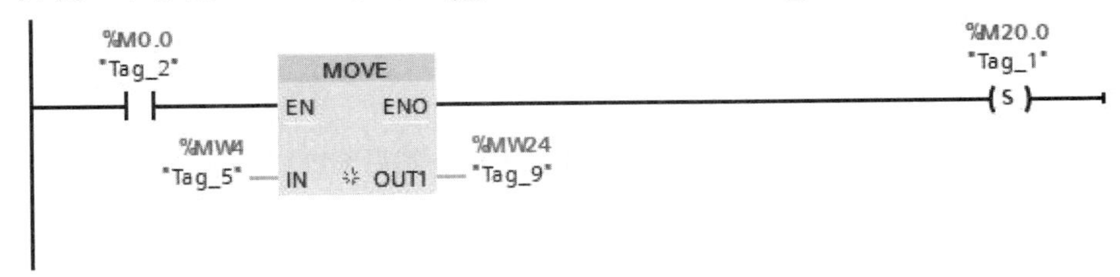

图 8-8　OB1 中的梯形图

程序段 3：M20.0 标记置位时启用 SEND_PTP 指令，如图 8-9 所示。同时还使用此标记将 REQ 输入设置为一个扫描周期时间的 TRUE。REQ 输入会通知 SEND_PTP 指令要发送新请求。REQ 输入必须仅在 SEND_PTP 指令的一个扫描周期内设置为 TRUE。每个扫描周期都会执行 SEND_PTP 指令，直到发送操作完成。CM1241 发送完消息的最后一个字节时，发送操作完成。发送操作完成后，DONE 输出（M10.0 中的 Tag_8）将被置位为 TRUE 并持续 SEND_PTP 指令的一个扫描周期。

程序段 4：监视 SEND_PTP 的 DONE 输出并在发送操作完成时复位发送标记（M20.0 中的 Tag_1），如图 8-10 所示。发送标记复位后，程序段 1 中的 RCV_PTP 指令可以接收下一条消息。

（4）组态终端仿真器

将终端仿真器设置为使用 PC 上的 RS-232 接口（通常为 COM1）。将接口组态为波特率 9.6kb/s、8 个数据位、无奇偶校验位、1 个停止位和无流量控制。更改终端仿真器设置，使其仿真 ANSI 终端。组态终端仿真器 ASCII 设置：使其在每行后（用户按 Enter 键后）发送换行符；本地回送字符，以便终端仿真器显示输入的内容。

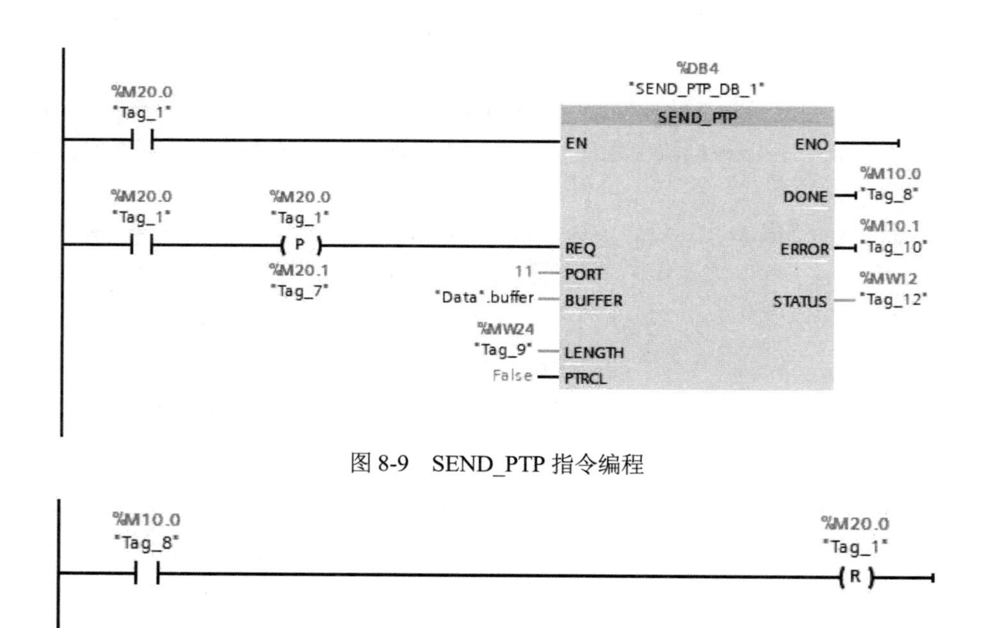

图 8-9　SEND_PTP 指令编程

图 8-10　复位发传送标记

（5）运行示例程序

要运行示例程序，需要执行以下步骤：

① 将 STEP 7 程序下载到 CPU 并确保其处于 RUN 模式；

② 单击终端仿真器上的“连接”（Connect）按钮，以应用组态更改并启动与 CM1241 的终端会话；

③ 在 PC 中输入字符并按 Enter 键。

终端仿真器会将输入的字符发送到 CM1241 和 CPU，然后 CPU 将这些字符回送到终端仿真器。

8.3　S7-1200 PLC 与变频器的 USS 通信

8.3.1　USS 通信简介

USS 协议（Universal Serial Interface Protocol，通用串行接口协议）是西门子公司为其变频器（也称为变频驱动器，简称驱动器）所开发的通用通信协议，可以支持变频器与 PC 或 PLC 之间的通信连接，是一种基于串行总线进行数据通信的协议。USS 协议的基本特点如下：

- 支持多点通信（可以应用在 RS-485 等网络上）；
- 采用单主站的主从访问机制；
- 每个网络上最多可以有 32 个节点（最多 31 个从站）；
- 简单可靠的报文格式，使数据传输灵活高效；
- 容易实现，成本较低。

USS 通信的工作机制是：通信总由 USS 主站发起，主站不断循环轮询各个从站，从站根据接收到的指令，决定是否响应及如何响应。从站永远不会主动发送数据，从站在以下条件满足时应答：

① 接收到的主站报文没有错误；

② 本从站在接收到主站报文中被寻址。

上述条件不满足，或者主站发出的是广播报文，从站不会作出任何响应。对于主站来说，从站必须在接收到主站报文之后的一定时间内发回响应，否则主站将视为出错。

为了实现 S7-1200 PLC 与变频器的 USS 通信，S7-1200 PLC 需要配备 CM1241 RS-485 接口通信模块。每个通信模块最多可以与 16 个变频器通信，每个 CPU 最多可以连接 3 个通信模块。USS 网络使用各自唯一的数据块进行管理（使用 3 个 CM1241 RS-485 接口通信模块建立 3 个 USS 网络需要 3 个数据块）。同一 USS 网络相关的所有指令必须共享该数据块，包括用于控制网络上所有变频器 MM440 的 USS_DRV、USS_PORT、USS_RPM 和 USS_WPM 指令。

8.3.2 硬件连接与组态

1．硬件连接

CM1241 通信模块的 RS-485 接口使用 9 针 D 型连接器，其 3 脚和 8 脚分别是 RS-485 接口的 B 线和 A 线。因为变频器 MM440 的通信接口采用端子连接，所以 PROFIBUS 电缆不需要插头，而是剥出线头直接压在端子上。如果还要连接下一个驱动装置，则两条电缆的同色芯线可以压在同一个端子内：PROFIBUS 电缆的红色芯线应压入端子 29；绿色芯线应连接到端子 30。完整接线图如图 8-11 所示。

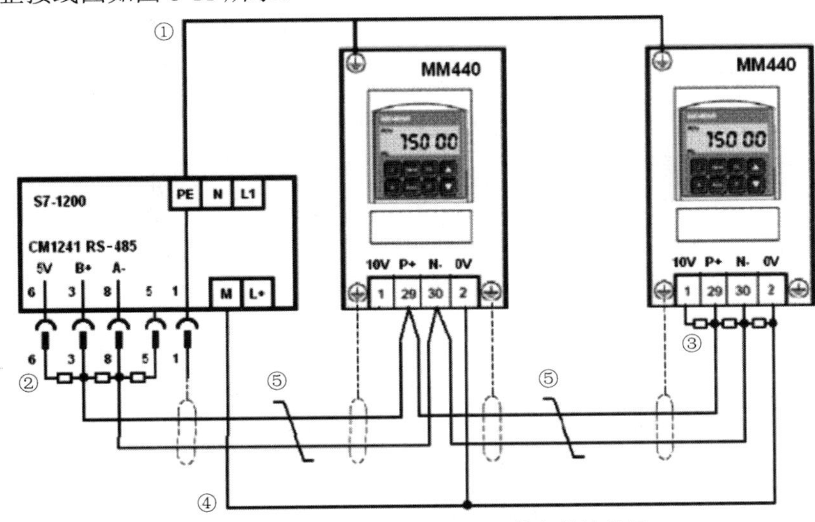

图 8-11　S7-1200 PLC 与 MM440 的完整接线图

图 8-11 中：

① 屏蔽/保护接地母排，或可靠的多点接地，此连接对抑制干扰有重要意义。

② PROFIBUS 电缆插头内置偏置电阻和终端电阻。

③ MM440 侧内置偏置电阻和终端电阻。

④ 通信接口的等电位连接，可以保护通信接口不因共模电压差而损坏通信终端。

⑤ 因为是高速通信，双绞线电缆的屏蔽层必须双端接地。

2．变频器 MM440 参数设置

使用 USS 协议进行通信之前，需要对变频器 MM440 有关的参数进行设置，见表 8-2。

表 8-2　变频器 MM440 参数设置

序号	功能	参数	设定值
1	工厂设置复位	P0010	30
2	工厂设置复位	P970	1
3	快速启动设置	P0010	1
4	电动机额定电压	P0304	380V
5	电动机额定功率	P0307	5.5kW
6	电动机额定频率	P0310	50Hz
7	电动机额定转速	P0311	1350r/min
8	USS 命令源	P0700	5
9	激活专家模式	P0003	3
10	参考频率	P2000	50Hz
11	USS 数据传输速率	P2010	9
12	USS 从站地址	P2011	1
13	USS PZD 长度	P2012	2
14	USS PKW 长度	P2013	4
15	在 EEPROM 保存数据	P0971	1

3．S7-1200 PLC 硬件组态

首先在 STEP 7 中建立一个名为“变频器 USS 通信”的项目，并在硬件配置中，添加 CPU1214C 和通信模块 CM1241 RS-485，把通信模块 CM1241 RS-485 拖放到 CPU 左边的 101 号槽，如图 8-12 所示。

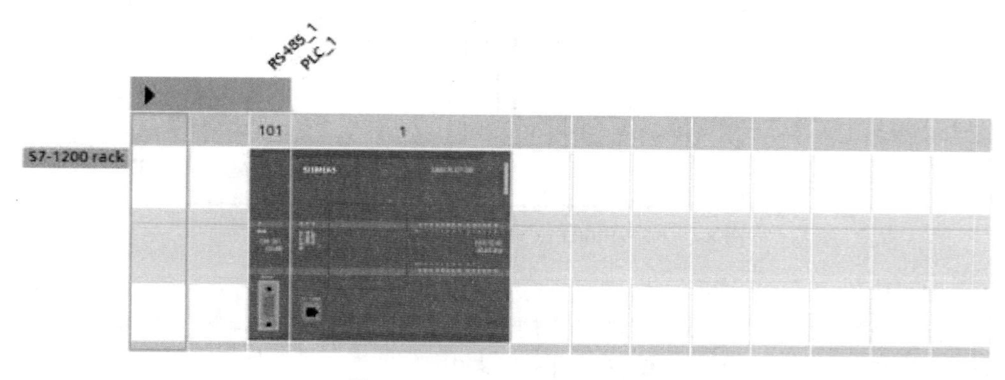

图 8-12　S7-1200 PLC 硬件配置

双击 CM1241 RS-485 通信模块，在弹出的监控窗口的“属性”窗口中选中“常规”选项卡的“IO-Link”选项，设置波特率为 57.6kb/s，其余参数可采用默认设置，如图 8-13 所示。具体实现时，发现 USS 通信与 RS-485 接口组态的参数没有关系，因此可以采用默认设置。

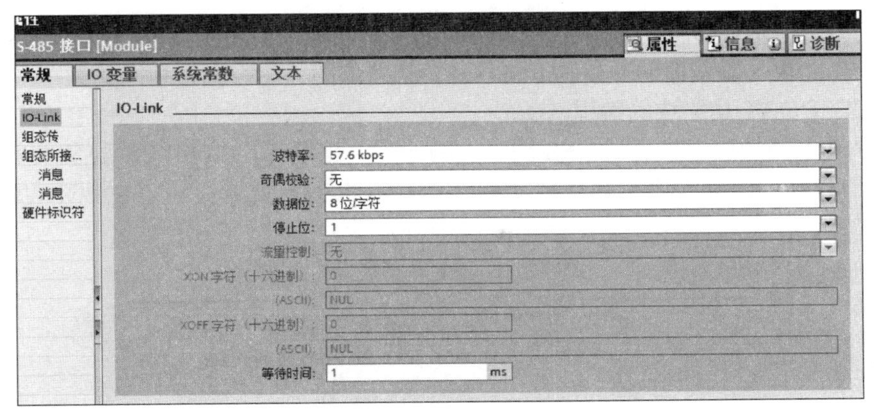

图 8-13　通信模块的接口组态参数

8.3.3　USS 通信编程的实现

S7-1200 PLC 提供了专用的 USS 库进行 USS 通信，如图 8-14 所示。每个 CM1241 RS-485 通信模块最多支持 16 个驱动器。对于与所安装的各个 PtP 通信模块相连接的 USS 网络，在单个背景数据块中包含用于该网络中所有驱动器的临时存储区和缓冲区，这些驱动器的 USS 功能共享该数据块中的信息。

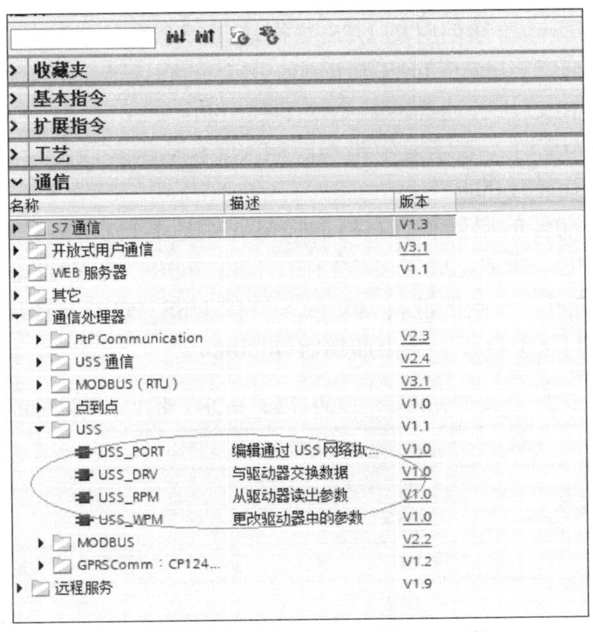

图 8-14　S7-1200 PLC 专用的 USS 库

其中，USS_DRV 功能块是 S7-1200 PLC 与驱动器 USS 通信的主体功能块，接收驱动器的信息和控制驱动器的指令都是通过这个功能块来完成的，必须在主 OB 中调用，不能在循环中断 OB 中调用。USS_PORT 功能块是 S7-1200 PLC 与驱动器 USS 通信的接口，主要设置通信的接口参数，可在主 OB 或循环中断 OB 中调用。USS_RPM 功能块是通过 USS 通信读取驱动器的参数，必须在主 OB 中调用，不能在循环中断 OB 中调用。USS_WPM 功能块是通过 USS 通信设置驱动器的参数，必须在主 OB 中调用，不能在循环中断 OB 中调用。USS_DRV

功能块通过 USS_DRV_DB 数据块实现与 USS_PORT 功能块的数据接收与发送，USS_RPM 和 USS_WPM 功能块与驱动器的通信与 USS_DRV 功能块的通信方式是相同的。

1. USS_PORT 功能块的编程

USS_PORT 功能块用来处理 USS 网络上的通信，它是 S7-1200 PLC 与驱动器的通信接口。每个 CM1241 RS-485 模块有且必须有一个 USS_PORT 功能块。USS_PORT 功能块的编程如图 8-15 所示。

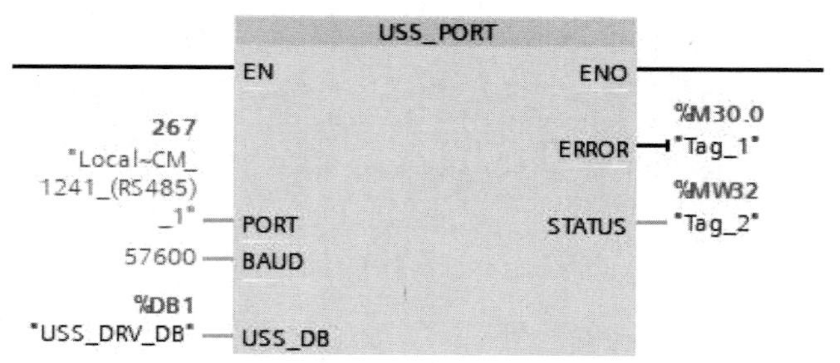

图 8-15　USS_PORT 功能块的编程

参数说明如下。

PORT：指出通过哪个通信模块进行 USS 通信。

BAUD：USS 通信要使用的波特率。

USS_DB：指出和驱动器通信时的 USS 数据块。每个通信模块最多可以有 16 个 USS 数据块，每个 CPU 最多可以有 48 个 USS 数据块，具体的通信情况要与现场实际情况相联系。每个驱动器与 S7-1200 PLC 进行通信的数据块是唯一的。

ERROR：该引脚为真时，表示发生错误，STATUS 输出有效。

STATUS：扫描或初始化的状态。

S7-1200 PLC 与驱动器的通信和它本身的扫描周期是不同步的，在完成一次与驱动器的通信事件之前，S7-1200 PLC 通常完成了多次扫描。USS_PORT 通信时间间隔是 S7-1200 PLC 与驱动器通信所需要的时间，不同的波特率对应不同的 USS_PORT 通信时间间隔。表 8-3 列出了不同的波特率对应的 USS_PORT 最小通信时间间隔。

表 8-3　不同的波特率对应的 USS_PORT 最小通信时间间隔

波特率/(b/s)	USS_PORT 最小通信时间间隔/ms	每个驱动器的消息间隔超时/ms
2400	405	1215
4800	212.5	638
9600	116.3	349
19200	68.2	205
38400	44.1	133
57600	36.1	109
115200	28.1	85

USS_PORT 在发生通信错误时，通常进行 3 次尝试来完成通信事件，那么 S7-1200 PLC 与驱动器通信的时间就是 USS_PORT 发生通信超时的时间间隔。例如，如果数据传输速率是 19200b/s，那么 S7-1200 PLC 与驱动器通信的时间间隔应大于最小通信时间间隔，即大于 68.2ms 而小于 205ms。USS 库默认的通信错误超时尝试次数是 2 次。基于以上的 USS_PORT 通信时

间间隔的处理，建议在循环中断 OB 块中调用 USS_PORT 功能块。在建立循环中断 OB 块时，可以设置循环中断 OB 块的循环时间，以满足通信的要求。循环中断 OB 块的循环时间的设置如图 8-16 所示。

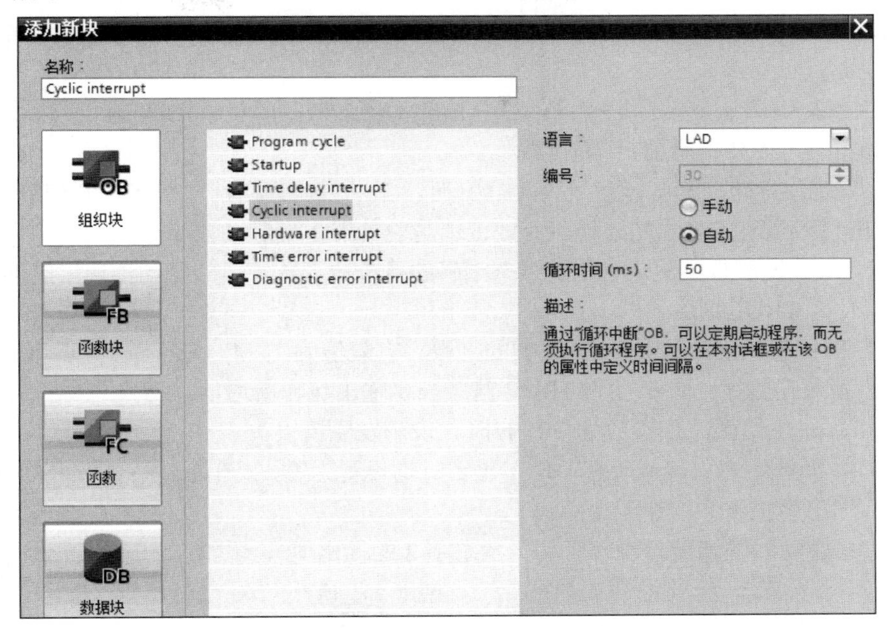

图 8-16　循环中断 OB 块的循环时间的设置

2．USS_DRV 功能块的编程

USS_DRV 功能块用来与驱动器进行数据交换，从而读取驱动器的状态及控制驱动器的运行。每个驱动器使用唯一的 USS_DRV 功能块，但是同一个 CM1241 RS-485 模块的 USS 网络的所有驱动器（最多 16 个）都使用同一个数据块 USS_DRV_DB。USS_DRV 功能块的编程如图 8-17 所示。

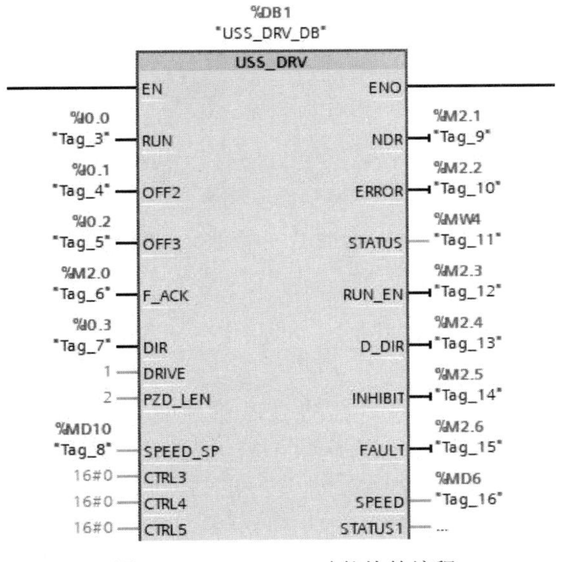

图 8-17　USS_DRV 功能块的编程

部分参数意义如下。

RUN：驱动器起始参数。该参数为 TRUE 时，将使驱动器以预设速度运行。

OFF2：电气停止。该参数为 FALSE 时，将使驱动器在不经过制动的情况下逐渐自然停止。

OFF3：快速停止。该参数为 FALSE 时，将通过制动使驱动器快速停止，而不是使驱动器逐渐自然停止。

F_ACK：故障确认。设置该参数，以复位驱动器上的故障位。清除故障后会设置该位，以告知驱动器不再需要指示前一个故障。

DIR：驱动器方向控制。该参数为 TRUE 时，指示方向为向前（对于正 SPEED_SP）。

DRIVE：驱动器的 USS 站地址。有效范围是驱动器 1 到驱动器 16。

SPEED_SP：速度设定值。这是以组态频率的百分数形式表示的驱动器速度。正值表示方向向前（DIR 为 TRUE 时）。

PZD_LEN：字长度，这是 PZD 数据的字数。有效值为 2、4、6 或 8 个字，默认值为 2。

NDR：新数据就绪。该参数为 TRUE 时，表示输出包含新通信。

ERROR：发生错误。该参数为 TRUE 时，表示发生错误。

STATUS：输出有效。其他所有输出在出错时均设置为零，仅在 USS_PORT 指令的 ERROR 和 STATUS 输出中报告通信错误。

SPEED：驱动器的当前速度（驱动器状态字 2 的标定值），以组态速度的百分数表示的驱动器速度。

3. USS_RPM 功能块的编程

USS_RPM 功能块用于从驱动器读取参数。与同一个 USS 网络和 PtP 通信模块相关的所有 USS 功能必须使用同一个数据块，必须从主 OB 中调用 USS_RPM 功能块。USS_RPM 功能块的编程如图 8-18 所示。

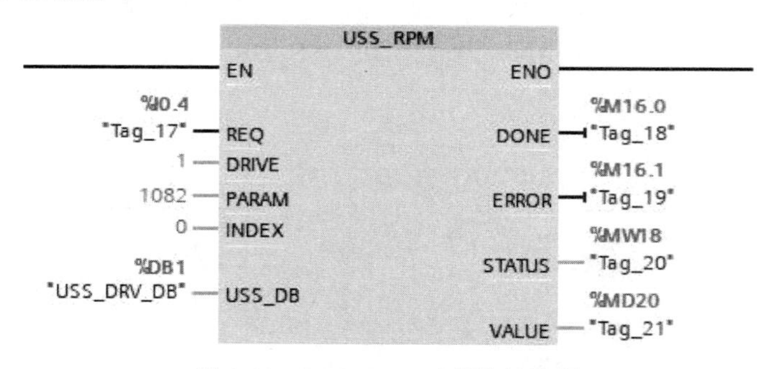

图 8-18　USS_RPM 功能块的编程

部分参数意义如下。

REQ：发送请求。该参数为 TRUE 时，表示需要新的读请求。如果该参数的请求已处于待决状态，则将忽略新请求。

DRIVE：驱动器地址。该输入是驱动器的 USS 站地址，有效范围是驱动器 1 到驱动器 16。

PARAM：参数编号。该输入指示要写入的驱动器参数，参数范围为 0～2047。

INDEX：参数索引。该输入指示要写入的驱动器参数索引。索引为一个 16 位二进制值，其中最低有效字节是实际索引值，其范围是 0～255；最高有效字节也可被驱动器使用且取决于驱动器。

USS_DB：这是对在用户程序中放置 USS_DRV 指令时创建和初始化的背景数据块的引用。

VALUE：已读取的参数的值，仅当 DONE 为 TRUE 时才有效。

DONE：完成。该参数为 TRUE 时，表示 VALUE 输出包含先前请求的读取参数值。USS_DRV 发现来自驱动器的读响应数据时会设置该参数。

ERROR：发生错误。该参数为 TRUE 时，表示发生错误。

STATUS：这是请求的状态值，表示读请求的结果。

4．USS_WPM 功能块的编程

USS_WPM 功能块用于修改驱动器中的参数。与同一个 USS 网络和 PtP 通信模块相关的所有 USS 功能必须使用同一个数据块，必须从主 OB 中调用 USS_WPM 功能块。USS_WPM 功能块的编程如图 8-19 所示。

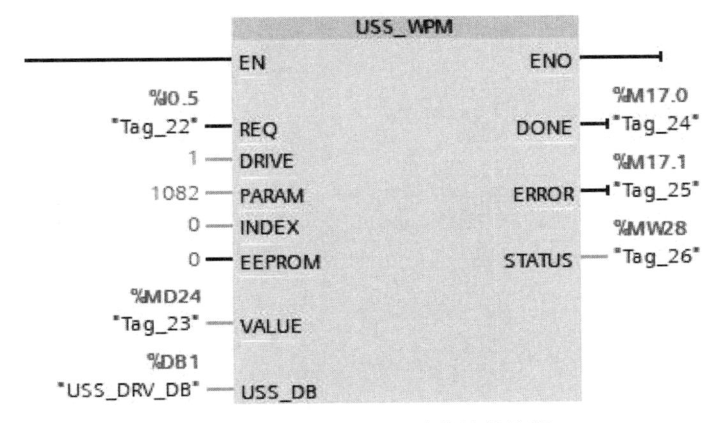

图 8-19　USS_WPM 功能块的编程

部分参数意义如下。

REQ：发送请求。该参数为 TRUE 时，表示需要新的写请求。如果该参数的请求已处于待决状态，将忽略新请求。

DRIVE：驱动器地址。该输入是驱动器的 USS 站地址，有效范围是驱动器 1 到驱动器 16。

PARAM：参数编号。此输入指示要写入的驱动器参数，范围为 0～2047。

INDEX：参数索引。该输入指示要写入的驱动器参数索引。索引为一个 16 位二进制值，其中最低有效字节是实际索引值，其范围是 0～255；最高有效字节也可被驱动器使用且取决于驱动器。

EEPROM：存储到驱动器的 EEPROM。该参数为 TRUE 时，写入驱动器参数的值将存储在驱动器的 EEPROM 中。如果为 FALSE，则写操作是临时的，在驱动器循环上电后不会保留。

VALUE：要写入的参数值，它必须在 REQ 切换时有效。

USS_DB：这是对在用户程序中放置 USS_DRV 指令时创建和初始化的背景数据块的引用。

8.3.4　PLC 监控变频器实验

将程序下载到 PLC，令 PLC 运行在 RUN 模式，用以太网接口监视 PLC；接通变频器的电源，用基本操作面板显示变频器的频率；单击“监控”按钮，启动状态监控功能，接通或断开 PLC 的某些开关，可实现控制电动机停止或转动、控制电动机转动方向、读写变频器参数等操作。

习题与思考题

8-1　试述并行通信的通信过程。

8-2　试述串行通信的通信过程。

8-3　什么是异步通信？什么是同步通信？

8-4　什么是全双工通信？什么是半双工通信？二者有什么区别？

8-5　通过 USS 通信协议，S7-1200 PLC 最多可以连接多少个变频器？

8-6　简述 USS 通信的组态和编码的过程。

附录A　实验指导书

实验1　熟悉 S7-1200 PLC 编程软件

【实验目的】

（1）熟悉 S7-1200 PLC 的基本组成和使用方法；

（2）熟悉博途 V16 软件及其运行环境；

（3）熟悉 S7-1200 PLC 的基本指令；

（4）掌握编写程序的方法。

【实验设备】

计算机（PC）一台；S7-1200 PLC 一台；网线电缆一根；模拟输入开关一套；模拟输出装置一套；导线若干。

【实验内容】

（1）熟悉 S7-1200 PLC 的基本组成。仔细观察 S7-1200 CPU 的输入点、输出点的数量及其类型，输入、输出状态指示灯，通信端口等。

（2）熟悉博途 V16 软件，掌握 S7-1200 PLC 的基本指令。

（3）掌握计算机（PC）与 S7-1200 PLC 建立通信的步骤。

（4）练习编程软件中的编辑、编译、下载、运行、上传、修改程序等基本操作。

【预习要求】

（1）查阅相关资料，了解博途软件的概况、软件组成和功能；

（2）了解博途软件的安装对硬件、操作系统和兼容性的要求；

（3）了解博途软件使用的基本方法、设备组态、参数设定等操作；

（4）了解针对博途软件使用过程中出现的常见问题的处理方法。

【实验报告】

（1）整理出博途软件的使用方法；

（2）写出程序的调试步骤和观察结果；

（3）通过本实验，总结你的实验技能有何提高，应如何从实验中培养实验技能。

实验2　基本指令练习

【实验目的】

（1）熟悉 PLC 的结构；

（2）掌握 PLC 的使用；

（3）熟悉 PLC 控制系统的操作；

（4）初步熟悉编程方法。

【实验设备】

计算机（PC）一台；S7-1200 PLC 一台；网线电缆一根；导线若干。

【实验内容】

(1) 熟悉 S7-1200 PLC 实验装置;

(2) 练习并掌握编程器的使用;

(3) 熟悉 PLC 控制系统的操作;

(4) 通过练习实现与、或、非逻辑功能，初步熟悉编程方法;

(5) 掌握定时器、计数器的正确编程方法及其扩展方法。

基本指令练习的梯形图如图 A-1 所示。

【预习要求】

(1) 复习 PLC 基本指令的有关内容;

(2) 熟悉建立计算机（PC）与 S7-1200 PLC 通信的步骤;

(3) 了解调试简单程序的步骤;

(4) 自己动手编写简单的程序。

【实验报告】

(1) 整理出运行调试后的梯形图或结构化控制语言程序;

(2) 写出程序的调试步骤和观察结果;

(3) 通过本实验，总结你的实验技能有何提高，应如何从实验中培养实验技能。

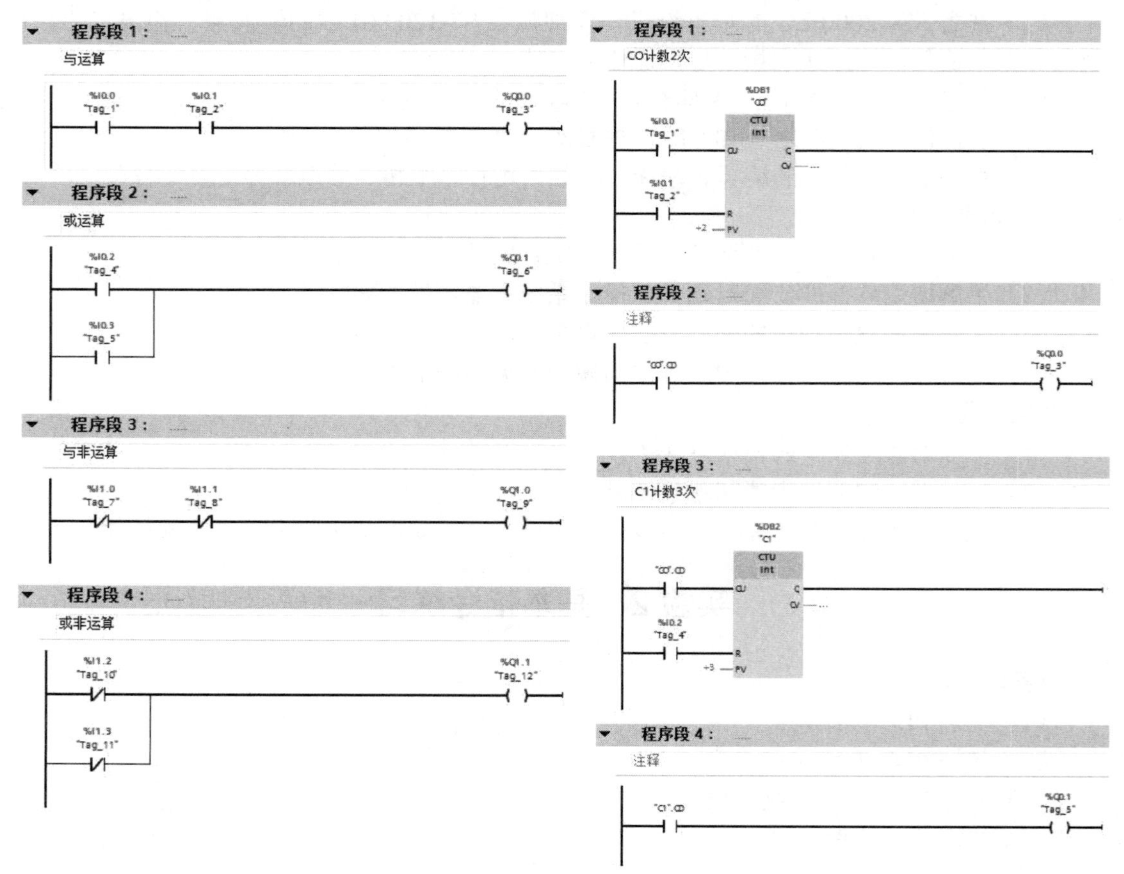

图 A-1　基本指令练习的梯形图

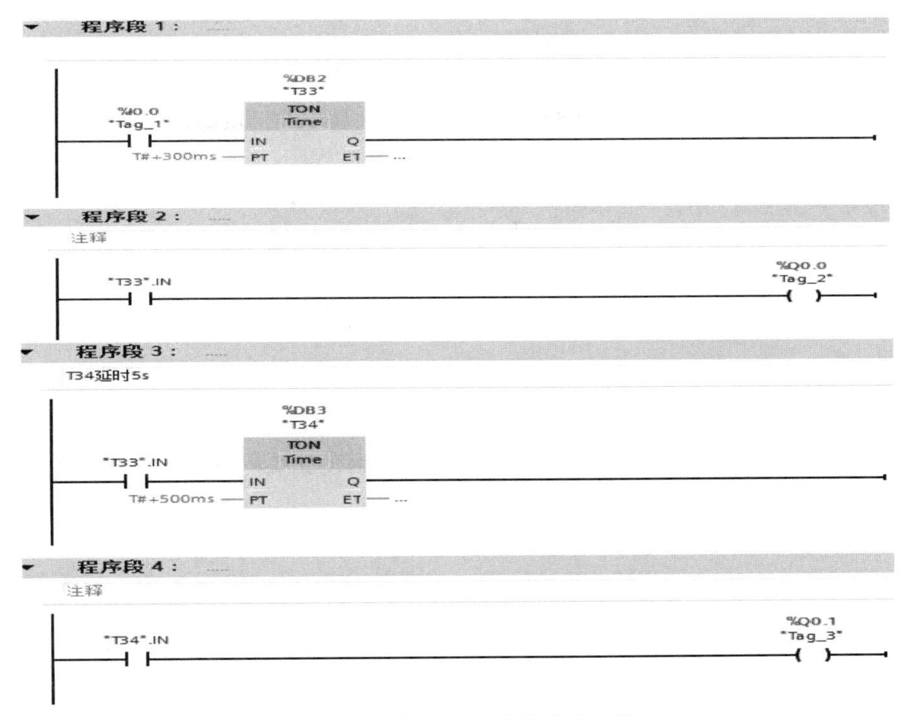

图 A-1 基本指令练习的梯形图（续）

实验 3 直流电动机正、反转控制

【实验目的】

（1）熟悉常用低压电器的结构、原理和使用方法；

（2）掌握直流电动机正、反转主电路的接线；

（3）掌握用 PLC 实现电动机正、反转控制的编程方法。

【实验设备】

计算机（PC）一台；S7-1200 PLC 一台；网线电缆一根；直流电动机一台；继电器 2 个；按钮若干；导线若干。

【实验内容】

（1）熟悉常用低压电器的结构、原理和使用方法；

（2）掌握 PLC 的外部接线方法；

（3）学会直流电动机正、反转主电路的接线；

（4）学会用 PLC 实现电动机正、反转控制的编程方法。

认真检查接线，准确无误后合上启动按钮，直流电动机先正向运转。改变励磁电源或电枢电源的极性，可以使直流电动机反向运转。电动机从正向运转到反向运转，需要延时6s，以防止转矩变化过大而损坏电动机。

【预习要求】

（1）复习常用低压电器的结构、原理和使用方法；

（2）熟悉 PLC 的外部接线方法；

（3）熟悉调试电动机正、反转控制程序的方法；
（4）自己动手编写较为复杂的程序。
【实验报告】
（1）整理出运行调试后的梯形图或结构化控制语言程序；
（2）写出直流电动机正、反转控制程序的调试步骤和观察结果；
（3）通过本实验，总结你的实验技能有何提高，应如何从实验中培养实验技能。

实验 4　抢答器程序设计

【实验目的】
（1）学会编写简单的梯形图；
（2）掌握置位指令 S 与复位指令 R 在控制中的应用及其编程方法；
（3）进一步掌握编程软件的使用方法和调试程序的方法。
【实验设备】
计算机（PC）一台；S7-1200 PLC 一台；网线电缆一根；按钮 3 个；指示灯 3 个；开关一个；导线若干。
【实验内容】
（1）熟悉抢答器的原理。
参加智力竞赛的 A、B、C 三人的桌上各有一个抢答按钮 SB_1、SB_2、SB_3，用 3 个指示灯 L_1、L_2、L_3 分别显示他们的抢答信号。当主持人接通抢答允许开关 S 后抢答开始，最先按下按钮的抢答者对应的指示灯亮，与此同时，应禁止另外两个抢答者的指示灯亮，指示灯在主持人断开开关 S 后熄灭。
（2）根据抢答器的原理编写相应的梯形图。
（3）调试抢答器程序直到准确无误。
【预习要求】
（1）复习 PLC 基本指令的有关内容；
（2）复习 I/O 接线图的设计方法；
（3）写出应用程序的一般步骤。
【实验报告】
（1）整理出运行调试后的梯形图或结构化控制语言程序；
（2）写出抢答器程序的调试步骤和观察结果；
（3）通过本实验，总结你的实验技能。

实验 5　运料小车的程序控制

【实验目的】
（1）熟悉时间控制和行程控制的原则；
（2）掌握定时器指令的使用方法。
【实验设备】
计算机（PC）一台；S7-1200 PLC 一台；网线电缆一根；模拟输入开关一套；运料小

车实验模板一块；导线若干。

【实验内容】

（1）设计运料小车控制程序。

要求：如图 A-2 所示，系统启动后，小车首先在行程开关 SQ_1 进行装料。15s 后装料停止，小车右行。右行至行程开关 SQ_2 处停止，进行卸料。10s 后，卸料停止，小车左行。左行至行程开关 SQ_1 处停止，并进行装料。如此循环，一直进行下去，直到停止工作。

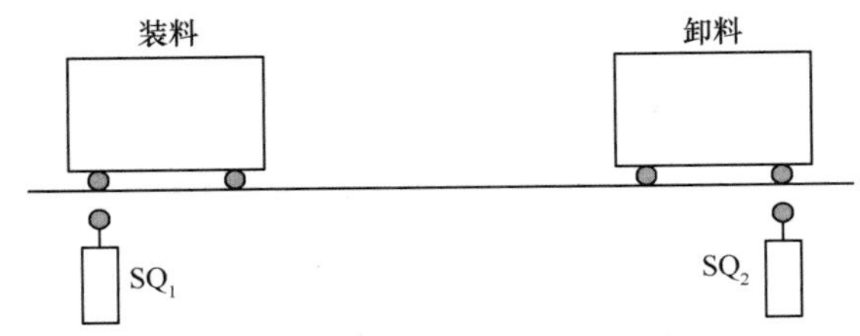

图 A-2　运料小车运行示意图

（2）根据运料小车控制程序编写相应的梯形图。

（3）调试运料小车控制程序，直到准确无误。

【预习要求】

（1）复习行程控制、时间控制的有关内容；

（2）复习定时器指令的使用方法；

（3）复习电动机正、反转的控制方法。

【实验报告】

（1）整理出运行调试后的梯形图；

（2）写出运料小车控制程序的调试步骤和观察结果；

（3）通过本实验，总结你的实验技能。

实验 6　彩灯的程序控制

【实验目的】

（1）学会编写复杂的梯形图；

（2）掌握功能指令在控制中的应用及其编程方法；

（3）进一步掌握编程软件的使用方法和调试程序的方法。

【实验设备】

计算机（PC）一台；S7-1200 PLC 一台；网线电缆一根；彩灯若干；导线若干。

【实验内容】

（1）设计彩灯控制程序。

本实验所选彩灯变换花样为逐次闪烁方式：程序开始时，灯 1（Q0.0）、灯 2（Q0.1）亮；一次循环扫描且定时时间到后，灯 1（Q0.0）灭，灯 2（Q0.1）亮、灯 3（Q0.2）亮；再次循环扫描且定时时间到后，灯 2（Q0.1）灭，灯 3（Q0.2）亮、灯 4（Q0.3）亮……

（2）根据彩灯控制程序编写相应的梯形图。

（3）调试彩灯控制程序，直到满意为止。

【预习要求】

（1）复习 PLC 基本指令和功能指令的有关内容；

（2）根据要求设计 I/O 接线图；

（3）熟悉软件编程、调试的基本方法。

【实验报告】

（1）整理出运行调试后的梯形图及相应的语句表程序；

（2）写出彩灯控制程序的调试步骤和观察结果；

（3）总结调试过程中出现的问题及获得的经验。

实验 7　混料罐的控制

【实验目的】

（1）学会编写复杂的梯形图；

（2）掌握功能指令在控制中的应用及其编程方法；

（3）进一步掌握编程软件的使用方法和调试程序的方法。

【实验设备】

计算机（PC）一台；S7-1200 PLC 一台；网线电缆一根；模拟混料装置；导线若干。

【实验内容】

（1）设计混料罐控制程序。

如图 A-3 所示，混料罐有两个进料泵（用来控制两种液料进罐），一个出料泵（用来控制混合料出罐），另有一个用于搅拌液料的混料泵，罐体上装有 3 个液位检测开关 SI1、SI4、SI6，分别送出罐内液位低、中、高的检测信号，罐内与检测开关对应处有一装有磁钢的浮球，用作液面指示器（浮球到达检测开关位置时开关吸合，离开时开关释放）。

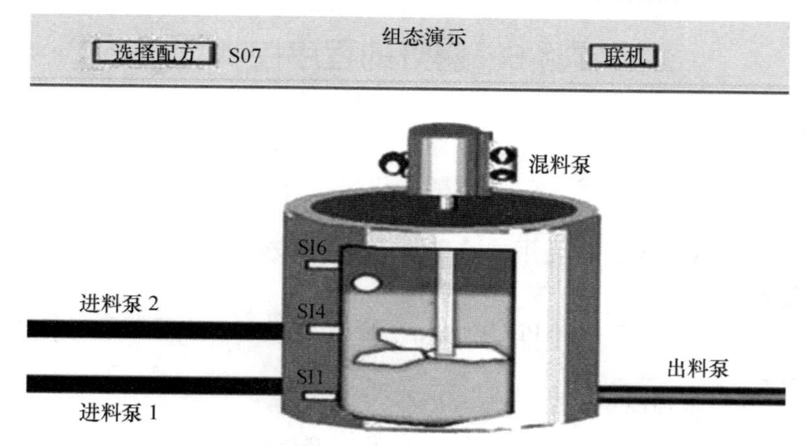

图 A-3　混料罐结构示意图

控制要求为：初始状态时各泵均关闭，按下启动按钮 SB1。①打开进料泵 1，待 SI4 中液位有信号后，进入配方选择操作。②S07=1，选择配方一，进料泵 1 关，进料泵 2 打开；S07=0，选择配方二，进料泵 1、2 均打开。③SI6 高液位有信号，进料泵 1、2 关，混料泵打开，延时 3s 后出料泵打开，至 SI1 低液位混料泵关闭，完成一次循环。SB2 为停机按钮，另设 SB3 按钮作为独立控制出料泵的启停。

（2）根据混料罐控制程序编写相应的梯形图。
（3）调试混料罐控制程序直到满意为止。

【预习要求】

（1）复习 PLC 基本指令和功能指令的有关内容；
（2）根据要求设计混料罐控制程序的梯形图；
（3）写出混料罐控制程序的步骤。

【实验报告】

（1）整理出运行调试后的梯形图；
（2）写出该程序的调试步骤和观察结果；
（3）总结调试过程中出现的问题及获得的经验。

实验 8　PLC 的通信编程

【实验目的】

（1）熟悉通信指令的编程方法；
（2）掌握 PLC 通信的几种方式；
（3）掌握通信指令的操作过程。

【实验设备】

计算机（PC）一台；S7-1200 PLC 两台；网线电缆两根；以太网交换机一台；导线若干。

【实验内容】

两台 S7-1200 PLC 与装有编程软件的计算机（PC）通过 RS-485 接口组成通信网络。
（1）建立 PLC 与 PC 之间的通信；
（2）建立 PLC 与 PLC 之间的以太网通信。

【预习要求】

（1）复习 PLC 通信指令的有关内容；
（2）熟悉 PLC 通信的几种方式；
（3）熟悉 PLC 通信的有关程序，注意程序中有关参数的设定。

【实验报告】

（1）整理出运行调试后的梯形图或结构化控制语言程序；
（2）写出 PLC 通信的调试步骤和观察结果；
（3）总结调试过程中出现的问题及获得的经验。

附录B 课程设计指导书

课程设计以学生为主体，可充分发挥学生学习的主动性和创造性。课程设计期间，指导老师要把握并引导学生采取正确的工作方法和思维方式。

1．课程设计的目的

（1）了解常用电气控制系统的设计方法、步骤和设计原则。

（2）学以致用，巩固书本知识。通过训练，使学生初步具有设计电气控制系统的能力，从而培养学生独立创造和工作的能力。

（3）进行一次工程技术设计的基本训练，培养学生查阅书籍、参考资料、产品手册、工具书的能力，上网查询信息的能力，运用计算机进行工程绘图的能力，编制技术文件的能力等，从而提高学生解决实际工程技术问题的能力。

2．课程设计的要求

（1）阅读本课程设计参考资料及有关图样，了解一般电气控制系统的设计原则、方法和步骤。

（2）上网调研当今电气控制领域的新技术、新产品、新动向，用于指导设计过程，使设计成果具有先进性和创造性。

（3）认真阅读课程设计任务书（见附录C），分析所选课题的控制要求，并进行工艺流程分析，画出工艺流程图。

（4）确定控制方案，设计电气控制系统的主电路。

（5）应用PLC设计电气控制系统的控制程序。可分为5个步骤：①选择PLC的机型及相关模块的型号，进行系统配置并校验主机的电源负载能力；②根据工艺流程图绘制顺序功能图；③列出PLC的I/O分配表，画出PLC的I/O接线图；④设计梯形图，并进行必要的注释；⑤输入程序并进行调试及模拟运行。

（6）设计电气控制系统的照明、指示及报警等辅助电路。系统应具有必要的安全保护措施，例如，短路保护、过载保护、失电压保护、超程保护等。

（7）选择电气元件的型号和规格，列出电气元件明细表。选择电气元件时，应优先选用优质新产品。

（8）绘制正式图样，要求用计算机绘图软件绘制电气控制电路图，用博途V16软件编写梯形图。要求图幅选择合理，图、字体排列整齐，图样应按电气制图国家标准的有关规定绘制。

（9）编写设计说明书及使用说明书。内容包括：阐明设计任务及设计过程，附上设计过程中有关计算及说明，说明操作过程、使用方法及注意事项，附上所有的图表、所用参考资料的出处及对自己设计成果的评价或改进意见等。要求文字通顺、简练，字迹端正、整洁。

附录 C　课程设计任务书

“电气控制与 PLC 应用”是一门实践性和实用性都很强的课程，学习的目的在于应用。本课程设计是配合“电气控制与 PLC 应用”课堂教学的一个重要的实践教学环节，它能起到巩固课堂和书本上所学知识，加强综合能力，提高系统设计水平，启发创新思想的效果。我们希望每个学生都能自己动手独立设计完成一个典型的 PLC 控制系统。

第 1 部分　PLC 控制系统的研制过程

研制一个 PLC 控制系统，可分为硬件研制和软件研制两部分，从设计草图开始到样机调试成功，常常要将硬、软件结合起来考虑，才能取得较好的效果。系统的用途不同，它们的硬、软件结构各有不同，但系统研制的方法和步骤是基本相同的，其研制过程可以归纳为以下 4 个步骤。

1．确定任务

如同任何一个新产品的设计，PLC 控制系统的研制过程也是以确定系统的任务开始的。确定系统的功能指标和技术参数，是系统设计的起点和依据，这将贯穿于系统设计的全过程，必须认真做好这个工作。在确定任务阶段，要做的工作是深入了解、分析被控对象的工艺条件和控制要求：

（1）被控对象就是受控的机械设备、电气设备、生产线或生产过程等。

（2）控制要求主要指控制的基本方式、应完成的动作、自动工作循环的组成、必要的保护和联锁等。对较复杂的控制系统，还可将控制任务分成几个独立部分，这样可化繁为简，有利于编程和调试。

2．总体设计

本阶段的任务是通过调查研究，查阅资料来初步确定系统结构的总体方案，确定哪些信号需要输入 PLC，哪些负载由 PLC 驱动，统计出各输入量和输出量的性质（是开关量还是模拟量，是直流量还是交流量）及电压的大小等级。明确对控制对象的要求后，根据实际需要确定控制系统的类型和系统工作时的运行方式。

PLC 控制系统可分为 4 种类型。

（1）单机控制系统：利用一台 PLC 控制一台被控设备。

（2）集中控制系统：利用一台 PLC 控制多台被控设备。

（3）分布式控制系统：多台 PLC 及上位机可以互相通信，用于被控设备比较多的情况。

（4）远程 I/O 控制系统：I/O 模块不与 PLC 放在一起，而是远距离地放在被控设备附近。它是集中控制系统的特殊情况。

3．硬件研制过程

（1）确定 I/O 设备：根据被控对象对 PLC 控制系统的要求，确定系统所需的输入、输出设备。常用的输入设备有按钮、选择开关、行程开关、传感器等，常用的输出设备有继电器、接触器、指示灯、电磁阀等。

（2）选择合适的 PLC 类型：根据已确定的 I/O 设备，统计所需的输入信号和输出信号的点数，选择合适的 PLC 类型，包括机型的选择、容量的选择、相关模块的选择、电源模块的选择等。

（3）分配 I/O 点数：分配 PLC 的 I/O 点数，编制 I/O 分配表，画出 I/O 接线图。

4．软件研制过程

（1）采用模块化程序结构设计软件，首先将整个软件分成若干功能模块；

（2）画出 PLC 控制系统的逻辑关系图；

（3）绘制各种电路图；

（4）编制 PLC 程序并进行模拟调试；

（5）现场调试；

（6）编写技术文件并现场试运行。

第 2 部分　课程设计课题

课程设计课题 1：流水作业的计数与定时控制系统

1．控制要求

某罐头包装流水线，一个包装箱能装 24 罐，要求每通过 24 罐，流水线暂停 6s，等待封箱打包完毕，然后重启流水线，继续装箱。按停止键，则停止生产。

2．系统分析

为了实现上述要求，要做两项工作：一是对 24 罐计数；一是对 6s 停顿定时，并且两者之间又是相互关联的。画出工作流程及相应的时序图。

3．硬件设计

（1）列出 PLC 的 I/O 分配表，并画出 PLC 的 I/O 接线图；

（2）选择 PLC 的机型及相关模块的型号，进行系统配置并校验主机的电源负载能力；

（3）设计必要的安全保护措施，例如，短路保护、过载保护、失电压保护、超程保护等。

4．软件设计

（1）采用模块化程序结构设计软件，首先将整个软件分成若干功能模块；

（2）画出流水作业的计数与定时控制系统的逻辑关系图；

（3）编制 PLC 程序并进行模拟调试；

（4）现场调试；

（5）编写技术文件并现场试运行。

课程设计课题 2：水塔水位控制系统

1．控制要求

水塔水位控制系统示意图如图 C-1 所示。当水池水位低于低水位界限时（S4 为 OFF 时表示），阀门 Y 打开给水池注水（Y 为 ON），同时定时器开始计时；2s 后，如果 S4 继续保持 OFF 状态，那么阀门 Y 的指示灯开始以 0.5s 的间隔闪烁，表示阀门 Y 没有进水，出现了故障；当水池水位到达高水位界限时（S3 为 ON 时表示），阀门 Y 关闭（Y 为 OFF）。

当 S3 为 ON 时，如果水塔水位低于低水位界限（S2 为 OFF），则水泵 M 开始从水池中抽水；当水塔水位到达高水位界限时（S1 为 ON），水泵 M 停止抽水。图 C-1 中，S1、S2、S3、S4 为液面传感器。

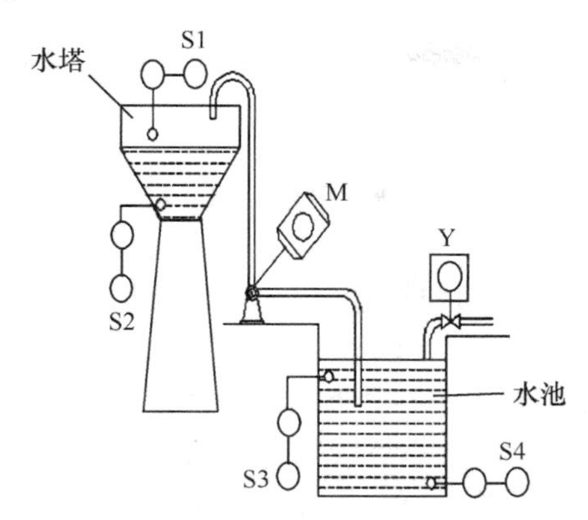

图 C-1　水塔水位控制系统示意图

2．系统分析

为了实现上述要求，首先列出 PLC 的 I/O 分配表，并画出 PLC 的 I/O 接线图，然后选择 PLC 的机型及相关模块的型号，进行系统配置并校验主机的电源负载能力。

根据控制要求，编写梯形图或结构化控制语言程序，调试程序直到准确无误。

3．硬件设计

（1）列出 PLC 的 I/O 分配表，并画出 PLC 的 I/O 接线图；

（2）选择 PLC 的机型及相关模块的型号，进行系统配置并校验主机的电源负载能力；

（3）设计必要的安全保护措施，例如，短路保护、过载保护、失电压保护、超程保护等。

4．软件设计

（1）采用模块化程序结构设计软件，首先将整个软件分成若干功能模块；

（2）画出水塔水位控制系统的逻辑关系图；

（3）编制 PLC 程序并进行模拟调试；

（4）现场调试；

（5）编写技术文件并现场试运行。

参 考 文 献

[1] 潘再平，徐裕项. 电气控制技术基础. 杭州：浙江大学出版社，2004.
[2] 展明星，杨惠. 电气控制基础及应用. 北京：电子工业出版社，2014.
[3] 邓则名，谢光汉. 电器与可编程控制器应用技术. 北京：机械工业出版社，2008.
[4] 曲尔光，弓锵. 机床电气控制与 PLC. 北京：电子工业出版社，2010.
[5] 西门子公司. SIMATIC S7-1200 入门手册（设备手册）. 2015.
[6] 西门子公司. SIMATIC S7-1200 可编程控制器系统手册. 2022.
[7] 廖常初. S7-1200/1500 PLC 应用技术. 北京：机械工业出版社，2019.
[8] 向晓汉，李润海. 西门子 S7-1200/1500 PLC 学习手册——基于 LAD 和 SCL 编程. 北京：化学工业出版社，2018.
[9] 段礼才. 西门子 S7-1200 PLC 编程及使用指南. 2 版. 北京：机械工业出版社，2018.
[10] 赵化启，徐斌山，崔继仁. 零点起飞学西门子 S7-1200 PLC 编程. 北京：清华大学出版社，2019.
[11] 李方园. 西门子 S7-1200 PLC 从入门到精通. 北京：电子工业出版社，2020.
[12] 陈立香，高文娟，张天洪，等. 西门子 S7-1200 PLC 应用技能实训. 北京：中国电力出版社，2019.
[13] 西门子公司. SIMATIC S7-1200 选型手册. 2017.
[14] 西门子公司. TIA 博途与 SIMATIC S7-1500 可编程控制器（样本）. 2017.
[15] 西门子公司. SIMATIC 过程控制系统 PCS7 已发布模块（V9.0）. 2017.
[16] 陈建明，王亭岭. 电气控制与 PLC 应用. 4 版. 北京：电子工业出版社，2019.